Grundzüge der Spieltheorie

Stefan Winter

Grundzüge der Spieltheorie

Ein Lehr- und Arbeitsbuch
für das (Selbst-)Studium

2. überarbeitete und erweiterte Auflage

Springer Gabler

Stefan Winter
Lehrstuhl für Human Resource Management
Ruhr-Universität Bochum
Bochum, Deutschland

ISBN 978-3-662-58214-5   ISBN 978-3-662-58215-2   (eBook)
https://doi.org/10.1007/978-3-662-58215-2

Die Deutsche Nationalbibliothek verzeichnet diese Publikation in der Deutschen Nationalbibliografie; detaillierte bibliografische Daten sind im Internet über http://dnb.d-nb.de abrufbar.

Springer Gabler
© Springer-Verlag GmbH Deutschland, ein Teil von Springer Nature 2015, 2019

Springer Gabler ist ein Imprint der eingetragenen Gesellschaft Springer-Verlag GmbH, DE und ist ein Teil von Springer Nature
Die Anschrift der Gesellschaft ist: Heidelberger Platz 3, 14197 Berlin, Germany

Vorwort zur zweiten Auflage

Die Spieltheorie ist eine Theorie optimaler Entscheidungen. Sie geht der Frage nach, welche Entscheidungen Menschen in Situationen treffen sollten, in denen das Ergebnis ihrer Entscheidungen zusätzlich von den Entscheidungen anderer Menschen abhängt. Wenn sich Daniel und Martina zum Essen in einem weit entfernten Restaurant verabreden, dann wird Daniel seine Entscheidung, tatsächlich zum Restaurant gefahren zu sein, vermutlich bedauern, wenn Martina nicht erscheint. Gleiches gilt umgekehrt für Martina. Die Entscheidung, zum Restaurant zu fahren, wird daher erst dann zu einer guten Entscheidung, wenn der andere die gleiche Entscheidung trifft. Genau diese gegenseitige Abhängigkeit von Entscheidungen bildet den Kern spieltheoretischer Analysen: Wie soll man sich verhalten, wenn man weiß, dass jede Entscheidung richtig oder falsch sein kann, je nachdem, was andere entscheiden?

Die Spieltheorie ist dabei inzwischen zu einer weitentwickelten Theorie angewachsen, die sich mit einer enormen Vielfalt unterschiedlicher Entscheidungssituationen beschäftigt und jeweils Vorschläge macht, wie man zu guten Entscheidungen kommen kann. Dabei ist die Spieltheorie nicht nur hilfreich bei der Analyse komplexer wirtschaftlicher Phänomene, sondern sie kann auch im Alltag wertvolle Dienste leisten. Viele Prinzipien der Spieltheorie werden in diesem Buch entsprechend auch an einfachen Alltagsproblemen erläutert.

Dieses Buch folgt in Inhalt und Aufbau einigen wenigen Grundprinzipien, die den Einstieg in die Spieltheorie erleichtern sollen. In meiner langjährigen Tätigkeit als Hochschullehrer bin ich mehr und mehr zu der Erkenntnis gekommen, dass der Einstieg in ein Thema vielen Studierenden sehr viel leichter fällt, wenn dieser Einstieg über Beispiele und nicht über allgemeine Prinzipien erfolgt. Die Wissenschaft verfolgt zwar das Ziel, allgemein gültige Prinzipien zu erkennen und diese auszuformulieren, wie z.B. die Naturgesetze. Diese allgemeinen Gesetze sind aber gerade am Anfang oft schwer zu verstehen. Nach meiner Erfahrung, auch nach meiner Erfahrung mit meinen eigenen Lernprozessen, verlieren Menschen oft schnell das Interesse, wenn sie zunächst viel Zeit mit Vorübungen wie dem Erlernen von Begriffsdefinitionen oder mathematischen Verfahren verbringen sollen, ohne zu sehen, was man später damit anfangen kann. In diesem Buch steht daher die sofortige Anwendung der Spieltheorie auf Beispiele stets am Anfang der Betrachtungen. Die Verwendung von Fachbegriffen wird auf ein Minimum beschränkt, die notwendigen Methodenkenntnisse werden nebenbei ebenfalls anhand von Beispielen vermittelt. Nach meiner Erfahrung sind Studierende in aller Regel sehr schnell in der Lage, die allgemeinen Prinzipien selbst zu erkennen, wenn der Einstieg über Beispiele erst einmal gelungen ist. Die Leserzuschriften, hauptsächlich von Studierenden, aber auch die knappen Buchkritiken auf Amazon zur ersten Auflage, lassen mich vermuten, dass ich mit dieser Einschätzung richtig gelegen habe.

Es gibt eine ganze Reihe exzellenter Lehrbücher der Spieltheorie. Aber selbst die, die „Einführung" im Titel tragen, sind nach meiner Erfahrung für einen Einstieg in die Spieltheorie in der Regel nur dann geeignet, wenn der Leser bereits umfangreiches Training im Umgang mit der formalisierten Sprache der Mathematik vorab erworben hat. Wem aber dieses Training noch fehlt, der wird häufig eher abgeschreckt. Mich persönlich hat immer erst einmal interessiert, was ich mit einem Thema anfangen kann, damit ich entscheiden kann, ob ich mich genug interessiere, um tiefer einzutauchen. Wenn diese Entscheidung getroffen ist, nämlich tiefer einsteigen zu wollen, dann sind die eben angesprochenen Lehrbücher von unschätzbarem Wert, weil sie schnell auf (fast) alles eine Antwort parat haben.

Das hier vor Ihnen liegende Lehrbuch ist nicht vollständig und will es nicht sein. Es soll dem hoffentlich noch und auch weiterhin Interessierten einen fundierten Einstieg ermöglichen und ggf. Lust auf mehr machen, es kann und will aber nicht die gesamte Welt der Spieltheorie darstellen. Der Inhalt dieses Buches liefert aber hoffentlich eine leicht zugängliche Darstellung einiger der wichtigsten Ideen der Spieltheorie. Der Umfang des Buches ist dabei so bemessen, dass (fast!?) der gesamte Inhalt in einem Semester erarbeitet werden kann. Über meine Internetseite http://www.rub.de/spieltheorie sind Begleitmaterialien zum Buch und Videostreams mit Vorlesungsaufzeichnungen abrufbar.

Gegenüber der ersten Auflage hat es zwei zentrale Änderungen bzw. Erweiterungen gegeben. Die wichtigste davon ist die Aufnahme eines neuen, 9. Kapitels, welches der sogenannten evolutionären Spieltheorie gewidmet ist. Dieser Zweig der Spieltheorie erlaubt die Untersuchung von interdependenten Entscheidungssituationen, in denen Entscheidungen evtl. unbewusst getroffen werden oder aber auch so komplex sind, dass man die richtige Entscheidung „gar nicht mehr ausrechnen kann". Wer das Schachspiel erlernt, setzt sich nicht hin und rechnet alle möglichen Reaktionen des Gegenspielers durch, sondern er setzt sich hin und spielt und lernt aus Erfahrung. Solche Lernprozesse in interdependenten Spielsituationen waren mit den in der ersten Auflage behandelten Methoden noch nicht analysierbar, nun sind sie es. Ferner wurde das Kapitel zur sog. „kooperativen Spieltheorie" erweitert. In der ersten Auflage wurde nur diskutiert, was man in Mehrpersonenverhandlungen erreichen kann, wenn jeder für sich selbst verhandelt.

In der hier vorliegenden zweiten Auflage wird nun auch der Frage nachgegangen, was man erreichen kann, wenn man sich zu Koalitionen zusammenschließt.

Ich hoffe, dass dieses Buch etwas von der Freude vermitteln kann, die mir die Spieltheorie vom ersten Tag an gemacht hat. Als Ökonom glaube ich zumindest ein wenig an die Wahrheit des Marktes. Da sich die Bestände der ersten Auflage nach relativ kurzer Zeit dem Ende zuneigen und der Markt nach einer zweiten ruft, hat sich meine eben geäußerte Hoffnung wohl zumindest in Teilen erfüllt. Wenn Sie, liebe Leserin, lieber Leser, den Erwerb auch dieser zweiten Auflage noch immer als teilspielperfekt ansehen, nachdem sie sie gelesen haben, dann hat dieses Buch seinen Zweck erfüllt. Was nun wiederum dieser letzte Satz bedeutet, wird sich einige Seiten später hoffentlich geklärt haben…

Bochum im August 2018 Prof. Dr. Stefan Winter

Inhaltsverzeichnis

Einführung

„Dr. Seltsam – oder wie ich lernte, die Bombe zu lieben" lautet der Titel von Stanley Kubricks spannendem und spieltheoretisch äußerst faszinierendem Meisterwerk aus den Zeiten des Kalten Krieges. In dem Film geht es unter anderem um die Frage, wie man einen wirtschaftlich und rüstungstechnisch überlegenen Gegner von einem Angriff auf das eigene Territorium abhalten kann. Statt nun eine unbezahlbare eigene Aufrüstung betreiben zu wollen, lautet die im Film gewählte Strategie der damaligen Sowjetunion: Bau einer Superbombe, genannt „Weltvernichtungsmaschine", die bei einem Angriff auf das eigene Territorium automatisch explodiert und die ganze Welt radioaktiv verseucht. Davon, so der zunächst spieltheoretisch korrekte Grundgedanke, sollte sich wohl jeder Gegner abschrecken lassen! Bleibt an dieser Stelle vorab zu erwähnen: Der Gegner wusste nichts von der Bombe!

Die Analyse von Konflikt- oder gar Kriegsszenarien gehörte zu den ersten Anwendungsgebieten, denen sich die Spieltheorie widmete. Inzwischen hat sich die Spieltheorie allerdings zu einem der wichtigsten Methodenbaukästen der Wirtschaftswissenschaft gemausert. Volkswirtschaftliche Probleme des Wettbewerbs, der Kartellbildung, der Tarifverhandlungen bis hin zur betriebswirtschaftlichen Analyse von Arbeitsverträgen sind heute selbstverständliche Anwendungsgebiete der Spieltheorie geworden. Und wie die im Jahr 2012 an Alwin Roth und Lloyd Shapley verliehenen Nobelpreise zeigen, schrecken Spieltheoretiker nicht einmal mehr vor Fragen zurück, nach welchen Regeln Schüler auf Schulen oder gar Spenderorgane auf Kranke verteilt werden sollten. Dabei ist die Spieltheorie auch längst keine rein wirtschaftswissenschaftliche Disziplin mehr. Vielmehr hat sich gezeigt, dass sie z.B. auch für Soziologen und sogar für Biologen äußerst interessante Einsichten liefern kann.

Damit aber geht eine erste wichtige Erkenntnis einher: Die Spieltheorie ist eine Methodenwissenschaft! Ebenso wie die Wissenschaft der Statistik Methoden bereitstellt, stellt auch die Spieltheorie Methoden zur Verfügung. Dies sind im Gegensatz zur Statistik

© Springer-Verlag GmbH Deutschland, ein Teil von Springer Nature 2019
S. Winter, *Grundzüge der Spieltheorie*,
https://doi.org/10.1007/978-3-662-58215-2_1

allerdings keine Methoden der Datenauswertung, sondern Methoden zur Analyse interdependenter Entscheidungsprobleme. Interdependente Entscheidungsprobleme liegen immer dann vor, wenn mehrere Akteure durch ihre individuellen Entscheidungen gegenseitig ihr Wohlergehen beeinflussen. Im Folgenden bezeichnen wir interdependente Entscheidungssituationen einfach als „Spiele". Ferner werden wir die Akteure, die in den Spielen Entscheidungen zu treffen haben, einfach als „Spieler" bezeichnen, wie dies in der Spieltheorie üblich ist.

In Spielen, d.h. in interdependenten Entscheidungssituationen, sollten die Spieler berücksichtigen, dass ihr eigenes Verhalten eventuell Reaktionen der anderen Spieler hervorruft. So muss bspw. der Spieler „Staat", der die Steuern auf Zigaretten erhöhen will, um höhere Staatseinnahmen zu erzielen, evtl. damit rechnen, dass die Einnahmen trotz Steuererhöhung sogar sinken. Es könnte nämlich der Spieler „Raucher" wegen der gestiegenen Zigarettenpreise beschließen, mit dem Rauchen aufzuhören oder der Spieler „Schmuggler" könnte beschließen, Schmuggel und Verkauf unversteuerter Zigaretten zu forcieren. Das Ziel einer Steigerung seiner Einnahmen würde der Spieler „Staat" dann aber verfehlen.

In der Statistik kann nun nicht jede Art von Daten mit der gleichen Methode untersucht werden. Dies gilt analog auch für die Spieltheorie, in der nicht jedes interdependente Entscheidungsproblem mit der gleichen Methode untersucht werden kann. Die in diesem Buch vorgestellten Methoden orientieren sich zunächst an zwei Unterscheidungskriterien. Eines dieser Kriterien bezieht sich auf den zeitlichen Ablauf der individuellen Entscheidungen der Spieler. Erfolgen die Entscheidungen simultan bzw. ohne Kenntnis der Entscheidungen der anderen Spieler, dann gibt es in den Spielen - umgangssprachlich ausgedrückt- keine Reihenfolge der Spieler und ihrer Entscheidungen. Spiele ohne Reihenfolge nennen wir „statische Spiele". Dem stehen Spiele mit bekannter Reihenfolge der Spieler gegenüber, die wir als „dynamische Spiele" bezeichnen.

Als zweites Hauptkriterium zur Einteilung der Spiele ziehen wir den Informationstand der Spieler über die Zielsetzungen der anderen Spieler heran. Kennen alle Spieler die Konsequenzen jedes möglichen Spielausgangs für alle anderen Spieler, so sprechen wir von Spielen mit „vollständiger Information". Vollständige Information zu besitzen heißt inhaltlich, dass man sich in die anderen Spieler komplett hineinversetzen kann. Man kann –bildlich gesprochen- in ihre Köpfe hineinkriechen und das Spiel auch komplett aus deren Perspektive betrachten und sich fragen, was man an deren Stelle tun würde. Dem stehen Spiele mit „unvollständiger Information" gegenüber, in denen die Informationen über die anderen Spieler nicht ausreichen, um mit Sicherheit zu wissen, wie diese die unterschiedlichen Spielausgänge bewerten. Allerdings muss man selbst in diesen Spielen ein Minimum an Informationen über die anderen Spieler haben. Wüsste man über die anderen Spieler rein gar nichts, käme auch die inzwischen sehr weit entwickelte Spieltheorie nur noch in Sonderfällen zu eindeutigen Ergebnissen!

Neben diesen beiden gibt es viele weitere Kriterien, mit denen bestimmte Zweige der Spieltheorie bezeichnet und voneinander abgegrenzt werden. Ein solches Kriterium, welches auch in diesem Buch eine Rolle spielt, bezieht sich auf die Möglichkeit, oder eben auch Unmöglichkeit, sog. „bindende Verträge" miteinander zu schließen.

Wenn die Spieler keine bindenden (bindend = zweifelsfrei durchsetzbar) Verträge miteinander schließen können, dann sind wir im Bereich der sogenannten „nicht-kooperativen Spieltheorie". Was könnten Ursachen dafür sein, dass Spieler keine bindenden Verträge miteinander schließen können? Tatsächlich gibt es viele mögliche Ursachen, hier soll aber zunächst der Hinweis auf eine genügen: Nehmen wir an, dass sich Konni und Sven während einer Reise aus den Augen verloren haben. Sie sind so weit von der Zivilisation entfernt, dass ihre Handys nicht funktionieren und sie sich deshalb gegenseitig nicht erreichen können. Sie müssen jetzt unabhängig voneinander entscheiden, ob sie jeweils nach A oder B fahren wollen, in der Hoffnung, sich dort wiederzufinden. Hier ist es offensichtlich, dass sich die beiden nicht vertraglich auf A oder B einigen können, da sie nicht einmal miteinander kommunizieren können. Die Kapitel 2 bis 6 befassen sich mit Problemen und Lösungen nicht-kooperativer Spiele.

Können die Spieler hingegen bindende Verträge schließen, dann befinden wir uns im Bereich der sog. „kooperativen Spieltheorie". Wenn man bindende Verträge schließen kann, dann bedeutet das, dass die Spieler im Vergleich zur nicht-kooperativen Spieltheorie einfach eine zusätzliche Möglichkeit haben, ihr Verhalten aufeinander abzustimmen. Da sie das nur können, aber nicht müssen, kann sich ihre Situation durch die Möglichkeit, bindende Verträge miteinander zu schließen, keinesfalls verschlechtern. Die reine Möglichkeit, Verträge zu schließen, kann die Situation also allenfalls verbessern. Wenn Konni und Sven einen Vertrag darüber schließen könnten, ob sie sich in A oder B wiedertreffen wollen, dann würden sie das vermutlich zu schätzen wissen. Die Möglichkeit, in dieser Situation einen bindenden Vertrag schließen zu können, würde die Situation von Konni und Sven verbessern, weil sie nun ausschließen könnten, dass sie sich verfehlen. Wir können das verallgemeinern: Für Spieler ist es niemals schlechter, in einer kooperativen Spielsituation zu sein. Es kann zwar sein, dass es tatsächlich auch einmal nichts nützt, bindende Verträge schließen zu können, aber schlechter wird es für die Spieler dadurch keinesfalls. Das 7. Kapitel ist der kooperativen Spieltheorie gewidmet.

Ein weiteres Unterscheidungsmerkmal zur Abgrenzung verschiedener Zweige der Spieltheorie besteht in der Annahme über den Grad der Vernünftigkeit der Spieler. Wenn man annimmt, dass die Spieler stets die richtigen Entscheidungen treffen und dabei niemals Fehler machen, dann befindet man sich im Bereich der sog. „rationalen Spieltheorie". Die Kapitel 1 bis 7 dieses Buches sind diesem Zweig der Spieltheorie gewidmet. In Kapitel 8 wird dann noch ein Optimalitätskonzept vorgestellt, welches die Möglichkeit von Fehlern explizit in die Betrachtung einbezieht. Damit wird der Bereich der vollständig rationalen Spieltheorie verlassen.

Gänzlich verlässt man den Bereich der rationalen Spieltheorie im Zweig der sogenannten „evolutionären Spieltheorie". In der evolutionären Spieltheorie wird angenommen, dass Entscheidungen unbewusst oder bestenfalls auf Basis von Daumenregeln getroffen werden. So setzt sich ein Anfänger nicht vor das Schachbrett, denkt 10 Stunden nach und wählt dann eine Folge optimaler Züge. Diese Folge optimaler Züge ist tatsächlich bis heute überhaupt noch nicht bekannt und selbst die leistungsfähigsten Computer der Welt sind nicht in der Lage, die optimale Zugfolge vorab auszurechnen. Vielmehr setzt sich der Anfänge hin und spielt. Dabei wird er nach einer Reihe von Partien vermutlich feststellen, dass es in der Regel keine gute Idee ist, sehr früh mit der Dame aufs Schlachtfeld zu ziehen. Er wird nach einer Zeit also gelernt haben, dass „Strategien", die auf frühe Damenzüge setzen, keine guten Strategien sind. Derartige Strategien werden dann nicht mehr gewählt und „sterben aus". Im Laufe der Zeit wird der Anfänger weitere Prinzipien guten und schlechten Schachspiels erkennen und so nach und nach zum besseren Spieler. Aber selbst an dem Tag, an dem er die Weltmeisterschaft gewinnt, wird er die optimale Strategie des Schachspiels noch immer nicht kennen. Die evolutionäre Spieltheorie befasst sich mit genau solchen Situationen, in denen die handelnden Spieler nicht in der Lage sind, wirklich optimale Entscheidungen zu treffen, z.B. weil diese Entscheidungen eben zu komplex sind. Diesen Zweig der Spieltheorie sehen wir uns am Ende dieses Buches in Kapitel 9 an.

Vorüberlegungen und Begriffe

1

Die Spieltheorie ist inzwischen zu einem kaum noch zu überschauenden Theoriengebilde herangewachsen. Einer enormen Vielfalt von Fragestellungen stehen die unterschiedlichsten Analysetechniken gegenüber. Damit einher geht auch eine umfangreiche Fachterminologie, die gerade den Anfänger erst einmal verschreckt. Wir werden sowohl die Vielfalt der Fragestellungen stark einschränken als auch den Gebrauch der Fachterminologie weitestgehend reduzieren.

1.1 Vorüberlegungen

Sven und Konni sind mit Ihren Motorrädern im Australischen Outback unterwegs. Sie haben als grundsätzliche Regel vereinbart, dass Sie sich im nächstgelegenen Ort am Bahnhof treffen wollen, sollten sie sich unterwegs aus den Augen verlieren. Genau dies ist nun passiert. Fern der Zivilisation funktionieren auch ihre Handys nicht, weshalb sie auf ihre Bahnhofsregel zurückgreifen müssen. Jeder von beiden schlägt seine Straßenkarte auf und stellt erstaunt fest, dass es zwei Orte gibt, nämlich Blackall und Charleville, die jeweils 100 KM entfernt liegen, aber in unterschiedlichen Richtungen. Beide vermuten auch, dass der jeweils andere zu der gleichen Erkenntnis kommt. Sollten sich beide, aus welchen Gründen auch immer, für Blackall entscheiden, so wären beide nachträglich mit ihren Entscheidungen zufrieden. Gleiches würde gelten, wenn sich beide für Charleville entschieden hätten. Entscheidet sich aber einer von beiden für Blackall und einer für Charleville, wären beide im Nachhinein mit ihren Entscheidungen unzufrieden. Dies bedeutet aus der individuellen Perspektive beider Reisenden: Sowohl Blackall als auch Charleville könnten die richtige als auch die falsche Entscheidung sein. Ob die Ent-

scheidung richtig oder falsch ist, hängt offensichtlich davon ab, was der andere Reise-
partner entscheidet.

Diese Beobachtung können wir verallgemeinern: In spieltheoretischen Entscheidungssituationen hängt das Wohlergehen eines Spielers von seiner eigenen, aber auch
von den Entscheidungen anderer Spieler ab. Ob die Entscheidung eines Spielers aus
seiner Sicht also optimal ist, wird dieser Spieler daher meist erst dann zweifelsfrei beurteilen können, wenn er die Entscheidungen der anderen Spieler kennt.

Die Spieltheorie sucht nun nach solchen Kombinationen von Entscheidungen, die dazu führen, dass jeder einzelne Spieler im Nachhinein sagen würde, dass er seine Entscheidung für die bestmögliche Entscheidung hält, die er unter Berücksichtigung der
Entscheidungen der anderen Spieler treffen konnte. Wenn wir eine solche Kombination von Entscheidungen aller Spieler gefunden haben, dann nennen wir diese Kombination ein „Gleichgewicht". Das Gleichgewicht ist das zentrale Optimalitätskonzept
der Spieltheorie. Eine Kombination von Entscheidungen, die ein Gleichgewicht bildet,
ist also die optimale Lösung eines interdependenten Entscheidungsproblems mehrerer
Spieler.

Freiwillige versus unfreiwillige Spiele?

Die Spieltheorie analysiert, was Spieler in interdependenten Entscheidungssituationen
tun sollten. Um eine solche Analyse durchführen zu können, muss zunächst die Entscheidungssituation präzise beschrieben werden. Zunächst muss man für jeden Spieler
festlegen, was dieser Spieler tun könnte. In unserem oben vorgestellten Reisespiel von
Konni und Sven kann sowohl Konni entweder nach Blackall oder Charleville fahren als
auch Sven. Wenn man die möglichen Entscheidungen jedes Spielers kennt, kann man als
nächstes feststellen, welche Entscheidungskombinationen möglich wären. Hier wären
das also die vier folgenden Entscheidungskombinationen:

- Entscheidungskombination 1: {Konni nach Blackall, Sven nach Blackall}
- Entscheidungskombination 2: {Konni nach Blackall, Sven nach Charleville}
- Entscheidungskombination 3: {Konni nach Charleville, Sven nach Blackall}
- Entscheidungskombination 4: {Konni nach Charleville, Sven nach Charleville}

Im nächsten Schritt benötigt man für jede dieser Kombinationen jeweils die Bewertung
jeder möglichen Kombination durch jeden Spieler. Für unser Reisespiel hatten wir oben
angenommen, dass Konni und Sven sich gern wiedertreffen würden, es aber beiden egal
ist, wo sie sich wiedertreffen. Sie würden also beide die Kombination 1 und die Kombination 4 jeweils als gut bewerten, die beiden anderen Kombinationen aber als schlecht,
weil sie sich in Kombination 2 und 3 offensichtlich verfehlen würden. Wir würden hier
also sagen, dass die Kombinationen 1 und 4 „Gleichgewichte" des Spiels sind.

Was aber sollten Spieler tun, wenn selbst die beste Kombination, die sie erreichen
können, immer noch sehr schlecht ist? Eine logische Reaktion wäre in diesem Fall, gar
nicht an dem Spiel teilzunehmen. Diese Möglichkeit wird in spieltheoretischen Analysen

meist stillschweigend ausgeschlossen. Diese stillschweigende Annahme, dass die Spieler am Spiel teilnehmen müssen, ist für eine ganze Reihe von Spielen sicher auch unproblematisch. So werden wir im nächsten Kapitel ein Spiel analysieren, in welchem zwei von der Polizei verhafteten Ganoven unabhängig voneinander angeboten wird, gegen den jeweils anderen als Kronzeuge auszusagen. Da die Ganoven verhaftet sind, können sie zwar ablehnen, als Kronzeugen auszusagen, sie können aber nicht einfach entscheiden, das Gefängnis und damit das Spiel einfach zu verlassen.

Nun gibt es allerdings Spiele, die sehr unrealistisch wären, wenn man einfach annehmen würde, dass die Spieler zur Teilnahme bis zum Schluss gezwungen wären. Nehmen wir als Beispiel den Abschluss eines Arbeitsvertrages oder eines Kaufvertrages. Wenn der Spieler „Bewerber" einen Arbeitsvertrag vom Spieler „Unternehmen" angeboten bekommt, dann kann er in der realen Welt den vorgeschlagenen Arbeitsvertrag ablehnen und sich einen anderen „Spielpartner" suchen. Solche Situationen lassen sich aber realitätsnah in spieltheoretischen Analysen berücksichtigen, indem die „Ablehnung" einfach als eine mögliche Entscheidung des Spielers „Bewerber" in die Spielregeln eingebaut wird. In einem gewissen Sinn ist dann allerdings auch dieses Spiel zu einem unfreiwilligen Spiel geworden, da zumindest die „Ablehnung" noch gespielt werden muss.

In den folgenden Kapiteln werden wir daher alle Spiele als unfreiwillige Spiele behandeln. Dort, wo das inhaltlich sinnvoll erscheint, werden wir aber die Möglichkeit eines Spielers, vorzeitig aus einem Spiel auszusteigen, explizit in die Überlegungen einbeziehen.

1.2 Begriffe

Bevor wir inhaltlich fortfahren, wollen wir nun die wichtigsten Begriffe der Spieltheorie etwas genauer fassen, um später nicht immer wieder umständliche Umschreibungen für Sachverhalte benutzen zu müssen.

Zug
Unter „Zug" verstehen wir im Folgenden eine einzelne Entscheidung eines Spielers zu einem bestimmten Zeitpunkt des Spiels. Der gesamte Verlauf eines Spieles ergibt sich also durch die Abfolge aller von den Spielern ausgeführten Züge.

Strategie
Während des Spieles führen die Spieler Züge aus. Zusätzlich nehmen wir aber an, dass sich die Spieler vor Beginn des Spiels Spielpläne zurechtlegen. Diese Spielpläne nennen wir „Strategien". Spieler wählen bzw. spielen also Strategien. In Kurzform schreiben wir für Strategie einfach S. Der spieltheoretische Fachbegriff der „Strategie" bezeichnet nun einen vollständigen Spielplan, den sich ein Spieler vor Beginn des Spieles zurechtlegt. Mit „vollständig" meinen wir dabei, dass der Spielplan so beschaffen sein muss, dass er für

alle eventuell während eines Spieles auftretenden Situationen eine vorher festgelegte Handlungsanweisung, d.h. einen Zug, für den Spieler festlegen muss. Wenn es dem Spieler gelungen ist, einen solch vollständigen Spielplan zu formulieren, also eine Strategie auf-zustellen, dann können in dem Spiel keine Situationen mehr auftreten, in denen der Spieler nicht wüsste, welchen Zug er dann ausführen sollte.

Sehen wir uns zur Erläuterung ein ganz simples, wenngleich ziemlich sinnloses Spiel an, bei dem immer der zweite Spieler gewinnt, wenn er die richtige Strategie, also den richtigen, vollständigen Spielplan wählt. Bei dem Spiel spielen Mimi und Caro um Mün-zen. Mimi beginnt und muss ihre Münze auf den Tisch legen. Sie kann ihre Münze mit „Kopf" oder „Zahl" nach oben legen. Caro kann sehen, wofür sich Mimi entschieden hat, bevor Caro dann ihre eigene Münze auf den Tisch legt. Wenn Caro das gleiche Symbol nach oben legt, wie Mimi das getan hat, dann gewinnt Caro Mimis Münze. Andernfalls bekommt Mimi die Münze von Caro. Ein für Caro offensichtlich guter Spielplan lautet:

Spielplan 1
Wenn Mimi „Kopf oben"
legt, lege ich „Kopf oben",
legt Mimi „Zahl oben", lege
ich „Zahl oben".

Mit diesem Spielplan würde Caro immer gewinnen, der Spielplan wäre also gut für sie. Was aber hier im Augenblick noch viel wichtiger ist: Caros Spielplan 1 ist tatsächlich sogar eine Strategie, weil es sich nämlich um einen vollständigen Spielplan handelt. Denn egal, was Mimi in der ersten Runde des Spiels tut, in Caros Spielplan steht in jedem Fall, was sie dann selbst jeweils tun soll, d.h. welchen ihrer möglichen Züge „Kopf" oder „Zahl" sie dann ziehen soll. Da Mimi nur Kopf oder Zahl nach oben legen kann, und Caros Spielplan für beide möglichen Situationen eine Angabe macht, was dann zu tun ist, ist der Spielplan vollständig und daher eine Strategie!

Halten wir also fest:

▶ **Definition: „Strategie"** Unter dem Begriff „Strategie" eines Spielers verstehen wir einen vollständigen Spielplan für das gesamte Spiel.

Nun können wir uns als nächstes noch fragen, welche anderen Strategien Caro noch wählen könnte, wenn sie nicht ihren oben angegebenen Spielplan 1 verfolgen wollte. Sehen wir uns folgende mögliche Spielpläne an:

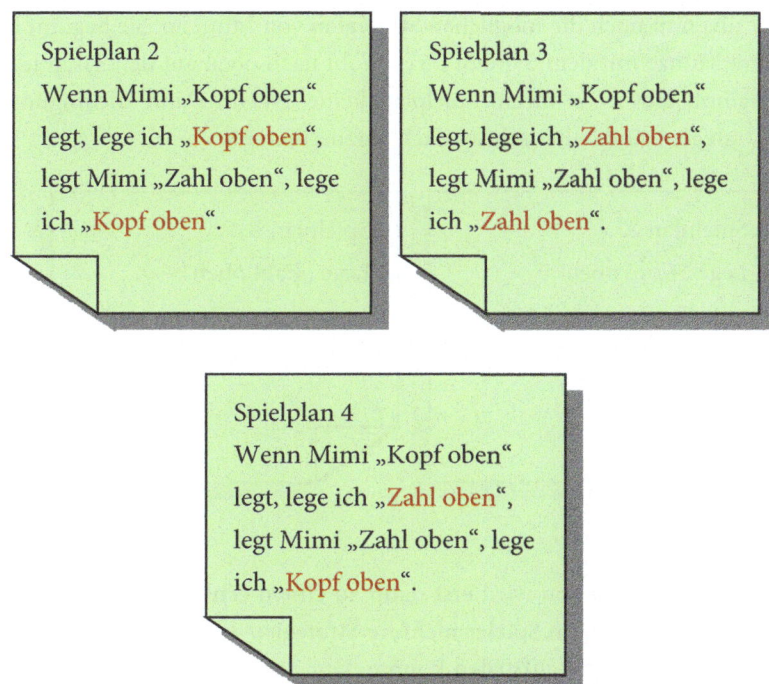

Diese drei weiteren Spielpläne sind ebenfalls vollständig, daher können wir auch diese Pläne als Strategien bezeichnen. Allerdings sind diese drei Strategien nicht so gut, wie der oben angegebene Spielplan 1. Mit Spielplan 1 gewinnt Caro ja immer, dies gilt für die Spielpläne 2–4 aber nicht! Sehen wir uns z.B. Spielplan 3 an, dann sehen wir, dass nach diesem Spielplan Caro „Zahl oben" wählen müsste, wenn Mimi „Kopf oben" gewählt hätte. Dadurch würde Caro ihre Münze aber an Mimi verlieren. Noch schlechter ist aber Spielplan 4, weil dieser Spielplan für Caro vorsieht, immer das gegenteilige Symbol von Mimi nach oben zu legen. Nach diesem Spielplan würde Caro also immer verlieren. Dieser Spielplan 4 wäre also die denkbar schlechteste Strategie für Caro. Was aber dennoch wichtig ist: Auch der schlechteste Spielplan ist noch immer eine Strategie, vorausgesetzt, dass der Spielplan vollständig ist. Wenn wir also von Strategien reden, dann sind damit auch die schlechten Strategien gemeint.

Wenn ich mit Studierenden Strategien diskutiere und dann so unsinnige Strategien wie den Spielplan 4 vorstelle, kommt oft der Einwand, dass das doch unmöglich eine Strategie sein kann, einen so dummen Spielplan zu verwenden. Bei diesem Einwand wird aber das umgangssprachliche Verständnis des Begriffes „Strategie" mit dem spieltheoretischen Verständnis durcheinander geworfen. In der Umgangssprache wird der Begriff „Strategie" häufig mit „clever sein" oder „langfristig geplant" in Verbindung gebracht. Dies ist in der Spieltheorie nicht der Fall. In der Spieltheorie gilt: Jeder vollständige Spielplan wird als „Strategie" bezeichnet, selbst wenn der Spielplan sehr schlecht ist. Es ist vielmehr erst die Aufgabe der Spieltheorie, die guten von den schlechten Strategien zu unterscheiden.

Sehen wir uns nun noch die möglichen Strategien von Mimi an. Sie beginnt das Spiel, indem sie ihre Münze mit dem Symbol ihrer Wahl nach oben auf den Tisch legt. Da sie das Spiel beginnt, gibt es in ihrem Spielplan keine „Wenn-Dann"-Bedingungen. Ihre möglichen Strategien sind daher sehr einfach aufzuschreiben:

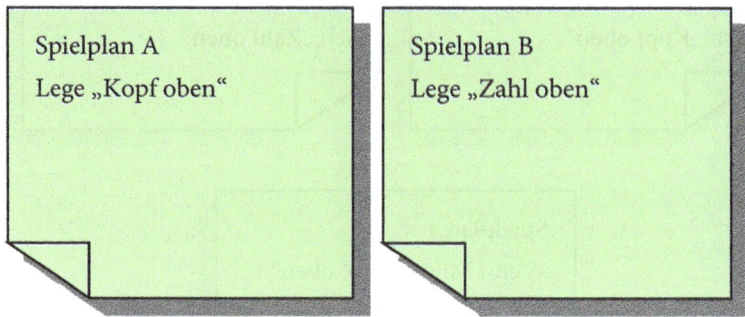

Spielplan A
Lege „Kopf oben"

Spielplan B
Lege „Zahl oben"

Strategiemenge

Eine spieltheoretische Situation wird erst dann zu einem echten Entscheidungsproblem für einen Spieler, wenn diesem Spieler mehrere Strategien zur Verfügung stehen, er also mehrere mögliche Spielpläne aufstellen könnte. Um dann eine Situation analysieren zu können und die für den betreffenden Spieler beste Strategie herausfinden zu können, müssen wir für diesen Spieler zunächst wissen, welche möglichen Strategien ihm überhaupt zur Verfügung stehen. Die Menge aller Strategien, die einem Spieler überhaupt zur Verfügung stehen, bezeichnen wir als „Strategiemenge". Um die Notation zu vereinfachen, schreiben wir für Strategiemengen im Folgenden einfach SM. In dem Münzenspiel von oben hatte Caro vier mögliche Strategien zur Auswahl, ihre Strategiemenge in diesem Spiel lautet also:

$$SM_{Caro} = \{Spielplan\ 1; Spielplan\ 2; Spielplan\ 3; Spielplan\ 4\}$$

Wir schreiben den Namen des betreffenden Spielers in den Index, damit leicht zu erkennen ist, über wessen Strategiemenge wir jeweils sprechen. Die Strategiemenge von Mimi in dem obigen Spiel können wir so angeben als:

$$SM_{Mimi} = \{Spielplan\ A; Spielplan\ B\}$$

Strategiekombination

Da jede Strategie jedes Spielers jeweils einen vollständigen Spielplan darstellt, ergibt sich aus der Kombination von je einer Strategie pro Spieler ein kompletter möglicher Spielverlauf! Sehen wir uns das am Beispiel von Mimis und Caros Münzspiel an. Nehmen wir an, dass Mimi sich für ihren Spielplan A entscheidet und Caro wählt für sich Spielplan 1:

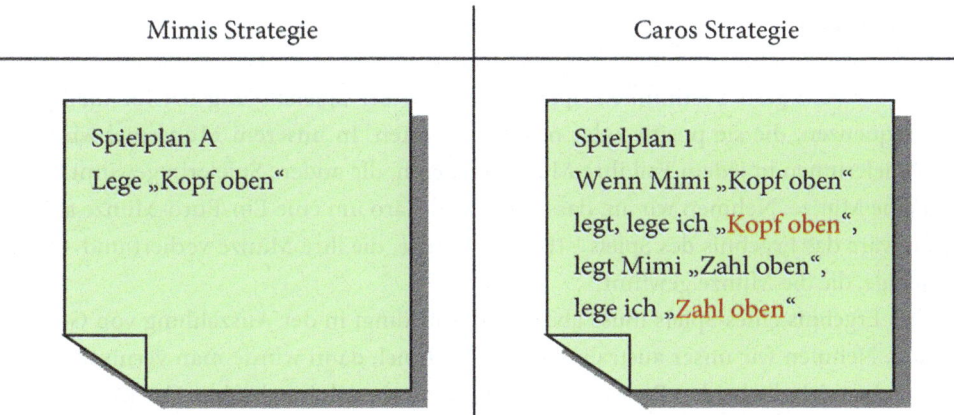

Mimis Strategie	Caros Strategie
Spielplan A Lege „Kopf oben"	Spielplan 1 Wenn Mimi „Kopf oben" legt, lege ich „Kopf oben", legt Mimi „Zahl oben", lege ich „Zahl oben".

Wie wird das Spiel verlaufen, wenn die beiden diese jeweiligen Strategien wählen? Gemäß Mimis Strategie wird sie ihre Münze mit Kopf nach oben legen. Caro wird dann gemäß ihrer eigenen Strategie darauf reagieren, indem sie ihre Münze ebenfalls mit Kopf nach oben legt. Denn dies ist die Anweisung, die in ihrem Spielplan 1 vorgesehen ist. Im Ergebnis legen also beide ihre Münze mit Kopf nach oben, Caro gewinnt die Münze von Mimi und das Spiel ist beendet. Daraus ergibt sich, dass aus jeder Kombination von je einer Strategie pro Spieler ein ganz bestimmter Spielverlauf folgen würde. Eine solche Kombination von je einer Strategie pro Spieler nennen wir im Folgenden „Strategiekombination" und kürzen diese mit *SK* ab.

Wie viele Strategiekombinationen gibt es? In unserem einfachen Münzspiel haben wir gesehen, dass Mimi zwei mögliche Strategien besitzt, nämlich die Spielpläne A und B, während Caro vier mögliche Strategien besitzt, nämlich ihre Spielpläne 1–4. Da wir beim Aufstellen von Strategiekombinationen jede Strategie von Mimi mit jeder Strategie von Caro kombinieren können, ergeben sich insgesamt zwei mal vier, also acht, mögliche Strategiekombinationen. Diese lauten:

Strategiekombination	Strategie Mimi	Strategie Caro
SK 1	Spielplan A	Spielplan 1
SK 2	Spielplan A	Spielplan 2
SK 3	Spielplan A	Spielplan 3
SK 4	Spielplan A	Spielplan 4
SK 5	Spielplan B	Spielplan 1
SK 6	Spielplan B	Spielplan 2
SK 7	Spielplan B	Spielplan 3
SK 8	Spielplan B	Spielplan 4

Auszahlungen

Jede Strategiekombination führt zu einem ganz bestimmten Verlauf des Spiels und damit auch zu einem ganz bestimmten Spielausgang. Dieser Spielausgang hat für die Spieler Konsequenzen, die sie positiv oder negativ bewerten. In unserem Münzspiel wird eine der Spielerinnen in jedem Fall ihre Münze verlieren, die andere Spielerin gewinnt hingegen eine Münze. Nehmen wir an, dass Mimi und Caro um eine Ein-Euro-Münze spielen, dann wäre das Ergebnis des Spiels –1€ für diejenige, die ihre Münze verliert und +1€ für diejenige, die die Münze gewinnt.

Das Ergebnis eines Spiels muss aber nicht unbedingt in der Auszahlung von Geld bestehen. Nehmen wir unser australisches Reisebeispiel, dann würde man vermutlich eher sagen, dass sich die beiden Reisenden freuen, wenn sie sich im gleichen Ort wiederfinden und ärgern, wenn sie feststellen, dass sie zu verschiedenen Orten gefahren sind.

In der Spieltheorie nehmen wir nun einfach an, dass das Ende eines Spieles immer mit Konsequenzen für jeden einzelnen Spieler verbunden ist, die sich mit Zahlen bewerten lassen. Hierbei gilt: Je höher die Zahl, desto besser wird der Ausgang des Spiels von dem betreffenden Spieler bewertet. Diese Bewertungszahlen, mit denen wir die Konsequenzen eines Spiels aus der Sicht jedes Spielers bewerten, bezeichnen wir als „Auszahlungen".

Daraus ergibt sich nun die folgende Logik: Jede Strategiekombination führt zu einem ganz bestimmten Spielverlauf. Jeder Spielverlauf aber führt zu einer ganz bestimmten Auszahlung für jeden Spieler. Die Auszahlungen der Spieler hängen also direkt von der jeweils gewählten Strategiekombination ab. Für weitere Analysen wäre es daher schön, eine Darstellungsform zu finden, die es erlaubt, den Zusammenhang zwischen Strategiekombinationen und Auszahlungen direkt erkennen zu können. Hierzu wählen wir die sogenannte Matrixform der Spieldarstellung.

Sehen wir uns das „Reisespiel" von Sven und Konni nochmals etwas genauer an. Nachdem sie sich aus den Augen verloren haben, müssen Sie nun jeweils individuell entscheiden, ob sie nach Blackall oder Charleville fahren wollen. Da sie diese Entscheidungen jeweils treffen müssen, ohne zu wissen, was der jeweils andere tut, gibt es in ihren Spielplänen keine „Wenn-Dann"-Bedingungen. Jeder vollständige Spielplan, also jede Strategie, enthält also lediglich die Anweisung, entweder nach Blackall oder nach Charleville zu fahren. Konnis Strategiemenge lautet daher einfach:

$$SM_{Konni} = \{Fahre\ nach\ Blackall; Fahre\ nach\ Charleville\}$$

Svens Strategiemenge ist identisch:

$$SM_{Sven} = \{Fahre\ nach\ Blackall; Fahre\ nach\ Charleville\}$$

Da jeder von beiden 2 Strategien hat, gibt es vier Strategiekombinationen. Diese können wir in Matrixform folgendermaßen darstellen:

	Sven	
	Fahre nach Blackall	Fahre nach Charleville
Konni — Fahre nach Blackall		
Fahre nach Charleville		

Nun müssen wir noch wissen, mit welchen Auszahlungen Konni und Sven die vier verschiedenen Strategiekombinationen bewerten. Nehmen wir einfach an, dass es ihnen egal ist, wo sie sich treffen, dass es nur wichtig für sie ist, dass sie sich treffen. Nehmen wir weiter an, dass jeder von beiden ein Treffen mit einer Auszahlung in Höhe von 10 bewertet. Es gibt offensichtlich zwei Strategiekombinationen, die dazu führen würden, dass sie sich treffen. Tragen wir zunächst die Auszahlungen für diese beiden Strategiekombinationen ein, so erhalten wir folgende Darstellung:

	Sven	
	Fahre nach Blackall	Fahre nach Charleville
Konni — Fahre nach Blackall	10 10	
Fahre nach Charleville		10 10

Die in rot gedruckte Zahl oben links in jedem Feld gibt die Auszahlung von Konni an, die schwarz gedruckte unten rechts die jeweilige Auszahlung von Sven. Nun nehmen wir noch zusätzlich an, dass beide die Situationen, in denen sie sich verfehlen, jeweils mit einer Auszahlung von Null bewerten. Vollständig ergibt sich dann die folgende Darstellung:

		Sven	
		Fahre nach Blackall	Fahre nach Charleville
Komm	Fahre nach Blackall	10 10	0 0
	Fahre nach Charleville	0 0	10 10

Häufig werden in Lehrbüchern Auszahlungen der Spieler ohne farbliche Unterscheidung und ohne ein Tieferstellen der Auszahlungen eines der Spieler dargestellt. Dann gilt die Konvention, dass sich die erste Zahl immer auf den Spieler bezieht, der über die „Zeilen" entscheidet, die zweite Zahl bezieht sich auf den Spieler, der über die „Spalten" entscheidet. Die Spieler werden dann auch häufig als „Zeilenspieler" bzw. „Spaltenspieler" bezeichnet. Für unser obiges Spiel ergäbe sich dann folgende Darstellung:

		Spaltenspieler	
		Fahre nach Blackall	Fahre nach Charleville
Zeilenspieler	Fahre nach Blackall	10; 10	0; 0
	Fahre nach Charleville	0; 0	10; 10

Eine noch weitergehende Vereinfachung der Darstellung ergibt sich, wenn dann sogar die Bezeichnungen der Spieler in der Matrixdarstellung weggelassen werden und die Strategien selbst abstrakt einfach als „oben" und „unten" für den Zeilenspieler und als „links" und „rechts" für den Spaltenspieler bezeichnet werden. Dann ergibt sich:

	links	rechts
oben	10; 10	0; 0
unten	0; 0	10; 10

Schließlich wird gelegentlich auch noch die Angabe der Strategien weggelassen. Es wird dabei dann einfach unterstellt, dass sich die erste Zeile darauf bezieht, dass der Zeilenspieler „oben" spielt und die erste Spalte darauf, dass der Spaltenspieler „links" zieht. Das Spiel wird dann in Matrixform dargestellt als:

10; 10	0; 0
0; 0	10; 10

In diesem Buch werden wir jedoch bei der Darstellung mit Angabe der Spieler und ihrer Strategien bleiben. Auch wenn das etwas mehr Platz erfordert, ist die Lesbarkeit doch deutlich besser.

Gleichgewicht

Mit dem Begriff „Gleichgewicht" werden nun solche Strategiekombinationen bezeichnet, die aus der Sicht der Spieler optimal sind. Da die Interessen der Spieler aber nicht gleichgerichtet sein müssen, kann es dazu kommen, dass ein Spieler eine andere Strategiekombination bevorzugt als der nächste Spieler. Daher müssen wir unser Verständnis des Begriffs der „Optimalität" etwas präziser fassen. Wir definieren daher:

▶ **Definition „Gleichgewicht"** Eine Strategiekombination ist dann optimal, d.h. die Strategiekombination bildet ein Gleichgewicht, wenn keiner der Spieler individuell seine Strategie nachträglich noch ändern wollen würde, nachdem er erfahren hat, welche Strategien der oder die anderen Spieler gewählt haben.

In unserem Reisespiel gibt es offensichtlich zwei Gleichgewichte, nämlich die beiden Strategiekombinationen (Konnis Strategie in rot gedruckt, Svens Strategie in schwarz):

$$\{Fahre\ nach\ Blackall;\ Fahre\ nach\ Blackall\}$$

$$\{Fahre\ nach\ Charleville;\ Fahre\ nach\ Charleville\}$$

Sehen wir uns die erste der beiden Strategiekombinationen an: Hätten sich beide entschieden, nach Blackall zu fahren, würden beide eine Auszahlung von jeweils 10 erreichen. Wenn man nun Konni fragen würde, ob sie sich nachträglich noch umentscheiden wollen würde, nachdem sie erfahren hat, dass Sven sich für Blackall entschieden hat, dann würde sie „nein" sagen. Denn wenn sie sich umentscheiden, also nach Charleville fahren würde, während Sven in Blackall bleibt, dann würde Konnis Auszahlung von 10 auf 0 sinken. Daher würde sie sich nicht umentscheiden wollen. Das gleiche gilt nun für Sven.

Hätten sich beide hingegen für Charleville entschieden, hätten wir ebenfalls ein Gleichgewicht. Denn auch wenn sich beide in Charleville treffen würden, würde nachträglich keiner von beiden seine Strategie noch wechseln wollen.

Umgekehrt folgt nun aber, dass die beiden anderen Strategiekombinationen keine Gleichgewichte sind. Die verbliebenen Strategiekombinationen

$$\{Fahre\ nach\ Blackall;\ Fahre\ nach\ Charleville\}$$

$$\{Fahre\ nach\ Charleville;\ Fahre\ nach\ Blackall\}$$

würden ja offensichtlich dazu führen, dass sich die beiden verfehlen, was zu Auszahlungen in Höhe von jeweils 0 führen würde. Würde man also z.B. in der ersten dieser beiden Strategiekombinationen Konni fragen, ob sie sich von Ihrer Strategie „Fahre nach Blackall" umentscheiden wollen würde zu ihrer Strategie „Fahre nach Charleville", so würde sie „ja" sagen. Denn in diesem Fall würde sie sich in Charleville mit Sven treffen und ihre Auszahlung würde von 0 auf 10 steigen. Umgekehrt würde in dieser Strategiekombination auch Sven sagen, dass er sich von Charleville auf Blackall umentscheiden wollen würde. Die gleichen Überlegungen gelten nun für die zweite der beiden Strategiekombinationen.

Wenn wir uns diese Überlegungen optisch verdeutlich wollen, dann können wir in die Matrixdarstellung Pfeile eintragen, die erkennen lassen, wer von beiden sich in der jeweiligen Strategiekombination in welcher Richtung umentscheiden wollen würde. Die roten Pfeile zeigen dabei an, in welcher Richtung sich Konni umentscheiden wollen würde, die schwarzen Pfeile beziehen sich auf Sven.

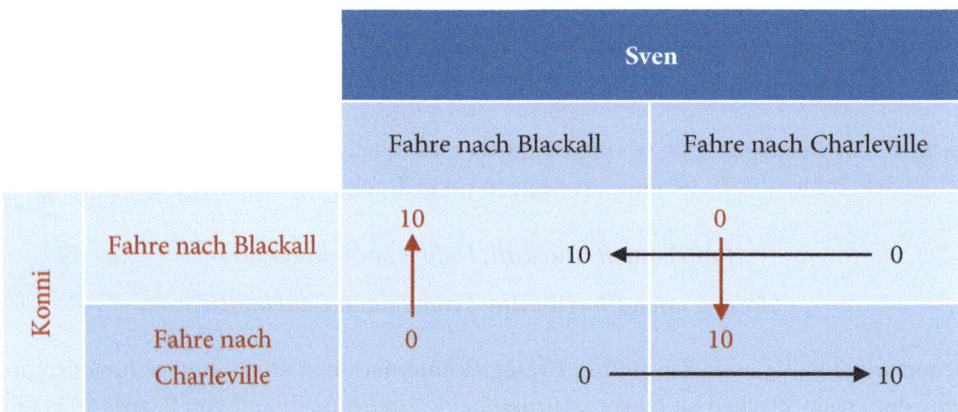

Als „optische Daumenregel" kann man sich merken, dass Gleichgewichte diejenigen Strategiekombinationen sind, aus denen keine Pfeile herausführen. Dabei kommt es nicht auf die Anzahl der Pfeile an. Wenn auch nur ein Pfeil aus einer Strategiekombination hinausführt, dann bedeutet das, dass sich ein Spieler umentscheiden wollen würde. Dann aber liegt <u>kein</u> Gleichgewicht vor!

Wie wir sehen, führen nur aus den Strategiekombinationen

{*Fahre nach Blackall*; *Fahre nach Blackall*}

{*Fahre nach Charleville*; *Fahre nach Charleville*}

keine Pfeile hinaus, damit sind dies die beiden Gleichgewichte des Spiels.

Die Darstellung mit Pfeilen ist natürlich nur ein optisches Hilfsmittel. Auch dieses stößt allerdings schnell an Grenzen, wenn die Zahl der Strategien pro Spieler größer wird. Will man auch in diesem Fall nicht darauf verzichten, ein optisches Hilfsmittel zu verwenden, kann man die jeweils beste Strategie eines Spielers gegen eine gegebene Strategie des Mitspielers auch dadurch kennzeichnen, dass man seine jeweils höchste Auszahlung einkreist.

		Sven	
		Fahre nach Blackall	Fahre nach Charleville
Konni	Fahre nach Blackall	10 10	0 0
	Fahre nach Charleville	0 0	10 10

Wenn Sven seine Strategie „Fahre nach Blackall" wählt, dann kann Konni durch die Wahl ihrer Strategie eine der beiden Auszahlungen in dem rot gestrichelten Rahmen erreichen. Um ihre beste Reaktion auf Svens Strategie zu bestimmen, muss Konni ihre Auszahlungen also spaltenweise vergleichen und das Maximum bestimmen. Dies ist 10, was wir durch einkreisen kennzeichnen:

		Sven	
		Fahre nach Blackall	Fahre nach Charleville
Konni	Fahre nach Blackall	⑩ 10	0 0
	Fahre nach Charleville	0 0	10 10

Wiederholen wir Konnis Überlegungen für Svens zweite Strategie „Fahre nach Charleville", dann erhalten wir schließlich:

		Sven	
		Fahre nach Blackall	Fahre nach Charleville
Konni	Fahre nach Blackall	(10) / 10	0 / 0
	Fahre nach Charleville	0 / 0	(10) / 10

Die gleichen Überlegungen können wir nun auf Sven übertragen. Er muss, um seine jeweils bestmöglichen Reaktionen zu bestimmen, jeweils zeilenweise vorgehen und sein Maximum bestimmen:

		Sven	
		Fahre nach Blackall	Fahre nach Charleville
Konni	Fahre nach Blackall	(10) / (10)	0 / 0
	Fahre nach Charleville	0 / 0	(10) / (10)

Wir erhalten schließlich:

		Sven	
		Fahre nach Blackall	Fahre nach Charleville
Konni	Fahre nach Blackall	(10) / (10)	0 / 0
	Fahre nach Charleville	0 / 0	(10) / (10)

Gleichgewichte sind nun die Strategiekombinationen, in denen die Auszahlungen beider Spieler eingekreist sind.

Dabei kann es auch durchaus Spiele geben, in denen einer oder mehrere Spieler ihr Auszahlungsmaximum mit mehreren ihrer Strategien erreichen können. In diesem Fall werden dann alle Maxima entsprechend markiert. Sehen wir uns dazu das folgende Spiel an:

		Stefan	
		links	rechts
Richarda	oben	⑩ / ⑩	0 / 0
	unten	⑩ / 0	⑩ / ⑩

Wenn in diesem Spiel die Strategiekombination {*unten*; *links*} gespielt würde, und wir Richarda fragen würden, ob sie sich umentscheiden wollen würde, dann würde sie „nein" sagen. Sie bekommt ja in dieser Strategiekombination eine Auszahlung von 10. Wenn sie sich individuell umentscheiden würde, dann käme es zu der Strategiekombination {*oben*; *links*}. In dieser Strategiekombination erhält Richarda aber ebenfalls eine Auszahlung von 10. Daher hätte sie keinen Anlass sich im ersten Fall umzuentscheiden. In der Spieltheorie wird nun angenommen, dass sich ein Spieler nur dann umentscheiden will, wenn er seine Auszahlung tatsächlich verbessern kann. Bleibt seine Auszahlung unverändert, würde er die Frage, ob er sich umentscheiden wollen würde, verneinen.

Schließlich, und das ist von zentraler Bedeutung, ist für die Beurteilung, ob ein Gleichgewicht vorliegt oder nicht, nur wichtig, dass sich kein Spieler individuell umentscheiden wollen würde. Wir stellen also jedem Spieler einzeln und unabhängig voneinander die Frage, ob er sich umentscheiden wollen würde. Bei der Beantwortung dieser Frage soll der Spieler annehmen, dass alle anderen Spieler bei ihren jeweiligen Strategien bleiben. Ein Gleichgewicht bleibt also solange Gleichgewicht, wie jeder der Spieler die Frage nach dem Umentscheiden individuell verneint. Damit ist nicht ausgeschlossen, dass sich mehrere Spieler gern gemeinsam umentscheiden wollen würden, wenn sie das könnten. Sehen wir uns dazu das folgende Spiel an:

	Wolfram	
	links	rechts
oben	8　　　　　8	0　　　　　10
unten	10　　　　0	④　　　　④

(Karin steht vertikal links an der Tabelle; in der Zeile „unten"/Spalte „rechts" sind die beiden Werte 4 jeweils eingekreist.)

Das Gleichgewicht des Spiels lautet {*unten*; *rechts*}. Würden wir in dieser Situation Karin fragen, ob sie sich umentscheiden wollen würde, dann würde sie „nein" sagen. Denn wenn sie sich individuell umentscheidet, also „oben" statt „unten" spielt, käme es zu der Strategiekombination {*oben*; *rechts*}, in der Karin nur noch eine Auszahlung von Null bekommt, während sie ja in der ursprünglichen Kombination {*unten*; *rechts*} eine Auszahlung von 4 bekäme. Gleiches gilt nun für Wolfram. Wir sehen aber, dass beide Spieler gemeinsam gern auf die Strategiekombination {*oben*; *links*} wechseln würden, da dann beide Auszahlungen von 8 bekämen, also doppelt so viel wie im Gleichgewicht. Obwohl also diese Strategiekombination für beide Spieler besser wäre, ist {*oben*; *links*} aber kein Gleichgewicht. In dieser Strategiekombination würde Karin nämlich gern nachträglich auf „unten" wechseln, da sie ihre Auszahlung dann von 8 auf 10 erhöhen könnte. Die Strategiekombination {*oben*; *links*} ist also in dem Sinne instabil, dass die Spieler individuelle Anreize haben, diese Situation wieder zu verlassen. In Gleichgewichten fehlen hingegen diese individuellen Anreize.

Beste Antwort

Nehmen wir an, dass ein Spieler Y seine Strategie SY bereits gewählt hat. Wenn nun Spieler X seine eigene Strategie SX so wählt, dass er damit für sich selbst die höchste Auszahlung gegen die Strategie SY des Spielers Y erreicht, so sagen wir, dass die Strategie SX von Spieler X seine „beste Antwort" auf SY ist.

▶ **Definition „beste Antwort"** Als „beste Antwort" bezeichnet man eine Strategie eines Spielers, die diesem Spieler mindestens die gleiche oder eine höhere Auszahlung gegen die gegebenen Strategien seiner Mitspieler bringt, wie jede seiner anderen möglichen Strategien.

Mit diesem Begriff „beste Antwort" können wir auch den Begriff des Gleichgewichts nochmals definieren:

▶ **Weitere Definition „Gleichgewicht"** Ein Gleichgewicht ist eine Strategiekombination, in der die Strategien aller Spieler jeweils beste Antworten aufeinander sind.

Strategiekombinationen mit dieser Eigenschaft werden auch als „Nash-Gleichgewichte" bezeichnet. Benannt ist das Nash-Gleichgewicht nach John Forbes Nash, Nobelpreisträger der Wirtschaftswissenschaften des Jahres 1994. Die Begriffe „Gleichgewicht" und „Nash-Gleichgewicht" werden in der spieltheoretischen Literatur synonym verwendet. Es gibt also keinen Unterschied zwischen einem „normalen" Gleichgewicht und einem Nash-Gleichgewicht.

Sehen wir uns diese Begriffsbildung mittels bester Antworten nochmals anhand des Reisespiels an. Wenn Konni die Strategie „Fahre nach Blackall" wählt, dann ist die beste Strategie, die Sven dann wählen kann, ebenfalls die Strategie „Fahre nach Blackall". Damit ist Svens Strategie „Fahre nach Blackall" seine beste Antwort auf Konnis Strategie „Fahre nach Blackall". Wenn aber nun Sven die Strategie „Fahre nach Blackall" wählt, dann ist Konnis beste Antwort, ebenfalls „Fahre nach Blackall" zu wählen. Daher sind die beiden Strategien „Fahre nach Blackall" und „Fahre nach Blackall" jeweils beste Antworten aufeinander. Somit ist die Strategiekombination {*Fahre nach Blackall; Fahre nach Blackall*} ein Gleichgewicht. Die gleichen Überlegungen gelten analog für die Strategiekombination {*Fahre nach Charleville; Fahre nach Charleville*}, die ebenfalls ein Gleichgewicht bildet.

Lassen Sie uns diese Überlegungen noch etwas vertiefen. Gleichgewichte sind also Strategiekombinationen, in denen alle Strategien beste Antworten aufeinander sind. Eine beste Antwort ist eine Strategie, die dem Spieler die höchste Auszahlung gegen die gegebenen Strategien seiner Mit- bzw. Gegenspieler bringt. Um nun ein Gleichgewicht zu bestimmen, nehmen wir also an, dass die Spieler nicht nur individuell versuchen, ihre besten Antworten zu wählen, sondern dass sie dabei auch annehmen, dass alle anderen Spieler ebenfalls deren jeweils beste Antworten wählen werden und es daher niemals zu einem Spielverlauf kommen kann, bei welchem einer der Spieler eine Strategie wählt, die in diesem Spiel nicht seine beste Antwort wäre. Bei der Wahl der besten Antworten in einem Gleichgewicht verlässt man sich also darauf, dass die anderen Spieler so wie man selbst versuchen werden, ihre eigenen Auszahlungen zu maximieren, also auch ihre besten Antworten wählen.

Sehen wir uns zur Verdeutlichung dieser Logik ein „Hütchenspiel" der Zwerge Pi, Pu, Pa und Po an. Drei von ihnen, nämlich Pi, Pu und Pa stehen links von einer Wand (s. folgende Abbildung). Hinter der Wand steht Po, den keiner von den drei anderen sehen kann. Pi, Pu und Pa sehen alle in Richtung Wand. Keiner von ihnen darf sich umblicken, keiner von ihnen darf reden. Sie wissen alle, wie sie stehen, aber keiner von den vier Zwergen kennt seine eigene Hutfarbe. Pi sieht die Hutfarben von Pu und Pa, Pu sieht die Hutfarbe von Pa. Pa und Po sehen niemandes Hutfarbe. Auch das wissen alle vier Zwerge. Jetzt bekommen die vier von der Zwergenkönigin die Information, dass es zwei blaue und zwei rote Hüte gibt. Und sie bekommen ein Versprechen: Wer von ihnen sich meldet, seine korrekte Hutfarbe nennt und das auch korrekt begründen kann, darf die Zwergenkönigin heiraten. Wer sich aber meldet und die falsche Hutfarbe nennt oder keine korrekte Begründung liefern kann, der verliert sein Leben.

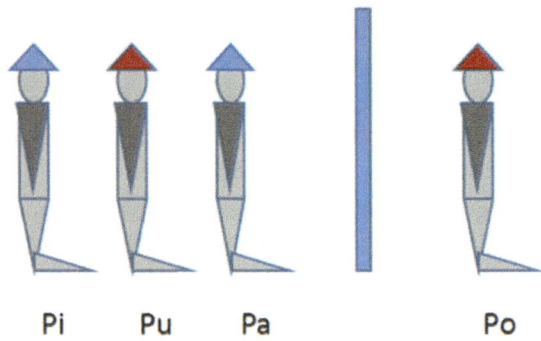

Nach einigen Minuten des allgemeinen Schweigens und Grübelns lächelt Pu, meldet sich, nennt die korrekte Farbe „rot" seines Hutes, nennt die korrekte Begründung und heiratet die Zwergenkönigin. Wie das? Nun, er hat einen der wichtigsten Grundgedanken der Spieltheorie begriffen! Er nimmt nämlich an, dass sich auch die anderen Zwerge optimal verhalten! Daher zieht Pu die folgende Schlussfolgerung: Er weiß, dass der Zwerg hinter ihm, in diesem Falle also Pi, zwei Hüte vor sich sehen kann. Hätten diese beiden Hüte dieselbe Farbe, wüsste Pi, dass er die andere auf dem Kopf hat. Dann aber hätte er sich gemeldet, seine Hutfarbe gefahrlos nennen und die Zwergenkönigin heiraten können. Pi schweigt aber. Das kann nur heißen, dass er zwei Hüte mit unterschiedlichen Farben vor sich sieht. Daraus kann Pu die Schlussfolgerung ziehen, dass er eine andere Hutfarbe als der vor ihm stehende Pa auf dem Kopf hat. Da Pu nun sehen kann, dass Pa einen blauen Hut aufhat, weiß Pu, dass er selbst einen roten auf dem Kopf hat. Das bringt ihm die Hand der Zwergenkönigin. Er hat sich darauf verlassen, dass das Schweigen von Pi dessen beste Antwort gewesen ist. Daraus konnte Pu folgern, was seine beste Antwort ist. Das war eine spieltheoretische Glanzleistung von Pu, mit der er die Königin auch verdient hat.

Eine andere wichtige Erkenntnis der Spieltheorie können wir an diesem Beispiel aber auch noch erkennen. Spieltheoretische Analysen können ins Verderben führen, wenn die Anwendungsbedingungen nicht erfüllt sind. Es lassen sich hier leicht zwei Beispiele dafür konstruieren, was schief gehen könnte. Pu nimmt ja an, dass Pi seine Hutfarbe nennen würde, wenn er sie kennen würde und sich nur deswegen nicht meldet, weil er sie nicht kennt. Dahinter steckt aber die sehr fundamentale Annahme, dass auch Pi die Königin tatsächlich gern heiraten wollen würde. Was aber, wenn Pi sich deswegen nicht meldet, weil er die Königin scheußlich findet und auf gar keinen Fall heiraten will? Dann würde sich Pi auch dann nicht melden, wenn er seine Hutfarbe wüsste, Pu und Pa also die gleiche Hutfarbe hätten. Das aber würde Pu nun sein Leben kosten! In den Begriffen der Spieltheorie heißt das: Pu muss die Auszahlungen von Pi kennen, damit er sein Verhalten korrekt interpretieren kann. In den Kapiteln 2 und 3 nehmen wir an, dass alle Spieler alle Auszahlungen aller Spieler kennen. In den Kapiteln 2 und 3 wäre diese Gefahr also gebannt. In den Kapiteln 4 bis 6 nehmen wir hingegen an, dass die Auszahlungen der anderen Spieler nicht hundertprozentig oder sogar gar nicht bekannt sind. In solchen Situationen kann es dann offensichtlich sinnvoll sein, sich vorsichtiger zu verhalten. Aber es könnte noch etwas anderes schief gehen: Pi könnte ganz einfach einen Fehler machen, sich im spieltheoretischen Sinne also irrational verhalten. Wenn Pi schweigt, einfach nur, weil er Mist baut, dann könnte das Pu wiederum das Leben kosten. In Kapitel 8 beschäftigen wir uns mit der Frage, wie sich Pu verhalten sollte, wenn er sich nicht hundertprozentig darauf verlassen kann, dass Pi keinen Fehler macht.

1.3 Leseempfehlungen und Literatur

Das hier vorliegende Buch ist vor allem handlungsorientiert und soll den Leser schnell in die Lage versetzen, einige zentrale Gleichgewichtskonzepte selbst anwenden zu können. Auf die Darstellung von Hintergründen, Beziehungen zwischen einzelnen Konzepten oder gar mathematischen Beweisen von Aussagen wurde hingegen verzichtet. Für Leser, die sich nach der Lektüre dieses Buches intensiver mit der Spieltheorie beschäftigen wollen, steht eine Reihe von hervorragenden Texten zur Verfügung. Bevor Sie aber damit beginnen, diese anderen Bücher durchzuarbeiten, möchte ich Ihnen, liebe Leserin, lieber Leser, zunächst empfehlen, sich zwei Filme zu besorgen, die nicht die Welt kosten, aber einen fesselnden Einstieg in die Spieltheorie ermöglichen. Zum einen empfehle ich Stanley Kubriks Klassiker „Dr. Seltsam – oder wie ich lernte die Bombe zu lieben". Szenen dieses Films werden wir im Rahmen dieses Buches immer wieder aufgreifen und spieltheoretisch analysieren. Sodann empfehle ich Ihnen „A Beautiful Mind", eine Hollywood-Verfilmung des Lebens von John Nash, auf dessen Arbeiten wir in diesem Buch immer wieder zurückgreifen. Wenn man mit Spaß in ein Thema einsteigt, dann hält der Elan deutlich länger …

Wenn Sie spannende spieltheoretische Überlegungen anstellen wollen, ohne in komplizierte Analysen einzutauchen, dann lohnt sich das eher populärwissenschaftliche Buch von Dixit/Nalebuff (1995).

Für einen ernsthafteren Einstieg auf mittlerem bis gehobenem Niveau empfehle ich Gibbons (1992) und Rieck (2013). Das Buch von Gibbons gefällt mir deswegen so gut, weil es die Spiele zusammen mit ihren Gleichgewichten in einer sehr klaren, gut nachvollziehbaren Art strukturiert. Wenn Sie sich das Buch von Gibbons ansehen, werden Sie feststellen, dass ich mich an seiner Untergliederung der Typen von Spielen orientiert habe. Leider liegt das Buch nur in der englischsprachigen Originalfassung vor.

Für ausgesprochen gelungen halte ich das Buch von Rieck (2013). Das Buch ist eine didaktische Offenbarung. Ideen der Spieltheorie werden mit spielerischer Leichtigkeit präsentiert, die das Lesen zum Vergnügen macht. Sowohl Rieck als auch Gibbons sind ohne Einschränkung für eine erste Vertiefung zu empfehlen.

Wer dann noch tiefer graben möchte, ist z.B. mit den Büchern von Holler/Illing (2009) und Berninghaus/Ehrhart/Güth (2010) sehr gut bedient. Beide setzen jedoch die Befähigung und Bereitschaft voraus, sich die mathematischen Grundlagen der Spieltheorie zu erschließen, wobei der Schwierigkeitsgrad von Berninghaus/Ehrhart/Güth sicher am höchsten ist. Beide Bücher stellen aber ein enormes Spektrum der spieltheoretischen Forschung dar und geben damit wirklich tolle Überblicke, ohne auf Details zu verzichten.

Berninghaus, Siegfried K., Ehrhart, Karl Martin und Güth, Werner (2010): Strategische Spiele – Eine Einführung in die Spieltheorie, 3. Auflage, Springer Verlag, Heidelberg u.a.O.

Dixit, Avinash K. und Nalebuff, Barry J. (1995): Spieltheorie für Einsteiger – Strategisches Know How für Gewinner. Schäffer-Poeschel Verlag, Stuttgart.

Gibbons, Robert (1992): A Primer in Game Theory. Verlag Harvester Wheetsheaf, New York u.a.O.

Holler, Manfred J. und Illing, Gerhard (2009): Einführung in die Spieltheorie. 7. Auflage, Springer Verlag, Heidelberg u.a.O.

Rieck, Christian (2013): Spieltheorie – Eine Einführung. 12. Auflage, Christian Rieck Verlag, Eschborn.

Statische Spiele mit vollständiger Information

2

Wir beginnen nun mit dem Aufbau unseres spieltheoretischen Methodenbaukastens, indem wir uns zunächst die einfachsten Spiele ansehen. In diesen Spielen handeln alle Spieler gleichzeitig und jeder Spieler ist auch nur einmal am Zug, d.h. jeder Spieler führt nur eine Aktion aus. Derartige Spiele werden als „statische" Spiele bezeichnet. Ferner nehmen wir an, dass alle Spieler ihre eigenen Auszahlungen und die Auszahlungen aller anderen Spieler exakt kennen, und zwar für jeden möglichen Spielausgang. Jeder Spieler kann sich daher vollständig in jeden anderen Spieler hineinversetzen und das Spiel auch aus dessen Perspektive analysieren. In diesem Fall sprechen wir ja von Spielen mit vollständiger Information. Hat ein Spieler die für sich selbst beste Strategie gefunden, kann er davon ausgehen, dass auch alle anderen Spieler wissen, dass dies seine beste Strategie ist und er diese wählen wird.

Die Spieltheorie ist eine Theorie optimaler, interdependenter Entscheidungen. Sie empfiehlt den Spielern, jeweils ihre Beste-Antwort-Strategie zu wählen. Zur Wiederholung: Unter „beste Antwort" verstehen wir diejenige Strategie eines Spielers, die ihm die höchste Auszahlung gegen die von den anderen Spielern gewählten Strategien sichert. Bei der Befolgung der Anweisung „Wähle Deine beste Antwort" können nun verschiedene Situationen auftreten. Im Idealfall führt die Befolgung dieser Empfehlung zu einer Situation, in der alle Spieler gleichzeitig ihr jeweiliges Maximum der Auszahlungen erreichen. Dieser Fall dürfte aber eher die Ausnahme sein!

Tatsächlich gibt es eine Vielzahl von Spielen, bei denen die Befolgung des Ratschlags „Wähle Deine beste Antwort" durchaus problematisch erscheint. So gibt es Spiele, bei denen die besten Antworten für alle Spieler zwar eindeutig bestimmbar sind, der Spielausgang dann aber für alle Spieler sehr ungünstig ist. Andererseits könnten auch Situationen auftreten, in denen die besten Antworten nicht eindeutig zu bestimmen sind. Spieltheoretisch ausgedrückt: Es kann mehrere Gleichgewichte geben, wie wir in unserem Reisespiel oben bereits gesehen haben. Dann aber ist die Anweisung „Wähle Deine

© Springer-Verlag GmbH Deutschland, ein Teil von Springer Nature 2019
S. Winter, *Grundzüge der Spieltheorie*,
https://doi.org/10.1007/978-3-662-58215-2_3

beste Antwort" nicht eindeutig, die Spieler wissen dann also nicht mit Sicherheit, welche Strategie sie wählen sollten. Ebenfalls denkbar sind Spiele, bei denen immer einer der Spieler im Nachhinein seine Entscheidung ändern wollen würde. Dies wären Spiele, die keine Gleichgewichte im bisher bekannten Sinn haben. Was sollten die Spieler also dann tun?

Wir werden zunächst damit beginnen, uns die Spiele mit unproblematischen Gleichgewichten anzusehen. Anschließend analysieren wir Spiele mit problematischen Gleichgewichten und schließlich sehen wir uns noch Spiele ohne herkömmliche Gleichgewichte an. Zum Abschluss des Kapitels werden wir noch einige Anwendungen der Konzepte dieses Kapitels in der Wirtschaftswissenschaft diskutieren.

2.1 Spiele mit unproblematischen Gleichgewichten

Im Folgenden werden wir die Gleichgewichte von Spielen dann als unproblematisch bezeichnen, wenn sie eindeutig und effizient sind. Eindeutigkeit und Effizienz definieren wir wie folgt:

▷ **Definition: „Eindeutigkeit eines Spiels"** Ein Spiel heißt „eindeutig", wenn es nur ein Gleichgewicht besitzt.

▷ **Definition: „Effiziente Strategiekombination"** Eine Strategiekombination A heißt „effizient", wenn es keine andere Strategiekombination B gibt, die mindestens einem Spieler eine höhere Auszahlung und keinem Spieler eine geringere Auszahlung einbringen würde.

▷ **Definition: „Effizientes Gleichgewicht"** Ein Gleichgewicht heißt „effizient", wenn es aus einer effizienten Strategiekombination besteht.

Warum können wir eindeutige Spiele mit effizienten Gleichgewichten als unproblematisch ansehen? Dazu sehen wir uns nochmals die zentrale Verhaltensempfehlung der Spieltheorie an, die ja lautet, dass jeder Spieler seine Beste-Antwort-Strategie wählen soll. Wenn es aber mehrere Gleichgewichte gibt, dann gibt es auch mehrere Strategiekombinationen, in denen die Strategien aller Spieler wechselseitig beste Antworten aufeinander sind. Dann aber ist auch die Empfehlung, die Beste-Antwort-Strategie zu wählen, nicht eindeutig. Dann aber stünde jeder Spieler selbst dann noch vor einem Problem, wenn er die Spieltheorie verstanden hat und seine beste Antwort wählen will! Es bliebe also ein ernstes Entscheidungsproblem übrig.

Wenn ein Spieler seine beste Antwort gewählt hat und alle anderen haben das auch getan, dann hat kein Spieler einen Grund, die Wahl seiner eigenen Strategie im Nachhinein zu bedauern. Wenn das Gleichgewicht zusätzlich effizient ist, dann gibt es im Nachhinein aber auch kein kollektives Bedauern. Denn nur bei einem ineffizienten Gleichgewicht wäre es ja möglich, durch die Wahl einer anderen Strategiekombination mindestens einen Spieler besser zu stellen, ohne einen anderen schlechter stellen zu müssen. Von daher sind ineffiziente Gleichgewichte deswegen problematisch, weil mindestens einer der Spieler gegenüber einer anderen, möglichen Strategiekombination geschädigt wird, ohne dass sich dafür wenigstens ein anderer Spieler besser stellen würde.

2.1.1 Effiziente Gleichgewichte dominanter Strategien

Die Spieltheorie empfiehlt den Spielern, jeweils ihre Beste-Antwort-Strategie zu wählen. Sehen wir uns nun zunächst diejenigen Entscheidungssituationen an, in denen diese Empfehlung zu eindeutigen Entscheidungen aller Spieler bezüglich der optimalen Strategiewahl führt und das gefundene Gleichgewicht aus Sicht aller Spieler auch erstrebenswert erscheint.

Beginnen wir mit einem Spiel, bei dem Nadine und Ulrich unabhängig voneinander entscheiden müssen, ob sie am Abend ins Kino oder lieber ins Restaurant zum Essen gehen sollten. Die Matrixdarstellung des Spiels sei wie folgt:

		Ulrich	
		Ins Kino gehen	Essen gehen
Nadine	Ins Kino gehen	4 4	2 1
	Essen gehen	1 2	0 0

Wenn wir uns das Spiel nun zunächst nur aus der Perspektive von Nadine ansehen, dann sieht sie sich mit folgenden Auszahlungen konfrontiert:

		Ulrich	
		Ins Kino gehen	Essen gehen
Nadine	Ins Kino gehen	4	2
	Essen gehen	1	0

Nun lassen wir Nadine wieder Pfeile einzeichnen, mit denen sie angeben soll, in welcher Situation sie sich in welcher Richtung umentscheiden wollen würde. Dann erhalten wir folgende Darstellung:

Wie wir sehen, würde sie sich in jeder Situation, in der sie sich zunächst für ihre Strategie „Essen gehen" entschieden hätte, nachträglich umentscheiden. Ihre Strategie „Essen gehen" ist also niemals ihre Beste-Antwort-Strategie, ganz egal welche Strategie Ulrich wählt. Im Umkehrschluss ergibt sich, dass Nadines Strategie „Ins Kino gehen" immer ihre Beste-Antwort-Strategie ist. Egal, was Ulrich tut, für Nadine ist es immer die beste Entscheidung, die Strategie „Ins Kino gehen" zu wählen.

▶ **Definition: „Dominante Strategie"** Eine Strategie, die die beste Antwort auf alle überhaupt möglichen Strategien aller anderen Spieler ist, wird auch als „dominante Strategie" bezeichnet. Eine Strategie ist dann dominant, wenn die Auszahlungen, die ein Spieler mit dieser Strategie erreichen kann, grundsätzlich höher sind als die Auszahlungen, die er mit einer beliebigen anderen seiner Strategien erzielen kann, egal was die anderen Spieler tun.

Wir stellen fest, dass Nadines Strategie „Ins Kino gehen" für sie tatsächlich eine dominante Strategie ist. Denn wenn Ulrich ebenfalls ins Kino geht, erreicht sie mit dieser Strategie eine Auszahlung von 4 (statt 1, wenn sie Essen geht). Und wenn Ulrich Essen geht, erreicht Sie immerhin noch eine Auszahlung von 2 (statt 0). Es folgt also, dass egal, welche Strategie Ulrich wählt, Nadines Auszahlung immer die höchste ist, wenn sie ihre Strategie „Ins Kino gehen" wählt.

Wenn wir uns nun das Spiel aus Ulrichs Perspektive ansehen, und auch gleich die Pfeile eintragen, die anzeigen, in welcher Richtung er sich umentscheiden wollen würde, dann erhalten wir folgende Darstellung:

	Ulrich	
	Ins Kino gehen	Essen gehen
Ins Kino gehen	4 ←————— 1	
Essen gehen	2 ←————— 0	

(Zeilenspieler: Nadine)

Wir sehen sofort, dass auch für Ulrich seine Strategie „Ins Kino gehen" eine dominante Strategie ist.

Da eine dominante Strategie immer die bestmögliche Strategie eines Spielers ist, ist die Empfehlung, genau diese Strategie auch zu wählen, eindeutig. Verfügt jeder Spieler über eine dominante Strategie, ist daher auch die Empfehlung der Spieltheorie eindeutig: Jeder Spieler sollte seine dominante Strategie wählen.

▶ **Definition: „Gleichgewicht dominanter Strategien"** Eine Strategiekombination SK, die jeweils die dominante Strategie jedes Spielers enthält, d.h. *SK* = { *Dominante Strategie Spieler 1*; *Dominante Strategie Spieler 2*; ...} heißt „Gleichgewicht dominanter Strategien".

Wenn ein Spiel ein Gleichgewicht dominanter Strategien besitzt, dann ist dieses Gleichgewicht auch das einzige Gleichgewicht des Spiels. Jedes Gleichgewicht dominanter Strategien ist ferner immer auch ein Nash-Gleichgewicht. Dies ist relativ einfach zu sehen. Das Vorliegen eines Nash-Gleichgewichts verlangt ja nur, dass die von den Spielern gewählten Strategien wechselseitig beste Antworten aufeinander sein müssen. Da aber dominante Strategien sogar beste Antworten auf alle möglichen Strategien aller anderen Spieler sind, sind dominante Strategien natürlich auch wechselseitig beste Antworten aufeinander. Es gilt daher: Jedes Gleichgewicht dominanter Strategien ist auch ein Nash-Gleichgewicht. Umgekehrt gilt dies natürlich nicht, wie wir bereits am Reisespiel von Konni und Sven gesehen haben. Dort hatten wir ja zwei Nash-Gleichgewichte gefunden, es hatte aber keiner der Spieler eine dominante Strategie. Daher hat das Reisespiel auch kein Gleichgewicht dominanter Strategien

Kommen wir nun nochmals zu Nadine und Uli zurück und tragen alle Auszahlungen und alle Pfeile mit möglichen Entscheidungswechseln ein. Auch die Pfeile zeigen an, dass es nur ein Gleichgewicht gibt, nämlich die Strategiekombination { *Ins Kino gehen*; *Ins Kino gehen* }. Dies ist das einzige Gleichgewicht des Spiels, ein Gleichgewicht dominanter Strategien.

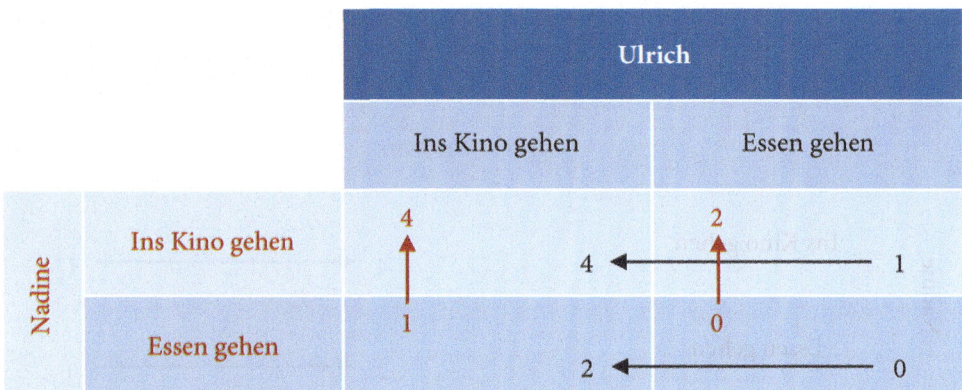

Vergleicht man nun die Auszahlungen aller Strategiekombinationen, so erkennt man, dass beide Spieler im Gleichgewicht ihre höchsten, überhaupt möglichen Auszahlungen erreichen. Es gibt daher insbesondere keine andere Strategiekombination, in der beide Spieler simultan besser gestellt werden könnten als im Gleichgewicht.

Unser hier behandeltes Spiel hat also ein effizientes Gleichgewicht. Da ferner in diesem Gleichgewicht auch alle Spieler individuell ihren höchsten, überhaupt möglichen Nutzenwert erzielen, gibt es in diesem Spiel offensichtlich auch keine Interessenkonflikte. Niemand würde von dem anderen wollen, dass er sich aus dem Gleichgewicht heraus umentscheiden würde, um die eigene Situation verbessern zu können. Diese Situation ist die spieltheoretisch unproblematischste. Der grundsätzlichen Empfehlung der Spieltheorie, die Beste-Antwort-Strategie zu wählen, kann hier also ohne Einschränkung oder nachträglichem Bedauern gefolgt werden. Zudem ist die Empfehlung, die beste Antwort zu wählen, auch noch eindeutig, so dass die Spieler genau wissen, was zu tun ist. Wir werden sehen, dass dies nicht immer so sein muss und dass die grundsätzliche Empfehlung der Spieltheorie „Wähle deine beste Antwort" mit erheblichen Problemen behaftet sein kann. Zunächst aber wenden wir uns einem weiteren Gleichgewichtskonzept zu, welches mit geringeren Anforderungen auskommt als das Gleichgewicht dominanter Strategien.

2.1.2 Effiziente Gleichgewichte iterativer Dominanz
Ein Gleichgewicht dominanter Strategien existiert nur dann, wenn jeder Spieler eine Strategie besitzt, die jeweils besser ist als jede seiner anderen Strategien. Dies wird in vielen Spielen nicht der Fall sein. Viel eher könnte es aber vorkommen, dass Spieler Strategien besitzen, die so schlecht sind, dass sie in keinem Fall gewählt werden sollten.

▶ **Definition: „dominierte Strategie"** Wenn eine Strategie S1 in jedem Fall zu geringeren Auszahlungen führt als eine Strategie S2, so sagt man, dass die Strategie S1 von S2 „dominiert" wird.

Wenn eine Strategie S1 dominiert wird, heißt das, dass der Spieler eine Strategie S2 besitzt, mit der er auf jeden Fall besser abschneidet als mit S1. Es gibt daher keinen vernünftigen Grund, die Strategie S1 weiter in Betracht zu ziehen. Eine dominierte Strategie kann aus der Strategiemenge des Spielers gestrichen werden.

Sehen wir uns das folgende Spiel an, bei dem zwei konkurrierende Bäckereibetriebe über ihre jeweiligen Strategien entscheiden müssen.

		Frischback GmbH	
		Preise erhöhen	Preise senken
Bäcker Müller	Zusätzlichen Laden eröffnen	4 2	0 1
	Verkaufsraum vergrößern	2 4	3 0
	Sortiment erweitern	1 2	2 5

Nach kurzer Prüfung stellen wir fest, dass keiner der beiden Spieler eine dominante Strategie besitzt. Spielt Bäcker Müller z.B. die Strategie „Sortiment erweitern" wäre die beste Antwort der Frischback GmbH die Strategie „Preise senken". Spielt Müller aber „Verkaufsraum vergrößern", so wäre die beste Antwort von Frischback „Preise erhöhen". Frischbacks beste Antwort hängt also von Müllers gewählter Strategie ab, daher hat Frischback keine dominante Strategie. Mit den gleichen Überlegungen ergibt sich nun, dass auch Müller keine dominante Strategie hat. Daher existiert auch kein Gleichgewicht dominanter Strategien.

Sehen wir uns das Spiel nun ausschließlich aus der Perspektive von Bäcker Müller an und zeichnen wieder die Pfeile ein, die anzeigen, in welcher Richtung er sich umentscheiden würde, so erhalten wir folgende Darstellung:

	Frischback GmbH	
Bäcker Müller	Preise erhöhen	Preise senken
Zusätzlichen Laden eröffnen	4	0
Verkaufsraum vergrößern	2	3
Sortiment erweitern	1	2

Wie wir sehen, gibt es keine Zeile, d.h. keine Strategie, aus der nicht mindestens ein Pfeil hinausführt. Gerade das bedeutet aber, dass Bäcker Müller keine dominante Strategie hat. Wir sehen aber, dass alle Pfeile der dritten Zeile in die zweite Zeile zeigen. Dies liegt daran, dass die Auszahlungen der dritten Zeile, also der Strategie „Sortiment erweitern", immer niedriger sind als die Auszahlungen der Strategie „Verkaufsraum vergrößern". Die Strategie „Sortiment erweitern" ist also eine dominierte Strategie. Da es keinen Grund geben kann, eine dominierte Strategie zu wählen und beide Spieler wissen, dass für Bäcker Müller „Sortiment erweitern" eine dominierte Strategie ist, werden beide Spieler diese Strategie von Bäcker Müller aus ihren weiteren Überlegungen streichen!

	Frischback GmbH	
Bäcker Müller	Preise erhöhen	Preise senken
Zusätzlichen Laden eröffnen	4 2	0 1
Verkaufsraum vergrößern	2 4	3 0
Sortiment erweitern	1 2	2 5

Es verbleibt daher folgendes Spiel:

		Frischback GmbH	
		Preise erhöhen	Preise senken
Bäcker Müller	Zusätzlichen Laden eröffnen	4 2	0 1
	Verkaufsraum vergrößern	2 4	3 0

Nach Elimination von Müllers dominierter Strategie ergibt sich aber eine neue Situation: Jetzt wird nämlich für die Frischback GmbH die Strategie „Preise senken" dominiert. Dies wissen ebenfalls beide Spieler, daher kann auch diese Strategie gestrichen werden:

		Frischback GmbH	
		Preise erhöhen	Preise senken
Bäcker Müller	Zusätzlichen Laden eröffnen	4 2	0 1
	Verkaufsraum vergrößern	2 4	3 0

Nach dieser erneuten Streichung einer dominierten Strategie verbleibt nun das folgende Spiel:

		Frischback GmbH
		Preise erhöhen
Bäcker Müller	Zusätzlichen Laden eröffnen	4 2
	Verkaufsraum vergrößern	2 4

Jetzt aber sehen beide Spieler, dass Müllers Strategie „Verkaufsraum vergrößern" dominiert wird und gestrichen werden kann. Nach diesen ganzen Streichungsrunden verbleibt die Strategiekombination {*Zusätzlichen Laden eröffnen*; *Preise erhöhen*} als das einzige Gleichgewicht des Spiels. Ein solches Gleichgewicht bezeichnen wir als Gleichgewicht iterativer Dominanz. Das Wort „iterativ" bedeutet „wiederholend" und bezieht sich auf das wiederholte Streichen dominierter Strategien.

Wenn man so vorgeht, wie hier beschrieben, und das Streichen dominierter Strategien bis zum Ende durchführen kann, d.h. bis nur noch eine Strategiekombination übrig ist, dann ist das so gefundene Gleichgewicht das einzige Gleichgewicht des Spiels. Es ist, wie schon das Gleichgewicht dominanter Strategien, gleichzeitig immer auch ein Nash-Gleichgewicht. Ferner gehen durch das Streichen dominierter Strategien niemals Gleichgewichte verloren.

Bevor wir mit der Analyse weiterer Spiele fortfahren, lohnt sich ein „intellektueller" Vergleich des Gleichgewichts dominanter Strategien mit dem iterativen Gleichgewicht dominanter Strategien. Speziell geht es um die Frage, wie „schlau" die Spieler sein müssen, um das jeweilige Gleichgewicht zu finden. Dabei stellen wir Folgendes fest: Zur Ermittlung des Gleichgewichts dominanter Strategie müssen die Spieler viel weniger schlau sein als zur Ermittlung des iterativen Gleichgewichts. Das liegt einfach daran, dass man beim Gleichgewicht dominanter Strategien überhaupt nicht über das Verhalten des/der Mitspieler nachdenken muss. Denn wenn man eine dominante Strategie besitzt, sollte man die spielen, ganz gleich, was die anderen tun. In diesem Fall muss man also intellektuell überhaupt nicht in der Lage sein, sich in die anderen hineinzudenken. Dies ist beim iterativen Gleichgewicht nicht mehr der Fall. Hier muss ein Spieler nicht nur erkennen, welche seiner Strategien dominiert wird und gestrichen werden kann. Er muss sich auch darauf verlassen können, dass sich die anderen Spieler in ihn hineinversetzen und zu derselben Schlussfolgerung kommen. Erst dann kann man mit dem Streichen weitermachen. Daher erfordert die Ermittlung eines Gleichgewichts iterativer Dominanz höhere intellektuelle Fähigkeiten der Spieler als die Ermittlung eines einfachen Gleichgewichts dominanter Strategien. Je weiter wir in diesem Buch voranschreiten, desto höher werden die intellektuellen Fähigkeiten der Spieler, die notwendig sind, um das entsprechende Gleichgewicht zu bestimmen. Das ist in der Theorie unproblematisch, weil wir in den folgenden Kapiteln einfach annehmen, dass die Spieler so schlau sind, dass sie alles durchschauen, was notwendig ist, um das oder die betreffenden Gleichgewichte zu finden. In der realen Welt sollte man sich aber zu sehr wundern, wenn Menschen spieltheoretisch betrachtet „Mist bauen", denn nicht jeder macht sich die Mühe wie Sie, arbeitet ein Spieltheorielehrbuch durch und verhält sich dann auch dementsprechend!

Im weiteren Verlauf werden wir häufiger Gebrauch von abstrakten Spielen machen. Wir werden den Spielern dann keine Namen mehr geben, sondern sie einfach als Spieler 1, Spieler 2 usw. bezeichnen. Auch ihre Strategien werden wir nicht mehr inhaltlich füllen, sondern einfach von „oberer Strategie", „mittlerer Strategie" oder linker bzw.

rechter Strategie sprechen. Und selbst das werden wir noch abkürzen durch „oben", „mitte", „links" usw.

Wir wollen uns nun noch einen Sonderfall ansehen, bei dem wir das Streichen von Strategien nur in bestimmten Fällen begründen können, und die Begründung bei weitem nicht so gut ist, wie die Begründung dafür, dominierte Strategien zu streichen. Sehen wir uns dazu das folgende abstrakte Spiel an:

		Spieler 2	
		links	rechts
Spieler 1	oben	1 1	1 1
	unten	1 1	0 0

Wie wir sehen, ist nur die Strategiekombination {*unten*; *rechts*} kein Gleichgewicht. Die anderen drei Strategiekombinationen sind aber Gleichgewichte. Die Anweisung „Wähle deine beste Antwort" ist also wiederum nicht eindeutig. Hier gibt es aber dennoch einen guten Grund, den Spielern zu empfehlen, das Gleichgewicht {*oben*; *links*} zu spielen. Wenn wir nun z.B. für Spieler 1 seine beiden Strategien „unten" und „oben" vergleichen, dann stellen wir zwar fest, dass „unten" nicht von „oben" dominiert wird. Denn „unten" ist nicht in jedem Fall schlechter. Würde Spieler 2 nämlich „links" spielen, wäre „unten" für Spieler 1 genauso gut wie „oben" und nicht schlechter. Es müsste aber schlechter sein, damit „unten" dominiert würde, denn eine dominierte Strategie muss immer echt schlechter sein als die dominierende Strategie. Was wir aber sehen ist, dass „unten" niemals besser sein kann als „oben". Diese Beobachtung nutzen wir für eine neue Definition:

▶ **Definition: „Schwach dominierte Strategie"** Eine Strategie S1, die niemals besser sein kann als eine andere Strategie S2 und die in mindestens einer Situation echt schlechter wäre als S2, nennen wir eine „schwach dominierte" Strategie. Die Strategie S2 heißt dann im Vergleich zu S1 „schwach dominierende" Strategie.

Man kann nun auf den ersten Blick plausibel argumentieren, dass Spieler auch keine schwach dominierten Strategien wählen sollten, da sie mit diesen Strategien ja keinesfalls besser abschneiden als mit den schwach dominierenden Strategien. Diese Argumentation ist aber nur in Spielen wie dem eben betrachteten unproblematisch. Denn im Gegensatz zum streichen dominierter Strategien sehen wir gleich, dass das Streichen lediglich schwach dominierter Strategien dazu führen kann, dass Gleichgewichte verloren gehen

können. Das war zwar im eben betrachteten Spiel eher ein Vorteil, weil wir „zu viele"
Gleichgewichte hatten, es kann aber auch zum Nachteil werden. Sehen wir uns dazu
folgendes Spiel an:

		Spieler 2	
		links	rechts
Spieler 1	oben	4 ·· 1	2 ·· 2
	mitte	4 ·· 4	0 ·· 0
	unten	1 ·· 3	3 ·· 2

Wie zu sehen ist, hat das Spiel nur ein Gleichgewicht, nämlich {*mitte*; *links*}. Wie wir
aber ebenfalls sehen, wird die Strategie „mitte" schwach von der Strategie „oben" dominiert. Wenn wir aber „mitte" streichen, geht die einzige effiziente Strategiekombination
des Spieles verloren, und sogar das einzige Gleichgewicht. Denn nach Streichung von
„mitte" hätten wir folgendes Spiel übrig:

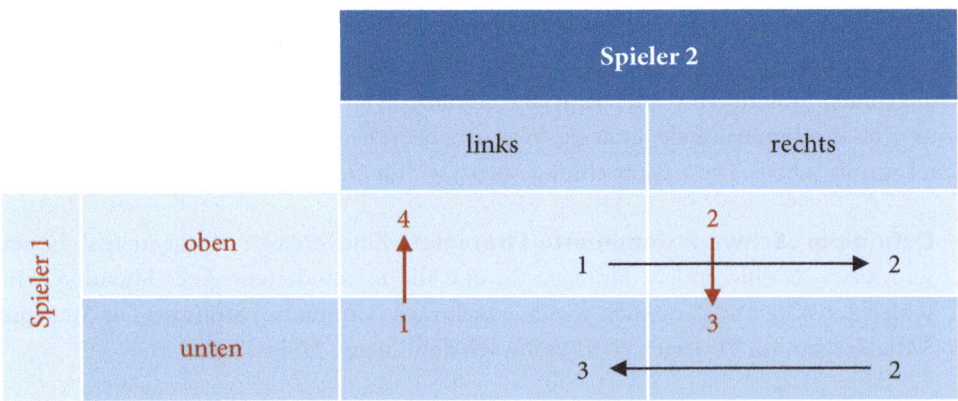

Dadurch entsteht nun die paradoxe Situation, dass durch das Streichen einer Strategie,
die niemals besser sein kann als eine andere, der Spieler in einer Spielsituation landet, die
keinesfalls besser für ihn sein kann, als die Situation, die er ohne Streichung hätte erreichen können. Das Streichen von schwach dominierten Strategien kann also sinnvoll sein,
es kann aber auch Schaden anrichten. Eine allgemeine Aussage ist also nicht möglich.

2.1.3 Eindeutige, effiziente Nash-Gleichgewichte

Welche Strategien sollten die Spieler aber wählen, wenn sie keine dominanten Strategien haben und sich auch durch die Elimination dominierter Strategien kein Gleichgewicht bestimmen lässt? In diesem Fall lautet die Antwort der Spieltheorie, dass die Spieler diejenigen Strategien wählen sollten, die nur noch wechselseitig beste Antworten aufeinander sind. Sehen wir uns nun folgendes Spiel an:

		Spieler 2			
		links		rechts	
	oben	5		1	
			4		1
Spieler 1	mitte	4		2	
			2		7
	unten	3		3	
			6		1

Vergleicht man nun für jeden Spieler dessen Auszahlungen über seine verschiedenen Strategien hinweg, so stellen wir fest, dass kein Spieler eine dominante Strategie besitzt. Es existieren nicht einmal dominierte Strategien, die gestrichen werden könnten. Daher existiert weder ein Gleichgewicht dominanter Strategien noch ein Gleichgewicht iterativer Dominanz. Um zu bestimmen, ob das Spiel trotzdem eine Strategiekombination besitzt, in der die Strategien beider Spieler jeweils beste Antworten aufeinander sind, zeichnen wir wieder die Pfeile ein, die anzeigen, in welcher Situation sich die Spieler wie umentscheiden wollen würden.

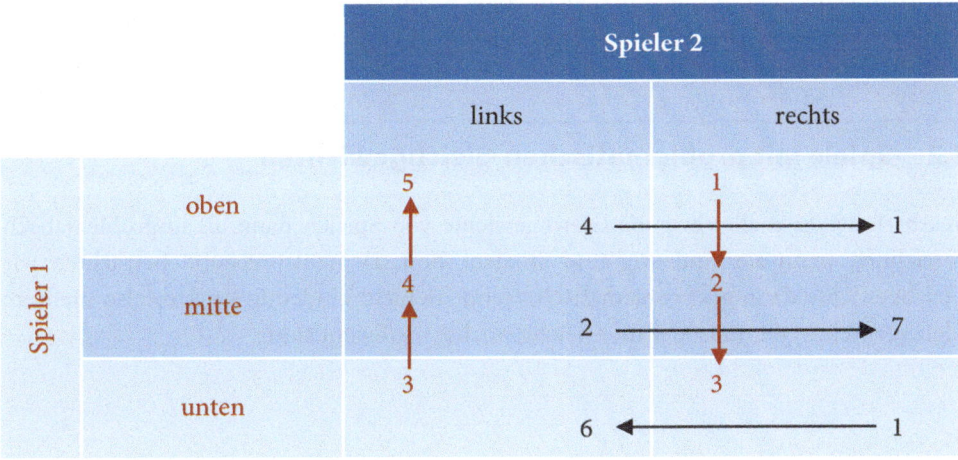

Wie zu sehen ist, gibt es nur eine Strategiekombination, nämlich {*oben*; *links*}, aus der kein Pfeil herausführt. Damit ist diese Strategiekombinationen das einzige Gleichgewicht (bzw. Nash-Gleichgewicht) des Spiels!

Auch dieses Gleichgewicht erscheint insofern unproblematisch, als dass es sich um ein effizientes Gleichgewicht handelt. Es ist effizient, weil es keine andere Strategiekombination gibt, in der sich mindestens einer der Spieler besserstellen könnte, ohne dass sich der andere verschlechtern würde. Im Gegensatz zu dem Gleichgewicht dominanter Strategien in Abschnitt 2.1. erreichen hier aber nicht alle Spieler gleichzeitig das Maximum ihrer Auszahlungen. Der Spieler 2 würde hier nämlich die Strategiekombination {*mitte*; *rechts*} gegenüber dem Gleichgewicht bevorzugen, weil er dann sein Auszahlungsmaximum erreichen würde. Da er über die Strategiekombination allerdings nicht allein entscheiden kann, wäre es aber wohl keine gute Idee, einfach „rechts" zu spielen und zu hoffen, dass Spieler 1 „mitte" wählt. Denn wie zu sehen ist, ist „mitte" für Spieler 1 nicht seine beste Antwort auf „rechts". Spieler 2 wird also damit leben müssen, nicht sein Maximum der Auszahlungen erreichen zu können.

Dies ist sogar der Normalfall bei interdependenten Entscheidungssituationen! Dies zeigt uns bereits die Alltagserfahrung beim Einkaufen: Die bestmögliche Situation im Supermarkt wäre für uns, wenn wir die Lebensmittel geschenkt bekämen. Nein, das stimmt nicht: Am besten wäre es, wenn wir die Lebensmittel geschenkt bekämen und noch einen Batzen Geld dazu. Damit würden wir unser Maximum der Auszahlungen erreichen. Das wäre aber für den Betreiber des Supermarktes inakzeptabel. Dieser würde vielmehr sein Maximum der Auszahlungen dadurch erreichen, dass er uns beim Einkaufen horrende Preise abverlangt und uns dafür nicht einmal die Waren gibt, die wir einkaufen wollten. Dies wiederum machen wir nicht mit, weil wir dann einfach zu einem anderen Supermarkt wechseln würden. Im Endeffekt bezahlen wir dann die Preise, mit denen beide Seiten leben können, ohne dass eine Seite ihr absolutes Maximum der Auszahlungen erreicht. Wir sind also durch unser Alltagsleben bereits völlig daran gewöhnt, an Spielen teilzunehmen, in denen wir unser Auszahlungsmaximum nicht erreichen. Offensichtlich macht uns das auch nicht völlig unglücklich. Ich jedenfalls bin bisher eher selten weinend aus dem Supermarkt gestolpert.

2.2 Spiele mit problematischen Gleichgewichten

In Abschnitt 2.1. haben wir die Gleichgewichte von Spielen dann als unproblematisch bezeichnet, wenn sie eindeutig und effizient sind. Dementsprechend betrachten wir Gleichgewichte dann als problematisch, wenn sie nicht eindeutig sind, es also mehrere Gleichgewichte gibt und/oder die Gleichgewichte ineffizient sind.

2.2.1 Mehrere Gleichgewichte

Hat ein Spiel mehrere Gleichgewichte, dann ist die Empfehlung der Spieltheorie „Wähle Deine beste Antwort" nicht mehr eindeutig. Die Spieler wissen also ggf. nicht, was sie tun sollen. Hierbei sind nun verschiedene Situationen denkbar.

Die relativ noch unproblematischste Situation liegt dann vor, wenn es nur ein effizientes, ansonsten aber nur ineffiziente Gleichgewichte gibt.

		Spieler 2		
		links	zentral	rechts
Spieler 1	oben	5 / 4	0 / 0	0 / 0
	mitte	0 / 0	1 / 2	0 / 0
	unten	0 / 0	0 / 0	3 / 1

In diesem Spiel existieren drei Gleichgewichte, nämlich {*oben*; *links*}, {*mitte*; *zentral*} und {*unten*; *rechts*}. Die beiden letzten Gleichgewichte sind allerdings ineffizient. Das wissen beide Spieler. Daher können wir in einem solchen Spiel mit nur einem effizienten Gleichgewicht problemlos empfehlen, dass die Spieler diejenigen Strategien wählen sollten, die sie in dieses effiziente Gleichgewicht führen. Das spieltheoretische Dilemma der Uneindeutigkeit wiegt hier also noch nicht so schwer.

Kommen wir nun zu einem schon deutlich schwieriger zu lösenden Problem. Dazu sehen wir uns nochmals das Reisespiel aus Kapitel 1 an:

		Sven	
		Fahre nach Blackall	Fahre nach Charleville
Kommi	Fahre nach Blackall	10 / 10	0 / 0
	Fahre nach Charleville	0 / 0	10 / 10

Bei diesem Spiel stellen wir nun fest, dass es mehrere Gleichgewichte gibt, die auch noch beide effizient sind! Obwohl Konni und Sven völlig gleichgerichtete Interessen haben, gibt es für keinen der beiden irgendeinen Grund, das eine Gleichgewicht gegenüber dem anderen zu bevorzugen. Damit hat jeder gleich gute Gründe sich entweder für die Fahrt nach Blackall oder für die Fahrt nach Charleville zu entscheiden. Dieses Dilemma ist ohne weiteres nicht lösbar. Geht man weiterhin davon aus, dass die beiden keinen Kontakt zueinander aufnehmen können, ist mit den Methoden der Spieltheorie tatsächlich keine eindeutige Lösung bestimmbar. Anders sieht das aber aus, wenn die beiden kurz miteinander telefonieren könnten. Denn in diesem Fall müsste nur einer von beiden seine Strategie nennen, dann könnte der andere seine beste Antwort wählen. Es wäre auch beiden egal, wer als erster seine Strategie nennt und wer sich dann durch die Wahl seiner besten Antwort anpasst. Dieses Spiel wäre also durch die reine Möglichkeit der Kommunikation, sogar der einseitigen Kommunikation, zwischen den Spielern bereits lösbar. Könnten sie sich sogar vertraglich einigen, dann können wir natürlich erst recht davon ausgehen, dass sie eine Einigung finden werden, die sicherstellt, dass sie sich auch wirklich treffen. Die Einbeziehung der Möglichkeit, Verträge über die Wahl von Strategien zu schließen, diskutieren wir in Kapitel 7 ausführlicher.

Damit kommen wir nun zur nächsten Problemsituation, in der die Möglichkeit der Kommunikation allein nicht mehr reichen würde, um das Entscheidungsproblem der Spieler zu lösen. Das folgende Spiel hat in der spieltheoretischen Literatur den Namen „Kampf der Geschlechter". In dem Spiel müssen zwei Lebenspartner unabhängig voneinander entscheiden, ob sie abends in die Oper oder zum Boxen gehen.

		Dirk	
		Oper	Boxen
Britta	Oper	1 2	0 0
	Boxen	0 0	2 1

Wir sehen zunächst, dass die beiden die höchsten Auszahlungen haben, wenn sie den Abend gemeinsam verbringen. Sie mögen sich also. Wir sehen aber auch, dass Dirk sich mit Britta lieber in der Oper treffen würde, während sie das Boxen vorzieht. Die beiden Strategiekombinationen {*Oper*; *Oper*} und {*Boxen*; *Boxen*} sind nun beides Gleichgewichte. Und sie sind beide effizient. Im Gegensatz zu dem Reisespiel oben gibt es hier nun aber zusätzlich auch noch einen Interessenkonflikt. Beide wollen einander zwar treffen, sie bevorzugen dafür aber unterschiedliche Orte. Reine Kommunikation allein würde dieses Problem nicht lösen, weil bei diesem Spiel einer von beiden nachgeben müsste, er dafür aber keinen gewichtigeren Grund hätte als der andere! Dieses Spiel wird erst dann eindeutig lösbar, wenn die beiden die Möglichkeit hätten, vertragliche Abmachungen über die Wahl ihrer Strategien zu treffen. Hierzu sei nochmals auf Kapitel 7 verwiesen.

2.2.2 Ein ineffizientes Gleichgewicht

Wir betrachten nun ein Spiel, in welchem nur ein Gleichgewicht existiert, welches aber ineffizient ist. Dieses Spiel dürfte vermutlich das berühmteste Spiel der Spieltheorie sein, es heißt „Das Gefangenendilemma". Die beiden Ganoven Al Capone und Pablo Escobar werden verhaftet und unabhängig voneinander verhört. Beide haben jeweils sowohl ein schweres als auch ein weniger schweres Verbrechen begangen. Die Beweise für das weniger schwere Verbrechen würden gegen beide bereits ausreichen, dafür kämen sie jeweils ein Jahr ins Gefängnis. Die Staatsanwältin bietet beiden nun unabhängig voneinander an, als Kronzeuge gegen den anderen auszusagen. Mit einer solchen Aussage könnte der jeweils andere für 10 Jahre ins Gefängnis gebracht werden. Derjenige, der von der Kronzeugenregelung Gebrauch macht, bekommt in jedem Fall einen Straferlass von einem Jahr Gefängnis. Da die Jahre im Gefängnis von beiden negativ gesehen werden, ergibt sich folgende Auszahlungsmatrix:

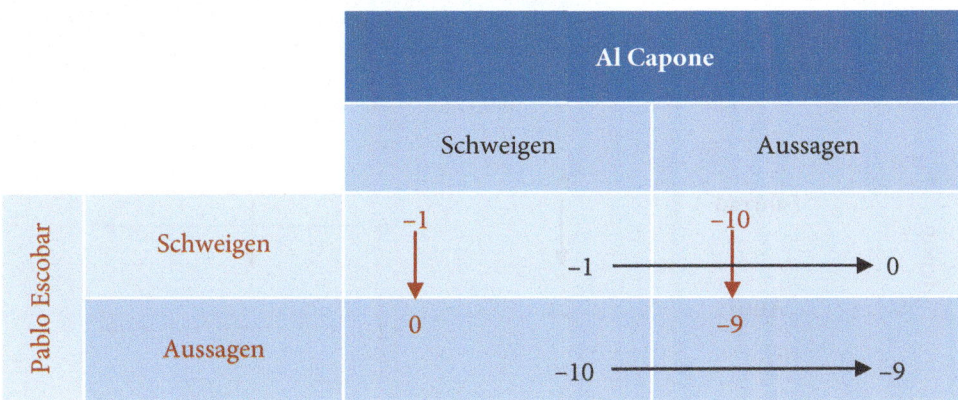

Es ist nun leicht zu sehen, dass sowohl Al als auch Pablo jeweils eine dominante Strategie besitzen, nämlich als Kronzeuge gegen den anderen auszusagen! Damit ist {*Aussagen*; *Aussagen*} das einzige Gleichgewicht des Spiels. Dieses Gleichgewicht ist aber ineffizient, da sich beide durch die Strategiekombination {*Schweigen*; *Schweigen*} simultan besserstellen würden. Da es aber individuell nie einen vernünftigen Grund geben kann, auf die Wahl einer dominanten Strategie zu verzichten, befinden sich die beiden tatsächlich in einem Dilemma: Ihre individuell besten Antworten führen zu dem kollektiv schlechtesten Ergebnis, da im Gleichgewicht die Gesamtanzahl der Gefängnisjahre maximal ist. Dieses Problem der beiden Ganoven ist durch reine Kommunikation nicht lösbar. Denn wenn z.B. Al das Versprechen abgibt, nicht auszusagen, sollte Pablo trotzdem aussagen. Das sollte er sogar dann noch tun, wenn er auch versprochen hätte, zu schweigen. Solange die Worte, die sie miteinander wechseln, keine Konsequenzen nach sich ziehen, solange sind die Worte nutzlos. Erst wenn sie Verträge über die Wahl der Strategien schließen könnten und aus diesen Verträgen auch Konsequenzen folgen würden, könnten sich Al und Pablo aus ihrem Dilemma befreien. Tatsächlich ist dieses Dilemma natürlich nur aus der Sicht der Ganoven ein Dilemma. Die Gesellschaft hat hingegen ein Interesse daran, dass die beiden gegeneinander Aussagen. Aus gesellschaftlicher Sicht ist daher wünschenswert, dass es Kronzeugenregeln gibt, weil man erst damit die Gefangenen in ihr Dilemma treiben kann.

Das Gefangenendilemma kann aber auch tatsächlich eine Dilemmasituation beschreiben, die echte gesellschaftliche Probleme verursacht. Das Spiel des Gefangenendilemmas hat unter anderem deswegen eine so enorme Bedeutung in der wirtschaftswissenschaftlichen Forschung, weil man damit z.B. mögliche Ursachen der Umweltverschmutzung relativ leicht verstehen kann. Nehmen wir an, dass es zwei Spieler gibt, nennen wir sie Julian und Jenny. Beide können sich morgens entscheiden, mit dem Fahrrad oder mit dem Auto zur Arbeit zu fahren. Dabei verfolgen sie zwei Zielsetzungen. Sie möchten möglichst bequem zur Arbeit kommen, sie möchten aber auch eine intakte Umwelt erhalten. Die Auszahlungen seien jetzt wie folgt:

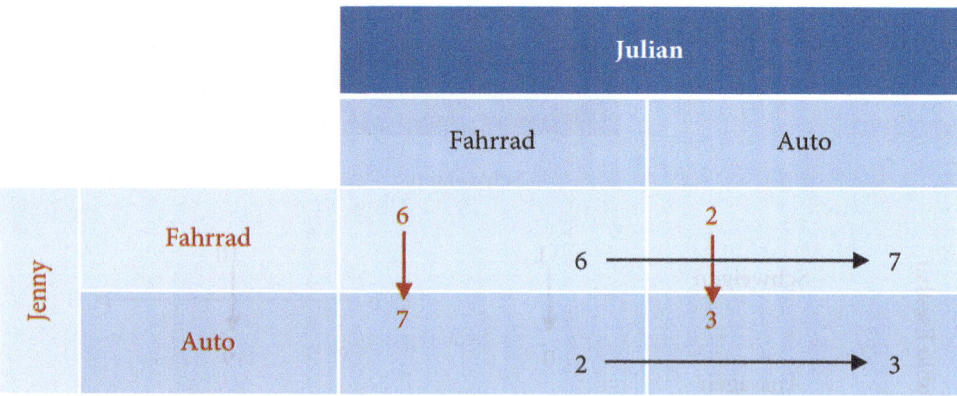

Und hier sehen wir das Problem: Beiden wäre die Situation am liebsten, in der der andere die Umwelt schützt und Fahrrad fährt, man aber selbst ins Auto steigt. Im Endeffekt haben beide dominante Strategien, nämlich mit dem Auto zu fahren, obwohl es für beide kollektiv besser wäre, mit dem Fahrrad zu fahren. Und nun stellen Sie sich eine Verallgemeinerung dieser Überlegung auf Milliarden von Menschen vor. Dann ist die Logik von jedem einzelnen: Wenn ich selbst auf das Fahrrad umsteige, hat das auf das Klima keinerlei messbaren positiven Effekt, meine Fahrt zu Arbeit wird für mich selbst aber messbar unangenehmer. Das aber denken alle und daher fahren alle mit dem Auto. Das Problem dieser Logik ist: Sie ist absolut korrekt. Wenn aber Milliarden von Menschen dieser Logik folgen, dann sehen wir, was passiert. Die Menschheit steckt beim Thema Umweltschutz also in einem Gefangenendilemma! Es dürfte diese Eigenschaft des Ge-

fangenendilemmas sein, nämlich mit sehr einfachen Mitteln, gesellschaftliche Dilemma-
situationen modellieren zu können und deren grundlegende Triebkräfte zu verstehen,
die dieses Spiel zum wohl bedeutendsten Spiel der gesamten Spieltheorie gemacht hat.

2.3   Spiele ohne herkömmliche Gleichgewichte

2.3.1   Methodische Vorbemerkungen

Bevor wir mit der Analyse fortfahren, müssen wir uns nun einige Gedanken über Spiele
machen, bei denen die Spieler sehr viele, genauer gesagt: unendlich viele, verschiedene
Strategien zur Auswahl haben. Wenn z.B. ein Stahlhersteller eine Entscheidung darüber
trifft, wie viele Tonnen Stahl er produzieren sollte, dann hat er faktisch unendlich viele
Strategien zur Auswahl, weil Stahl in beliebig kleinen Mengen hergestellt werden kann.
Er könnte sich z.B. entscheiden, 2356,387 Tonnen Stahl zu produzieren oder 2356,471
Tonnen. Wenn aber Spieler unendlich viele Strategien zur Auswahl haben, können wir
die Strategiekombinationen und die zugehörigen Auszahlungen nicht mehr in Matrixform darstellen, da eine solche Matrix dann ja unendlich viele Zeilen und Spalten haben
müsste. Damit ist auch klar, dass wir nicht mehr für jede Strategiekombination explizit
angeben können, wie hoch die Auszahlungen der Spieler in der betreffenden Strategiekombination wären. Dieses Darstellungsproblem lässt sich allerdings lösen, wenn wir die
Strategiekombinationen nicht mehr in Form einer Matrix sondern in Form von Dia-
grammen darstellen. Hierbei tragen wir die Strategien von Spieler 1 auf der waagerechten Achse ab und die Strategien von Spieler 2 auf der senkrechten Achse. Wenn z.B. zwei
Stahlproduzenten jeweils Produktionsmengen von $q_1 = 70$ und $q_2 = 50$ produzieren würden, dann ergäbe sich also die Strategiekombination {70; 50}, die im folgenden Diagramm als Punkt **B** eingezeichnet ist:

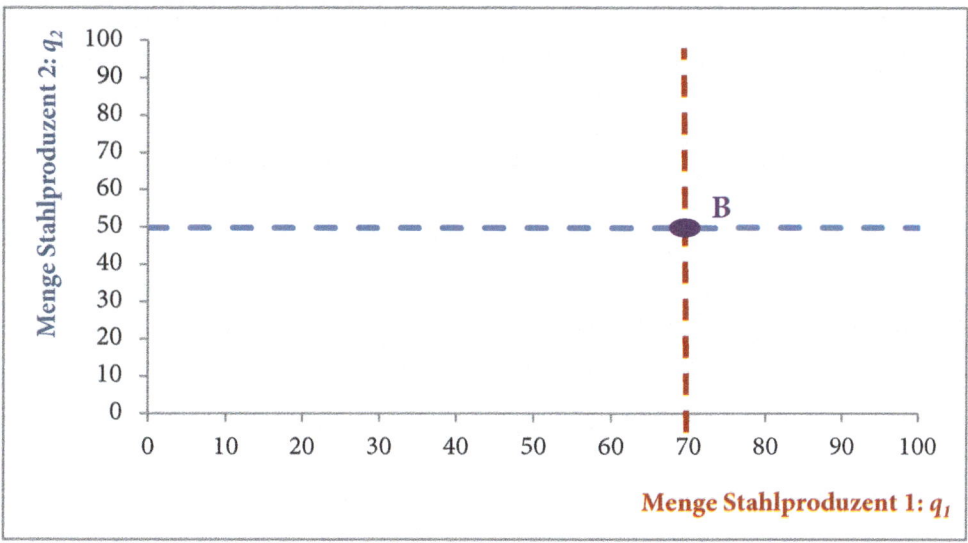

Jeder andere Punkt in diesem Diagramm würde dann eine andere Strategiekombination bezeichnen. Da es aber unendliche viele solcher Punkte (also Strategiekombinationen) gibt, können wir nicht mehr jede davon mit den zugehörigen Auszahlungen beschriften.

In diesem Fall braucht man eine andere Herangehensweise, um die besten Antworten der Spieler zu bestimmen. Dies geschieht in spieltheoretischen Analysen durch zwei Schritte. Im ersten Schritt benötigt man die Auszahlungen der Spieler in Form von allgemeinen Formeln, die den Zusammenhang zwischen der gewählten Strategiekombination und den Auszahlungen der Spieler darstellen. In einem Spiel, dessen Spieler Unternehmen sind, nennt man die Auszahlungen meistens „Gewinne". Wir suchen also Gewinnfunktionen, die für jedes Unternehmen angeben, wie hoch der Gewinn des Unternehmens für jede beliebige Strategiekombination wäre. Der Gewinn G eines Unternehmens ergibt sich als Differenz zwischen den Verkaufserlösen, d.h. dem Umsatz U, und den Kosten K, es gilt also G = U – K. Wir schreiben für Unternehmen 1:

$$G_1 = U_1 - K_1$$

Und für Unternehmen 2:

$$G_2 = U_2 - K_2$$

Nun benötigt man noch Angaben darüber, wie der Umsatz und die Kosten von den Mengen, also den Strategien, der Spieler abhängen. Für die Kosten nehmen wir an, dass diese direkt proportional zu den Produktionsmengen sind. Für unser Beispiel nehmen wir an, dass die Kostenfunktionen beider Unternehmen gleich sind: $K_1 = 80q_1$ und entsprechend $K_2 = 80q_2$. Die Produktion einer Mengeneinheit Stahl kostet also 80 Geldeinheiten. Nun nehmen wir an, dass beide Unternehmen völlig identischen Stahl herstellen und sie ihren Stahl daher nur zu demselben Preis verkaufen können. Wäre der Stahl von einem von beiden teurer, würden alle Käufer nur bei dem anderen kaufen. Wir bezeichnen mit P den Preis pro Mengeneinheit. Damit lassen sich die Gewinne angeben als:

$$G_1 = U_1 - K_1 = Pq_1 - 80q_1$$

$$G_2 = U_2 - K_2 = Pq_2 - 80q_2$$

Nun nehmen wir noch an, dass der Preis, den die Unternehmen für ihren Stahl bekommen, immer niedriger wird, je mehr Stahl sie produzieren und verkaufen wollen. Wir unterstellen folgenden Zusammenhang zwischen Preis und Mengen:

$$P = 200 - q_1 - q_2$$

Setzen wir dies in die Gewinnfunktionen ein, so erhalten wir:

$$G_1 = (200 - q_1 - q_2)q_1 - 80q_1$$

$$G_2 = (200 - q_1 - q_2)q_2 - 80q_2$$

Nun können wir den Klammerterm noch jeweils ausmultiplizieren und dann alle anderen Terme soweit möglich zusammenfassen und erhalten:

$$G_1 = 120q_1 - q_1^2 - q_2q_1$$

$$G_2 = 120q_2 - q_1q_2 - q_2^2$$

Nun haben wir unser erstes Ziel erreicht: Wir haben jetzt eine Formeldarstellung, mit der wir für jede Strategiekombination $\{q_1; q_2\}$ ausrechnen können, wie hoch die Gewinne der beiden Unternehmen, also ihre Auszahlungen, wären, wenn diese Strategiekombination gewählt würde. Damit sind wir natürlich noch nicht viel weiter, weil die Darstellung über Formeln ja nichts daran ändert, dass wir es immer noch mit unendlich vielen Strategiekombinationen zu tun haben. Nun können wir uns aber eine sehr wichtige Erkenntnis zunutze machen: Wir müssen gar nicht alle Strategiekombinationen bewerten! Wir suchen ja Gleichgewichte und nicht irgendwelche Strategiekombinationen. In Gleichgewichten müssen aber die Strategien beste Antworten der Spieler aufeinander sein. Die Strategie von Spieler 1 muss eine beste Antwort auf die Strategie von Spieler 2 sein und umgekehrt. Beste Antworten sind aber die Strategien, die die Auszahlung eines Spielers maximieren gegen die gewählte Strategie des anderen Spielers.

Wir müssen uns also im nächsten Schritt ansehen, welche Strategie q_1 von Spieler 1 jeweils die beste Antwort auf eine Strategie q_2 des Spielers 2 wäre. Um das herauszufinden, müssen wir den Gewinn von Spieler 1 maximieren, um festzustellen, welche seiner Strategien seine beste Antwort wäre.

(Hinweis: Wir machen im Folgenden gelegentlich Gebrauch von einfachen Optimierungsmethoden der Analysis. Wenn Sie damit nicht vertraut sind, bearbeiten Sie bitte zunächst Anhang A1 am Ende dieses Buches!)

Sehen wir uns dazu den Gewinn des Unternehmens 1 an. Die Maximierung ergibt als Bedingung erster Ordnung:

$$\frac{dG_1}{dq_1} = 120 - 2q_1 - q_2 = 0$$

Wenn wir das nach der Produktionsmenge q_1 auflösen, erhalten wir als beste Antwort von Spieler 1:

$$q_1^* = 60 - 0{,}5q_2$$

Mit dem Sternchen „*" kennzeichnen wir, dass die so bestimmte Produktionsmenge des Spielers 1 seine jeweils beste Antwort auf die jeweilige Produktionsmenge q_2 wäre. Wie wir sehen, ist die beste Antwort von Spieler 1 wiederum eine Funktion, die ganz allgemein angibt, was die beste Antwort von Spieler 1 auf die Strategie (=Produktionsmenge) von Spieler 2 wäre. Diese Funktion können wir in unser obiges Diagramm einzeichnen. Vorher müssen wir die gefundene Funktion allerdings noch nach q_2 auflösen, weil man bei grafischen Darstellungen Funktionen immer nach der Variable auflöst, die auf der senkrechten Achse abgetragen ist. Wenn wir diese Umstellung machen, erhalten wir:

$$q_2 = 120 - 2q_1^*$$

Wenn wir diese Funktion einzeichnen, erhalten wir:

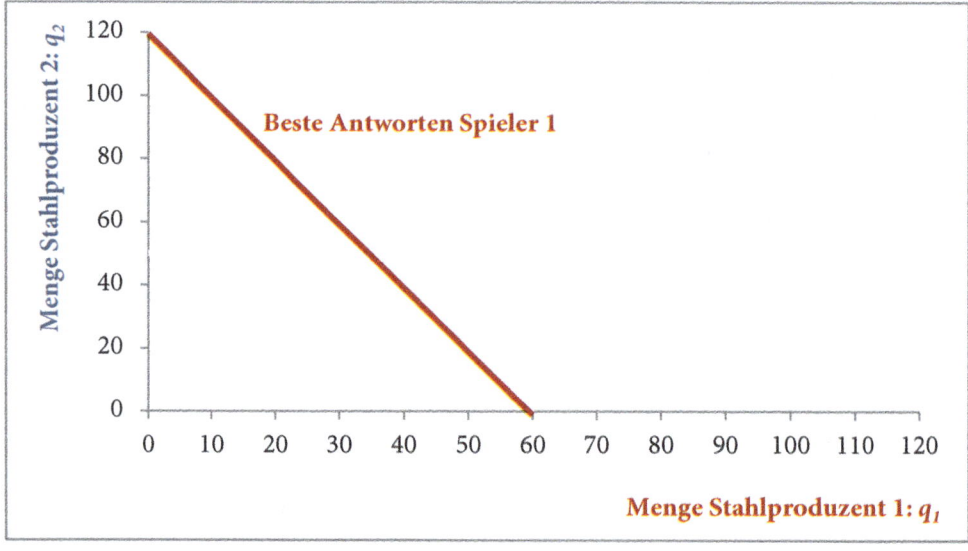

Für Gleichgewichte kommen nun nur noch die Strategiekombinationen in Frage, die auf dieser roten Linie liegen, da nur in den Strategiekombinationen auf dieser Linie Spieler 1 seine beste Antwort gewählt hätte. Damit haben wir die Auswahl möglicher Strategiekombinationen, mit denen wir uns noch weiter beschäftigen müssen, bereits enorm eingeschränkt!

Mit den gleichen Überlegungen können wir nun die möglichen besten Antworten von Spieler 2 ermitteln. Dazu berechnen wir auch für seine Gewinnfunktion die Bedingung erster Ordnung und erhalten:

$$\frac{dG_2}{dq_2} = 120 - q_1 - 2q_2 = 0$$

Wenn wir das nach der q_2 auflösen, erhalten wir als beste Antwort von Spieler 2:

$$q_2^* = 60 - 0,5q_1$$

Da diese Funktion bereits nach der Variable auf der senkrechten Achse aufgelöst ist, können wir die Funktion direkt einzeichnen und erhalten letztlich:

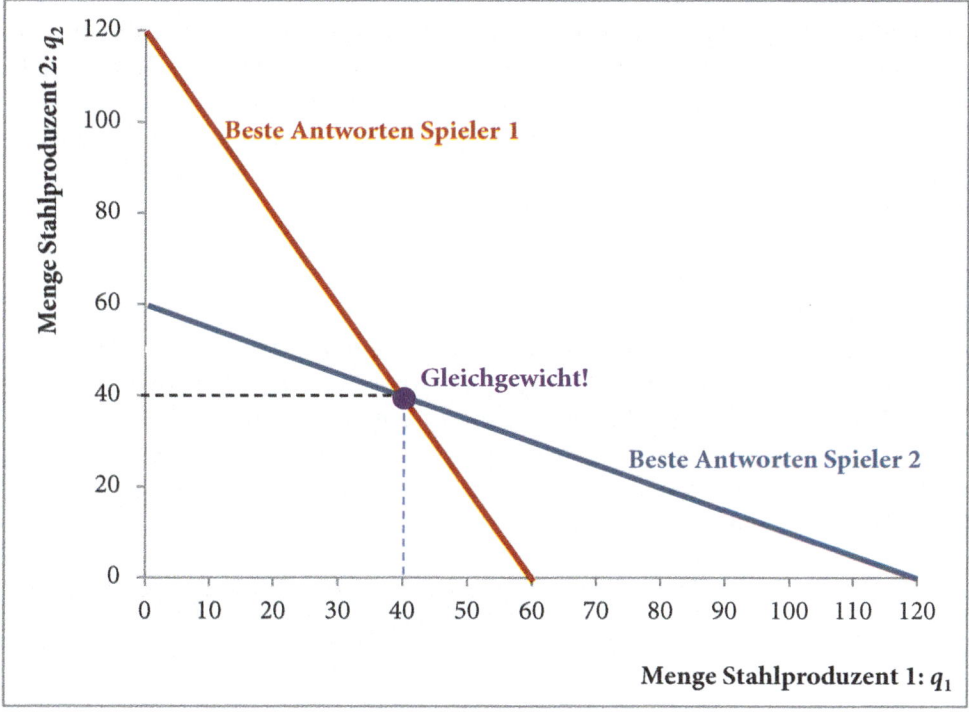

Das einzige Gleichgewicht dieses Spiels liegt im Schnittpunkt der beiden Funktionen. Nur in diesem Punkt sind die gewählten Strategien der Spieler gleichzeitig beste Antworten aufeinander. In der Abbildung kann abgelesen werden, dass das Gleichgewicht {40; 40} lautet. Dieses Gleichgewicht können wir natürlich auch berechnen. Denn im Gleichgewicht maximieren beide Unternehmen gleichzeitig ihre Gewinne gegen die Produktionsmenge des jeweils anderen. Es müssen daher beide Bedingungen erster Ordnung gleichzeitig erfüllt sein:

$$\frac{dG_1}{dq_1} = 120 - 2q_1 - q_2 = 0$$

$$\frac{dG_2}{dq_2} = 120 - q_1 - 2q_2 = 0$$

Die Lösung diese Gleichungssystems mit zwei Variablen lautet offensichtlich, dass beide Unternehmen jeweils 40 Mengeneinheiten produzieren, wie man durch Einsetzen dieser Werte leicht überprüft. Bei beiden Gleichungen kommt dann tatsächlich Null heraus.

Wir halten an dieser Stelle allgemein Folgendes fest: Wenn wir unendliche Strategie-mengen haben, jeder Spieler also unendlich viele verschiedene Strategien wählen kann, dann ist die Matrixdarstellung offensichtlich nicht mehr geeignet, um damit Gleichge-wichte zu finden. In diesem Fall wählt man einen analytischen Optimierungsansatz. Damit das funktioniert, müssen allerdings die Auszahlungen als Funktionen der gewähl-ten Strategien dargestellt werden können. Wenn das möglich ist, kann man die Auszah-lungsfunktionen analytisch maximieren und daraus die besten Antworten berechnen. Je nach Aussehen dieser Auszahlungsfunktionen kann diese Maximierung relativ simpel sein, sie könnte allerdings auch sehr schwierig bis unmöglich sein. Je nach Verlauf der besten Antworten kann es ferner vorkommen, dass sich die besten Antworten der Spieler mehrfach schneiden: Dann liegen mehrere Gleichgewichte vor.

2.3.2 Gemischte Strategien

Hauptziel des Abschnitts 2.3 ist ja die Analyse von Spielen, die gar kein Gleichgewicht der bisher behandelten Art haben. Dazu sehen wir uns das Münzspiel von Mimi und Caro aus dem ersten Kapitel nochmals an. Allerdings verändern wir nun die Spielregeln insofern, als das beide ihre Münzen gleichzeitig mit Kopf oder Zahl nach oben auf den Tisch legen müssen. Ansonsten hätten wir ja kein statisches, sondern ein dynamisches Spiel.

Mimi gewinnt Caros Münze, wenn sich die Symbole unterscheiden, Caro gewinnt Mimis Münze, wenn die Symbole gleich sind.

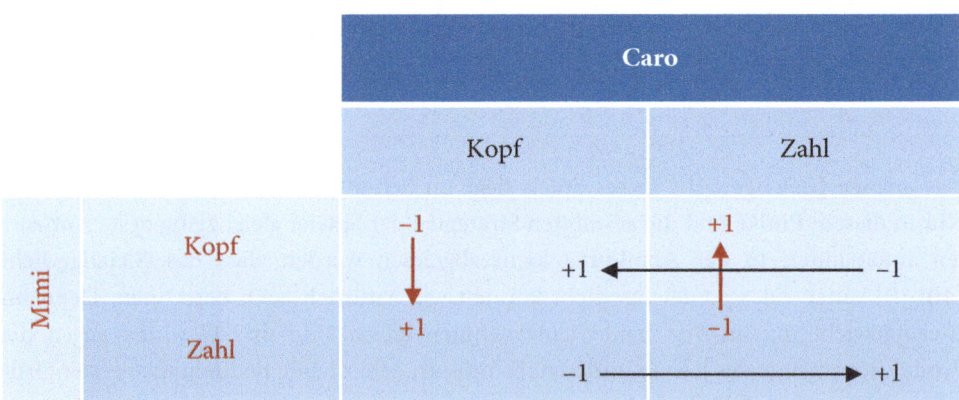

Wie leicht zu sehen ist, gibt es keine Strategiekombination, aus der kein Pfeil heraus-führt. Eine von beiden würde sich also nachträglich immer umentscheiden wollen. Da-mit hat das Spiel kein Gleichgewicht im bisher definierten Sinn. Was soll man den bei-den Spielerinnen nun aber empfehlen?

An dieser Stelle schlägt die Spieltheorie einen auf den ersten Blick merkwürdig er-scheinenden Weg vor. Dieser Weg besteht darin, dass den Spielerinnen empfohlen wird, ihre jeweilige Entscheidung für Kopf oder Zahl gar nicht mehr selbst zu treffen, sondern diese Entscheidung einem Zufallsmechanismus zu überlassen. Das klingt zunächst etwas befremdlich, bekommt aber schnell einen Sinn: Wenn man sich das Münzspiel ansieht, dann sieht man sofort, dass es für jede der Spielerinnen definitiv zum Verlust führen würde, wenn ihre Strategie von der anderen durchschaut würde. Und hier kommt dann der Trick: Wenn man selbst nicht weiß, was man tut, dann kann man auch nicht durchschaut werden! Lässt Mimi also den Zufall entscheiden, z.B. indem sie die Münze einfach wirft, dann kann Caro so viel grübeln wie sie will, sie kann Mimi nicht durchschauen!

Bevor wir mit diesen Überlegungen nun aber fortfahren, müssen wir uns zunächst einige Gedanken dazu machen, welche Auswirkung die Einbeziehung von Zufallsmechanismen auf die Auszahlungen der Spieler hat. Denn wenn die Spieler ihre Entscheidungen nicht mehr selbst treffen, sondern von einem Zufallsmechanismus treffen lassen, dann werden auch die Auszahlungen selbst zufallsabhängig. Für diese Situation unterstellen wir nun, dass die Spieler bestrebt sind, ihre „erwarteten Auszahlungen" zu maximieren. Sehen wir uns das für das Münzspiel an und unterstellen wir zusätzlich, dass beide Spielerinnen ihre Münzen werfen. Dann beträgt die Wahrscheinlichkeit für Kopf jeweils 0,5 (=50%) ebenso wie für Zahl. Diese Wahrscheinlichkeiten tragen wir nun noch in die Auszahlungsmatrix ein.

		Caro		
		Kopf 0,5		Zahl 0,5
Mimi	Kopf 0,5	−1	+1	+1 −1
	Zahl 0,5	+1 −1		−1 +1

Auch hier verlangen wir wieder Vollständigkeit. Das bedeutet in diesem Kontext, dass die Summe der Wahrscheinlichkeiten für jede Spielerin 1 (=100%) ergeben muss. Wäre die Summe kleiner als 1, würde das bedeuten, dass der Zufallsmechanismus der Spielerin ein Ergebnis anzeigen könnte, bei dem sie dann nicht weiß, ob sie Kopf oder Zahl zeigen soll. Nehmen wir z.B. an, Mimi würde sich auf Basis des Wurfes eines Würfels entscheiden wollen. Dann könnte sie z.B. für sich selbst festlegen, dass sie „Kopf" zeigt, wenn sie eine 1, eine 2 oder eine 3 würfelt und das sie „Zahl" zeigt, wenn sie eine 4 oder eine 5 würfelt. Wenn Mimi dieser Regel folgen würde, wüsste sie aber nicht, was sie tun sollte, wenn sie eine 6 würfelt. Dieser Spielplan wäre also unvollständig. Unvollständige Spielpläne sind aber keine Strategien! Ein Spielplan, der Zufallsmechanismen einbezieht, muss daher immer so gestaltet werden, dass die Summe der Wahrscheinlichkeiten 1 ergibt, damit wir den Spielplan vollständig, also eine Strategie ist.

Ferner sind die allgemeinen Obergrenzen und Untergrenzen für Wahrscheinlichkeiten zu beachten. Eine Wahrscheinlichkeit kann nicht größer als 1 bzw. 100% sein, da 100% bereits bedeutet, dass etwas mit absoluter Sicherheit passiert. Mit noch höherer Wahrscheinlichkeit als mit absoluter Sicherheit kann aber nichts passieren. Auch kann keine Wahrscheinlichkeit kleiner als Null sein. Denn eine Wahrscheinlichkeit von Null heißt bereits, dass etwas keinesfalls passiert, und unwahrscheinlicher zu sein als unmöglich geht eben auch nicht.

Sehen wir uns nun an, wie hoch die erwarteten Auszahlungen für Mimi und Caro sind. Betrachten wir zunächst Mimi: Wenn sie ihre Münze wirft und Caro das auch tut, dann beträgt die Wahrscheinlichkeit dafür, dass beide „Kopf" treffen 50% × 50% = 25% bzw. 0,25. In diesem Fall würde Mimi ihre Münze verlieren und Caro würde diese gewinnen. Die Wahrscheinlichkeit von 25% ist auch jeweils die Wahrscheinlichkeit für jede der drei anderen Kopf-Zahl-Kombinationen. Bezeichnen wir die erwartete Auszahlung von Mimi als $E(A_{Mimi})$, so erhalten wir:

$$E(A_{Mimi}) = 0{,}25 \cdot (-1) + 0{,}25 \cdot (1) + 0{,}25 \cdot (1) + 0{,}25 \cdot (-1) = 0$$

Analog ergibt sich für Caro:

$$E(A_{Caro}) = 0{,}25 \cdot (1) + 0{,}25 \cdot (-1) + 0{,}25 \cdot (-1) + 0{,}25 \cdot (1) = 0$$

Wenn beide also ihre Münzen werfen, dann erzielen sie in dem Spiel jeweils erwartete Auszahlungen in Höhe von Null, d.h. sie gewinnen nichts und verlieren nichts. Und in der Tat: Würden beide das Spiel tausende Male hintereinander wiederholen, hätten beide jeweils in etwa gleich oft gewonnen und verloren und damit durchschnittliche Auszahlungen von Null erzielt.

▶ **Definition: „Gemischte Strategie"** Wir bezeichnen eine Strategie, bei der ein Spieler einen Zufallsmechanismus einsetzt, um seine endgültige Entscheidung zu treffen, als „gemischte Strategie".

▶ **Definition: „Reine Strategie"**   Eine Strategie, in der ein Spieler keine Zufallsmechanismen einsetzt, um seine Entscheidungen zu fällen, heißt „reine Strategie".

Mit diesen Definitionen können wir gemischte Strategien noch etwas genauer charakterisieren. Eine gemischte Strategie ist eine Zuordnung von Wahrscheinlichkeiten zu jeder reinen Strategie der Strategiemenge des betreffenden Spielers. Sehen wir uns das am Beispiel des Münzspiels an. Mimis Menge der reinen Strategien lautet $SM_{Mimi} = \{$ *Kopf, Zahl* $\}$. Jede gemischte Strategie, die Mimi nun wählen könnte, muss jeder ihrer reinen Strategien eine Wahrscheinlichkeit zuordnen, wobei keine der Wahrscheinlichkeiten kleiner als Null oder größer als 1 sein darf. Zusätzlich muss die Summe der Wahrscheinlichkeiten gleich 1 sein.

Sehen wir uns ein paar Beispiele für zulässige gemischte Strategien und unzulässige gemischte „Nicht-Strategien" an, wobei die unzulässigen Werte rot markiert sind:

	Wahrscheinlichkeit für „Kopf"	Wahrscheinlichkeit für „Zahl"	Summe der Wahrscheinlichkeiten
Beispiele zulässiger gemischter Strategien	0,5	0,5	1
	1	0	1
	0,8	0,2	1
	Wahrscheinlichkeit für „Kopf"	Wahrscheinlichkeit für „Zahl"	Summe der Wahrscheinlichkeiten
Beispiele unzulässiger gemischter „Nicht-Strategien"	0,3	0,4	0,7
	1,3	0	1,3
	–0,2	1,2	1

Um diese Überlegungen allgemeiner zu fassen, nehmen wir an, dass die Strategiemenge eines Spielers eine Anzahl von N reinen Strategien umfasst. Es gilt also:

$$SM = \{Strategie\ 1; Strategie\ 2, \dots, Strategie\ N\}$$

Setzt der Spieler nun Zufallsmechanismen ein, um eine seiner reinen Strategien auszuwählen, so bezeichnen wir mit w_1 die Wahrscheinlichkeit dafür, dass die reine Strategie 1 gewählt wird, mit w_2 die Wahrscheinlichkeit für die reine Strategie 2 usw. Eine gemischte Strategie ist dann eine geordnete Menge von Wahrscheinlichkeiten, die jeder reinen Strategie eine Wahrscheinlichkeit zuordnet, mit der die betreffende reine Strategie gewählt wird. Nennen wir die gemischte Strategie W, so können wir schreiben:

$$W = \{w_1; w_2, \dots, w_N\}$$

Für jede der einzelnen Wahrscheinlichkeiten w_1 bis w_N muss gelten, dass diese jeweils individuell nicht kleiner als Null und nicht größer als 1 sein dürfen. Ferner muss die Summe aller einzelnen Wahrscheinlichkeiten 1 ergeben.

Wie wir gleich sehen werden, können wir die bisherigen Überlegungen zu Gleichgewichten dann ohne weitere Einschränkungen auf gemischte Strategien übertragen. Ein Gleichgewicht in gemischten Strategien ist dann einfach ein Gleichgewicht, in dem die gemischten Strategien der Spieler beste Antworten aufeinander sind.

Sehen wir uns zunächst an einem Beispiel an, wie Mimi und Caro ihr Münzspiel mit gemischten Strategien spielen könnten. Nehmen wir an, beide würden beschließen, als Zufallsmechanismus Lose zu benutzen. Sie könnten auch würfeln, aber sie wollen eben lieber Lose verwenden. Ferner einigen sie sich darauf (was sie nicht müssten!), dass jede von ihnen 10 Lose für sich selbst benutzen soll. Als Lose verwenden sie kleine leere Zettel, die sie jeweils mit „Kopf" oder „Zahl" beschriften. Nehmen wir an, dass Mimi ihre zehn Lose wie folgt beschriftet:

Los 1:	Los 2:	Los 3:	Los 4:	Los 5:
Kopf	*Kopf*	ZAHL	ZAHL	ZAHL

Los 6:	Los 6:	Los 8	Los 9:	Los 10:
ZAHL	ZAHL	ZAHL	ZAHL	ZAHL

Wenn Mimi ihre Lose so beschriften würde, dann hätte sie damit für sich eine gemischte Strategie gewählt, bei der sie dann mit 20%-iger Wahrscheinlichkeit Kopf zeigen würde und mit 80%-iger Wahrscheinlichkeit. Denn zwei von ihren 10 Losen repräsentieren ja gerade 20% ihrer Lose und sind mit „Kopf" beschriftet, entsprechend repräsentieren die anderen 8 Lose 80%.

Nun sehen wir uns ein Beispiel für Caro an. Nehmen wir an, Caro würde ihre Lose wie folgt beschriften:

Los 1:	Los 2:	Los 3:	Los 4:	Los 5:
Kopf	*Kopf*	*Kopf*	*Kopf*	*Kopf*

Los 6:	Los 6:	Los 8	Los 9:	Los 10:
Kopf	*Kopf*	ZAHL	ZAHL	ZAHL

Caro hätte sich hiermit also für eine gemischte Strategie mit 70%-iger Wahrscheinlichkeit für Kopf und 30%-iger Wahrscheinlichkeit für Zahl entschieden. Haben wir mit diesen beiden Beschriftungen von jeweils 10 Losen ein Gleichgewicht gefunden? Denn jede dieser Sammlungen von je 10 Losen repräsentiert ja eine Strategie, also ist unsere Kombination von Lossammlungen auch eine Strategiekombination. Daher dürfen wir also die Frage stellen, ob wir hier ein Gleichgewicht haben. Würden Karo und Mimi das Spiel tatsächlich so spielen, wäre der nächste Schritt nach Beschriftung der Lose, dass die beiden sich jeweils gegenseitig die Beschriftungen ihrer Lose zeigen. Mimi wüsste dann also, wie Caro ihre Lose beschriftet hat und umgekehrt. Und nun müssten wir beide fragen, ob sie, nachdem sie die Beschriftungen der anderen gesehen haben, bei ihren jeweiligen Beschriftungen bleiben wollen würden. Wenn jetzt beide „ja" sagen würden, dann wären die beiden oben aufgemalten Lossammlungen beste Antworten aufeinander und wir hätten ein Gleichgewicht gefunden. Denn merke: Ein Gleichgewicht verlangt, dass man auch dann bei seiner Strategie bleiben wollen würde, wenn man die Strategie (hier: die Losbeschriftungen) des/der anderen Spieler kennt.

Wenn die beiden mit ihren obigen Lossammlungen spielen würden, was würde dann mit welcher Wahrscheinlichkeit passieren? Nun, Mimi würde „Kopf" mit 20% erwischen und Caro mit 70%. Insgesamt ergeben sich daraus die folgenden Wahrscheinlichkeiten für die vier möglichen Kombinationen von Kopf und Zahl:

Kombination	Wahrscheinlichkeit
Kopf/Kopf:	$0,2 * 0,7 = 0,14$
Zahl/Zahl:	$0,8 * 0,3 = 0,24$
	0,38
Kopf/Zahl:	$0,2 * 0,3 = 0,06$
Zahl/Kopf:	$0,8 * 0,7 = 0,56$
	0,62

In den beiden ersten Kombinationen würde Mimi verlieren, insgesamt also mit einer Wahrscheinlichkeit von 38%. Sie würde demnach mit 62%-iger Wahrscheinlichkeit gewinnen. Das aber würde bedeuten, dass sie in dieser Strategiekombination einen Vorteil gegenüber Caro hätte. Da Caro aufgrund der Regeln und der Auszahlungsstruktur aber Mimi gegenüber in diesem Spiel überhaupt nicht im Nachteil ist, hat sie keinen Grund, mit einer Strategiekombination einverstanden zu sein, in der sie mit höherer Wahrscheinlichkeit als Mimi verliert. Wir können also an dieser Stelle schon mal sehr stark vermuten, dass unsere beiden Lossammlungen von oben kein Gleichgewicht sind. Im nächsten Abschnitt werden wir sehen, dass diese Vermutung korrekt ist.

2.3.3 Gleichgewichte gemischter Strategien

Wir hatten ein Stück weiter oben herausbekommen, wie hoch die erwarteten Auszahlungen für Mimi und Caro sind, wenn sie ihre Münzen einfach werfen, also jeweils mit der gemischten Strategie 0,5/0,5 für „Kopf"/„Zahl" spielen. Wie wir gesehen haben, erreichen sie beide dann erwartete Auszahlungen in Höhe von Null:

$$E(A_{Mimi}) = 0,25 \cdot (-1) + 0,25 \cdot (1) + 0,25 \cdot (1) + 0,25 \cdot (-1) = 0$$

$$E(A_{Caro}) = 0,25 \cdot (1) + 0,25 \cdot (-1) + 0,25 \cdot (-1) + 0,25 \cdot (1) = 0$$

Die Frage ist nun aber, ob es nicht eine bessere Strategie geben könnte, als die Münze einfach zu werfen. Anders formuliert: Sollte eine (oder beide) der Spielerinnen vielleicht nicht mit Wahrscheinlichkeiten von jeweils 50% für Kopf oder Zahl spielen, sondern vielleicht mit anderen Wahrscheinlichkeiten? Dass es dann aber nicht die Wahrscheinlichkeiten aus dem direkt vorangegangenen Beispiel mit den Lossammlungen von je 10 Losen sind, wissen wir allerdings schon relativ sicher. Machen wir uns jetzt also strukturierter auf die Suche.

Nehmen wir an, dass Mimi einen Zufallsmechanismus benutzt, der „Kopf" mit der Wahrscheinlichkeit k_M („M" = Mimi) und „Zahl" mit der Wahrscheinlichkeit $(1 - k_M)$ auswählt. Mimi könnte z.B. einen Würfel beschriften und auf 5 Seiten des Würfels „Kopf" schreiben und auf eine Seite „Zahl". Wenn sie nun mit diesem Würfel auswürfelt, ob sie Kopf oder Zahl zeigt, dann beträgt die Wahrscheinlichkeit für „Kopf" 5/6, d.h. $k_M = 5/6$, und die Wahrscheinlichkeit für „Zahl" 1/6. Nehmen wir ferner an, dass Caro einen Zufallsmechanismus benutzt, der „Kopf" mit der Wahrscheinlichkeit k_C und „Zahl" mit der Wahrscheinlichkeit $(1 - k_C)$ auswählt. Dann können wir das in die Matrixdarstellung des Spiels wie folgt aufnehmen:

		Caro		Caro	
		Kopf k_C		Zahl $(1 - k_C)$	
Mimi	Kopf k_M	-1		$+1$	
			$+1$		-1
	Zahl $(1 - k_M)$	$+1$		-1	
			-1		$+1$

In diesem Fall beträgt nun die Wahrscheinlichkeit für die Kombination Kopf/Kopf nicht mehr automatisch 25%, sondern $k_M \times k_C$. Da nun aber sowohl Mimi als auch Caro jeweils unendlich viele Möglichkeiten hätten, wie sie ihre Wahrscheinlichkeiten wählen könnten, können wir das Spiel wiederum nicht mehr weiter in der Matrixform analysieren. Das liegt daran, dass sie Zahl möglicher, erwarteter Auszahlungen jeder Spielerin unendlich groß wird. Wir müssen also wieder eine Möglichkeit finden, wie wir die Auszahlungen von Mimi und Caro über Formeln darstellen. Damit könnten wir dann wieder den funktionalen Verlauf ihrer besten Antworten bestimmen, um dann über den Schnittpunkt das Gleichgewicht zu bestimmen.

Für die erwarteten Auszahlungen der beiden Spielerinnen ergibt sich nun:

$$E(A_{Mimi}) = k_M \times k_C \times (-1) + k_M \times (1 - k_C) \times (1)$$

$$+(1 - k_M) \times k_C \times (1) + (1 - k_M) \times (1 - k_C) \times (-1)$$

Analog ergibt sich für Caro:

$$E(A_{Caro}) = k_M \times k_C \times (1) + k_M \times (1 - k_C) \times (-1)$$

$$+(1 - k_M) \times k_C \times (-1) + (1 - k_M) \times (1 - k_C) \times (1)$$

Multipliziert man die Terme aus und fasst zusammen, so erhält man:

$$E(A_{Mimi}) = 2k_M + 2k_C - 4k_M k_C - 1$$

Analog ergibt sich für Caro:

$$E(A_{Caro}) = 4k_M k_C - 2k_M - 2k_C + 1$$

Nun sehen wir uns zunächst an, wie Mimi optimalerweise auf verschiedene Wahrscheinlichkeiten von Caro reagieren sollte. Wir bestimmen also für diese Fälle die jeweils besten Antworten für Mimi. Wir machen dies zunächst nur für drei ausgewählte Zahlenbeispiele, ehe wir uns dann der allgemeinen Lösung zuwenden. Dazu nehmen wir zunächst folgende Fallunterscheidung vor:

	Caros Wahrscheinlichkeit k_C dafür, „Kopf" zu wählen	Mimis erwartete Auszahlung: $E(A_{Mimi}) = 2k_M + 2k_C - 4k_M k_C - 1$
1. Fall	Geringe Wahrscheinlichkeit, z.B. $k_C = 0{,}2$	$\begin{aligned} E(A_{Mimi}) &= 2k_M + 2k_C - 4k_M k_C - 1 \\ &= 2k_M + 0{,}4 - 0{,}8k_M - 1 \\ &= 1{,}2k_M - 0{,}6 \end{aligned}$
2. Fall	Mittlere Wahrscheinlichkeit, $k_C = 0{,}5$	$\begin{aligned} E(A_{Mimi}) &= 2k_M + 2k_C - 4k_M k_C - 1 \\ &= 2k_M + 1 - 2k_M - 1 \\ &= 0 \end{aligned}$

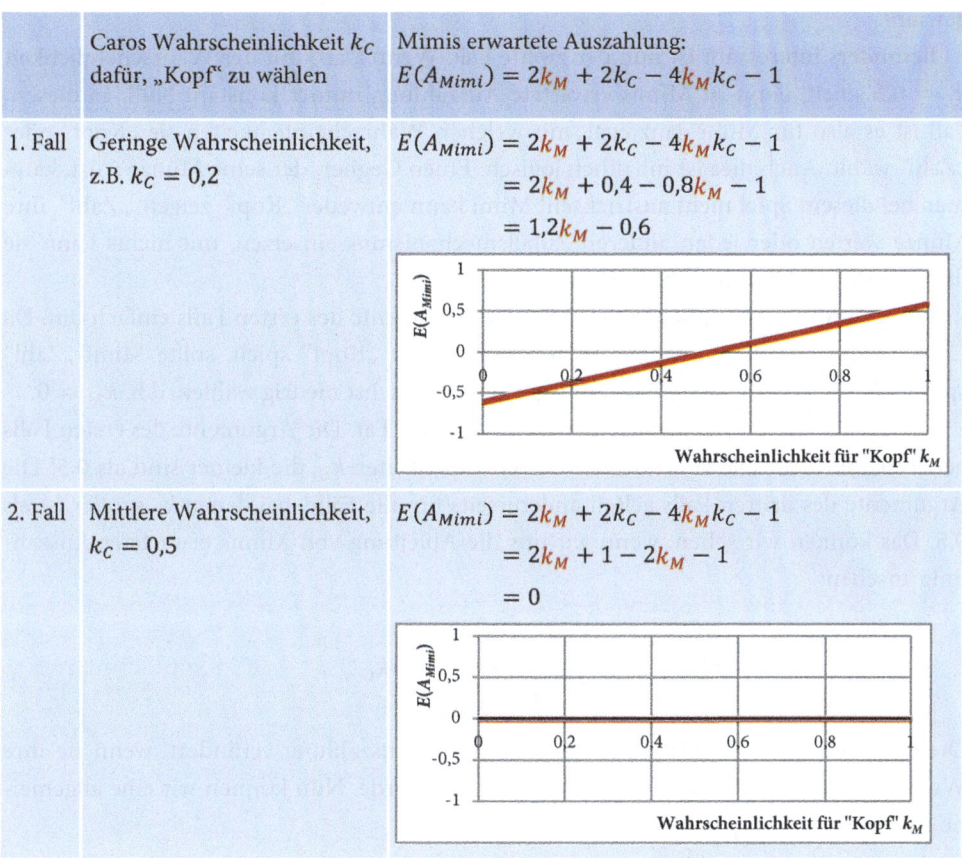

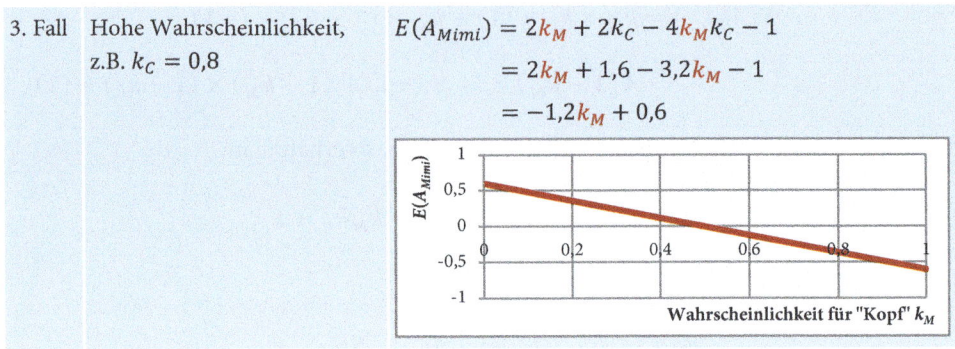

| 3. Fall | Hohe Wahrscheinlichkeit, z.B. $k_C = 0{,}8$ | $\begin{aligned} E(A_{Mimi}) &= 2k_M + 2k_C - 4k_Mk_C - 1 \\ &= 2k_M + 1{,}6 - 3{,}2k_M - 1 \\ &= -1{,}2k_M + 0{,}6 \end{aligned}$ |

Im ersten Fall stellen wir also fest, dass Mimis erwartete Auszahlung immer weiter steigt, wenn sie ihre Wahrscheinlichkeit für „Kopf", nämlich k_M, immer weiter erhöht. Sie sollte also den maximal möglichen Wert für k_M wählen, also $k_M = 1$. Dies bedeutet aber, dass sie mit Sicherheit „Kopf" wählen sollte. Dies ist auch inhaltlich logisch. Denn wenn Caro nur mit geringer Wahrscheinlichkeit „Kopf" spielt, wird sie also eher „Zahl" zeigen. Dann aber ist es für Mimi besser, „Kopf" zu zeigen, da Mimi bei ungleichen Symbolen ja gewinnt.

Besonders interessant ist nun der zweite Fall. Wenn Caro mit der Wahrscheinlichkeit $k_C = 0{,}5$ spielt, dann ist Mimis erwartete Auszahlung immer konstant Null. In diesem Fall ist es also für Mimi ganz egal, mit welchen Wahrscheinlichkeiten sie „Kopf" oder „Zahl" wählt. Auch dies ist inhaltlich logisch: Einen Gegner, der seine Münze wirft, kann man bei diesem Spiel nicht austricksen! Mimi kann entweder „Kopf" zeigen, „Zahl", ihre Münze werfen oder jeden anderen Zufallsmechanismus einsetzen, mit nichts kann sie ihre erwartete Auszahlung beeinflussen.

Im dritten Fall schließlich kehren sich die Argumente des ersten Falls einfach um. Da Caro im dritten Fall mit hoher Wahrscheinlichkeit „Kopf" spielt, sollte Mimi „Zahl" spielen, also die Wahrscheinlichkeit für „Kopf" möglichst niedrig wählen, d.h. $k_M = 0$.

Lassen sich diese Fälle verallgemeinern? Ja, in der Tat. Die Argumente des ersten Falls gelten nämlich für alle von Caros Wahrscheinlichkeiten k_C, die kleiner sind als 0,5! Die Argumente des dritten Falls gelten andererseits für alle Fälle, bei denen k_C größer ist als 0,5. Das können wir sehen, wenn wir uns die Ableitung von Mimis erwarteter Auszahlung ansehen:

$$\frac{dE(A_{Mimi})}{dk_M} = 2 - 4k_C$$

Diese Ableitung misst, wie sich Mimis erwartete Auszahlung verändert, wenn sie ihre Wahrscheinlichkeit für „Kopf", d.h. k_M, erhöhen würde. Nun können wir eine allgemeine Fallunterscheidung vornehmen:

	Caros Wahrscheinlichkeit k_C dafür, „Kopf" zu wählen	Ableitung von Mimis erwarteter Auszahlung: $\dfrac{dE(A_{Mimi})}{dk_M} = 2 - 4k_C$
1. Fall	$0 \leq k_C < 0{,}5$	$2 - 4k_C > 0$ Folgerung: Ableitung ist positiv, Mimis erwartete Auszahlung steigt immer weiter an, je weiter sie ihre Wahrscheinlichkeit k_M erhöhen würde. Sie sollte also den maximal zulässigen Wert dieser Wahrscheinlichkeit wählen, d.h. $k_M = 1$. Sie sollte also mit Sicherheit „Kopf" spielen.
2. Fall	$k_C = 0{,}5$	$2 - 4k_C = 0$ Folgerung: Ableitung ist konstant Null, Mimis erwartete Auszahlung hängt nicht von ihrer Wahrscheinlichkeit k_M ab. Sie kann k_M auf jeden beliebigen Wert zwischen Null und 1 inklusive setzen.
3. Fall	$0{,}5 < k_C \leq 1$	$2 - 4k_C < 0$ Folgerung: Ableitung ist negativ, Mimis erwartete Auszahlung sinkt immer weiter ab, je weiter sie ihre Wahrscheinlichkeit k_M erhöhen würde. Sie sollte also den kleinstmöglichen zulässigen Wert dieser Wahrscheinlichkeit wählen, d.h. $k_M = 0$. Sie sollte also mit Sicherheit „Zahl" spielen.

Wir sehen also, dass Mimi für jede von Caros Wahrscheinlichkeiten ihre jeweils beste Antwort direkt berechnen kann. Diese Überlegungen lassen sich auch grafisch veranschaulichen. Dazu wählen wir ein Diagramm, auf dessen Achsen wir Mimis und Caros Wahrscheinlichkeiten k_M und k_C abtragen. Dieses Diagramm hat damit folgendes Aussehen:

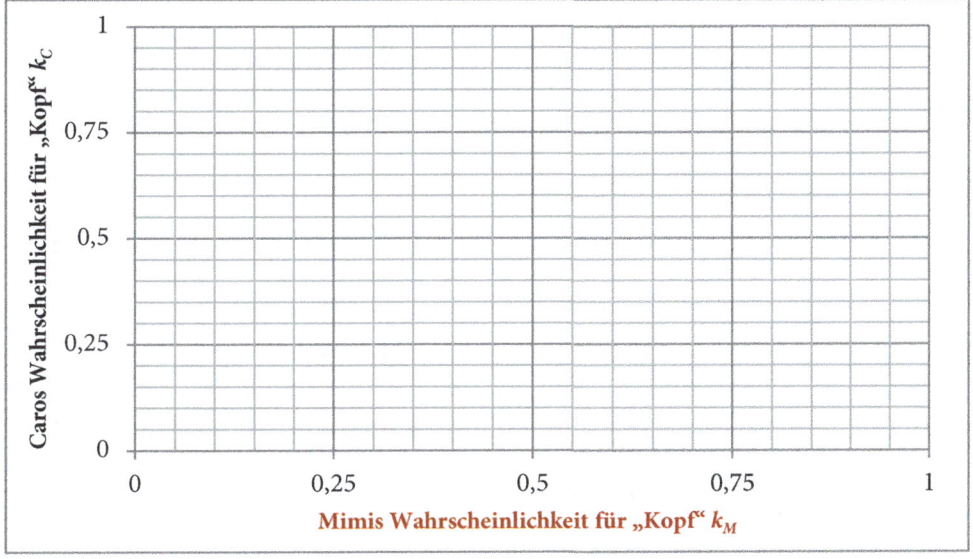

Jeder mögliche Punkt in diesem Diagramm entspricht einer Kombination von Wahrscheinlichkeiten, die die beiden Spielerinnen gegeneinander wählen könnten. Fassen wir die Wahl einer Wahrscheinlichkeit nun als Strategie auf, so entspricht jeder mögliche Punkt im Diagramm einer Kombination gemischter Strategien. Gesucht ist dann also die Kombination von Wahrscheinlichkeiten (grafisch: der Punkt im Diagramm), bei der keine der Spielerinnen ihre eigene Wahrscheinlichkeit für „Kopf" (und damit logischerweise auch für „Zahl") nachträglich noch ändern wollen würde.

Bevor wir fortfahren, wollen wir diese Überlegungen etwas weiter präzisieren. Dazu beschränken wir unsere Betrachtungen auf Mimi, die Überlegungen für Caro – oder alle anderen möglichen Spieler in allen ähnlichen Spielen – wären identisch. Wenn Mimi nun also eine Wahrscheinlichkeit für „Kopf" festgelegt hat, dann hat sie damit faktisch auch eine Wahrscheinlichkeit für „Zahl" festgelegt. Dies folgt daraus, dass auch bei Einbeziehung von Zufallsmechanismen die Strategien vollständig sein müssen. Die Summe der Wahrscheinlichkeiten muss daher immer 1 bzw. 100% ergeben. Im Fall von zwei Möglichkeiten, hier also „Kopf" oder „Zahl", reicht es daher aus, lediglich eine der beiden Wahrscheinlichkeiten festzulegen, da sich dann die andere automatisch ergibt. Eine einzelne Wahrscheinlichkeit reicht also aus, eine gemischte Strategie für dieses Spiel vollständig anzugeben.

Kommen wir nun zu unserem obigen Diagramm und der bereits durchgeführten Fallunterscheidung zurück. Hier tragen wir nun für Mimi ihre jeweils besten Antworten auf Caros Wahrscheinlichkeit für „Kopf" ein. Wir hatten in unserer Fallunterscheidung oben ermittelt, dass Mimi ihre Wahrscheinlichkeit für „Kopf" immer auf 1 setzen sollte, d.h. $k_M = 1$, falls Caro ihre eigene Wahrscheinlichkeit für „Kopf" auf irgendeinen Wert setzt, der kleiner ist als 0,5. Diese besten Antworten von Mimi für alle Fälle von $k_C < 0{,}5$ tragen wir als senkrechte rote Linie in das Diagramm ein:

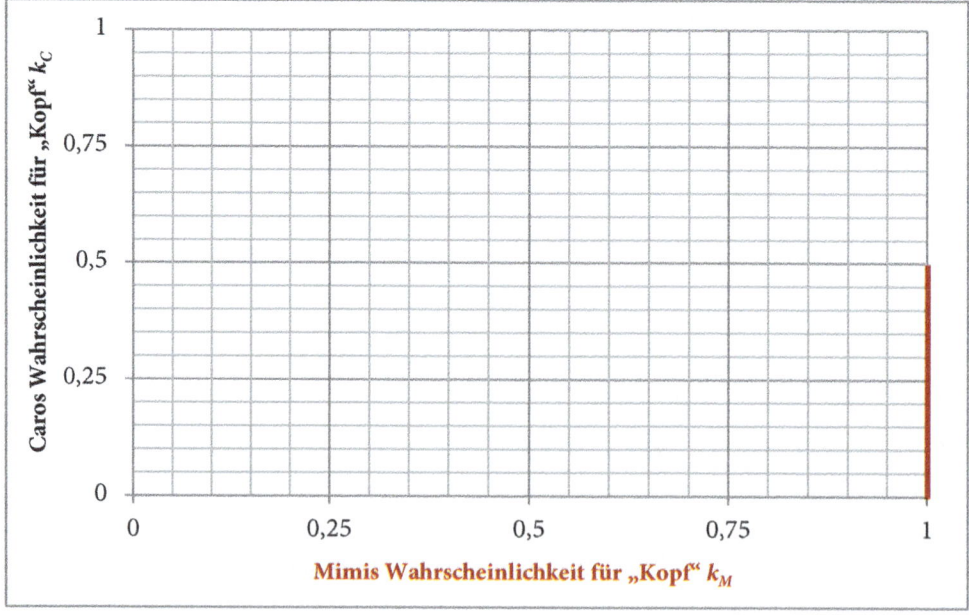

Im zweiten Fall hatten wir oben gesehen, dass es für Mimi ganz egal ist, mit welcher Wahrscheinlichkeit sie „Kopf" wählt. Wenn also Caro mit einer Wahrscheinlichkeit von $k_C = 0,5$ spielt, dann kann Mimi jede beliebige Wahrscheinlichkeit zwischen 0 und 1 wählen. Diesen zweiten Fall können wir als waagerechte rote Linie auf der Höhe von $k_C = 0,5$ in unser Diagramm einzeichnen und wir erhalten die folgende Abbildung:

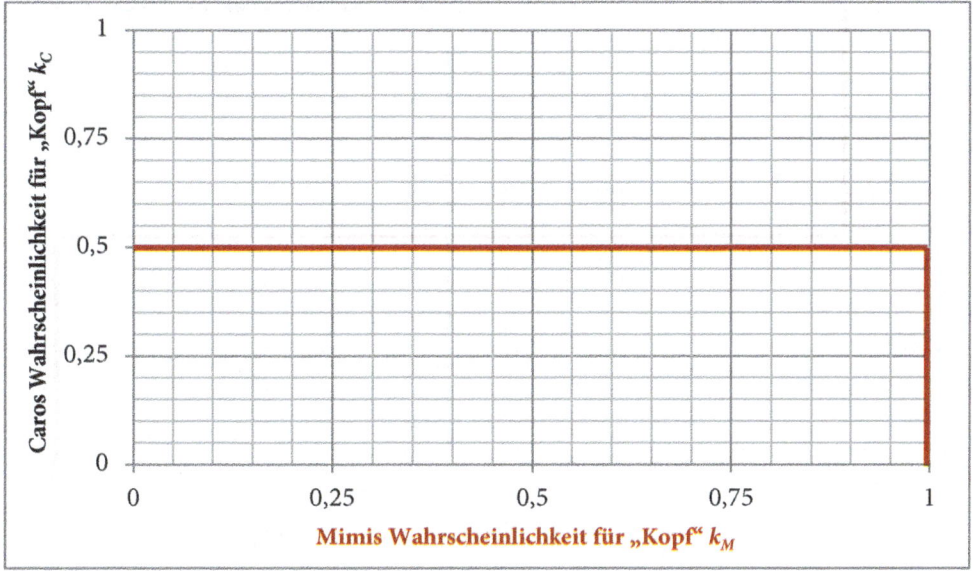

Nun können wir noch den 3. Fall hinzunehmen, dann erhalten wir Mimis vollständige grafische Beschreibung ihrer jeweils besten Antworten auf jede beliebige Wahrscheinlichkeit von Caro:

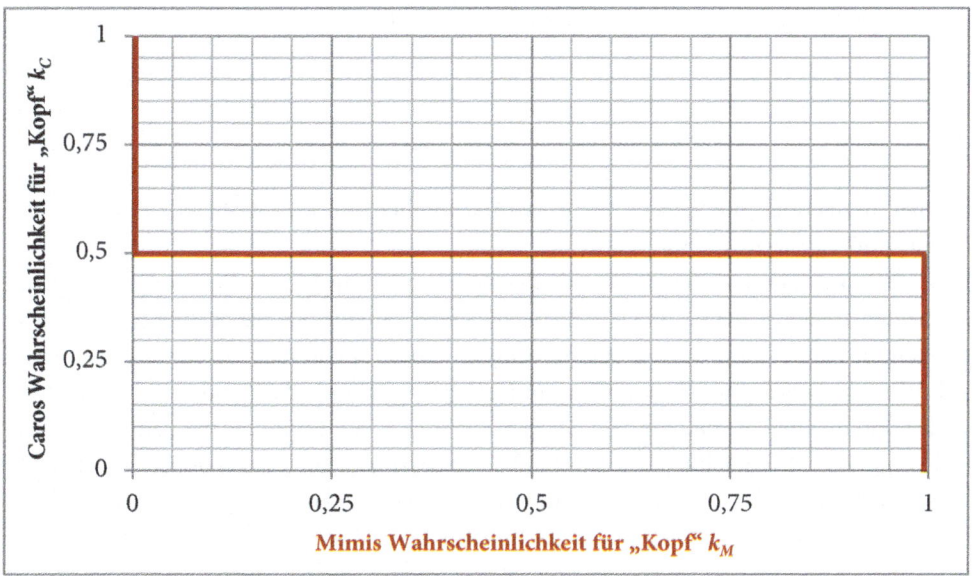

Mit völlig analogen Überlegungen können wir nun auch für Caro ermitteln, was jeweils ihre besten Antworten wären. Auch hier ergeben sich drei verschiedene Fälle. Wir zeichnen diese besten Antworten von Caro als gestrichelte schwarze Linie in unser Diagramm ein:

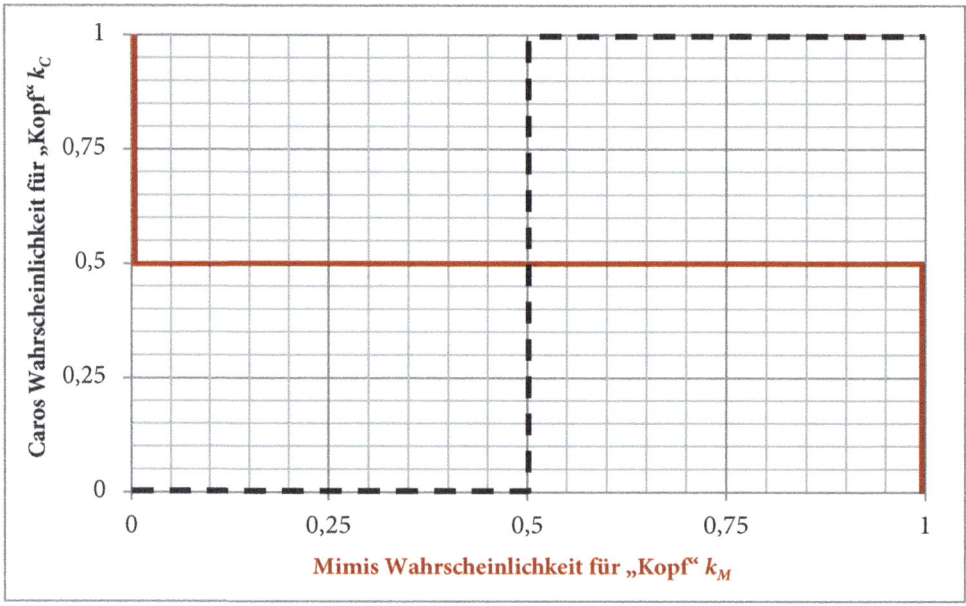

Wie zu sehen ist, schneiden sich die besten Antworten beider Spielerinnen in dem Punkt (0,5; 0,5). Dieser Punkt repräsentiert die beiden folgenden gemischten Strategien

$$P_{Mimi} = \{0,5; 0,5\}$$

und

$$P_{Caro} = \{0,5; 0,5\}$$

Hierbei bezeichnet die jeweils erste Wahrscheinlichkeit die Wahrscheinlichkeit für „Kopf" und die zweite die für „Zahl".

Wenn Mimi mit den Wahrscheinlichkeiten 50/50 spielt und Caro dies auch tut und wir die beiden fragen würden, ob sie sich nachträglich umentscheiden wollen würden, was würden die beiden dann sagen? Wenn Mimi mit 50/50 spielt, dann ist es für Caro offensichtlich ganz egal, was sie tut. Sie kann „Kopf" spielen, „Zahl" oder mit beliebigen Wahrscheinlichkeiten mischen. Sie hat daher keinen Grund, ihre eigene gemischte Strategie mit Wahrscheinlichkeiten von 50/50 zu ändern. Auf die Frage, ob sie sich umentscheiden wollen würde, würde sie daher „nein" sagen. Gleiches gilt nun aber auch für Mimi. Das wiederum heißt aber, dass die Strategiekombination

$$SK = \{ P_{Mimi}; P_{Caro} \} = \{ \{0{,}5; 0{,}5\}; \{0{,}5; 0{,}5\} \}$$

ein Gleichgewicht ist! Denn keine der beiden Spielerinnen würde ihre gemischte Strategie im Nachhinein ändern wollen. Ein solches Gleichgewicht bezeichnet man auch als „Gleichgewicht in gemischten Strategien".

Nun haben wir dieses Gleichgewicht anhand grafischer und intuitiver Überlegungen ermittelt. Im Folgenden wollen wir das Gleichgewicht analytisch herleiten. Dazu sehen wir uns aber vorab nochmals an, wo im obigen Diagramm der Schnittpunkt der beiden besten Antworten liegt. Dieser Schnittpunkt liegt an einer Stelle, an der es für beide Spielerinnen gleichgültig ist, was sie tun! Beide Spielerinnen wählen im Gleichgewicht ihre Wahrscheinlichkeiten also so, dass es für die jeweils andere Spielerin gleichgültig ist, was die dann tut. Diese Erkenntnis gilt für alle Gleichgewichte gemischter Strategien! Damit lässt sich das Gleichgewicht gemischter Strategien sehr leicht berechnen, wobei wir sogar zwei verschiedene Berechnungswege haben.

Der erste Weg besteht in der Berechnung der Ableitungen der erwarteten Auszahlungen. Die erwarteten Auszahlungen hatten wir oben bereits ermittelt. Diese lauteten:

$$E(A_{Mimi}) = 2k_M + 2k_C - 4k_M k_C - 1$$

$$E(A_{Caro}) = 4k_M k_C - 2k_M - 2k_C + 1$$

Wenn wir nun bestimmen wollen, wie sich Mimis erwartete Auszahlung verändert, wenn sie ihre Wahrscheinlichkeit k_M erhöht, so können wir das an der ersten Ableitung ihrer erwarteten Auszahlung ablesen. Diese lautet:

$$\frac{dE(A_{Mimi})}{dk_M} = 2 - 4k_C$$

Wenn diese Ableitung nun aber ungleich Null wäre, dann hieße das, dass sich Mimis erwartete Auszahlung verändern würde, wenn sie ihre Wahrscheinlichkeit k_M erhöhte. In einem Gleichgewicht gemischter Strategien darf ein Spieler aber keine Möglichkeit haben, seine erwartete Auszahlung zu beeinflussen. Daraus können wir folgern, dass Caro ihre Wahrscheinlichkeit k_C so wählen muss, dass Mimis Ableitung gleich Null wird! Es muss also gelten:

$$\frac{dE(A_{Mimi})}{dk_M} = 2 - 4k_C = 0$$

Dies gilt offensichtlich dann, wenn Caro $k_C = 0{,}5$ wählt. Wenn sie aber die Wahrscheinlichkeit für „Kopf" auf 0,5 setzt, dann bleibt für „Zahl" auch eine Wahrscheinlichkeit von 0,5. Daher lautet Caros optimale gemischte Strategie:

$$P_{aro} = \{0{,}5; 0{,}5\}$$

Umgekehrt ergibt sich auch für Mimi, dass sie ihre gemischte Strategie so wählen muss, dass Caro ihre erwartete Auszahlung selbst nicht mehr beeinflussen kann. Es muss also gelten:

$$\frac{dE(A_{Caro})}{dk_C} = 4k_M - 2 = 0$$

Mimi muss also $k_M = 0{,}5$ wählen, damit Caro ihre erwartete Auszahlung nicht mehr beeinflussen kann. Wenn Mimi aber „Kopf" mit einer Wahrscheinlichkeit von 0,5 wählt, dann beträgt auch die Wahrscheinlichkeit für Zahl 0,5. Mithin lautet Mimis optimale gemischte Strategie:

$$P_{Mimi} = \{0{,}5; 0{,}5\}$$

Daraus ergibt sich, wie oben bereits ermittelt, dass die Strategiekombination

$$SK = \{\, P_{Mimi};\ P_{Caro}\} = \big\{\{0{,}5; 0{,}5\}; \{0{,}5; 0{,}5\}\big\}$$

ein Gleichgewicht in gemischten Strategien ist!

Der zweite Berechnungsweg ist letztlich noch einfacher. Wir sehen uns diesen nur noch für Caro an, da die Berechnung für Mimi analog erfolgt. Wenn Caro ihre gemischte Strategie korrekt wählt, dann ist Mimi indifferent zwischen ihren Alternativen. Es muss für Mimi also egal sein, ob sie „Kopf", „Zahl" oder eine beliebige gemischte Strategie wählt. Was auch immer Mimi tut, ihre erwartete Auszahlung muss immer gleich hoch sein. Sehen wir uns die Auszahlungsmatrix des Spiels aus Mimis Perspektive an, wenn sie selbst nur ihre reinen Strategien betrachtet und Caro mit den Wahrscheinlichkeiten k_C bzw. $(1 - k_C)$ spielt.

		Caro	
		Kopf k_C	Zahl $(1 - k_C)$
Mimi	Kopf	−1	+1
	Zahl	+1	−1

Wie hoch ist in diesem Fall Mimis erwartete Auszahlung, wenn sie ihre reine Strategie „Kopf" wählt? Diese beträgt dann:

$$E(A_{Mimi}(Kopf)) = k_C(-1) + (1 - k_C)(+1) = 1 - 2k_C$$

Wählt sie hingegen „Zahl", so lautet ihre erwartete Auszahlung:

$$E(A_{Mimi}(Zahl)) = k_C(+1) + (1 - k_C)(-1) = 2k_C - 1$$

Im Gleichgewicht gemischter Strategien darf es für Mimi aber keinen Unterschied machen, ob sie „Kopf" oder „Zahl" wählt. Die beiden erwarteten Auszahlungen bei „Kopf" oder „Zahl" müssen also gleich hoch sein: Caro muss also dafür sorgen, dass für Mimi die folgende Gleichung gilt:

$$E\big(A_{Mimi}(Kopf)\big) = E\big(A_{Mimi}(Zahl)\big)$$

bzw.

$$1 - 2k_C = 2k_C - 1$$

Diese beiden erwarteten Auszahlungen sind offensichtlich dann gleich, wenn Caro $k_C = 0{,}5$ wählt. Dann bleibt wiederum eine Wahrscheinlichkeit von ebenfalls 0,5 für Zahl und wir haben die gleiche gemischte Strategie wie oben ermittelt! Ein Spieler A, der für sich selbst seine optimale gemischte Strategie berechnen will, kann also einfach annehmen, der andere Spieler B würden nur reine Strategien wählen. A muss dann nur dafür sorgen, dass die erwarteten Auszahlungen des Spielers B für alle reinen Strategien gleich hoch sind. Wenn er das getan hat, hat er seine optimale gemischte Strategie bestimmt. Man braucht zur Bestimmung optimaler gemischter Strategien also keine Ableitungen zu berechnen.

Wie wir oben bereits gesehen haben, können Spiele mehrere Gleichgewichte haben. Dazu sehen wir uns das Spiel „Kampf der Geschlechter" nochmals an und berücksichtigen, dass auch in diesem Spiel die Spieler gemischte Strategien wählen könnten. Wir bezeichnen mit o_B die Wahrscheinlichkeit dafür, dass Britta in die Oper geht und mit o_D Dirks Wahrscheinlichkeit dafür, in die Oper zu gehen. Wenn wir diese Wahrscheinlichkeiten mit in die Matrixdarstellung des Spiels aufnehmen, dann erhalten wir:

		Dirk		
		Oper o_D		Boxen $(1 - o_D)$
Britta	Oper o_B	1	2	0	0
	Boxen $(1 - o_B)$	0	0	2	1

Dieses Spiel hat in reinen Strategien die beiden Gleichgewichte $\{Oper; Oper\}$ und $\{Boxen; Boxen\}$. Zusätzlich hat das Spiel aber auch noch ein Gleichgewicht in gemischten Strategien. Dieses können wir wiederum bestimmen, indem wir Brittas erwartete Auszahlungen für „Oper" und für „Boxen" gleichsetzen. Geht sie in die Oper, ergibt sich als erwartete Auszahlung:

$$E(A_{Britta}(Oper)) = o_D(1) + (1 - o_D)(0) = o_D$$

Geht sie hingegen zum Boxen, ergibt sich

$$E(A_{Britta}(Boxen)) = o_D(0) + (1 - o_D)(2) = 2 - 2o_D$$

Im Gleichgewicht gemischter Strategien darf es für Britta aber wiederum keinen Unterschied machen, ob sie „Boxen" oder „Oper" wählt. Die beiden erwarteten Auszahlungen müssen also gleich hoch sein, d.h. es muss gelten:

$$E(A_{Britta}(Oper)) = E(A_{Britta}(Boxen))$$

bzw.

$$o_D = 2 - 2o_D$$

Löst man diese Gleichung nach o_D auf, so erhält man einen optimalen Wert von $o_D = 2/3$. Dirk sollte seinen Zufallsmechanismus also so wählen, dass er mit einer Wahrscheinlichkeit von 2/3 in die Oper und mit einer Wahrscheinlichkeit von 1/3 zum Boxen geht. Er könnte also z.B. drei Zettel beschriften, von denen er zwei mit „Oper" und einen mit „Boxen" beschriften, die Zettel zu Losen zusammenfalten und dann eines der Lose ziehen. Seine optimale gemischte Strategie lautet also:

$$P_{Dirk} = \{2/3; 1/3\}$$

Analog muss nun auch Britta bei ihrer Analyse vorgehen. Sie muss ihre Wahrscheinlichkeit für „Oper", also o_B so wählen, dass es für Dirk keinen Unterschied macht, ob er in die Oper oder zum Boxen geht. Geht er in die Oper, ergibt sich als erwartete Auszahlung:

$$E(A_{Dirk}(Oper)) = o_B(2) + (1 - o_B)(0) = 2o_B$$

Geht er hingegen zum Boxen, ergibt sich:

$$E(A_{Dirk}(Boxen)) = o_B(0) + (1 - o_B)(1) = 1 - o_B$$

Im Gleichgewicht gemischter Strategien müssen die beiden erwarteten Auszahlungen gleich sein, d.h. es muss gelten: $2o_B = 1 - o_B$. Hieraus ergibt sich, dass Britta mit einer

Wahrscheinlichkeit von $o_B = 1/3$ in die Oper gehen sollte und entsprechend mit einer Wahrscheinlichkeit von 2/3 zum Boxen. Daher lautet ihre optimale gemischte Strategie

$$P_{Britta} = \{1/3; 2/3\}$$

Damit haben wir das Gleichgewicht in gemischten Strategien bestimmt, dieses lautet:

$$SK = \{\, P_{Britta};\, P_{Dirk} \} = \{\{1/3; 2/3\}; \{2/3; 1/3\}\}$$

Zusammen mit den beiden oben bereits bestimmten Gleichgewichten in reinen Strategien hat das Spiel also insgesamt drei Gleichgewichte. Das können wir auch grafisch erkennen, wenn wir wieder die jeweils besten Antworten von Britta und Dirk in ein entsprechendes Diagramm einzeichnen:

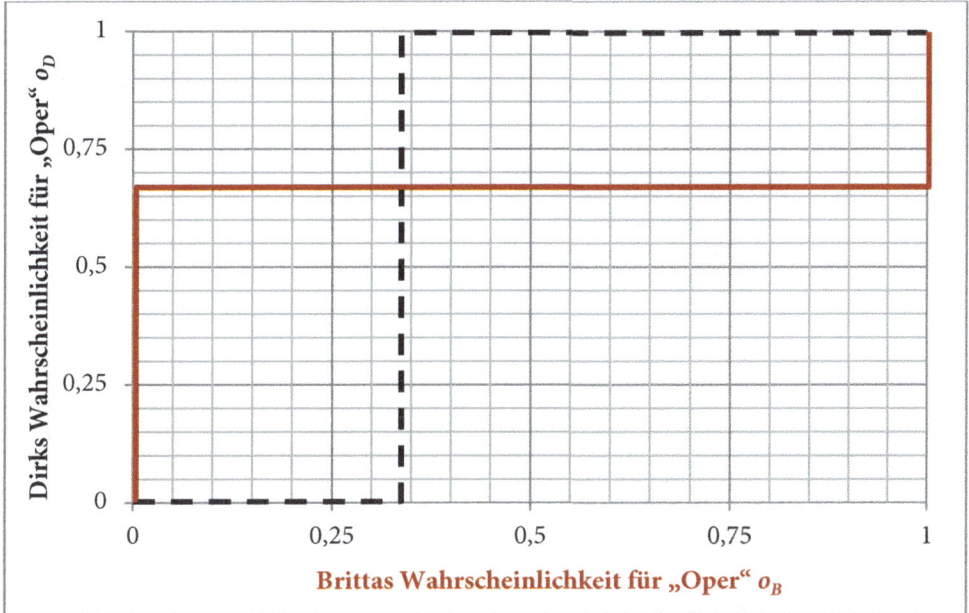

Wie zu sehen ist, berühren bzw. schneiden sich die besten Antworten in drei Punkten. Die Berührungspunkte in den Ecken unten/links (= 0/0) und oben/rechts (= 1/1) kennzeichnen die beiden Gleichgewichte in reinen Strategien. In der Ecke unten/links wählen beide Spieler eine Wahrscheinlichkeit für „Oper" in Höhe von Null, d.h. sie gehen beide mit Sicherheit zum Boxen. Die Ecke unten/links repräsentiert also das Gleichgewicht $\{Boxen; Boxen\}$. Dementsprechend repräsentiert die Ecke oben/rechts das Gleichgewicht $\{Oper; Oper\}$. Der Schnittpunkt der besten Antworten im inneren des Diagramms kennzeichnet das Gleichgewicht gemischter Strategien.

2.4   Existenz von Gleichgewichten

In dem oben besprochenen Münzspiel haben wir gesehen, dass kein Gleichgewicht in reinen Strategien existiert, jedoch eines in gemischten Strategien. Unter Berücksichtigung gemischter Strategien haben wir damit bisher für jedes betrachtete Spiel mindestens ein Gleichgewicht gefunden. Nun stellt sich die Frage, ob Spiele immer mindestens ein Gleichgewicht haben müssen. Wir werden dieser Frage mittels grafischer Analysen nachgehen. Dabei greifen wir auf ein abstraktes Spiel zurück und betrachten zunächst nur die Auszahlungen von Spieler 1. Ferner sehen wir uns immer passend zu jedem Spiel den grafischen Verlauf der besten Antworten dieses Spielers auf mögliche reine oder gemischte Strategien von Spieler 2 an. In einem Spiel mit 2 Spielern und jeweils 2 reinen Strategien pro Spieler können dabei 4 Fälle auftreten.

<u>1. Fall</u>: Die Strategie „oben" ist dominant. Spieler 1 sollte also in jedem Fall „oben" wählen, ganz gleich, was Spieler 2 tut. Spieler 2 kann also „links" spielen, „rechts" oder eine beliebige gemischte Strategie. In jedem Fall sollte Spieler 1 immer „oben" wählen, d.h. er sollte seine Wahrscheinlichkeit für „oben" auf den Wert 1 setzen. Es ergibt sich folgende Darstellung:

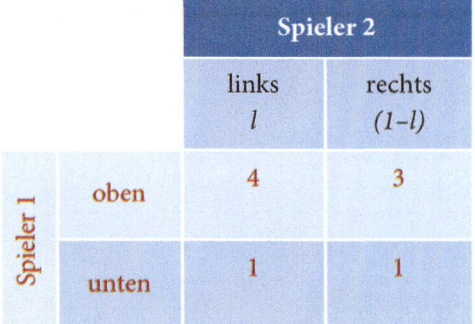 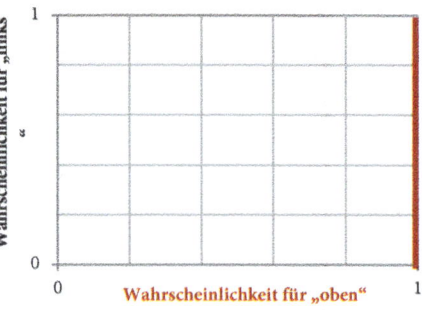

<u>2. Fall</u>: Die Strategie „unten" ist dominant. Spieler 1 sollte also in jedem Fall „unten" wählen, d.h. die Wahrscheinlichkeit für „oben" konstant auf Null setzen, ganz gleich, was Spieler 2 tut. Es ergibt sich folgende Darstellung:

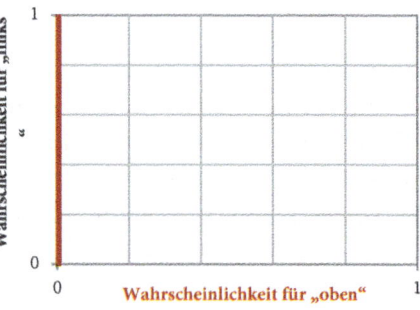

<u>3. Fall</u>: Die Strategie „oben" ist besser, solange Spieler 2 mit hoher Wahrscheinlichkeit „links" spielt, bei geringer Wahrscheinlichkeit für „links" ist „unten" besser. Es ergibt sich folgende Darstellung:

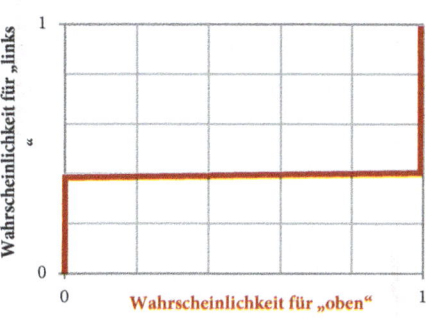

		Spieler 2	
		links l	rechts $(1-l)$
Spieler 1	oben	4	1
	unten	1	3

<u>4. Fall</u>: Die Strategie „unten" ist besser, solange Spieler 2 mit hoher Wahrscheinlichkeit „links" spielt, bei geringer Wahrscheinlichkeit für „links" ist „oben" besser. Es ergibt sich folgende Darstellung:

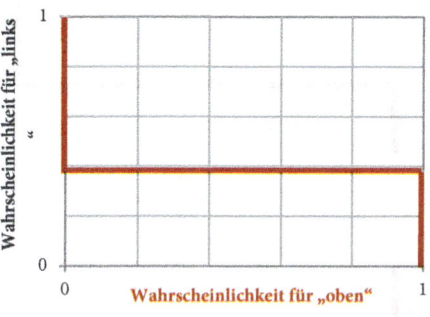

		Spieler 2	
		links l	rechts $(1-l)$
Spieler 1	oben	1	4
	unten	3	1

Mögliche Verläufe der besten Antworten von Spieler 2 lassen sich nun völlig analog herleiten. Stellt man die möglichen Verläufe der besten Antworten beider Spieler einander gegenüber, wobei nun noch die Achsenbeschriftungen weggelassen werden, so ergibt sich folgende Übersicht:

Mögliche Verläufe bester Antworten   Mögliche Verläufe bester Antworten
            Spieler 1   Spieler 2

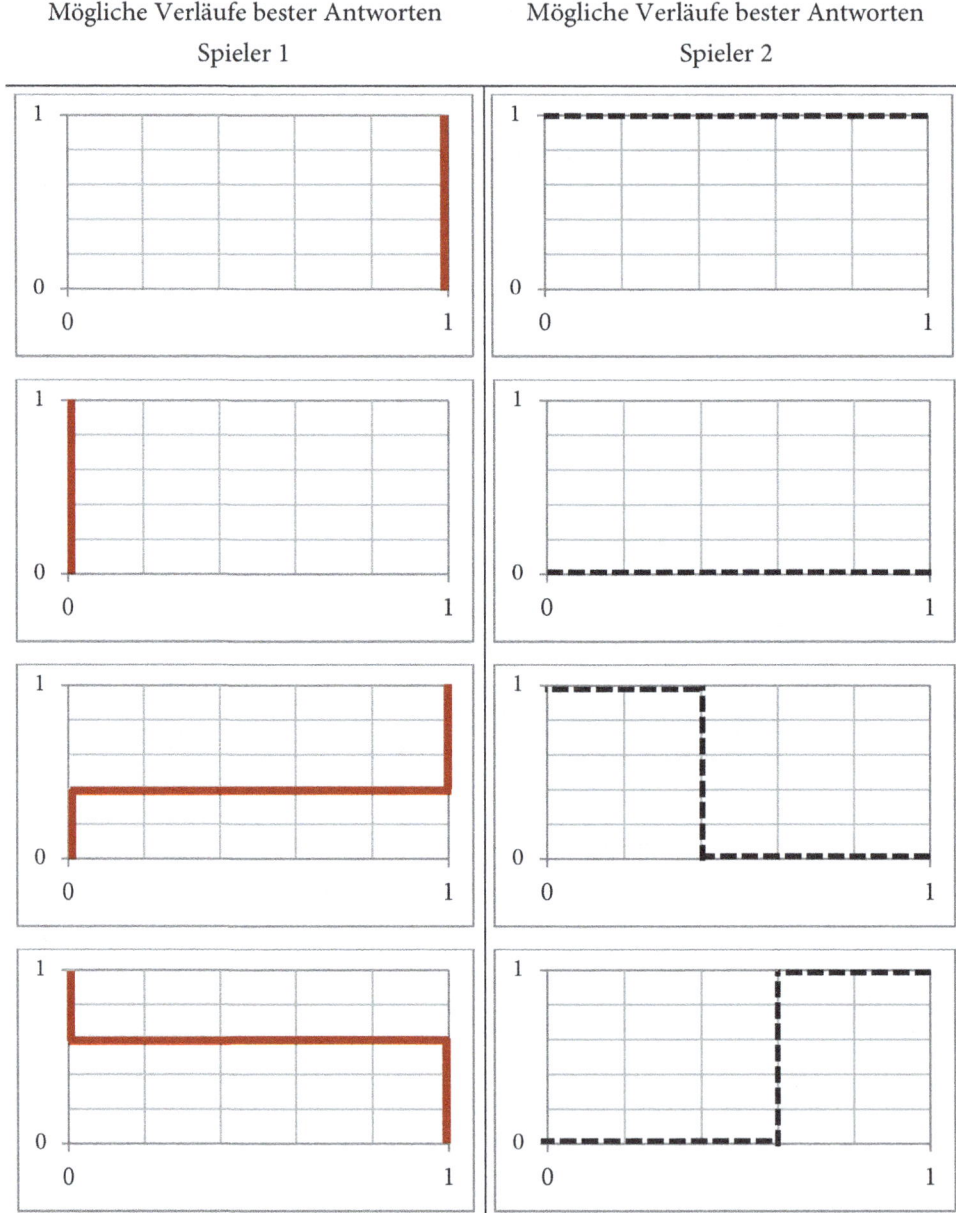

Wenn man nun einen beliebigen der vier möglichen Verläufe von Spieler 1 mit einem beliebigen der vier möglichen Verläufe von Spieler 2 kombinieren würde, dann gäbe es offensichtlich 16 verschiedene Kombinationsmöglichkeiten, wie die besten Antworten beider Spieler in einem gemeinsamen Diagramm verlaufen könnten. Wenn wir uns diese 16 Möglichkeiten ansehen würden, würden wir aber etwas äußerst Wichtiges feststellen: In jeder der 16 Kombinationsmöglichkeiten gibt es mindestens einen Berühr- oder

Schnittpunkt, probieren Sie es aus! Was das bedeutet ist nun klar: Jedes Spiel mit zwei Spielern und je zwei reinen Strategien pro Spieler muss mindestens ein Gleichgewicht besitzen!

Dieses grafisch hergeleitete Resultat ist sogar verallgemeinerbar: Jedes Spiel mit einer endlichen Anzahl von Spielern und einer endlichen Anzahl von reinen Strategien pro Spieler muss mindestens ein Gleichgewicht besitzen.

Warum ist nun z.B. die Endlichkeit der Anzahl der reinen Strategien pro Spieler unabdingbare Voraussetzung dafür, dass die Existenz eines Gleichgewichts garantiert ist? Betrachten wir dazu das folgende Spiel zweier Spieler: Es gewinnt derjenigen von beiden 100 Euro, der die höchste ganze Zahl nennt. Jede ganze Zahl repräsentiert in diesem Spiel also eine wählbare Strategie. Nehmen wir nun an, Spieler 1 hätte die Zahl 6 genannt und Spieler 2 die Zahl 7. Dann hätte Spieler 2 gewonnen, Spieler 1 verloren. Wenn wir nun aber beide Spieler fragen würden, ob sie auch nachträglich bei ihren Strategien bleiben wollen würden, dann würde Spieler 1 offensichtlich „nein" sagen, da er mit der höheren Zahl 8 gewonnen hätte. Hätte er aber die 8 genannt und gewonnen, würde Spieler 2 im Nachhinein sagen, dass er lieber 9 genannt hätte usw. Egal welche Zahlen- also Strategiekombination die beiden genannt hätten, einer würde sich hinterher immer umentscheiden wollen. Dieses Spiel hat also offensichtlich kein Gleichgewicht, weil es keine größte ganze Zahl gibt. Umgekehrt folgt aus der Unendlichkeit der Anzahl der reinen Strategien aber nicht automatisch, dass es kein Gleichgewicht gibt. Das hatten wir am Beispiel unserer Stahlproduzenten zu Beginn von Abschnitt 2.3 gesehen!

2.5 Zwischenfazit

Wir haben in diesem 2. Kapitel bereits einige der wichtigsten Herangehensweisen und Überlegungen der Spieltheorie kennengelernt. Dabei konnten wir im vorangehenden Abschnitt ein mögliches Problem ausschließen, nämlich das Problem, dass evtl. kein Gleichgewicht existiert. Bei Spielen mit endlicher Anzahl von Spielern und endlicher Anzahl von Strategien pro Spieler muss ein Gleichgewicht existieren. Das zu wissen ist zwar gut, allerdings garantiert das noch nicht, dass man das Gleichgewicht auch findet. Wird die Anzahl möglicher Strategien und Spieler zu groß, kann es sein, dass man kein Gleichgewicht ermitteln kann. So ist es z.B. bisher nicht gelungen, ein Gleichgewicht für das Schachspiel zu ermitteln. Aufgrund der gigantischen Anzahl möglicher Strategien wird das wohl auch nicht so bald gelingen. Hierauf werden wir im nächsten Kapitel nochmals zu sprechen kommen.

Wenn wir nun wissen, dass es immer mindestens ein Gleichgewicht gibt, dann verbleiben noch zwei mögliche Probleme, denen die Spieltheorie viel Aufmerksamkeit schenkt und bei denen sie versucht, Lösungen zu finden. Das eine dieser Probleme ist die Existenz von eindeutigen, aber ineffizienten Gleichgewichten. Das klassische Beispiel ist das Gefangenendilemma. Beide Spieler haben dominante Strategien, die individuell völlig vernünftig sind, kollektiv aber zu einem sehr schlechten Spielausgang für die Spieler führen. Für solche Situationen finden sich in der Spieltheorie zwei Herangehensweisen. Eine Herangehensweise besteht darin, zu untersuchen, ob sich die Situation der beiden verbessern könnte, wenn sie davon ausgehen können, sich irgendwann später in der gleichen Situation erneut zu begegnen. Wenn sie also vermutlich ihr Dilemma-Spiel wiederholen werden. Wir werden uns im nächsten Kapitel ansehen, was aus dem Gefangenendilemma wird, wenn die gleichen Spieler das Spiel mehrmals wiederholen. Dabei zeigt sich, dass sie unter bestimmten Bedingungen aus der Dilemmasituation entkommen können. Die andere Herangehensweise besteht darin, zu untersuchen, ob sich die beiden verbessern können, wenn sie bindende Verträge schließen könnten. Dies ist der Fall, wie wir in Kapitel 7 sehen werden.

Das zweite Problem, dem wir bereits begegnet sind, ist das Problem zu vieler Gleichgewichte. Eigentlich möchte der Spieltheoretiker den Spielern ja eindeutig beste Strategien empfehlen. Wenn es aber mehrere Gleichgewichte gibt, dann ist zumindest die Empfehlung an die Spieler, jeweils beste Antworten zu wählen, nicht eindeutig. In dieser Situation hat die Spieltheorie ein Interesse daran, die Gleichgewichte nach weiteren Kriterien zu klassifizieren und die „guten" von den „schlechten" Gleichgewichten zu trennen. Diese Vorgehensweise bezeichnet man in der Spieltheorie als „Verfeinerung" von Gleichgewichtskonzepten. Eine Verfeinerung besteht darin, dass man eine zusätzliche sinnvolle Forderung an das Gleichgewicht stellt, die möglichst nicht von allen Gleichgewichten erfüllt wird. Eine Verfeinerung haben wir bereits kennengelernt, nämlich die Forderung, dass Gleichgewichte effizient sein sollten. Ineffiziente Gleichgewichte würden wir somit ausschließen. Wenn es nur ein effizientes Gleichgewicht gibt, hätten wir mit dieser Verfeinerung unser Ziel erreicht, eine eindeutige Empfehlung an die Spieler abgeben zu können. Allerdings haben wir bereits festgestellt, dass es eben auch Spiele wie das Reisespiel oder den Kampf der Geschlechter gibt, die mehrere effiziente Gleichgewichte haben. Hier reicht die Effizienzanforderung dann offensichtlich noch nicht aus, um ein eindeutiges Gleichgewicht zu bestimmen. Auch bei den dynamischen Spielen im nächsten Kapitel werden wir sehen, dass es mehrere Gleichgewichte geben kann und wir werden auch dort nach Möglichkeiten der Verfeinerung suchen.

Bei unseren Analysen haben wir verschiedene Arten von Gleichgewichten kennengelernt. Was wir dabei bisher noch nicht thematisiert haben war die Frage, wie vernünftig die Spieler eigentlich sein müssten, damit wir von ihnen erwarten können, tatsächlich Gleichgewichtsstrategien zu wählen. Diese Vernunfts- oder auch Rationalitätsannahme ist dabei durchaus kritisch. Wir werden diese Frage zwar in den Kapiteln 2–7 einfach ausblenden und einfach unterstellen, dass die Spieler zu den gleichen Schlussfolgerungen kommen wie wir und sie ihre Strategien fehlerfrei wählen. Wir betreiben damit einen Zweig der Spieltheorie den man als rationale Spieltheorie bezeichnen kann. Gleichwohl ist es hilfreich, sich die jeweils notwendigen Gedankengänge der Spieler nochmals zu verdeutlichen. Wir hatten aber oben bereits gesehen, dass das Gleichgewicht dominanter Strategien die geringsten intellektuellen Fähigkeiten von den Spielern verlangt. Wenn ein

Spieler eine dominante Strategie besitzt, muss er sich nicht überlegen, was der andere Spieler wohl tun wird. Es ist daher auch nicht notwendig, sich in den anderen Spieler hineinzuversetzen und das Spiel mit dessen Augen zu betrachten. Das wird beim Gleichgewicht iterativer Dominanz schon schwieriger. Wenn eine Spielerin eine dominierte Strategie hat und diese streicht, dann hat das nur dann einen Einfluss auf das Spielergebnis, wenn der andere Spieler das auch erkennt und entsprechend genauso streicht. Hier ist also bereits das Hineinversetzen in den anderen nötig.

Am größten sind die intellektuellen Anforderungen an die Spieler beim einfachen Nash-Gleichgewicht. Hierbei muss untersucht werden, was jeweils die beste Antwort des anderen Spielers auf jede der eigenen Strategien ist. Jeder der Spieler muss sich also komplett in die anderen Spieler hineinversetzen, um das Spiel vollständig analysieren zu können. Hier im Buch können wir das einfach annehmen, in realen Entscheidungssituationen realer Menschen sollte man aber nicht unbedingt gleich voraussetzen, dass andere „Spieler" immer beste Antworten geben. Im Kapitel 8 werden wir uns daher noch ein paar Gedanken dazu machen, wie man sich verhalten sollte, wenn die anderen Spieler Fehler machen könnten.

2.6 Anwendungen

2.6.1 Das Cournot-Duopol

In diesem Spiel treffen zwei Unternehmen als Konkurrenten aufeinander, die exakt die gleichen Produkte anbieten. Nehmen wir an, dass die beiden Unternehmen, d.h. die Spieler, „Staake Montan AG" und „Michels Silberwerk GmbH" heißen. Beide Unternehmen sind Bergbauunternehmen, die Silber produzieren. Die Strategien der Spieler bestehen in diesem Spiel in der Wahl von Produktionsmengen. Da wir das Spiel als statisches Spiel konzipiert haben, gibt es auch keine „Wenn-Dann"-Beziehungen, d.h. jedes Unternehmen wählt für sich selbst und unabhängig vom anderen eine optimale Produktionsmenge. Damit ist die Wahl der Menge bereits ein vollständiger Spielplan, mithin eine Strategie.

Da das Silber des einen nicht von dem Silber des anderen zu unterscheiden ist, verkaufen beide ihr Silber zu dem gleichen Preis P pro Unze Feinsilber. Dieser Preis hängt nun aber davon ab, wie viel Silber die beiden Unternehmen produzieren. Je mehr sie produzieren, desto niedriger ist der Preis, den sie am Markt durchsetzen können. Für diesen Zusammenhang zwischen der produzierten Gesamtmenge Q – ebenfalls gemessen in Feinunzen – und dem Preis gelte speziell:

$$P = 1000 - Q$$

Diese Funktion, die den Zusammenhang zwischen Preisen und Mengen darstellt, wird als „Nachfragefunktion" bezeichnet. Die Gesamtmenge Q, die am Markt angeboten wird, setzt sich zusammen aus den individuellen Produktionmengen der Staake Montan AG und der Michels Silberwerk GmbH. Diese Mengen bezeichnen wir mit q_S für die Menge der Staake AG und q_M für die Menge der Michels GmbH. Es gilt also $Q = q_S + q_M$. Setzen wir das in die Nachfragefunktion ein, erhalten wir:

$$P = 1000 - Q = 1000 - q_S - q_M$$

Wie lauten nun die Auszahlungen der Spieler? Wir unterstellen, dass die Unternehmen ihre Gewinne maximieren wollen, dass sie das Spiel also anhand der erzielten Gewinne bewerten. Der Gewinn ergibt sich aus dem Umsatz abzüglich der Kosten. Wir nehmen an, dass die Kosten für Produktion und Vertrieb pro Feinunze bei beiden Unternehmen bei jeweils 10 Euro liegen. Dann lauten die Gewinnfunktionen:

$$G_S = Pq_S - 10q_S$$

$$G_M = Pq_M - 10q_M$$

Setzen wir nun für P die oben aufgestellte Nachfragefunktion ein, so erhalten wir:

$$G_S = Pq_S - 10q_S = (1000 - q_S - q_M)q_S - 10q_S$$

$$G_M = Pq_M - 10q_M = (1000 - q_S - q_M)q_M - 10q_M$$

Ausmultiplizieren der Klammerterme ergibt:

$$G_S = 1000q_S - q_S^2 - q_M q_S - 10q_S$$

$$G_M = 1000q_M - q_S q_M - q_M^2 - 10q_M$$

Die Maximierung bezüglich der zu wählenden Produktionsmengen ergibt als Bedingungen erster Ordnung:

$$\frac{dG_S}{dq_S} = 1000 - 2q_S - q_M - 10 = 0$$

$$\frac{dG_M}{dq_M} = 1000 - q_S - 2q_M - 10 = 0$$

Aus diesen Bedingungen erster Ordnung können wir nun jeweils die besten Antworten der Spieler auf die jeweilige Produktionsmenge des Konkurrenten ermitteln. Dazu lösen wir die erste Gleichung nach q_S auf und die zweite Gleichung nach q_M und erhalten:

Beste Antwort der Staake AG: $q_S = 495 - 0{,}5q_M$

Beste Antwort der Michels GmbH: $q_M = 495 - 0{,}5q_S$

Wir wollen nun die Verläufe dieser besten Antworten in ein Diagramm einzeichnen, wobei wir auf der horizontalen Achse die Menge der Staake AG und auf der vertikalen Achse die Menge der Michels GmbH abtragen. Dazu müssen wir beide Verläufe der besten Antworten so aufschreiben, dass auf der linken Seite der Gleichung jeweils die Variable der vertikalen Achse steht, also q_M. Dies ist bei der besten Antwort der Michels GmbH bereits der Fall. Die beste Antwort der Staake AG müssen wir indessen noch umstellen. Ferner markieren wir die beiden besten Antworten noch farbig, um sie im Diagramm den Verläufen besser zuordnen zu können:

Beste Antwort der Staake AG: $q_M = 990 - 2q_S$

Beste Antwort der Michels GmbH: $q_M = 495 - 0{,}5q_S$

Grafisch ergibt sich folgende Darstellung:

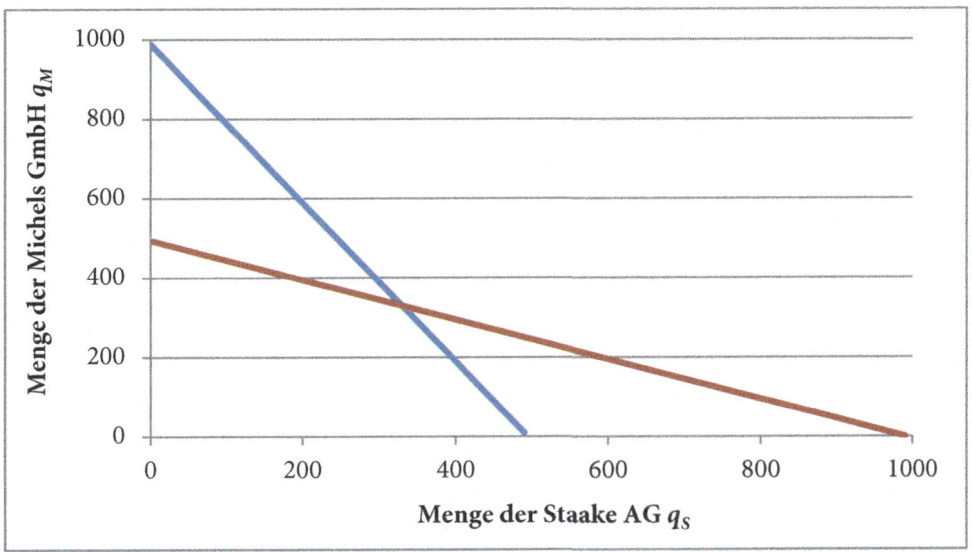

Im Schnittpunkt der beiden Funktionen sind die gewählten Produktionsmengen, d.h. die Strategien, jeweils beste Antworten aufeinander! Der Schnittpunkt kennzeichnet also das Gleichgewicht des Spiels. Wie wir sehen, gibt es nur diesen einen Schnittpunkt und auch keine weiteren Berührpunkte. Das Spiel besitzt also nur ein einziges Gleichgewicht.

Dieses Gleichgewicht können wir nun leicht berechnen. Denn im Schnittpunkt müssen die Werte für q_M und q_M übereinstimmen. Es muss also gelten:

$$q_M = q_M$$

bzw.

$$990 - 2q_S = 495 - 0{,}5q_S$$

Hieraus ergibt sich als Lösung, das die Staake AG eine optimale Produktionsmenge von $q_S = 330$ produzieren sollte. Diese Menge ergibt sich auch für die Michels GmbH. Das Gleichgewicht des Spiels lautet also:

$$\{330; 330\}$$

Wir wollen hier nun noch der Frage nachgehen, ob das gefundene Gleichgewicht effizient ist. Wir wollen also herausbekommen, ob es tatsächlich keine andere Strategiekombination gibt, bei der beide Unternehmen noch höhere Gewinne erwirtschaften würden. Dazu müssen wir zunächst berechnen, wie hoch die Gewinne wären, wenn das eben bestimmte Gleichgewicht gespielt würde. Wir hatten oben die Gewinnfunktionen bereits aufgestellt, diese lauteten:

$$G_S = 1000q_S - q_S^2 - q_M q_S - 10q_S$$

$$G_M = 1000q_M - q_S q_M - q_M^2 - 10q_M$$

Wenn wir in diese Funktionen nun die Gleichgewichtsmengen von je 330 einsetzen, dann erhalten wir Gewinne in Höhe von

$$G_S = 108.900 \text{ €}$$

$$G_M = 108.900 \text{ €}$$

Nehmen wir nun aber an, dass beide Unternehmen beschließen, jeweils Mengen in Höhe von z.B. 250 zu produzieren, dann würden Sie damit die folgenden Gewinne machen:

$$G_S = 122.500 \text{ €}$$

$$G_M = 122.500 \text{ €}$$

Die Strategiekombination $\{250; 250\}$ führt also für beide Unternehmen zu höheren Auszahlungen als die Strategiekombination des Gleichgewichts. Das Gleichgewicht ist also ineffizient. Die Unternehmen hätten daher offensichtlich einen Anreiz, sich zu einigen. Hierbei ist nun aber zu bedenken, dass wir uns hier noch mit der nicht-kooperativen Spieltheorie befassen und einfach davon ausgehen, dass sich die Spieler nicht mit bindenden Verträgen einigen können.

Was aber sollte das in der Realität verhindern? Unternehmen in der gleichen Branche kennen einander schließlich und sie können auch miteinander kommunizieren. Warum sollten sie also keine bindenden Verträge schließen können? Ist das obige Spiel also eine rein methodische Übung, die nichts mit der Realität zu tun hat? Nein: Die Unternehmen können keine bindenden Verträge schließen, weil das verboten ist! Eine Absprache über die Mengen würde den Wettbewerb einschränken und dies ist in Deutschland gemäß dem Gesetz gegen Wettbewerbsbeschränkungen verboten. Dazu heißt es in §1 des Gesetzes:

Vereinbarungen zwischen Unternehmen, Beschlüsse von Unternehmensvereinigungen und aufeinander abgestimmte Verhaltensweisen, die eine Verhinderung, Einschränkung oder Verfälschung des Wettbewerbs bezwecken oder bewirken, sind verboten.

Das Gesetz allein kann natürlich nicht verhindern, dass solche Absprachen von Unternehmen doch immer wieder getroffen werden. Gleichwohl können die Unternehmen zumindest keine bindenden Verträge schließen. „Bindend" heißt ja, dass der Vertrag durchsetzbar sein muss. Wenn aber nun die Staake AG mit der Michels GmbH einen Vertrag schließt, dann kann der nicht bindend sein, weil keiner von beiden bei einer Vertragsverletzung des anderen vor Gericht ziehen könnte. Denn da der Vertrag selbst verboten ist, können daraus keine Ansprüche gegen einen anderen Vertragspartner geltend gemacht werden. Nun könnte eine vertragliche Abmachung dennoch stabil sein, z.B. weil die Vertragspartner individuell gar keinen Anreiz hätten, den Vertrag zu verletzen. Wie wir schnell feststellen können, haben sie aber Anreize zur Vertragsverletzung.

Nehmen wir also an, beide hätten sich auf die Strategiekombination {250; 250} geeinigt. Nun denkt der Vorstandsvorsitzende der Staake AG darüber nach, ob er sich an die Vereinbarung halten sollte. Dazu sieht er sich die Gewinnfunktion seines Unternehmens an:

$$G_S = 1000q_S - q_S^2 - q_M q_S - 10q_S$$

Wenn er nun annimmt, dass sich die Michels GmbH an die Vereinbarung hält, dann kann er $q_M = 250$ in seine Gewinnfunktion einsetzen und erhält:

$$G_S = 1000q_S - q_S^2 - 250q_S - 10q_S = 740q_S - q_S^2$$

Wenn der Vorstandsvorsitzende seine Menge nun so wählen will, dass der Gewinn seines Unternehmens maximiert wird, dann ergibt sich als Bedingung erster Ordnung:

$$\frac{dG_S}{dq_S} = 740 - 2q_S = 0$$

Hieraus folgt eine optimale Produktionsmenge in Höhe von $q_S = 370$. Es zeigt sich also, dass es sich für die Staake AG lohnen würde, die Absprache zu brechen. Und da die Staake AG aufgrund des Verbotes der Absprache durch das Gesetz gegen Wettbewerbsbeschränkungen auch nicht verklagt werden kann, sind die Anreize, die Absprache zu brechen, durchaus vorhanden. Nehmen wir nun also an, dass sich die Michels GmbH an die Absprache hält und die Staake AG ihre eben bestimmte Menge produziert, also $q_S = 370$. Wie hoch sind die Gewinne der beiden Unternehmen dann? In diesem Fall steigt der Gewinn der Staake AG auf 136.900 €, der Gewinn der Michels GmbH würde hingegen auf 92.500 € einbrechen. Dieser Gewinn für die Michels GmbH wäre geringer als im weiter oben bestimmten Gleichgewicht. Es ist für die Michels GmbH also gefährlich, sich an eine Absprache zu halten, deren Einhaltung durch die Staake AG sie nicht erzwingen kann.

Dieses Ergebnis lässt sich sogar verallgemeinern: Wettbewerbsabsprachen über Preise oder Mengen sind prinzipiell für alle Beteiligten lohnend, individuell bestehen aber in der Regel erhebliche Anreize, sich nicht an die Absprache zu halten. Die Anreize, Absprachen einzuhalten, können allerdings deutlich größer werden, wenn die Unternehmen in einem mehrperiodischen Spiel immer wieder aufeinander treffen. Wir werden das im nächsten Kapitel nochmals aufgreifen.

2.6.2 Ein Verkäuferwettbewerb

Eine Teildisziplin der Betriebswirtschaftslehre, die sich sehr intensiv der Methoden der Spieltheorie bedient, ist die sog. „Personalökonomik". In der Personalökonomik werden vor allem auch Fragen der Gestaltung von Anreizsystemen für Mitarbeiter diskutiert. Wir wollen uns hier eine ganz bestimmte Form der Anreizsetzung ansehen, die die Mitarbeiter für ihre relativen Erfolge im Vergleich zueinander belohnt. Nehmen wir an, Christian und Benny würden jeweils Geschäftsstellen der Allgemeinen Haftpflicht Versicherung AHV leiten. Beide erhalten ein Fixgehalt in Höhe von 100.000 € und zusätzlich einen Erfolgsbonus, wenn ihre jeweilige Geschäftsstelle erfolgreicher ist als die des anderen. Ist ihre Geschäftsstelle hingegen weniger erfolgreich, wird ihnen das Fixgehalt allerdings auch gekürzt. Der Erfolgsbonus bzw. der Gehaltsabschlag beträgt 10% der Erfolgsdifferenz. Der Erfolg von Benny beträgt X_B der Erfolg von Christian X_C. Sie erhalten von der AHV die folgenden Vergütungen:

Vergütung Benny: $V_B = 100.000 + 0{,}1(X_B - X_C)$

Vergütung Christian: $V_C = 100.000 + 0{,}1(X_C - X_B)$

Ferner nehmen wir an, dass ihr Erfolg jeweils von ihrer Arbeitszeit abhängt. Wir bezeichnen die Arbeitszeiten der beiden mit h_B und h_C. Die Wahl einer Arbeitszeit ist in diesem Spiel die Strategie der Spieler. Speziell gelte für die Zusammenhänge zwischen Arbeitszeiten und Erfolgen:

Für Benny: $X_B = 1000\, h_B$

Für Christian: $X_C = 1000\, h_C$

Nun müssen wir noch festlegen, welche Auszahlungen die Spieler in dem Spiel erreichen können. Dazu nehmen wir an, dass die Erbringung von Arbeitszeit mit persönlichen Kosten verbunden ist. Diese Kosten bestehen z.B. darin, dass die Arbeit selbst anstrengend ist und zunehmende Arbeitszeit mit zunehmendem Freizeitverzicht erkauft werden muss. Wir nehmen an, dass die Kosten überproportional mit der Arbeitszeit steigen. Speziell soll gelten:

$$\text{Für Benny:} \qquad K(h_B) = h_B^2$$

$$\text{Für Christian:} \qquad K(h_C) = h_C^2$$

Die Auszahlungen A, die die beiden Spieler erreichen können, sind nun jeweils einfach die Differenz zwischen der Vergütung und den Kosten.

$$\text{Für Benny:} \qquad A_B = V_B - K(h_B) = 100.000 + 0{,}1(X_B - X_C) - h_B^2$$

$$\text{Für Christian:} \qquad A_C = V_C - K(h_C) = 100.000 + 0{,}1(X_C - X_B) - h_C^2$$

Nun können wir noch berücksichtigen, dass die Erfolge X_B und X_C jeweils von den Arbeitszeiten abhängen. Wenn wir das einsetzen, erhalten wir:

$$\text{Für Benny:} \qquad A_B = 100.000 + 0{,}1(1000 h_B - 1000 h_C) - h_B^2$$

$$\text{Für Christian:} \qquad A_C = 100.000 + 0{,}1(1000 h_C - 1000 h_B) - h_C^2$$

Wenn die beiden nun ihre Auszahlungen maximieren wollen, dann müssen Sie ihre Arbeitszeiten so wählen, dass die folgenden Bedingungen erster Ordnung erfüllt sind:

$$\frac{dA_B}{d\,h_B} = 100 - 2h_B = 0$$

$$\frac{dA_C}{d\,h_C} = 100 - 2h_C = 0$$

Wenn wir diese beiden Gleichungen nun nach h_B und h_C auflösen, dann erhalten wir die Funktionen, die die jeweils besten Antworten der Spieler aufeinander wiedergeben. Wir erhalten:

$$\text{Beste Antworten Benny:} \qquad h_B = 50$$

$$\text{Beste Antworten Christian:} \qquad h_C = 50$$

Sehen wir uns diese Verläufe der besten Antworten grafisch an, dann ergibt sich folgendes Bild:

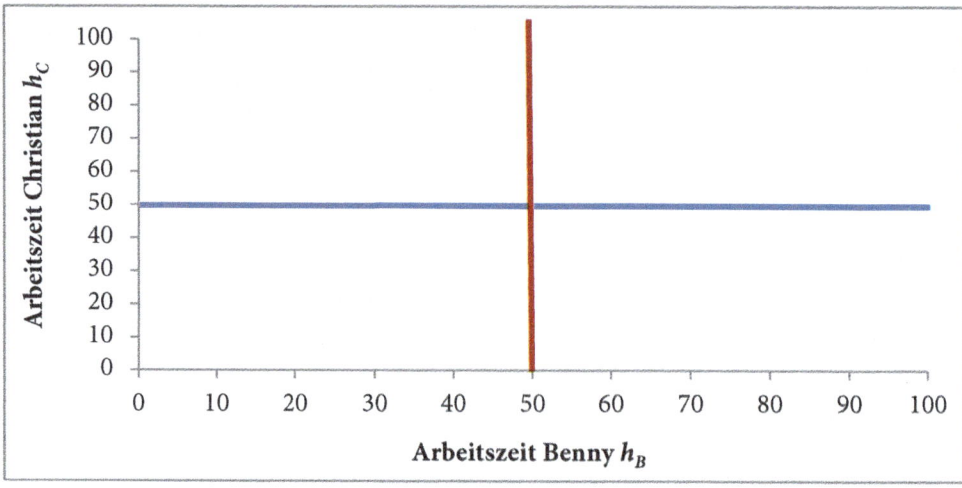

Wie wir sehen, hängen die jeweils besten Antworten beider Spieler nicht davon ab, welche Strategie, d.h. welche Arbeitszeit der jeweils andere wählt. Die besten Antworten verlaufen senkrecht bzw. waagerecht. Das bedeutet: Die hier ermittelten optimalen Arbeitszeiten sind immer optimal, ganz gleich, was der andere tut. Damit haben wir hier ein Gleichgewicht dominanter Strategien! Es lautet:

$$\{50; 50\}$$

Vergleichen Sie die hier gefundenen besten Antworten mit der vorherigen Analyse des Cournot-Duopols! Dort haben wir gesehen, dass die besten Antworten der beiden Duopolisten von der jeweiligen Strategie des jeweils anderen Spielers abhingen. Die besten Antworten dort verliefen dort nicht senkrecht oder waagerecht. Das Gleichgewicht des Duopolspiels ist also kein Gleichgewicht dominanter Strategien, so wie das hier gefundene.

2.7   Aufgaben

Aufgabe 2.7.1
Bestimmen Sie für die folgenden Spiele alle Gleichgewichte, also ggf. auch die Gleichgewichte in gemischten Strategien. Stellen Sie für die gefundenen Gleichgewichte auch fest, ob diese jeweils eindeutig und effizient sind.

Aufgabe 2.7.1.1

		Spieler 2			
		links		rechts	
Spieler 1	oben	9	8	4	4
	unten	6	4	2	1

Aufgabe 2.7.1.2

		Spieler 2			
		links		rechts	
Spieler 1	oben	3	3	1	4
	unten	6	1	2	2

Aufgabe 2.7.1.3

		Spieler 2			
		links		rechts	
Spieler 1	oben	5	6	2	2
	unten	2	2	6	5

Aufgabe 2.7.1.4

		Spieler 2		
		links l	zentral z	rechts r

Spieler 1	oben
	o
		5
		  4
			0
			  0
				0
				  0

	mitte
	m
		0
		  0
			2
			  7
				0
				  0

	unten
	u
		0
		  0
			0
			  0
				4
				  5

Hinweis: Das Spiel besitzt zusätzlich zu den Gleichgewichten in reinen Strategien noch 4 Gleichgewichte in gemischten Strategien:

- Beide Spieler mischen jeweils alle drei Strategien.
- Spieler 1 mischt nur „oben" und „mitte", Spieler 2 mischt nur „links" und „zentral".
- Spieler 1 mischt nur „oben" und „unten", Spieler 2 mischt nur „links" und „rechts".
- Spieler 1 mischt nur „mitte" und „unten", Spieler 2 mischt nur „zentral" und „rechts".

Aufgabe 2.7.2

Im Abschnitt 2.6.1 haben wir das Cournot-Duopol anhand eines Zahlenbeispiels kennengelernt. Bestimmen Sie nun die allgemeine algebraische Lösung des Gleichgewichts! Die Nachfragefunktion lautet $P = a - Q$, wobei Q die Gesamtmenge ist, die von beiden Unternehmen produziert wird, d.h. $Q = q_1 + q_2$. Die Gewinnfunktionen beider Unternehmen lauten:

$$G_1 = Pq_1 - cq_1$$

$$G_2 = Pq_2 - cq_2$$

Hierbei bezeichnet c die konstanten Stückkosten der Produktion.

Aufgabe 2.7.3

Die Strategie von Alena besteht in der Wahl des Wertes von x, die Strategie von Eva besteht in der Wahl von y. Die Auszahlungen der beiden Spielerinnen lauten:

$$\text{Auszahlung Alena:} \qquad A_{Alena} = 10x + 0{,}5xy - x^2$$

$$\text{Auszahlung Eva:} \quad A_{Eva} = 20y + 0{,}5xy - y^2$$

a) Bestimmen Sie die Beste-Antwort-Funktionen beider Spielerinnen und stellen Sie diese in einem geeigneten Diagramm grafisch dar!

b) Bestimmen Sie das Gleichgewicht des Spiels!

Lösung zu Aufgabe 2.7.1.1

Das Gleichgewicht lautet $\{oben; links\}$. Es ist eindeutig und effizient.

Lösung zu Aufgabe 2.7.1.2

Das Gleichgewicht lautet $\{unten; rechts\}$. Es ist eindeutig und ineffizient, da beide Spieler in der Strategiekombination $\{oben; links\}$ höhere Auszahlungen erreichen würden als im Gleichgewicht.

Lösung zu Aufgabe 2.7.1.3

Die Gleichgewichte in reinen Strategien lauten $\{oben; links\}$ und $\{unten; rechts\}$. Beide Gleichgewichte sind effizient. Da es mehrere Gleichgewichte gibt, sind diese nicht eindeutig. Zusätzlich zu den Gleichgewichten in reinen Strategien hat das Spiel ein Gleichgewicht in gemischten Strategien. Dieses Gleichgewicht lautet:

$$\left\{ o = \frac{3}{7}, u = \frac{4}{7}; \, l = \frac{4}{7}, r = \frac{3}{7} \right\}$$

In diesem Gleichgewicht erreicht Spieler 1 eine erwartete Auszahlung von:

$$\frac{3}{7} \cdot \frac{4}{7} \cdot 5 + \frac{3}{7} \cdot \frac{3}{7} \cdot 2 + \frac{4}{7} \cdot \frac{4}{7} \cdot 2 + \frac{4}{7} \cdot \frac{3}{7} \cdot 6 = \frac{26}{7}$$

Spieler 2 erreicht eine erwartete Auszahlung von:

$$\frac{3}{7} \cdot \frac{4}{7} \cdot 6 + \frac{3}{7} \cdot \frac{3}{7} \cdot 2 + \frac{4}{7} \cdot \frac{4}{7} \cdot 2 + \frac{4}{7} \cdot \frac{3}{7} \cdot 5 = \frac{26}{7}$$

Da beide Spieler eine Auszahlung von 26/7, also ungefähr 3,71, erzielen, ist das Gleichgewicht ineffizient, da beide Spieler in den Gleichgewichten reiner Strategien höhere Auszahlungen erreichen.

Lösung zu Aufgabe 2.7.1.4

Die Gleichgewichte in reinen Strategien lauten:

$$\{oben; links\}, \{mitte; zentral\}, \{unen; rechts\}$$

Das Gleichgewicht, in welchem beide Spieler jeweils alle drei reinen Strategien mischen, lässt sich bestimmen, indem jeweils die erwarteten Auszahlungen eines Spielers für jede seiner drei reinen Strategien gegen die optimale gemischte Strategie seines Gegners gleichgesetzt werden.

Wenn Spieler 2 mit den Wahrscheinlichkeiten l „links", z „zentral" und mit der Wahrscheinlichkeit r „rechts" spielt, dann sind die erwarteten Auszahlungen für Spieler 1:

- Wenn er „oben" spielt: $5l$
- Wenn er „mitte" spielt: $2z$
- Wenn er „unten" spielt: $4r$

Im Gleichgewicht muss also gelten:

$$5l = 2z = 4r$$

Zusätzlich ist zu berücksichtigen, dass die Summe dieser Wahrscheinlichkeiten 1 betragen muss:

$$l + z + r = 1$$

Die Gleichung $5l = 2z$ kann nun nach z aufgelöst werden und man erhält:

$$z = 2{,}5l$$

Ebenso kann die Gleichung $5l = 4r$ nach r aufgelöst werden, und man erhält:

$$r = 1{,}25l$$

Setzt man nun die beiden berechneten Gleichungen $z = 2{,}5l$ und $r = 1{,}25l$ in die Gleichung $l + z + r = 1$ ein, so erhält man:

$$l + z + r = 1$$

$$l + 2{,}5l + 1{,}25l = 4{,}75l = 1$$

Auflösen ergibt einen Wert für die optimale Wahrscheinlichkeit l für „links" in Höhe von:

$$l = \frac{4}{19}$$

Diesen Wert kann man nun zurückeinsetzen in die beiden Gleichungen $z = 2{,}5l$ und $r = 1{,}25l$ und man erhält die optimalen Wahrscheinlichkeiten für „zentral" und „rechts" in Höhe von:

$$z = \frac{10}{19}$$

$$r = \frac{5}{19}$$

Damit ist die beste Antwort von Spieler 2 im Gleichgewicht gemischter Strategien mit allen drei reinen Strategien vollständig bestimmt.

Analog geht man nun für die erwarteten Auszahlungen von Spieler 2 vor, um die beste Antwort von Spieler 2 zu bestimmen. Die erwarteten Auszahlungen für Spieler 2 lauten:

- Wenn er „links" spielt: $4o$
- Wenn er „zentral" spielt: $7m$
- Wenn er „rechts" spielt: $5u$

Mit den gleichen Berechnungsmethoden wie oben erhält man:

$$o = \frac{35}{83}; \; m = \frac{20}{83}; \; u = \frac{28}{83}$$

Damit lautet das Gleichgewicht gemischter Strategien bei jeweils allen drei reinen Strategien:

$$\left\{ o = \frac{35}{83}, m = \frac{20}{83}, u = \frac{28}{83}; \; l = \frac{4}{19}, z = \frac{10}{19}, r = \frac{5}{19} \right\}$$

Für die Bestimmung der Gleichgewichte gemischter Strategien mit jeweils nur 2 reinen Strategien pro Spieler ergibt sich:

Wenn Spieler 1 nur seine Strategien „oben" und „mitte" mischt und Spieler 2 nur seine Strategien „links" und „zentral" lautet das Gleichgewicht:

$$\left\{ o = \frac{7}{11}, m = \frac{4}{11}; \; l = \frac{2}{7}, z = \frac{5}{7} \right\}$$

Wenn Spieler 1 nur seine Strategien „oben" und „unten" mischt und Spieler 2 nur seine Strategien „links" und „rechts" lautet das Gleichgewicht:

$$\left\{ o = \frac{5}{9}, u = \frac{4}{9}; \; l = \frac{4}{9}, r = \frac{5}{9} \right\}$$

Wenn Spieler 1 nur seine Strategien „mitte" und „unten" mischt und Spieler 2 nur seine Strategien „zentral" und „rechts" lautet das Gleichgewicht:

$$\left\{ m = \frac{5}{12}, u = \frac{7}{12}; \; = \frac{2}{3}, r = \frac{1}{3} \right\}$$

Lösung zu Aufgabe 2.7.2

Setzt man zunächst $Q = q_1 + q_2$ in die Nachfragefunktion ein, so erhält man $P = a - Q = a - q_1 - q_2$. Setzt man das wiederum in die Gewinnfunktionen der Unternehmen ein, so ergibt sich:

$$G_1 = Pq_1 - cq_1 = (a - q_1 - q_2)q_1 - cq_1$$

$$G_2 = Pq_2 - cq_2 = (a - q_1 - q_2)q_2 - cq_2$$

Ausmultiplizieren der Klammerterme ergibt:

$$G_1 = aq_1 - q_1^2 - q_2q_1 - cq_1$$

$$G_2 = aq_2 - q_1q_2 - q_2^2 - cq_2$$

Die Maximierung bezüglich der zu wählenden Produktionsmengen ergibt als Bedingungen erster Ordnung:

$$\frac{dG_1}{dq_1} = a - 2q_1 - q_2 - c = 0$$

$$\frac{dG_2}{dq_2} = a - q_1 - 2q_2 - c = 0$$

Im Gleichgewicht müssen die Strategien, hier also die Produktionsmengen, so gewählt werden, dass beide Bedingungen erster Ordnung simultan erfüllt sind. Hierzu lösen wir die erste Gleichung nach q_2 auf und erhalten:

$$q_2 = a - 2q_1 - c$$

Dies setzen wir in die obige zweite Gleichung ein und erhalten:

$$a - q_1 - 2q_2 - c = a - q_1 - 2(a - 2q_1 - c) - c = 0$$

Diese Gleichung lässt sich nun nach q_1 auflösen und man erhält:

$$q_1 = \frac{a - c}{3}$$

Setzt man das zurück ein in $q_2 = a - 2q_1 - c$, so erhält man für q_2:

$$q_2 = \frac{a - c}{3}$$

Das Gleichgewicht des Spiels lautet also:

$$\left\{ \frac{-c}{3} ; \frac{a - c}{3} \right\}$$

Lösung zu Aufgabe 2.7.3

Teil a)

Wenn Alena ihre beste Antwort bestimmen will, muss Sie für ihre Auszahlung die Bedingung erster Ordnung aufstellen:

$$\frac{dA_{Alena}}{dx} = 10 + 0{,}5y - 2x = 0$$

Auflösen nach x ergibt Alenas Beste-Antwort-Funktion:

$$x = 0{,}25y + 5$$

Um diese Funktion in einem x-y-Diagramm grafisch darstellen zu können, muss sie nach y aufgelöst werden: Es ergibt sich

$$y = 4x - 20$$

Wiederholung der gleichen Prozedur für Eva:

$$\frac{dA_{Eva}}{dy} = 20 + 0{,}5x - 2y = 0$$

Auflösen nach y ergibt Evas Beste-Antwort-Funktion:

$$y = 0{,}25x + 10$$

Da diese Funktion bereits nach y aufgelöst ist, kann sie direkt in ein Diagramm eingezeichnet werden. Es ergibt sich:

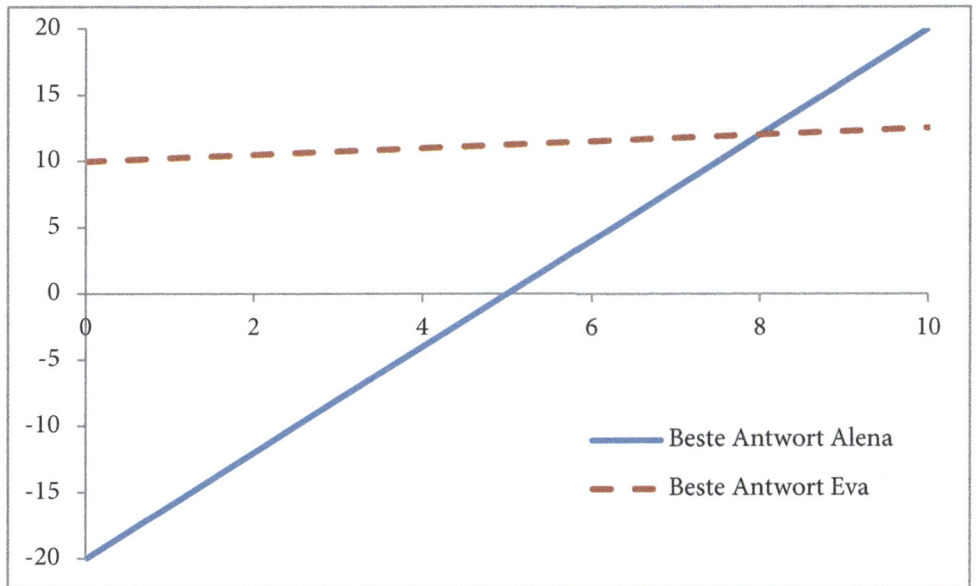

Teil b)

Das Gleichgewicht ist wieder durch den Schnittpunkt beider Funktionen gekennzeichnet. Im Gleichgewicht muss gelten, dass die beiden Spielerinnen jeweils die besten Antworten aufeinander wählen. Es müssen also gleichzeitig die beiden folgenden Gleichungen gelten:

$$y = 4x - 20$$

$$y = 0{,}25x + 10$$

Gleichsetzen ergibt:

$$4x - 20 = 0{,}25x + 10$$

Hieraus folgt ein optimaler Wert für x in Höhe von $x = 8$. Einsetzen in eine der Gleichungen $y = 4x - 20$ oder $y = 0{,}25x + 10$ ergibt einen optimalen Wert für y in Höhe von $y = 12$. Das Gleichgewicht des Spiels lautet daher:

$$\{8; 12\}$$

2.8 Leseempfehlungen und Literatur

Das in diesem Buch vorgestellte Konzept des Nash-Gleichgewichtes geht zurück auf John Nash (1951). Auf sehr ähnlichen Überlegungen beruht die über 100 Jahre ältere Lösung des Cournot-Duopols, benannt nach Augustin Cournot.

Die Spiele und Lösungsmethoden dieses zweiten Kapitels werden vertiefend behandelt z.B. von Rieck (2013), Kapitel 3 oder Gibbons (1992), Kapitel 1.

Wir hatten in Abschnitt 2.3. gesehen, dass Spiele mit zwei Spielern und jeweils zwei reinen Strategien pro Spieler immer mindestens ein Gleichgewicht haben müssen. Dies lässt sich auch mathematisch beweisen. In Holler/Illing (2009), Abschnitt 3.3.4 wird die Idee des Beweises skizziert und auf Quellen verwiesen, in denen vollständige mathematische Beweise zu finden sind.

Gibbons, Robert (1992): A Primer in Game Theory. Verlag Harvester Wheetsheaf, New York u.a.O.

Holler, Manfred J. und Illing, Gerhard (2009): Einführung in die Spieltheorie. 7. Auflage, Springer Verlag, Heidelberg u.a.O.

Nash, John F. (1951): Non-Cooperative Games. In: Annals of Mathematics, Band 54, S. 286–295.

Rieck, Christian (2013): Spieltheorie – Eine Einführung. 12. Auflage, Christian Rieck Verlag, Eschborn.

Statische Spiele mit vollständiger Information 3

Wir kommen nun zu Spielen, in denen die Züge der Spieler nacheinander ausgeführt werden. Dies bedeutet, dass die später ziehenden Spieler bei der Wahl ihrer Strategien den jeweiligen Spielstand berücksichtigen können. Sie werden dies mittels „Wenn-Dann"-Anweisungen in ihren Strategien berücksichtigen. Sehen wir uns hierzu nochmals das Münzspiel aus Kapitel 1 an.

Hierzu wiederholen wir nochmals die Spielregeln: Bei dem Spiel spielen Mimi und Caro um Münzen. Mimi beginnt und muss ihre Münze auf den Tisch legen. Sie kann ihre Münze mit „Kopf" oder „Zahl" nach oben legen. Caro kann sehen, wofür sich Mimi entschieden hat, bevor Caro dann ihre eigene Münze auf den Tisch legt. Wenn Caro das gleiche Symbol nach oben legt, wie Mimi das getan hat, dann gewinnt Caro Mimis Münze. Andernfalls bekommt Mimi die Münze von Caro.

Wie wir bereits oben gesehen hatten, besitzt Mimi zwei Strategien, nämlich:

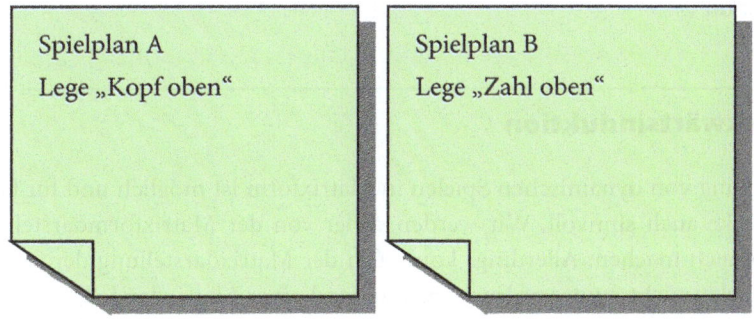

Zwar hat nun Caro auch nur 2 mögliche Züge, nämlich „Kopf" oder „Zahl" nach oben zu legen, sie kann diese Entscheidung aber jeweils davon abhängig machen, was Mimi vorher getan hat. Da sie auf jeden der beiden möglichen Züge von Mimi jeweils ebenfalls

© Springer-Verlag GmbH Deutschland, ein Teil von Springer Nature 2019
S. Winter, *Grundzüge der Spieltheorie*,
https://doi.org/10.1007/978-3-662-58215-2_4

mit zwei unterschiedlichen Zügen reagieren könnte, hat Caro insgesamt die folgenden vier Strategien:

Da Mimi zwei mögliche Strategien besitzt und Caro vier, gibt es also insgesamt 8 mögliche Strategiekombinationen. Ebenso wie im Kapitel 2 suchen wir auch hier nun wieder nach den Strategiekombinationen, die ein Gleichgewicht bilden. Bevor wir das allerdings tun, werden wir uns zunächst mit einer Methode vertraut machen, die die Analyse dynamischer Spiele merklich vereinfacht. Dies ist die Methode der sogenannten „Rückwärtsinduktion",

3.1 Rückwärtsinduktion

Die Darstellung von dynamischen Spielen in Matrixform ist möglich und für bestimmte Analysezwecke auch sinnvoll. Wir werden daher von der Matrixformdarstellung auch weiter Gebrauch machen. Allerdings kommt in der Matrixdarstellung der zeitliche Ablauf von Spielen nicht zum Ausdruck, d.h. anhand einer Matrixdarstellung ist nicht erkennbar, welcher Spieler zu welchem Zeitpunkt dran ist. Auch können in einer Matrixdarstellung jeweils nur zwei Spieler erfasst werden.

Eine alternative, für dynamische Spiele besonders hilfreiche Darstellung, ist die Darstellung in Form sogenannter „Spielbäume". Wir werden uns gleich eine Spielbaumdarstellung des Münzspiels ansehen. Dabei werden wir hier aber zunächst noch eine kleine „Regeländerung" des Spiels vornehmen. Diese Regeländerung hat nur den Zweck, die

nachfolgend beschriebene Logik der Rückwärtsinduktion besser verdeutlichen zu können. Die Regeländerung lautet wie folgt: Wenn Mimi und Caro beide „Zahl" zeigen,
dann verliert Mimi noch eine zusätzliche Münze an Caro. Für diesen Fall hat der Spielbaum folgendes Aussehen:

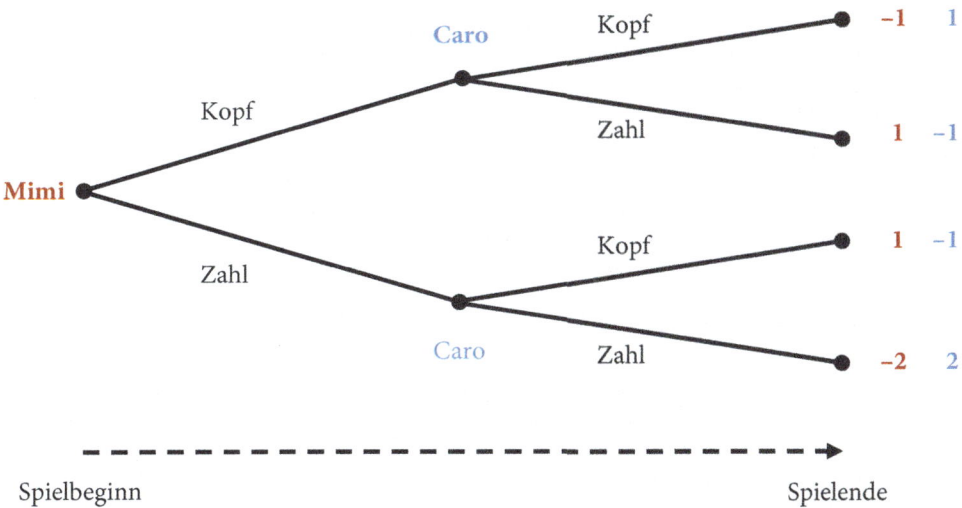

Spielbeginn   Spielende

Wie zu sehen ist, besteht ein Spielbaum aus Linien, kleinen schwarzen Kreisen und Beschriftungen. Die Linien heißen „Kanten" und repräsentieren die jeweils möglichen Züge
des Spielers, der gerade am Zug ist. Dementsprechend werden die Kanten auch mit den
Zügen beschriftet, die sie repräsentieren. Die kleinen schwarzen Kreise heißen „Knoten".
Hierbei gibt es zwei unterschiedliche Arten von Knoten, die sogenannten „Entscheidungsknoten" und die „Endknoten". Entscheidungsknoten werden mit dem Namen des
Spielers beschriftet, der gerade am Zug ist. Entscheidungsknoten zeigen an, dass der
betreffende Spieler in dem Knoten eine Entscheidung zu treffen hat. Welche Entscheidungen jeweils möglich sind, d.h. welche Züge ausgeführt werden könnten, ergibt sich
dann ja aus den rechts aus den Knoten herausführenden Kanten. Die Knoten am äußers-
ten rechten Ende der Linien heißen entsprechend auch einfach „Endknoten". Endknoten
zeigen das Ende des Spiels an. Sie werden beschriftet mit den Auszahlungen der Spieler,
wobei die Reihenfolge der Auszahlungen der Reihenfolge der Spieler entspricht. Im obigen Spiel ist die erste angegebene Auszahlung also die Auszahlung von Mimi, die zweite
ist die von Caro. Der zeitliche Ablauf des Spiels vom Spielbeginn bis zum Spielende wurde in der Abbildung oben nur zur Verdeutlichung einmal mittels des gestrichelten Pfeils
eingezeichnet. Dies ist nicht Teil der üblichen Spielbaumdarstellung und wir werden in
Zukunft auch darauf verzichten. Da das Spiel zeitlich gesehen von links nach rechts verläuft, gehören Entscheidungsknoten, die direkt übereinander liegen, zu demselben Spieler und zu demselben Zeitpunkt. Wir werden daher in Zukunft jeweils nur noch den
oberen seiner Entscheidungsknoten mit seinem Namen beschriften. Dort wo das sinnvoll erscheint, werden wir die Entscheidungsknoten und Endknoten durchnummerieren

und mit K1, K2, …, KN bezeichnen und diese Bezeichnungen in die Spielbaumdarstellung übernehmen. Unter Berücksichtigung dieser Anpassung ergibt sich nun folgender Spielbaum:

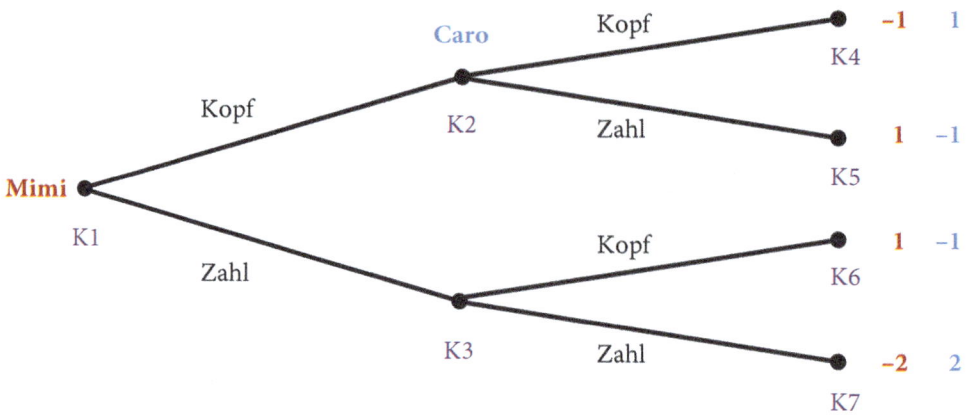

Mit diesen Vorüberlegungen können wir nun zur Rückwärtsinduktion kommen. Der Rückwärtsinduktion liegt der folgende Grundgedanke zugrunde: In dem obigen Spiel muss Mimi zuerst ihre Entscheidung treffen. Welche Entscheidung für sie aber die beste ist, hängt davon ab, wie Caro auf ihre Entscheidung reagieren wird. Daher muss Mimi zunächst Caros Entscheidungssituation analysieren. Caro ist aber die letzte Spielerin, die in diesem Spiel am Zug ist. Wenn wir nun aber mit der Analyse von Caros Entscheidungssituation beginnen, beginnen wir damit zeitlich betrachtet am Ende des Spiels. Die Analysereihenfolge verläuft also rückwärts, daher auch der Name „Rückwärts"induktion.

Wir beginnen nun mit der Analyse von Caros möglichen Entscheidungen. Was sollte sie tun, wenn sie im Entscheidungsknoten K2 wäre, wenn Mimi also vorher „Kopf" gewählt hätte? Dann sollte sie offensichtlich „Kopf" wählen, da sie dann eine Auszahlung von 1 bekommt, während sie bei „Zahl" nur eine Auszahlung von −1 bekommen würde. Der eingezeichnete Pfeil zeigt wiederum an, in welcher Richtung sich Caro nachträglich ggf. um entscheiden wollen würde:

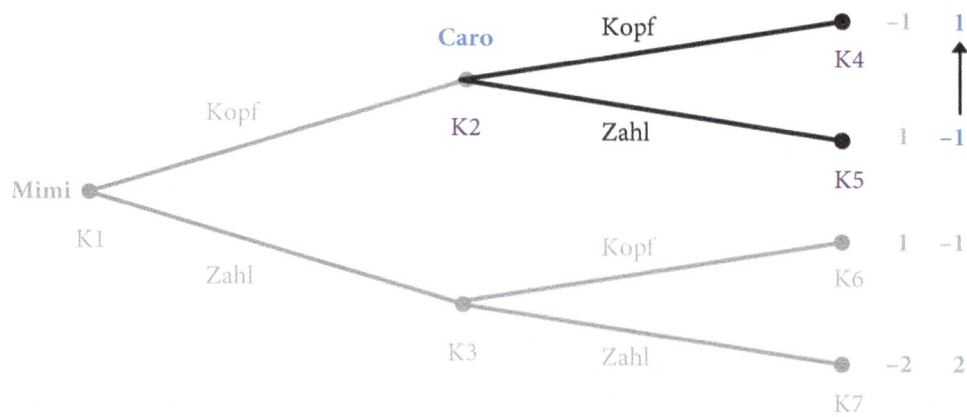

Das aber bedeutet, dass wir den Zug „Zahl" im Entscheidungsknoten K2 streichen können, diesen Zug sollte Caro nicht wählen. Züge, die wir mit den Überlegungen der
Rückwärtsinduktion streichen können, werden wir durch zwei rote Streichungen kennzeichnen. Damit erhalten wir folgende Darstellung:

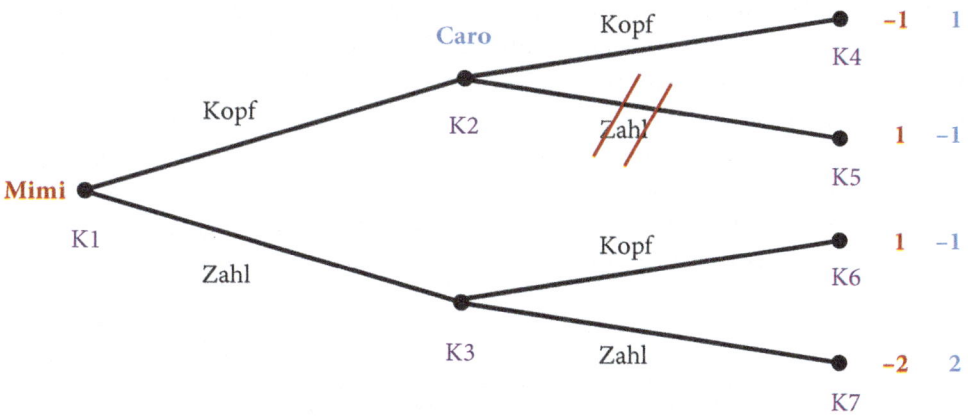

Wenn wir diese Prozedur für Caros Entscheidungsknoten K3 wiederholen, sehen wir,
dass sie in diesem Knoten „Zahl" bevorzugen sollte und „Kopf" streichen kann. Es ergibt
sich daher:

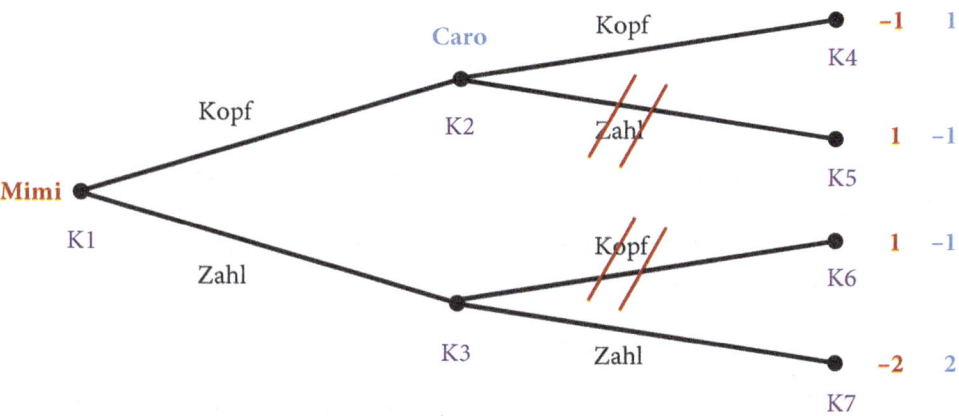

Da wir nun alle Entscheidungsknoten analysiert haben, in denen Caro am Zug wäre, ist
der erste Schritt der Rückwärtsinduktion abgeschlossen. Wie leicht zu sehen ist, kommt
es dabei nicht darauf an, in welcher Reihenfolge wir Caros Entscheidungsknoten analysieren, wir würden am Ende immer zu dem gleichen Ergebnis kommen. Wichtig bei
der Rückwärtsinduktion ist daher nur, alle Entscheidungsknoten eines Spielers zu
einem Zeitpunkt zu analysieren, ehe man sich an die Analyse weiterer Zeitpunkte und
Spieler macht. Es ist daher gleichgültig, ob wir zunächst den Knoten K2 oder K3 analy-

sieren, wichtig ist nur, dass wir diese beiden Knoten analysieren, eher wir zu Knoten K1 kommen.

Wenn wir uns nun ansehen, welche Züge Caro gestrichen hat, dann sehen wir auch, dass das Spiel nicht in den Endknoten K5 oder K6 enden kann. In diese Endknoten könnte das Spiel nur kommen, wenn Caro einen ihrer gestrichenen Züge spielen würde, wofür sie aber keinen Grund hat. Das weiß nun auch Mimi. Entscheidet sich Mimi nun für „Kopf", dann weiß sie, dass auch Caro „Kopf" wählen wird. Das Spiel würde daher im Endknoten K4 enden und Mimi würde eine Auszahlung von –1 erreichen. Wenn Mimi stattdessen aber „Zahl" wählen würde, dann würde Caro das ja auch tun. Das Spiel würde im Knoten K7 enden und Mimis Auszahlung wäre –2. Da eine Auszahlung von –1 immer noch besser ist als eine Auszahlung von –2, sollte Mimi „Kopf" wählen und ihre Alternative „Zahl" streichen. Der nach Streichung aller schlechten Züge resultierende Spielverlauf ist in der folgenden Abbildung durch die grüne Linie hervorgehoben:

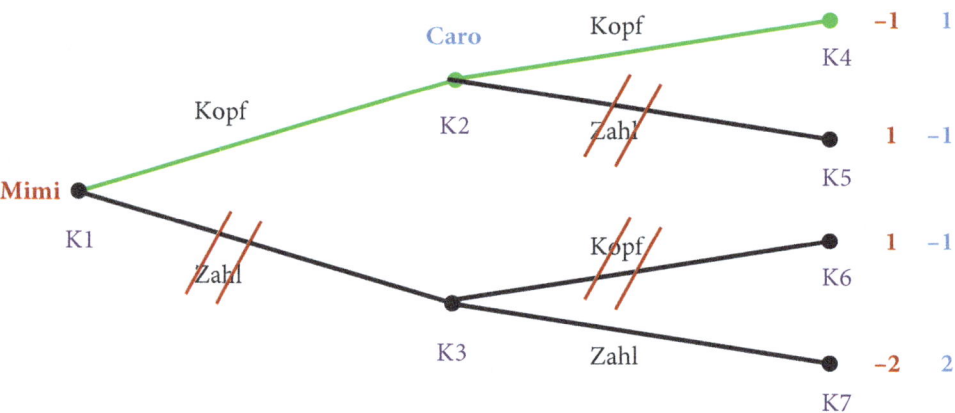

Damit ist das Verfahren der Rückwärtsinduktion beendet. In diesem Spiel sollten wir also erwarten, dass Mimi „Kopf" spielt und Caro das auch tut. Wenn wir diese beiden Züge hintereinander aufschreiben, dann nennen wir das das „Rückwärtsinduktionsergebnis" des Spiels. Dieses lautet hier also:

$$\{optimaler\ Zug\ Mimi;\ optimaler\ Zug\ Caro\} = \{Kopf;\ Kopf\}$$

Hierbei ist zu beachten, dass das Rückwärtsinduktionsergebnis eines Spiels kein Gleichgewicht ist! Denn Gleichgewichte sind Strategiekombinationen, für Caro ist „Kopf" aber keine Strategie, sondern nur ein möglicher Zug. Wir werden später allerdings sehen, dass zwischen Rückwärtsinduktionsergebnissen und Gleichgewichten aber logische Zusammenhänge hergestellt werden können. Bevor wir uns dem allerdings zuwenden, sehen wir uns noch an, dass auch Rückwärtsinduktionsergebnisse nicht eindeutig sein müssen, dass es also mehrere geben kann. Um das zu sehen, setzen wir die Spielregeln des Münzspiels wieder auf die Ursprungsregeln zurück. Wir gehen also wieder davon aus, dass Mimi auch in der Zugkombination „Zahl"/„Zahl" eine Auszahlung von –1 bekommt, während Caro dann eine Auszahlung von 1 bekäme. Wir ändern also nur die Auszahlungen am Endknoten K7. Wenn wir dann für Caro wieder mittels Rückwärtsinduktion streichen, erhalten wir folgende Darstellung:

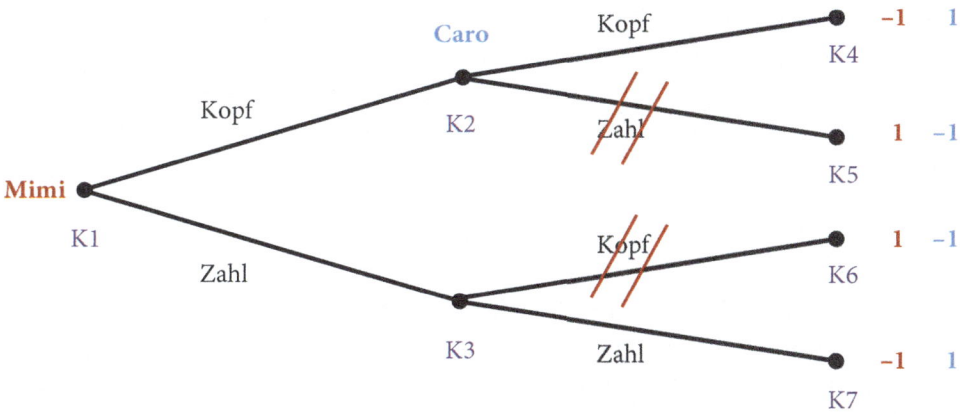

Wie nun zu sehen ist, gibt es jetzt für Mimi keinen Grund mehr, eine ihrer Alternativen zu streichen. Wählt sie „Kopf", wird sie im Endknoten K4 landen, wählt sie Zahl, endet das Spiel im Endknoten K7. In beiden Endknoten ist Mimis Auszahlung aber gleich hoch. Sie hat daher keinen Grund, eine ihrer Alternativen zu streichen. Damit hat das Spiel zwei mögliche Rückwärtsinduktionsergebnisse, nämlich

$$\{Kopf; Kopf\}$$

und

$$\{Zahl; Zahl\}$$

3.2 Darstellung von Gleichgewichten dynamischer Spiele

Spielbäume geben den zeitlichen Ablauf von Spielen wieder und die zu jedem Zeitpunkt möglichen Züge. Sie geben aber nicht direkt Strategien wieder. Dieses optische Problem lässt sich allerdings beheben, indem wir vereinbaren, dass alle bedingten Züge, die zu einer Strategie eines Spielers gehören, als gleichfarbige Kanten dargestellt werden. Nehmen wir an, dass Mimi die Strategie „Kopf" spielt und Caro die Strategie *„Wenn Mimi Kopf spielt, spiele ich auch Kopf, wenn Mimi Zahl spielt, spiele ich auch Zahl"*, oder in Kurzform: *„Kopf wenn Kopf, Zahl wenn Zahl"*. Mimis Strategie kennzeichnen wir durch eine rote Kante und Caros Strategie durch zwei blaue Kanten, die jeweils als die „Wenn-Dann"-Anweisungen ihrer Strategie zu interpretieren sind:

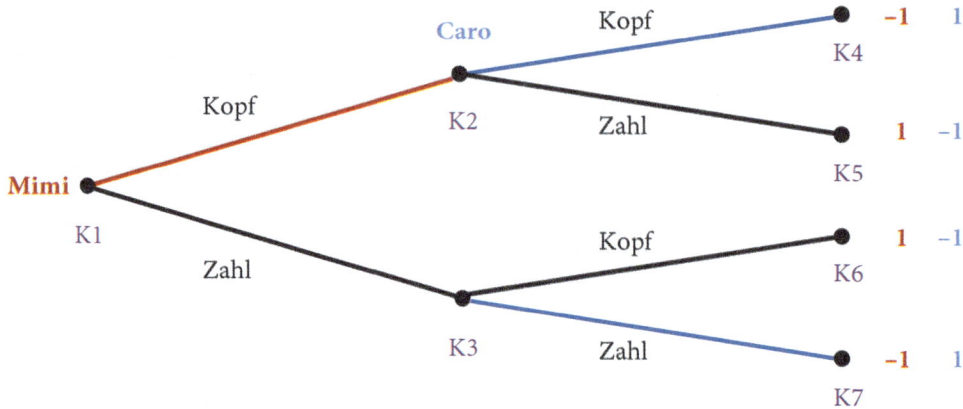

Ist diese Strategiekombination ein Gleichgewicht? Dazu müssen wir wieder feststellen, ob die beiden Strategien der Spielerinnen jeweils beste Antworten aufeinander sind. Fragen wir also Mimi, ob sie bei der durch die blauen Linien gekennzeichneten Strategie von Caro ihre eigene Strategie ändern wollen würde. Was wäre ihre Antwort? Wenn Mimi bei „Kopf" bleibt, endet das Spiel im Knoten K4 und Mimi erhält eine Auszahlung in Höhe von −1. Würde sie auf „Zahl" wechseln, würde das Spiel im Knoten K7 enden und ebenfalls eine Auszahlung in Höhe von −1 bringen. Mimi hätte also keinen Grund, ihre Strategie zu ändern. Ihre Strategie „Kopf" ist also eine beste Antwort auf die Strategie von Caro. Was würde nun Caro sagen, wenn wir sie fragen würden, ob sie ihre Strategie ändern wollen würde? Da sie bei der gegebenen Strategie von Mimi mit ihrer eigenen Strategie im Endknoten K4 landet, erreicht sie mit ihrer eigenen Strategie eine Auszahlung von 1. Da sie in keinem anderen Fall eine höhere Auszahlung erreichen kann, kann sie keinen Grund haben, ihre eigene Strategie zu wechseln. Ihre Strategie ist also eine beste Antwort auf die Strategie von Mimi. Damit haben wir ein Gleichgewicht des Spiels gefunden.

Was wäre nun, wenn Caro ihre Strategie ändert, indem sie beschließt, im Knoten K3 statt „Zahl" lieber „Kopf" zu spielen, während Mimi zunächst noch bei ihrer Strategie „Kopf" bleibt? Unsere Spielbaumdarstellung wäre dann wie folgt:

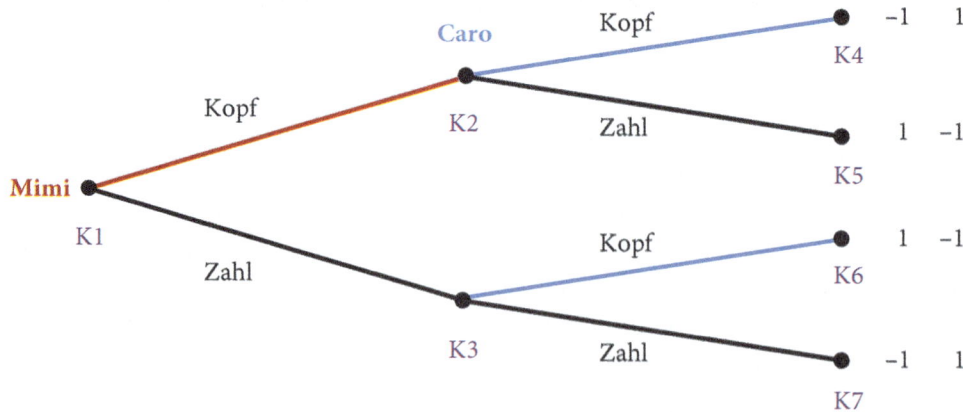

Diese Strategiekombination würde offensichtlich wieder zu dem Endkonten K4 führen, genauso wie die Strategiekombination oben. Hier hätten wir jetzt allerdings kein Gleichgewicht mehr! Denn gegen die durch die blauen Linien gekennzeichnete Strategie von Caro wäre es für Mimi offensichtlich besser, „Zahl" zu spielen, da sie damit in den Endknoten K6 käme, der ihr eine Auszahlung von 1 statt −1 im Knoten K4 brächte. Mimi würde also wechseln wollen. Wenn aber eine Spielerin wechseln wollen würde, kann kein Gleichgewicht vorliegen.

Wir werden die Spielbaumdarstellung jetzt in die Matrixform überführen. Für unser Münzspiel ergäbe sich folgende Darstellung:

		Caro			
		Kopf wenn Kopf Zahl wenn Zahl	Kopf wenn Kopf Kopf wenn Zahl	Zahl wenn Kopf Zahl wenn Zahl	Zahl wenn Kopf Kopf wenn Zahl
Mimi	Kopf	(−1) / (1)	−1 / (1)	(1) / −1	(1) / −1
	Zahl	(−1) / (1)	(1) / −1	−1 / (1)	−1 / −1

Wie wir sehen, sind nur in den beiden Strategiekombinationen der ersten Spalte jeweils beide Auszahlungen eingekreist, dies sind also die einzigen Gleichgewichte des Spiels in reinen Strategien. Sie lauten:

$$\{Kopf;\, Kopf\ wenn\ Kopf, Zahl\ wenn\ Zahl\}$$

und

$$\{Zahl;\, Kopf\ wenn\ Kopf, Zahl\ wenn\ Zahl\}$$

Es ist leicht zu sehen, dass die Matrixdarstellung besser geeignet ist, Gleichgewichte zu identifizieren als die Spielbaumdarstellung. Allerdings, wie bereits angemerkt, ist die Matrixdarstellung auf zwei Spieler begrenzt, die Spielbaumdarstellung hingegen nicht. Wir werden aber gleich sehen, dass die Spielbaumdarstellung uns helfen kann, wenn wir es wieder mit dem Problem mehrerer Gleichgewichte zu tun haben.

3.3   Teilspielperfektion und Rückwärtsinduktion

Im Alltagsleben wie in wirtschaftswissenschaftlichen Entscheidungssituationen versuchen Menschen häufig, das Verhalten von anderen zu beeinflussen, indem sie den anderen Menschen für bestimmte Verhaltensweisen Belohnungen versprechen oder Sanktionen androhen. Wenn Eltern ihren Kindern mit Hausarrest drohen, falls die Kinder zu spät nach Hause kommen, dann ist das spieltheoretisch betrachtet das gleiche, wie wenn ein Supermarkt androht, die Preise drastisch zu senken, wenn sich ein anderer Supermarkt in der Nähe ansiedelt. In beiden Fällen werden Drohungen ausgesprochen, um damit das Verhalten anderer Spieler zu beeinflussen. Wir wollen nun der Frage nachgehen, wie solche Drohungen (oder auch Versprechungen) beschaffen sein müssen, damit sie tatsächlich das Verhalten von anderen Spielern im gewünschten Sinne beeinflussen können.

Sehen wir uns dazu das Supermarktbeispiel mit der Androhung massiver Preissenkungen an. Nehmen wir an, dass die Supermarktkette LODL einen gut laufenden Supermarkt in Berlin-Kreuzberg unterhält. Nun bekommt LODL die Information, dass die Konkurrenz von Aldo plant, ebenfalls einen Supermarkt in der Nähe zu eröffnen. Der Vorstandsvorsitzende von LODL sagt darauf in einem Interview in einer Fachzeitschrift des Lebensmittelhandels, dass die grundsätzliche Strategie von LODL vorsieht, immer dort sehr niedrige Preise anzubieten, wo man sich im Wettbewerb mit starken Konkurrenten befände. Diese Strategie werde man auch in Großstädten verfolgen. Der Geschäftsführer von Aldo liest das Interview und fragt sich, ob er dieser Drohung glauben sollte. Die Spielbaumdarstellung des Spiels lautet wie folgt:

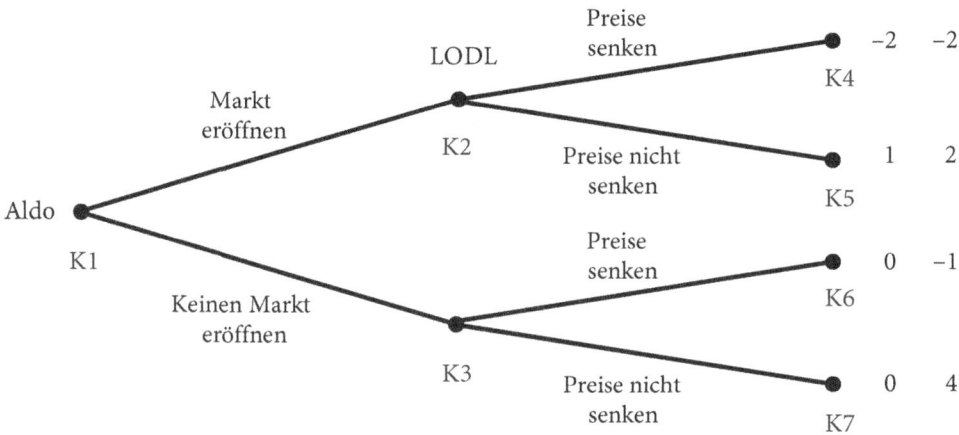

Wenn wir dieses Spiel in der Matrixform darstellen, dann ergibt sich:

		Caro			
		Preise senken Preise senken	Preise senken Preise n. senken	Preise n. senken Preise senken	Preise n. senken Preise n. senken
Mimi	Markt eröffnen	−2 −2	−2 −2	①②	①②
	Keinen Markt eröffnen	⓪ −1	⓪ ④	0 −1	0 ④

Die Strategien von LODL haben wir hierbei nun noch weiter sprachlich abgekürzt, indem sich die Anweisung in der ersten Zeile jeweils auf Aldos Strategie „Markt eröffnen" bezieht und die zweite Zeile auf Aldos Strategie „keinen Markt eröffnen". Wie zu sehen ist, gibt es drei Strategiekombinationen, in denen jeweils beide Auszahlungen eingekreist sind, das Spiel hat also drei Gleichgewichte. Diese lauten:

$$\{Markt\ er\ddot{o}f\!fnen;\ Preise\ nicht\ senken, Preise\ senken\}$$

$$\{Markt\ er\ddot{o}f\!fnen;\ Preise\ nicht\ senken, Preise\ nicht\ senken\}$$

$$\{keinen\ Markt\ er\ddot{o}f\!fnen;\ Preise\ senken, Preise\ nicht\ senken\}$$

Das letzte dieser drei Gleichgewichte ist das für LODL vorteilhafteste, da es zu einer Auszahlung in Höhe von 4 führt, während die beiden anderen nur zu Auszahlungen von jeweils 2 führen. Genau um dieses dritte Gleichgewicht zu erreichen hatte LODL ja die Drohung einer Preisschlacht ausgesprochen. Gemäß diesem Gleichgewicht würde das Spiel im Knoten K7 enden.

Wir sind nun also wieder mit dem Problem konfrontiert, dass es mehrere Gleichgewichte in dem Spiel gibt. Wenn es mehrere Gleichgewichte gibt, hat die Spieltheorie aber wieder ein Problem mit ihrem Hauptziel, nämlich den Spielern eindeutige Anweisungen für die Wahl ihrer besten Antworten zu geben. Wir hatten allerdings in Kapitel 2 bereits gesehen, welchen Weg die Spieltheorie dann geht: Sie stellt eine zusätzliche, sinnvolle Anforderung auf, die ein Gleichgewicht erfüllen sollte. Sollte es dann nur ein Gleichgewicht geben, welches diese zusätzliche Anforderung erfüllt, hätten wir wieder unser Ziel der Eindeutigkeit erreicht.

Die Anforderung, die wir hier nun aufstellen werden, lässt sich sehr gut mit der Methode der Rückwärtsinduktion begründen. Wenn wir mit der Methode der Rückwärtsinduktion zunächst wieder die schlechten Züge von LODL streichen, dann erhalten wir folgende Darstellung:

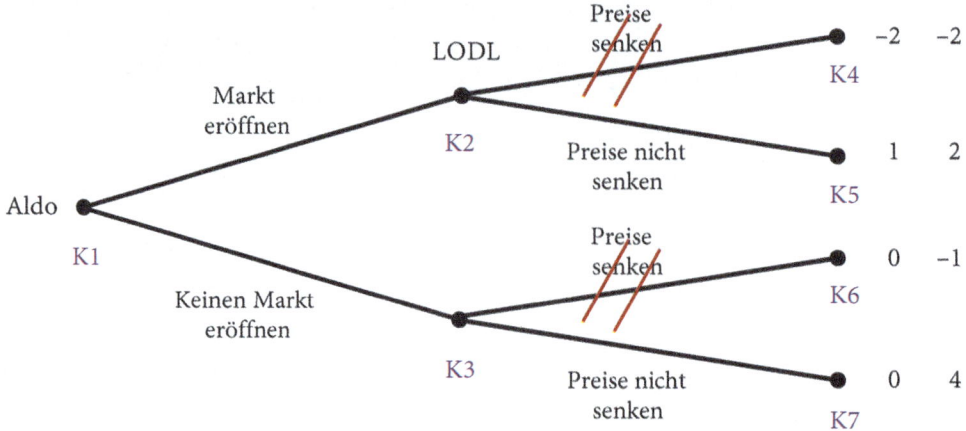

Nun aber kann Aldo sehen, dass das Spiel entweder im Knoten K5 oder im Knoten K7 enden wird, je nachdem ob Aldo einen Markt eröffnet oder nicht. Da K5 aber für Aldo besser ist als K7, kann Aldo seine Alternative „Keinen Markt eröffnen" streichen. Die vollständige Rückwärtsinduktion ergibt dann:

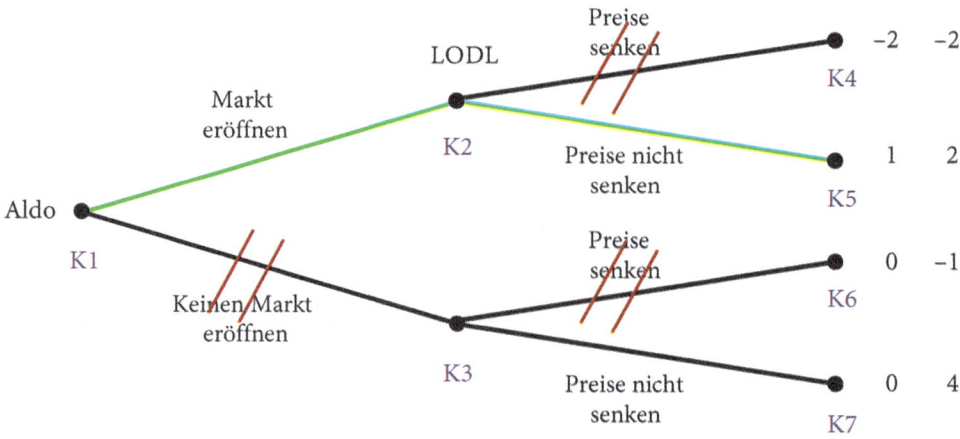

Wenn wir uns diesen Verlauf der Rückwärtsinduktion ansehen, dann sehen wir sehr schnell, dass es für LODL niemals optimal ist, seine Preise zu senken. Denn in jedem der beiden Entscheidungsknoten K2 und K3 würde sich LODL durch Preissenkungen selbst schädigen.

Wir benutzen diese Erkenntnis, um zunächst eine neue Definition vorzunehmen:

▶ **Definition: „Teilspielperfekte Strategie"**   Eine Strategie eines Spielers A heißt „teil-spielperfekt", wenn in dieser Strategie keine Züge vorgesehen sind, die den Spieler A in irgendeinem seiner Entscheidungsknoten selbst schädigen würden.

Es ist leicht zu sehen, dass LODL nur eine einzige teilspielperfekte Strategie besitzt, nämlich die Preise nicht zu erhöhen, wenn Aldo einen Markt eröffnet und die Preise ebenfalls nicht zu erhöhen, wenn Aldo keinen Markt eröffnet.

Nun können wir den Begriff des teilspielperfekten Gleichgewichts definieren.

▶ **Definition: „Teilspielperfektes Gleichgewicht"** Ein Gleichgewicht heißt „teilspielperfekt", wenn alle in der Strategiekombination des Gleichgewichts enthaltenen Strategien aller Spieler teilspielperfekte Strategien sind.

Das einzige teilspielperfekte Gleichgewicht des Markteröffnungsspiels lautet somit:

$$\{Markt\ eröffnen;\ Preise\ nicht\ senken,\ Preise\ nicht\ senken\}$$

Die Forderung nach Teilspielperfektion ist eine der wichtigsten Verfeinerungen von Gleichgewichtskonzepten für dynamische Spiele überhaupt. Mit diesem Konzept lässt sich überprüfen, ob Drohungen oder Versprechungen glaubwürdig sind. Strategien, die nicht teilspielperfekt sind, enthalten Drohungen oder Versprechungen, die der Spieler in dem betreffenden Entscheidungsknoten nicht wahrmachen wollen würde. Drohungen aber, die ein Spieler nicht wahrmachen wollen würde, sollten die anderen Spieler nicht glauben. In unserem obigen Spiel bedeutet das, dass Aldo seinen Markt eröffnen sollte!

Bevor wir fortfahren, wollen wir uns noch kurz damit beschäftigen, warum hier von „Teilspielperfektion" die Rede ist. Unter „Teilspielen" versteht man die gedankliche Zerlegung eines Spiels in seine Teile. Ein Teilspiel beginnt dabei in einem Entscheidungsknoten eines Spielers und umfasst alle diesem Entscheidungsknoten folgenden Entscheidungs- und Endknoten. Lediglich im ersten Entscheidungsknoten des ersten Spielers beginnt kein Teilspiel, da dieses Teilspiel dann ja das Gesamtspiel wäre. In der folgenden Abbildung sind die beiden Teilspiele des Markteröffnungsspiels durch blaue Rahmen hervorgehoben:

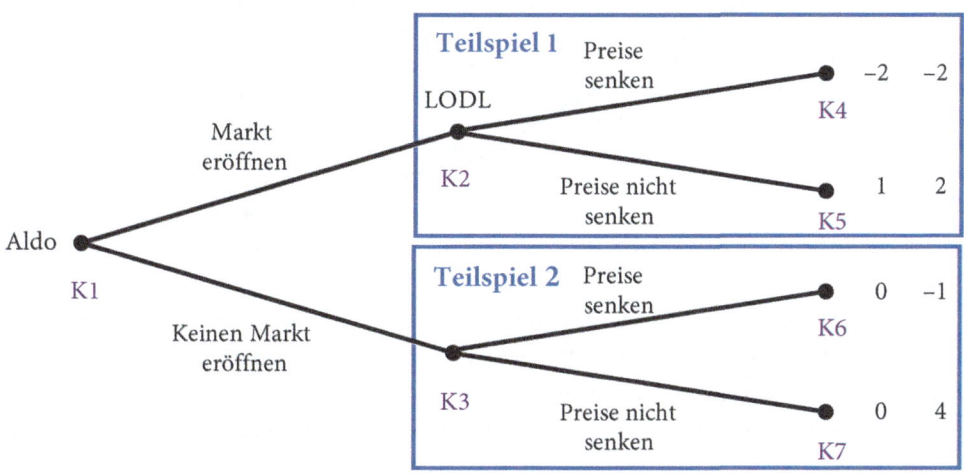

Wenn wir nun diese Teilspiele einzeln betrachten, und dabei so tun, als hätte Aldo seine Entscheidung längst getroffen, dann sehen wir, dass in beiden Teilspielen „Preise senken" für LODL keine Gleichgewichtsstrategie sein kann. Denn wenn LODL „Preise senken" gespielt hätte und dann gefragt würde, ob er seine Strategie nachträglich nochmals ändern wollen würde, dann müsste er offensichtlich in beiden Teilspielen „ja" sagen. Teilspielperfekte Strategien sind also Strategien, deren Anweisungen man in jedem Teilspiel auch wahrmachen wollen würde.

Sehen wir uns nun noch einmal zusammenfassend an, wie wir mit der Methode der Rückwärtsinduktion sehr schnell ein teilspielperfektes Gleichgewicht ermitteln können. Dazu nehmen wir nun ein abstraktes Spiel mit drei Spielern, welches wir in Matrixform gar nicht mehr darstellen könnten. Wir bezeichnen die Spieler einfach mit A, B und C und ihre Züge mit AO, AU, BO usw.

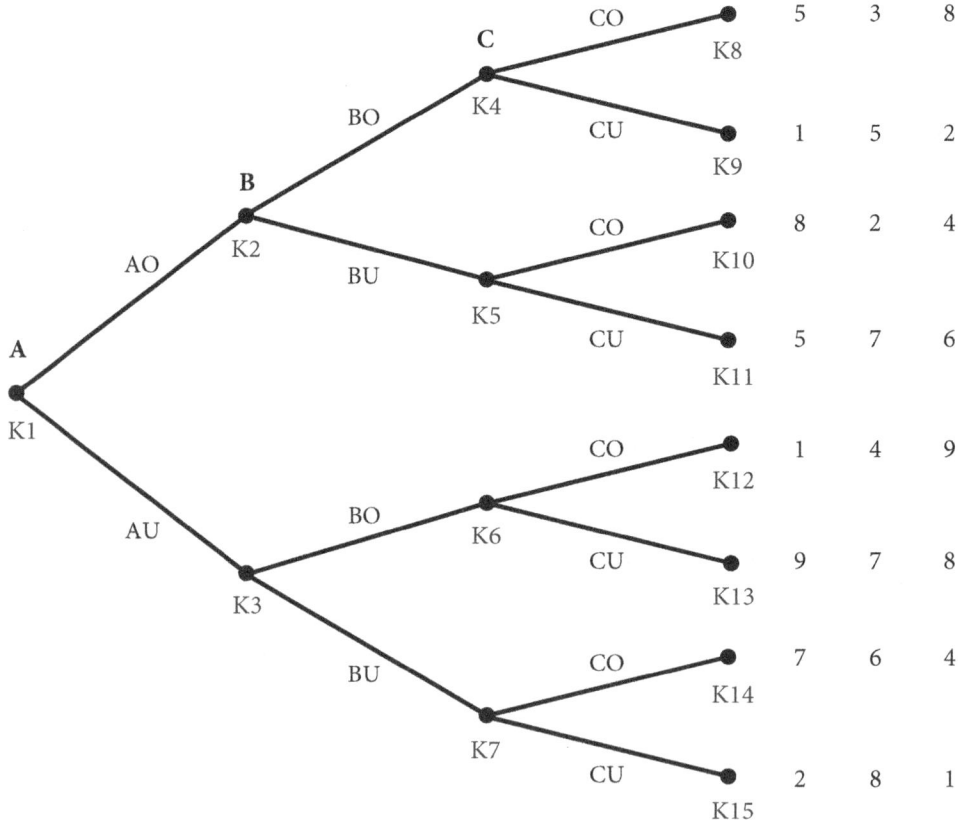

Wenn wir nun eine Rückwärtsinduktion durchführen, müssen wir hier offensichtlich beim Spieler C beginnen, da dieser der letzte ist, der in dem Spiel am Zug ist. Wir streichen wieder die Züge, die der Spieler nicht wählen wollen würde, und markieren die Züge, die er wählen wollen würde, mit blauen Kanten und erhalten:

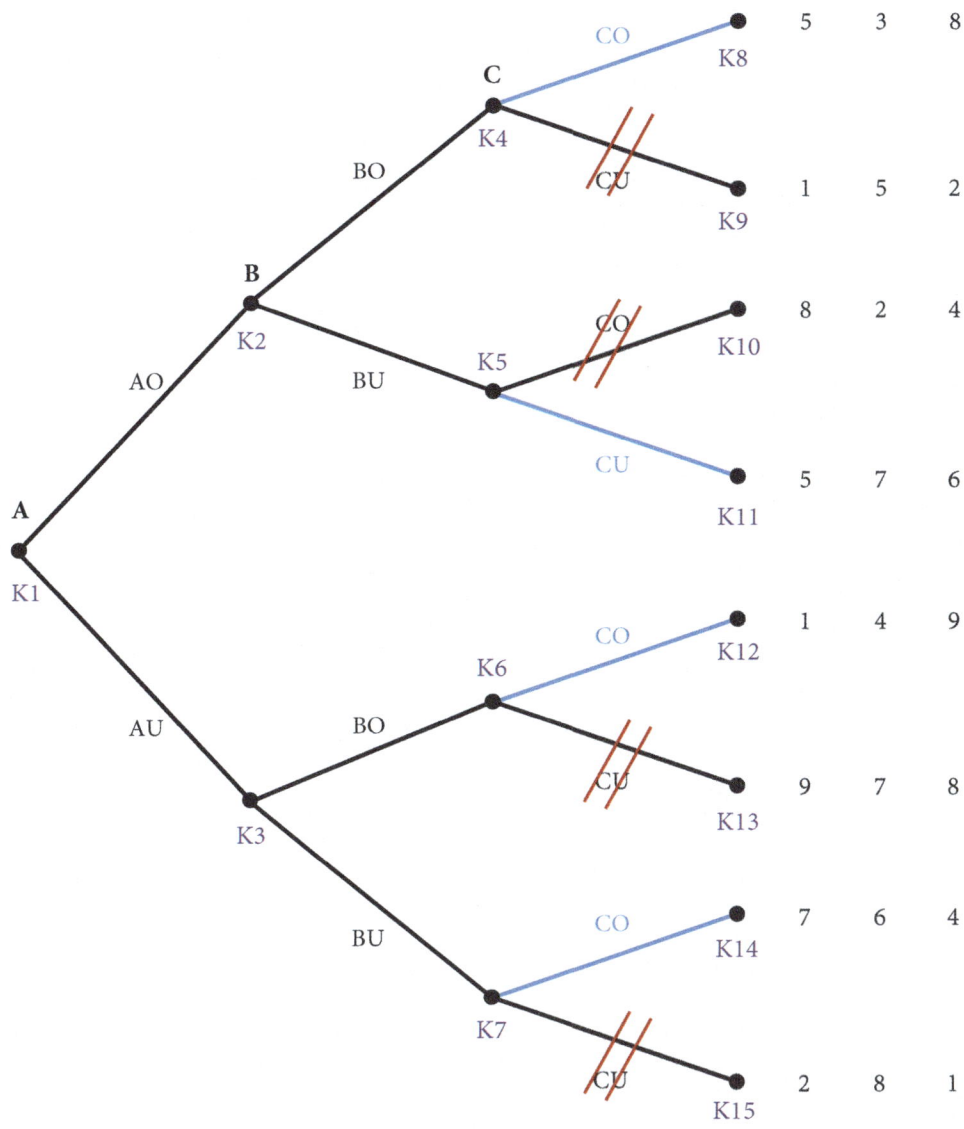

Die teilspielperfekte Strategie des Spielers C lautet also: „*Wenn K4: CO, wenn K5: CU, wenn K6: CO, wenn K7: CO*". Wenn wir nun die Rückwärtsinduktion für die beiden anderen Spieler fortführen, erhalten wir:

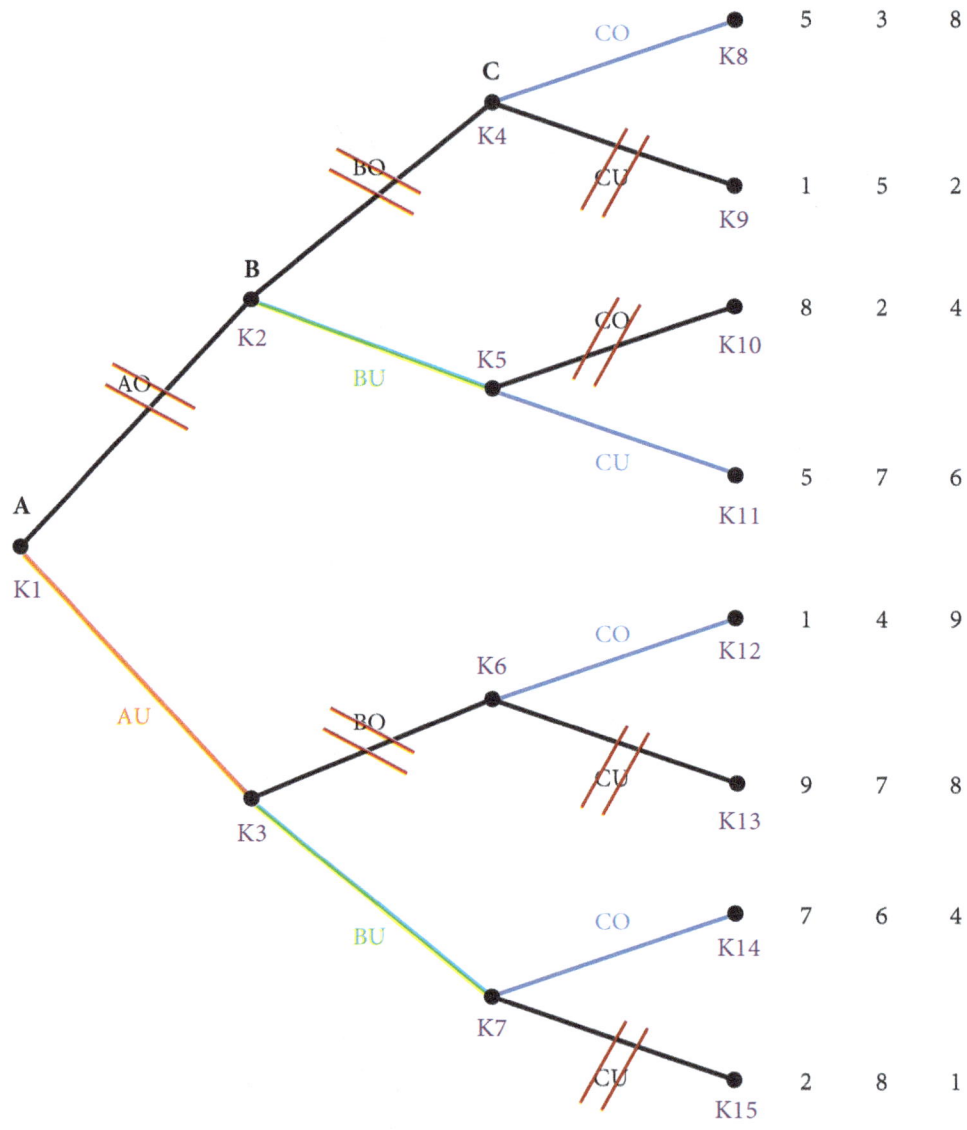

Somit lautet die teilspielperfekte Strategie von Spieler B: „*Wenn K2: BU, wenn K3: BU*"
und die von Spieler A: „*AU*". Mit diesen drei Strategien der Spieler A, B und C haben wir
das teilspielperfekte Gleichgewicht des Spiels bestimmt. Wird dieses Gleichgewicht gespielt, endet das Spiel im Endknoten K14. Wie zu sehen ist, ist dieses Gleichgewicht
allerdings nicht effizient, da jede Strategiekombination, die die Spieler in den Endknoten
K13 führen würde, für alle Spieler gleichzeitig zu höheren Auszahlungen führen würde.
Auch in dynamischen Spielen könnte es also vorteilhaft sein, wenn die Spieler bindende
Verträge über die zu wählenden Strategien schließen könnten!

3.4 Teilspielperfektion und Selbstbindung

Das Supermarktspiel von Aldo und LODL hat drei Gleichgewichte, aber nur eines davon ist teilspielperfekt. LODLs Drohung, einen Preiskampf anzuzetteln, wenn Aldo einen Markt eröffnet, ist also nicht glaubwürdig. Das ist schlecht für LODL, weil er den Markteintritt von Aldo durch seine Drohung nicht verhindern kann. Daher werden wir uns nun mit der Frage beschäftigen, ob Spieler unglaubwürdige Drohungen glaubwürdig machen können. Dies kann nur gelingen, indem die Drohungen teilspielperfekt gemacht werden. Dazu müssen die Spieler etwas tun, was ihre eigenen Auszahlungen verändert oder die möglichen Züge, die sie ausführen können.

Wir wenden uns dieser Frage in Form einer Filmanalyse zu. Die Einleitung dieses Buches begann mit der Kurzbeschreibung des Films „Dr. Seltsam – oder wie ich lernte, die Bombe zu lieben" von Stanley Kubrick. In dem Film schickt ein wahnsinnig gewordener US-Fliegergeneral seine Bomberstaffel zu einem atomaren Angriff gegen Ziele in der damaligen Sowjetunion. Was er nicht wusste war, dass die Sowjetunion eine geheime Superbombe gebaut hatte, genannt „die Weltvernichtungsmaschine", die bei einem Angriff auf das eigene Territorium automatisch explodieren und die ganze Welt radioaktiv verseuchen würde.

Wir wollen hier zunächst der Frage nachgehen, wozu der Bau der Weltvernichtungsmaschine gut sein könnte und ob es eine kluge Idee war, diese Superbombe so zu konstruieren, dass sie bei einem Angriff automatisch explodieren würde, ohne die Möglichkeit, die Explosion dann noch verhindern zu können. Ferner unterstellen wir zunächst, dass nicht ein wahnsinniger General über einen Angriff zu entscheiden hat, sondern dass diese Entscheidung von einem kühl kalkulierenden Generalstab getroffen wird.

Hierzu nehmen wir an, dass der Generalstab damit rechnet, bei einem Angriff gewinnen zu können und dass die Vorteile des Sieges die Nachteile durch eigene Verluste überwiegen. In dieser Situation haben wir eigentlich noch gar kein spieltheoretisches Problem, da nur der Generalstab eine Entscheidung trifft und sich alles andere dann automatisch ergibt. Nehmen wir also an, dass der Generalstab der USA von folgender Situation ausgeht:

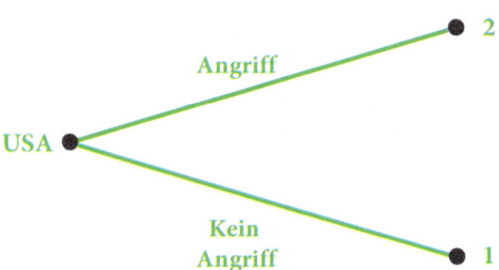

Wie zu sehen ist, wäre in dieser Situation der „Angriff" die beste Entscheidung für die USA.

Sehen wir uns nun an, wie sich die Situation verändern würde, wenn die Sowjetunion eine Weltvernichtungsmaschine gebaut hätte, von der die USA wüssten. Wir nehmen aber an, dass diese Megabombe so konstruiert ist, dass sie bei einem Angriff „von Hand" gezündet werden müsste. Dabei gehen wir davon aus, dass das zünden der Weltvernichtungsmaschine auch aus der Perspektive der Sowjetunion immer die schlechteste Möglichkeit wäre. Die Rückwärtsinduktion zeigt uns dann sofort, dass trotz der Existenz der Bombe der Angriff die beste Entscheidung der USA bleiben würde:

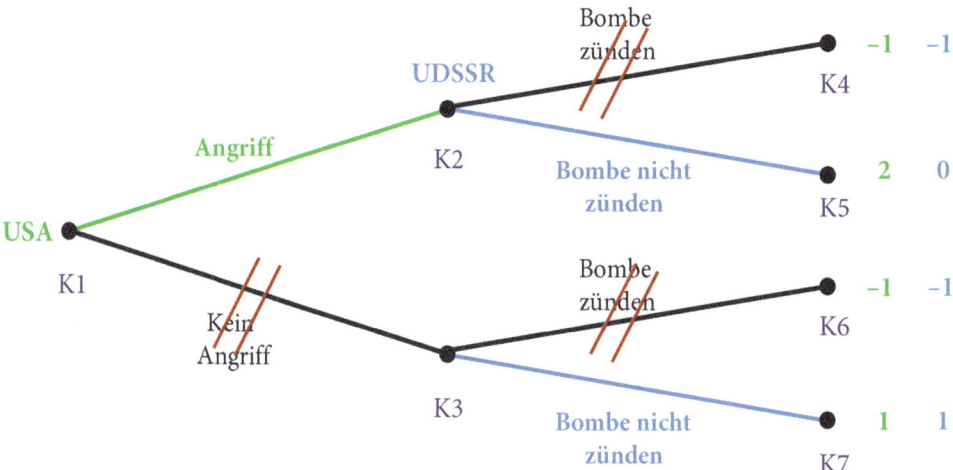

Der Bau der Bombe wäre also sinnlos, wenn diese dann doch noch von einem klar denkenden Menschen gezündet werden müsste. Die Drohung, die Bombe zu zünden, ist schlicht nicht teilspielperfekt, weil kein vernünftiger Mensch eine solche Bombe zünden würde!

In dem Film fragt der US-Präsident den einberufenen Botschafter der UDSSR: „*Ich verstehe eins dabei nicht, Alexej, droht der Premier damit, dieses Weltuntergangsdings loszulassen, wenn wir die Flugzeuge nicht aufhalten können?*" Darauf antwortet der Botschafter: „*Nein, Sir, das würde kein vernünftiger Mensch tun. Die Weltvernichtungsmaschine ist so konstruiert, dass sie automatisch explodiert.*" Genau das muss sie sein, wenn sie als Drohung funktionieren soll.

Wie also sieht das Spiel aus, wenn die Bombe so konstruiert würde, dass sie bei einem Angriff automatisch detoniert, aber eben auch nur dann? In dieser Situation ergäbe sich für den Vergleich der beiden Bombenbauarten der folgende Spielbaum:

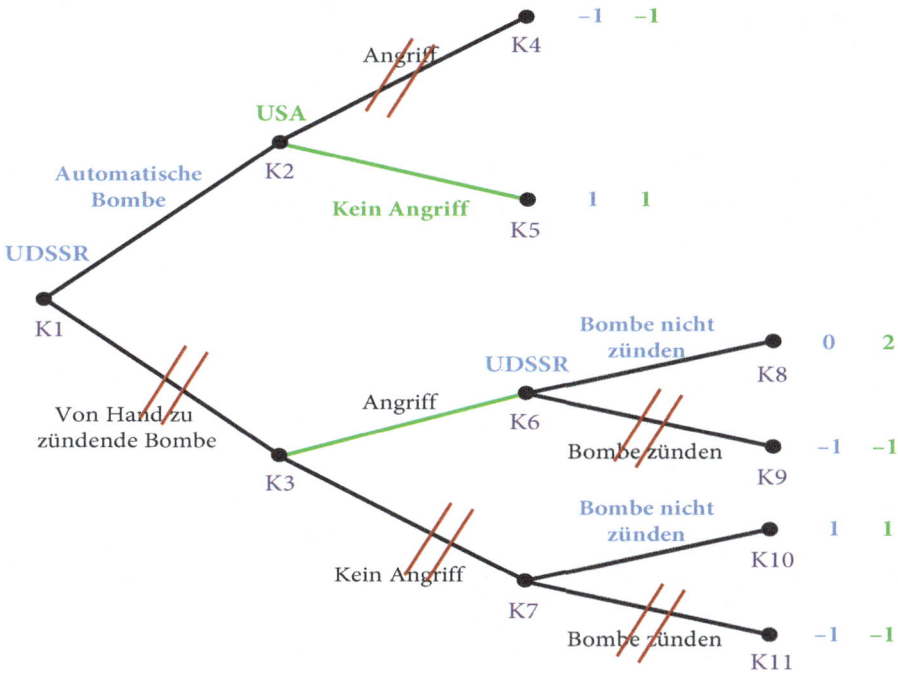

Wie uns die Rückwärtsinduktion zeigt, endet das Spiel im Endkonten K5, wenn die UDSSR eine automatische Bombe baut. Sie erreicht dort eine Auszahlung von 1. Würde sie hingegen zu Beginn des Spiels eine Bombe bauen, die später von Hand gezündet werden müsste, dann würde das Spiel im Endknoten K8 enden und die UDSSR würde nur eine Auszahlung von 0 erreichen. Die Sowjetunion kann den Angriff mittels Weltvernichtungsmaschine also nur abwehren, indem sie sich selbst die Möglichkeit nimmt, die Explosion der Bombe beeinflussen zu können. Indem sie sich selbst handlungsunfähig macht, erreicht sie ihr Ziel!

Nachdem sich im Film abzeichnet, dass nicht mehr alle Bomber rechtzeitig zurückgerufen werden können, fragt der Präsident der USA: *„Aber wie ist es denn möglich, dass bei diesem Apparat eine Auslösung automatisch, eine Entschärfung aber vollkommen unmöglich ist?"* Und nun schlägt die Stunde des Dr. Seltsam, gespielt vom wundervollen Peter Sellers, der zum nahenden Weltuntergang voller spieltheoretischer Begeisterung ausführt: *„Mr. President, es ist nicht allein möglich, wie Sie sagen, sondern es ist wesentlich. Das ist ja gerade der ganze Sinn dieser Maschine."* Kurz danach ergänzt Dr. Seltsam dann noch: *„Gerade wegen des automatischen und unwiderruflichen Entscheidungsvorgangs, der menschlichen Einfluss vollkommen ausschließt, ist die Weltvernichtungsmaschine geradezu erschreckend einfach zu verstehen und völlig glaubhaft und überzeugend."*

Diese Erkenntnisse können wir nun verallgemeinern: Drohungen, die nicht teilspielperfekt sind, sind in einer Welt rational handelnder Akteure sinnlos. Wenn man durch Drohungen (oder das Versprechen von Belohnungen!) das Verhalten anderer Akteure beeinflussen will, dann muss man im Vorfeld etwas unternehmen, was die Drohungen teilspielperfekt macht, wenn sie das nicht bereits vorher waren. Dabei ist aber unbedingt zu berücksichtigen, dass die Drohungen nicht nur glaubwürdig gemacht werden: Der Gegenspieler muss die Drohung und deren Glaubwürdigkeit auch kennen!

In dem Film schnauzt Dr. Seltsam den Botschafter der UDSSR an: *„Exzellenz, der ganze Witz der Weltvernichtungsmaschine ist doch dahin, wenn Sie sie geheim halten. Wieso haben Sie die Welt nicht unterrichtet?"* Darauf der Botschafter: *„Das war vorgesehen für den Parteikongress am Montag. Wie Sie wissen, liebt der Premier Überraschungen."*

Sehen wir uns zum Abschluss dieses Abschnitts das größte Problem der meisten Menschen mit sich selbst an: Das Neujahrsproblem! Viele Menschen nehmen sich für das neue Jahr in der Regel Dinge vor, die sie für sinnvoll halten, die sie aber dann doch nicht schaffen. Sie wollen mehr Sport treiben, weniger trinken, häufiger ihre Mütter anrufen oder mit dem Rauchen aufhören. Sie spielen dabei faktisch gegen sich selbst und verlieren! Woran liegt das? Das liegt daran, dass die Bestrafungen, die sich selbst androhen –falls sie das überhaupt tun-, wenn sie ihre guten Vorsätze nicht in die Tat umsetzen, nicht teilspielperfekt sind. Nehmen Sie an, Sie hätten sich vorgenommen mit dem Rauchen aufzuhören. Um sich selbst dazu zu motivieren, nehmen Sie sich vor, am Ende des Jahres 10.000 € zu verbrennen, wenn Sie auch nur eine Zigarette während des Jahres geraucht haben sollten. Das Problem hierbei ist offensichtlich: Wenn Sie die Zigarette erst geraucht haben, würden Sie sich durch das Verbrennen des Geldes nur noch zusätzlich selbst schädigen. Sich selbst eine Strafe anzudrohen, ist nicht teilspielperfekt und daher nicht glaubwürdig. Das wissen die meisten Menschen offensichtlich, denn sie drohen sich selbst erst gar nicht irgendwelche Strafen an und an ihre guten Vorsätze halten sie sich auch nicht! Der spieltheoretisch korrekte Ausweg besteht darin, eine Drohung gegen sich selbst teilspielperfekt zu machen. Wie wäre es also damit, einen Vertrag mit Greenpeace zu schließen, in dem steht, dass Sie 10.000 € spenden <u>müssen</u>, wenn am Ende des Jahres in Ihrem Haarfollikel noch Nikotin nachweisbar sein sollte? Durch diesen Vertrag mit einer dritten Partei hätten Sie sich selbst die Möglichkeit genommen, nicht zu spenden, falls sie weiterrauchen. Denn wenn Sie weiterrauchen, hat Greenpeace einen Vertrag gegen Sie in der Hand und ein Interesse daran, den Vertrag auch durchzusetzen. Jetzt hätten Sie selbst einen echten Anreiz, mit dem Rauchen aufzuhören. Die Drohung gegen sich selbst, Spenden zu müssen, wäre nun teilspielperfekt!

3.5 Spiele mit imperfekter Information

Dynamische Spiele, in denen zu jedem Zeitpunkt jeweils immer nur genau ein Spieler am Zug ist, und jeder Spieler auch alle vorangehenden Züge aller Spieler genau beobachten konnte, nennen wir Spiele mit „perfekter" Information. Sind hingegen zu einem bestimmten Zeitpunkt mehrere Spieler gleichzeitig am Zug oder können nicht alle Spieler immer genau beobachten, was die anderen bereits getan haben, dann bezeichnen wir solche Spiele als Spiele mit „imperfekter" Information.

Sehen wir uns zunächst den ersten Fall an, bei dem zu einem Zeitpunkt mehrere Spieler gleichzeitig am Zug sind. Bei solchen Spielen müssen wir die Rückwärtsinduktion mit den Lösungsmethoden aus Kapitel 2 kombinieren.

Betrachten wir dazu folgendes abstrakte Spiel. In diesem Spiel ist zunächst Helena am Zug, dann ziehen Uli und Iris gleichzeitig.

Es ergibt sich folgende Darstellung, wobei nun die erste Zahl oben links in jeder Auszahlungsmatrix die Auszahlung für Helena ist.

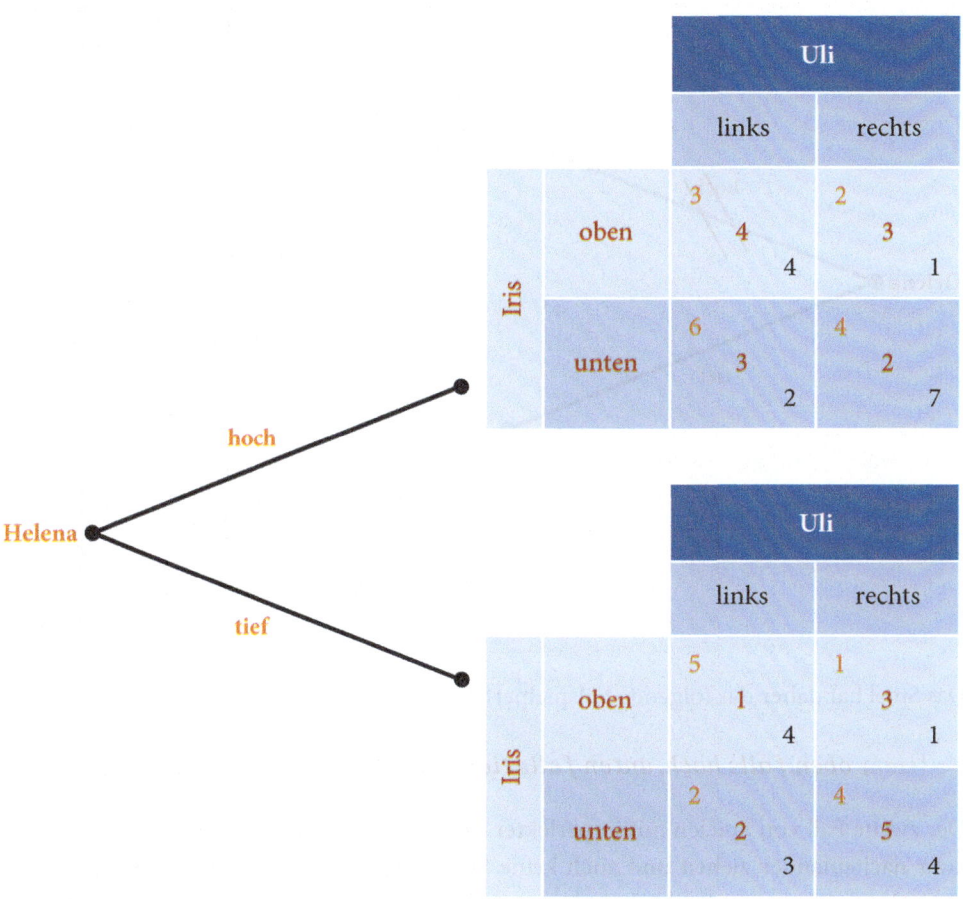

Wir lösen das Spiel wieder mit der Methode der Rückwärtsinduktion. Allerdings sind in der letzten Stufe des Spiels zwei Spieler gleichzeitig dran. Daher suchen wir für Iris und Uli zunächst die optimalen simultanen Entscheidungen. Hierfür ergibt sich, dass die beiden „oben" und „links" spielen sollten, wenn Helena „hoch" gezogen hätte. Helena würde in dieser Situation eine Auszahlung in Höhe von 3 bekommen. Hingegen sollten Iris und Uli „unten" und „rechts" spielen, wenn Helena „tief" gezogen hätte. In diesem Fall erreicht Helena eine Auszahlung von 4. Da 4 besser ist als 3, sollte Helena „hoch" streichen. Er ergibt sich folgende Darstellung:

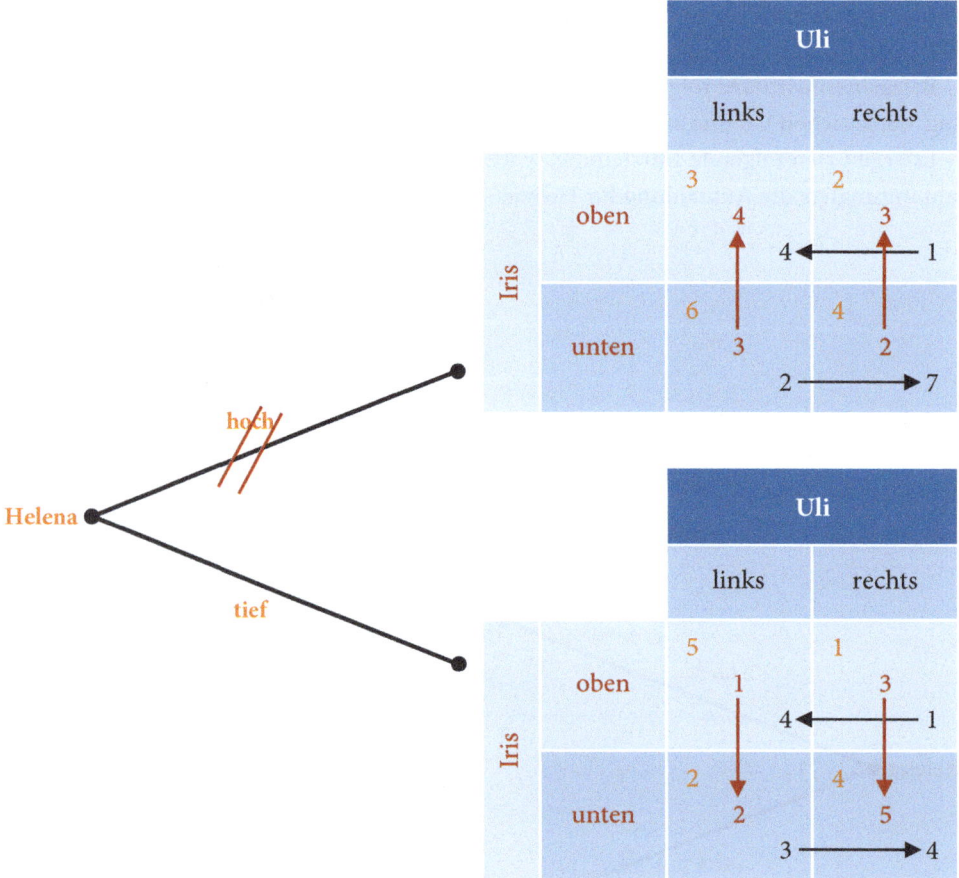

Das Spiel hat daher das folgende teilspielperfekte Gleichgewicht:

$$\{tief;\ oben\ falls\ hoch, unten\ falls\ tief;\ links\ falls\ hoch, rechts\ falls\ tief\}$$

Der zweite Fall von Spielen mit imperfekter Information liegt dann vor, wenn die Spieler zwar nacheinander ziehen und auch keine Spieler gleichzeitig am Zug sind, wenn aber einer der Spieler nicht beobachten konnte, was ein anderer Spieler vorher gemacht hat.

Sehen wir uns dazu ein Spiel an, in dem zunächst Tina zieht. Wenn dann Andreas am Zug ist, weiß er, dass er am Zug ist, er kann aber nicht feststellen, was Tina gezogen hat. Dieses Nichtwissen bringt man in der Spielbaumdarstellung dadurch zum Ausdruck, dass man die Entscheidungsknoten von Andreas mit einer gestrichelten Linie verbindet. Es ergibt sich folgende Darstellung:

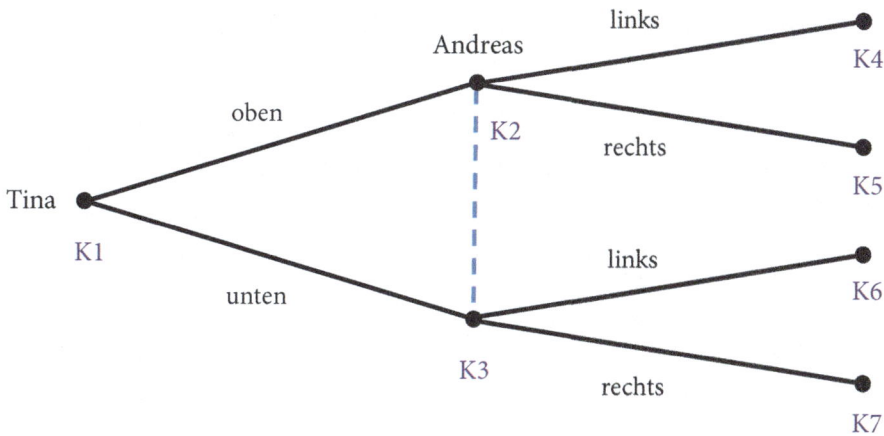

Wir können in diesem Fall keine einfache Rückwärtsinduktion mehr durchführen, weil Andreas evtl. nicht sicher sein kann, ob er „links" oder „rechts" spielen soll. Nehmen wir an, dass das Spiel zu folgenden Auszahlungen führt:

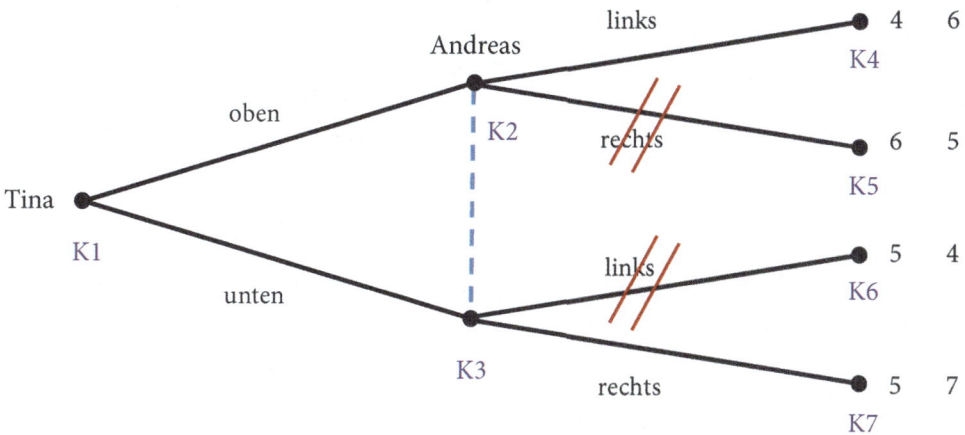

In diesem Spiel würde Andreas offensichtlich „rechts" streichen, wenn er im Knoten K2 wäre und er würde „links" streichen, wenn er im Knoten K3 wäre. Da er aber nicht weiß, in welchem Knoten er ist, weiß er auch nicht, ob er „links" oder „rechts" streichen soll. Daraus folgt für Tina, dass sie nun ihrerseits nicht sagen kann, was sie tun sollte. Denn

wenn sich Andreas für „links" entscheiden sollte, obwohl er nicht weiß, in welchem
Knoten er ist, dann wäre es für Tina besser, „unten" zu spielen. Wenn nämlich Andreas
„links" spielt, endet das Spiel ja im Knoten K4 oder K6. Da von diesen beiden Knoten K6
aber besser für Tina ist, sollte sie „unten" spielen. Ihr Problem ist aber, dass sie ja nicht
wissen kann, ob Andreas „links" oder „rechts" spielen wird. Würde er nun aber „rechts"
spielen, würde Tina im Knoten K5 oder K7 landen, je nachdem, was sie selbst spielt. Da
der Knoten K5 dann aber der bessere für Tina wäre, sollte sie „oben" spielen. Weil Tina
aber nicht weiß, ob Andreas „links" oder „rechts" spielen wird, kann sie nicht sicher
wissen, ob sie selbst „oben" oder „unten" spielen sollte.

Wie können Spieler in solchen Spielen korrekte Entscheidungen treffen? Um diese
Frage zu beantworten, sehen wir uns zunächst zwei Beispiele an, in denen die imperfek-
ten Informationen keine Probleme aufwerfen. Nehmen wir an, dass die Auszahlungen
andere sind, als die, die wir eben in dem Spiel von Tina und Andreas angenommen haben. Wenn wir nur die Auszahlungen von Andreas in den beiden Knoten K6 und K7
vertauschen, dann ergibt sich folgender Spielbaum:

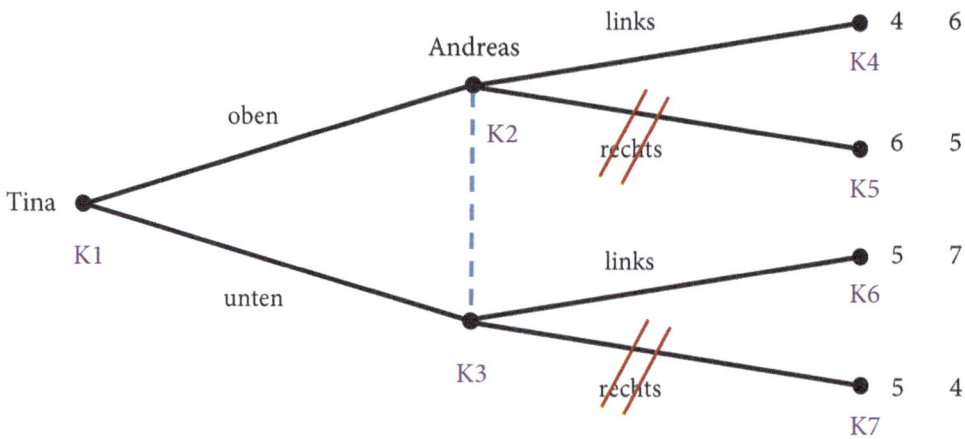

Nun aber stellen wir fest, dass Andreas sowohl im Knoten K2 als auch im Knoten K3
„rechts" streichen würde. Er wird sich also guten Gewissens für „links" entscheiden können, auch wenn er nicht weiß, ob er in K2 oder K3 ist. Das aber weiß auch Tina. Sie kann
sich daher darauf verlassen, dass Andreas „links" spielen wird und es daher für sie besser
ist, „unten" zu spielen.

Auch ist der umgekehrte Fall möglich, dass nämlich Andreas logisch eindeutige
Schlussfolgerungen darüber ziehen kann, in welchem der Knoten K2 oder K3 er sich
befindet. Wenn wir z.B. zu Tinas Auszahlungen in den Endknoten K4 und K5 jeweils
einfach 2 hinzuaddieren würden, dann würde sich folgendes Spiel ergeben:

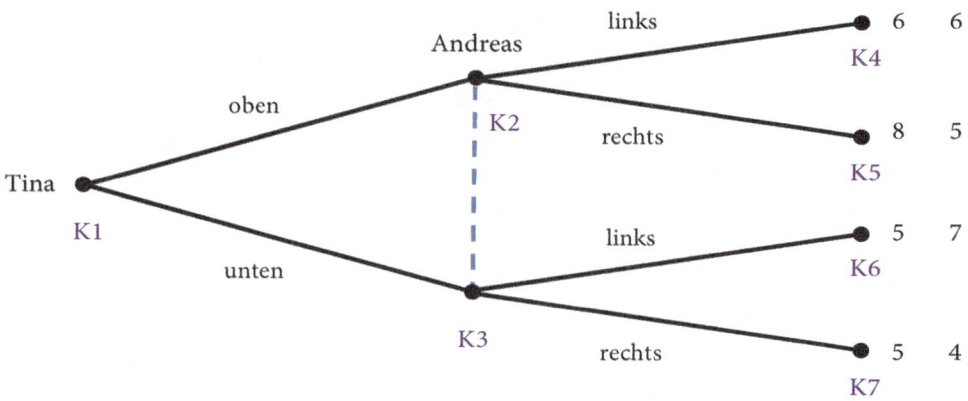

In diesem Fall stellen wir fest, dass Tina in den Endknoten K4 und K5 Auszahlungen von 6 oder 8 erhält, in den Endkonten K6 und K7 aber jeweils nur 5. Wenn sie also „oben" spielt, kommt sie auf jeden Fall in einen besseren Endknoten als wenn sie „unten" spielt. Ihre Strategie „oben" ist dominant. Das weiß auch Andreas. Er kann daraus folgern, dass er im Knoten K2 ist, wenn er am Zug ist. Daher sollte er sich für „links" entscheiden. Auch in diesem Fall kann die Lösung des Spiels eindeutig bestimmt werden, obwohl Andreas nur imperfekte Informationen hat.

In den anderen Fällen, wie z.B. dem Ausgangsspiel, wirft die Lösung jedoch erheblich größere Probleme auf. Allerdings stehen auch dann noch Lösungsmethoden zur Verfügung. Hierfür kann man dann die Methoden verwenden, die man auch zur Lösung von dynamischen Spielen mit unvollständiger Information benutzt. Da wir diesen Spielen später noch ein eigenes Kapitel widmen, werden wir unsere Diskussion von Spielen mit imperfekter Information hier zunächst beenden.

3.6 Wiederholte Spiele

Wir wenden uns nun der Analyse von Situationen zu, in denen dieselben Spieler ein und dasselbe Spiel mehrfach miteinander spielen. Hierfür kommen wir wieder zum Gefangenendilemma aus dem 2. Kapitel zurück:

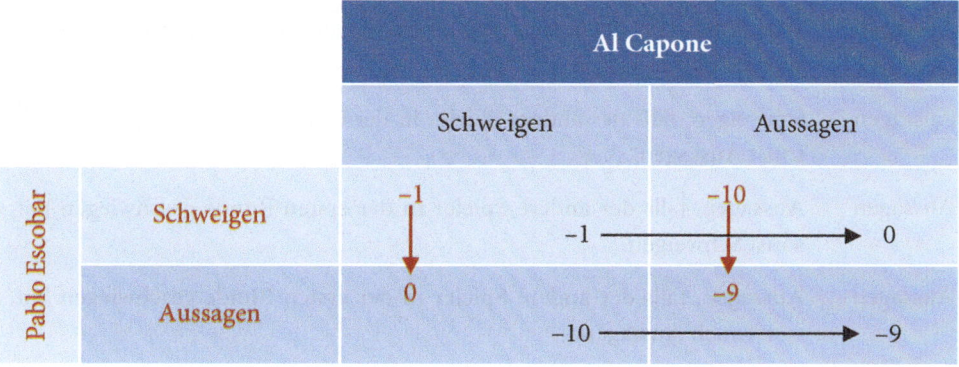

Wird dieses Spiel nur einmal gespielt, dann gibt es lediglich ein Gleichgewicht, nämlich {*Aussagen*; *Aussagen*}, welches aber ineffizient ist. Es stellt sich nun die Frage, ob die beiden Spieler bei Wiederholung des Spieles Gleichgewichtsstrategien haben, mit denen sie sich zumindest in den ersten Runden aus der Dilemmasituation befreien können und {*Schweigen*; *Schweigen*} spielen. Bevor wir dieser Frage nachgehen, müssen wir zunächst einen neuen Begriff einführen. Im Folgenden bezeichnen wir das ursprüngliche Spiel, welches in jeder Runde wiederholt wird, als „Stufenspiel". Wenn wir also ab jetzt einfach nur den Begriff „Spiel" verwenden, dann ist damit das Gesamtspiel über alle Runden gemeint, ist hingegen nur eine Runde gemeint, dann sprechen wir eben vom „Stufenspiel".

Nun müssen wir noch festlegen, wie sich die Auszahlungen des Gesamtspiels aus den jeweiligen Auszahlungen der Stufenspiele ergeben. Hierfür legen wir zunächst einfach fest, dass die Auszahlungen des Gesamtspiels sich einfach jeweils aus der Summe der Auszahlungen der Stufenspiele ergeben.

Mit diesen Festlegungen können wir nun analysieren, ob es für das Spiel Gleichgewichtsstrategien gibt, die die Spieler dazu bringen, etwas zu tun, was sie im Stufenspiel nicht getan hätten.

Wir nehmen an, dass das Gefangenendilemma zweimal gespielt wird. Dann haben Pablo und Al jeweils die folgenden acht Strategien zur Auswahl:

1. Stufe	2. Stufe
Schweigen	Schweigen, falls der andere Spieler in der ersten Runde geschwiegen hat, sonst auch Schweigen.
Schweigen	Schweigen, falls der andere Spieler in der ersten Runde geschwiegen hat, sonst Aussagen.
Schweigen	Aussagen, falls der andere Spieler in der ersten Runde geschwiegen hat, sonst Schweigen.
Schweigen	Aussagen, falls der andere Spieler in der ersten Runde geschwiegen hat, sonst auch Aussagen.
Aussagen	Schweigen, falls der andere Spieler in der ersten Runde geschwiegen hat, sonst auch Schweigen.
Aussagen	Schweigen, falls der andere Spieler in der ersten Runde geschwiegen hat, sonst Aussagen.
Aussagen	Aussagen, falls der andere Spieler in der ersten Runde geschwiegen hat, sonst Schweigen.
Aussagen	Aussagen, falls der andere Spieler in der ersten Runde geschwiegen hat, sonst auch Aussagen.

Da jeder Spieler acht Strategien hat, gibt es also 64 Strategiekombinationen. Mittels Rückwärtsinduktion können wir für jeden Spieler aber bereits 6 seiner jeweils 8 Strategien ausschließen. Nämlich sämtliche Strategien, in der für die zweite Stufe in irgendeiner Bedingung „Schweigen" vorgesehen ist. Denn egal, was in der ersten Stufe passiert ist, in der zweiten Stufe ist und bleibt „Aussagen" die dominante Strategie des Stufenspiels. Daher können wir alle Strategien streichen, die für die zweite Runde in irgendeiner Bedingung „Schweigen" vorsehen. Es verbleiben daher pro Spieler nur noch die folgenden beiden Strategien, die weiter betrachtet werden müssen:

1. Stufe	2. Stufe
Schweigen	Aussagen, falls der andere Spieler in der ersten Runde geschwiegen hat, sonst auch Aussagen.
Aussagen	Aussagen, falls der andere Spieler in der ersten Runde geschwiegen hat, sonst auch Aussagen.

Wenn die Spieler nun aber wissen, dass sie beide in der zweiten Stufe aussagen werden, dann wissen sie auch, dass sie in der zweiten Runde jeder eine Auszahlung von –9 bekommen. Dieses Wissen können sie benutzen, um die Auszahlungen des Gesamtspiels bereits in der ersten Stufe zu bestimmen. Dazu müssen sie zu den Auszahlungen der ersten Stufe in jeder Strategiekombination des Stufenspiels nur die Auszahlung –9 addieren, die sie mit Sicherheit in der zweiten Stufe bekommen. Es ergibt sich:

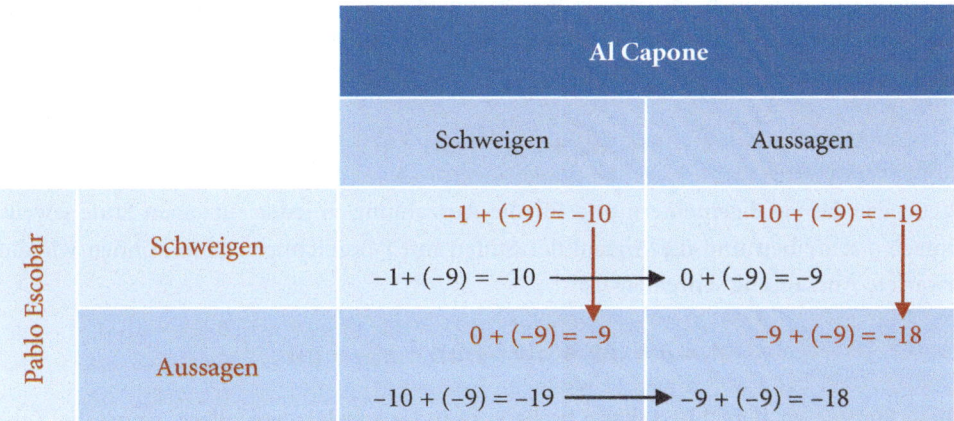

Wir nun zu sehen ist, bleibt „Aussagen" in der ersten Stufe auch unter Berücksichtigung der zweiten Stufe dominant. Das einzige teilspielperfekte Gleichgewicht des Spiels lautet daher {*Immer aussagen*; *Immer aussagen*}.

Diese Beobachtung lässt sich zunächst zeitlich verallgemeinern. Egal wie oft das Spiel wiederholt wird: Die Spieler werden in jeder Stufe aussagen. Die Logik ist dabei auch immer die gleiche wie bei der obigen Beschränkung auf zwei Stufen. Denn in der letzten Runde werden sie immer aussagen, egal wann diese Runde ist. Das wissen sie bereits in der vorletzten Runde. Daher werden sie auch in der vorletzten Runde aussagen. Das wiederum wissen sie bereits in der vorvorletzten Runde …

Durch simple Wiederholung kann man dem Gefangenendilemma also nicht entkommen! Allerdings gibt es hierbei eine Einschränkung. Was wäre, wenn die beiden nicht wüssten, wann die letzte Runde ist? Nehmen wir an, dass nach jeder Runde bekannt ist, dass das Spiel mit einer bestimmten Wahrscheinlichkeit W wiederholt wird und dass diese Wahrscheinlichkeit konstant ist. Nehmen wir z.B. an, dass W 70% beträgt, dann bedeutet dass, dass nach jeder Stufe eine 70%-ige Chance besteht, dass sich die beiden in dem gleichen Spiel erneut gegenüberstehen werden. Dabei ist zu beachten, dass diese Wahrscheinlichkeit selbst nicht von den Spielern beeinflusst werden kann, es geht uns hier also nicht um die Analyse gemischter Strategien. Für unser Gefangendilemma können wir uns diese Wahrscheinlichkeit also z.B. als Wahrscheinlichkeit dafür vorstellen, dass beide wieder erwischt werden, nachdem sie aus dem Gefängnis freigekommen sind.

In diesem Fall ist die Summe der Auszahlungen aller Stufen zufallsabhängig. Die Spieler können also nur mit einem Erwartungswert rechnen. Wie groß aber ist der Erwartungswert der Auszahlungen bei einem Spiel, dass mit einer bestimmten Wahrscheinlichkeit wieder und wieder wiederholt wird? Dazu sehen wir uns zunächst die Berechnung der erwarteten Auszahlung für den Fall an, dass das Spiel maximal 20 Stufen haben kann. Nehmen wir an, dass ein Spieler in jeder Stufe eine Auszahlung in Höhe von 5 bekommt. Die erste Auszahlung für die erste Stufe bekommt er mit Sicherheit, jede weitere dann nur noch mit der Wahrscheinlichkeit dafür, dass die betreffende Stufe überhaupt noch erreicht wird. In diesem Fall lässt sich A (=erwartete Auszahlung) wie folgt berechnen:

$$A = 5 + 5W + 5W^2 + 5W^3 + \cdots + 5W^{19}$$

Wenn wir das verallgemeinern und für die Auszahlung in jeder einzelnen Stufe jeweils einfach a schreiben und die Anzahl der Stufen mit T bezeichnen, dann können wir die erwartete Auszahlung schreiben als:

$$A = a + aW + aW^2 + aW^3 + \cdots + aW^{T-1}$$

Diese Summe zu berechnen, kann recht aufwändig werden, vor allem, wenn die Zahl möglicher Stufen sehr groß wird. Die Summe kann allerdings durch eine Formel ausgedrückt werden, die wir hier kurz herleiten wollen. Wenn wir die komplette Gleichung mit W multiplizieren, erhalten wir:

$$AW = (a + aW + aW^2 + aW^3 + \cdots + aW^{T-1})W$$

Nach dem Ausmultiplizieren der rechten Seite erhalten wir:

$$AW = aW + aW^2 + aW^3 + \cdots + aW^{T-1} + aW^T$$

Nun ziehen wir von der ursprünglichen Gleichung für A diese Gleichung für AW ab:

$$A = a + aW + aW^2 + aW^3 + \cdots + aW^{T-1}$$
$$- (AW = \quad\quad aW + aW^2 + aW^3 + \cdots + aW^{T-1} + aW^T)$$

Wie nun leicht zu sehen ist, fallen auf der rechten Seite alle Terme bis auf den ersten der ersten Gleichung und den letzten der zweiten Gleichung weg. Wir erhalten durch diese Subtraktion also:

$$A - AW = a - aW^T$$

Auf der linken Seite klammern wir nun A und auf der rechten Seite a aus und erhalten:

$$A \cdot (1 - W) = a \cdot (1 - W^T)$$

Nun teilen wir die Gleichung durch $(1 - W)$ und erhalten schließlich:

$$A = a \cdot \frac{1 - W^T}{1 - W}$$

Wenn also die Auszahlung pro Stufe $a = 5$ beträgt, es maximal $T = 20$ Stufen gibt und die Wahrscheinlichkeit dafür, das jeweils noch eine Stufe gespielt wird, $W = 0{,}7$ beträgt, dann beträgt die erwartete Auszahlung also:

$$A = 5 * \frac{1 - 0{,}7^{20}}{1 - 0{,}7} = 16{,}65$$

Wenn es nun nicht absolut sicher ist, dass das Spiel nach dem Ende einer Stufe erneut wiederholt wird, dann ist W also kleiner als 1. Für diesen Fall kann nun über die Formel sogar berechnet werden, wie hoch die erwartete Auszahlung ist, wenn es gar kein vorgegebenes Ende des Spiels gibt, T also unendlich groß wäre. Für unendlich großes T und $W < 1$ gilt dann nämlich:

$$W^T = 0$$

In diesem Fall können wir für die erwartete Auszahlung dann schreiben

$$A = \frac{a}{1 - W}$$

Bei einer Auszahlung von $a = 5$ und einer Wahrscheinlichkeit von $W = 0,7$ ergibt sich bei unbegrenztem Zeithorizont also:

$$A = \frac{5}{1 - 0,7} = 16,67$$

Nun kommen wir wieder zurück zu unserem wiederholten Gefangenendilemma, dieses Mal aber mit unbekanntem Zeithorizont. Dabei stellt sich nun ein offensichtliches Problem: Wir können keine Rückwärtsinduktion mehr durchführen, weil die Rückwärtsinduktion per Definition am Ende des Spiels beginnen muss. Da das Ende aber nicht bekannt ist, funktioniert das Verfahren nicht mehr. Wie wir sehen werden, kann aber ausgerechnet das den beiden Kriminellen helfen, aus ihrem Dilemma zu entkommen.

Den Nachweis führen wir über eine Art von Strategien, die für die Analyse zeitlich unbegrenzter Spiele eine enorme Bedeutung haben. Dies sind die sogenannten Triggerstrategien (trigger engl. = Abzug einer Waffe). Die Triggerstrategien bestehen aus zwei Teilen, nämlich der Anweisung, sich zunächst kooperativ zu verhalten, also nicht auszusagen. Dabei bleibt man dann solange, bis sich der andere Spieler einmal unkooperativ verhalten, also ausgesagt hat. Wenn er das getan hat, sieht die Triggerstrategie vor, in jeder weiteren Stufe, die noch kommen mag, immer auszusagen und nie wieder zu kooperativem Verhalten zurückzukehren. Im Gefangenendilemma lautet die Triggerstrategie also:

> *„Beginne mit Schweigen und schweige solange weiter, bis der andere einmal ausgesagt hat, danach sage immer aus"*

Sehen wir uns zunächst an, zu welchen erwarteten Auszahlungen Pablo und Al kommen würden, wenn sie mit den Triggerstrategien spielen würden. Wir nehmen dazu an, dass die Wahrscheinlichkeit dafür, dass sie sich erneut in dem Spiel wiedertreffen werden, jeweils $W = 0,7$ beträgt. Wie wird das Spiel verlaufen, wenn sie beide mit der Triggerstrategie spielen? Dann werden Sie offensichtlich niemals aussagen. Denn die Triggerstrategie sieht ja vor, dass man nur dann damit anfängt, auszusagen, wenn der andere ausgesagt hat, der tut das aber nicht, weil er ja auch mit einer Triggerstrategie spielt. Es werden also beide nicht aussagen. Sie bekommen dann also Auszahlungen von $a = -1$ in jeder Stufe, in der sie sich begegnen. Die erwartete Auszahlung beträgt dann:

$$A = \frac{-1}{1 - 0,7} = -3,33$$

Würden die beiden hingegen andere Strategien spielen, die dazu führen würden, dass sie in jeder Stufe aussagen würden, würden sie pro Stufe Auszahlungen von –9 bekommen, was zu einer erwarteten Auszahlung in Höhe von –30 führen würde, was ja wesentlich schlechter wäre. Fraglich ist aber, ob die Triggerstrategien tatsächlich auch beste Antworten aufeinander sind, diese Strategien also ein Gleichgewicht bilden. Dazu müssen wir individuell prüfen, ob es sich für einen der beiden lohnen könnte, von seiner Triggerstrategie abzuweichen.

Prüfen wir das für Pablo. Wenn Pablo seine Triggerstrategie aufgibt, und er zu einem bestimmten Zeitpunkt doch aussagen will, ohne dass Al bereits ausgesagt hätte, welche Konsequenzen hätte das für ihn? Da Al eine Triggerstrategie spielt, würde er in Zukunft immer aussagen. Das Beste, was Pablo in dieser Situation tun kann, ist dann, ebenfalls immer auszusagen. Wenn also Pablo einmal aussagen will, um sofort aus dem Gefängnis frei zu kommen, dann weiß er, dass er in jeder weiteren Stufe immer aussagen muss. Nehmen wir also nun an, Pablo würde in der ersten Stufe aussagen. Dann bekäme er dafür eine Auszahlung in Höhe von Null. In allen weiteren Runden bekäme er eine Auszahlung von −9. Insgesamt beträgt seine erwartete Auszahlung, die wir hier zur Unterscheidung mit B bezeichnen, daher:

$$B = 0 + \frac{-9}{1 - 0{,}7} - (-9) = -21$$

Der Term

$$\frac{-9}{1 - 0{,}7} = -30$$

misst ja die erwartete Auszahlung des Gesamtspiels, wenn man sofort −9 bekommt und in allen weiteren Runden mit der gegebenen Wahrscheinlichkeit weiter −9 pro Runde erhält. Da Pablo aber in der ersten Runde eine Auszahlung von Null erhält, müssen wir die erste −9 wieder abziehen und dafür die Auszahlung in Höhe von Null addieren.

Wie wir nun aber oben gesehen haben, würde Pablo mit seiner Triggerstrategie gegen die Triggerstrategie von Al eine erwartete Auszahlung in Höhe von −3,33 erreichen. Mit seiner neuen Strategie kommt er nun aber auf −21, was deutlich schlechter ist. Wenn wir ihn also fragen würden, ob er seine Triggerstrategie nachträglich ändern wollen würde, dann würde er somit „nein" sagen. Das gleiche gilt für Al, also bilden die Triggerstrategien tatsächlich ein Gleichgewicht. Und dieses ist sogar noch teilspielperfekt! Wir werden das weiter unten noch beweisen.

Jetzt wollen wir aber zunächst die Frage stellen, ob in derartigen Dilemmaspielen Triggerstrategien immer ein Gleichgewicht bilden. Die Antwort lautet: Nein! Ob Triggerstrategien ein Gleichgewicht bilden oder nicht, hängt nämlich davon ab, wie hoch die Wahrscheinlichkeit ist, dass sich die Spieler wiedertreffen. Wenn wir diese Wahrscheinlichkeit als Variable betrachten und die erwarteten Auszahlungen A und B miteinander vergleichen, dann bilden die Triggerstrategien nur dann ein Gleichgewicht, falls $A \geq B$, wenn also gilt:

$$\frac{-1}{1 - W} \geq 0 + \frac{-9}{1 - W} - (-9)$$

Dies gilt nur für $W \geq 1/9$. Das ist auch inhaltlich verständlich. Wenn die Wahrscheinlichkeit dafür, nochmals aufeinander zu treffen, sehr niedrig ist, dann fürchten sich die Spieler nicht mehr genug vor der Drohung, dass der andere in der Zukunft den Trigger betätigt, weil er dazu vermutlich gar nicht kommen wird.

In unserem Spiel hatten wir oben ja eine deutlich höhere Wahrscheinlichkeit angenommen, daher bildeten die Triggerstrategien ein Gleichgewicht. Wir hatten oben allerdings nur den Fall untersucht, dass Pablo bereits in der ersten Stufe aussagt. Hierfür hatten wir gesehen, dass sich das nicht lohnt. Könnte es sich aber z.B. in der vierten Stufe oder einer beliebigen anderen Stufe lohnen? Die Antwort ist „nein". Wenn Pablo nämlich in der vierten Stufe angekommen sein sollte, dann sieht er beim Blick in die Zukunft genau das gleiche Spiel mit den gleichen Wahrscheinlichkeiten vor sich, welches er bereits bei Spielbeginn vor sich gesehen hat. Das Spiel in Stufe 1 ist mit dem Spiel in Stufe 4 identisch. Wenn es sich daher in Stufe vier lohnen würde, auszusagen, dann muss es sich bereits in der ersten Stufe lohnen. Das tut es aber nicht. Mithin lohnt sich das Aussagen nie. Damit ist auch gezeigt, dass das Gleichgewicht der Triggerstrategien teilspielperfekt ist. Das absichtliche eigene Abweichen vom Schweigen lohnt sich nie und die Triggerstrategien sehen dieses Abweichen auch an keiner Stelle vor. Damit ergibt sich also: Entweder bilden die Triggerstrategien gar kein Gleichgewicht, wenn nämlich W zu niedrig ist, oder sie bilden ein teilspielperfektes Gleichgewicht.

Diese Erkenntnisse sind sogar verallgemeinerbar: Jedes Spiel vom Typ des wiederholten Gefangenendilemmas mit unbekanntem Endzeitpunkt besitzt ein teilspielperfektes Gleichgewicht, in welchem jeder Spieler im Durchschnitt pro Stufe höhere Auszahlungen realisiert, als er im Gleichgewicht des Stufenspiels bekäme. In unserem Spiel oben waren das durchschnittliche Auszahlungen von –1 pro Stufe statt –9 im Gleichgewicht des Stufenspiels. Voraussetzung ist allerdings, dass die Wahrscheinlichkeit W nicht zu klein sein darf.

Für diese allgemeine Erkenntnis der generellen Existenz eines solchen Gleichgewichts gibt es mehrere Varianten mathematischer Beweise. Diese Beweise tragen dann jeweils den Namen XY-Theorem. Am bekanntesten ist diese generelle Existenzaussage eines solchen Gleichgewichts unter dem Namen „Folk-Theorem".

Wir werden uns nun noch knapp ansehen, dass wir mit den Methoden, die wir hier entwickelt haben, auch unendliche Spiele analysieren können, bei denen feststeht, dass sich dieselben Spieler immer wieder begegnen und das mit Sicherheit. Nun erscheinen Spiele mit unendlichen Wiederholungen nicht sonderlich plausibel, schon allein weil Menschen sterben und damit eine unendliche Wiederholung ausgeschlossen ist. Für Unternehmen sieht das aber schon anders aus. Sie könnten prinzipiell unendlich weitergeführt werden und dann in ihren angestammten Märkten auch immer wieder auf die gleichen Konkurrenten treffen. Das analytische Problem besteht nun allerdings darin, dass wir bei unendlicher Wiederholung eines Stufenspiels nicht mehr einfach die Summe der Auszahlungen der einzelnen Stufen nehmen können, weil diese Summe bei positiven Auszahlungen pro Stufe unendlich groß würde. Dieses Problem lässt sich allerdings dadurch umgehen, dass wir Zinseffekte berücksichtigen. Wenn man das tut, dann würde man annehmen, dass 50 Euro in einem Jahr weniger wert sind als 50 Euro, die man sofort zur Verfügung hätte.

Nehmen wir dazu an, dass ein Spieler nach Ablauf von genau einem Jahr einen Geldbetrag von 50 Euro ausgeben will. Nun stellen wir diesen Spieler vor eine Wahl: Wir fragen ihn, ob wir ihm die 50 Euro in einem Jahr geben sollen oder einen Geldbetrag in Höhe von x sofort. Bei welchem Geldbetrag x wird er antworten, dass es ihm egal ist, ob wir ihm x sofort oder 50 Euro in einem Jahr geben? Zur Beantwortung dieser Frage nehmen wir an, dass der Spieler Geld zu einem Zinssatz von $i = 10\%$ pro Jahr anlegen kann. Wenn wir ihm heute einen Betrag von x geben und er diesen Geldbetrag zu 10% Zinsen für ein Jahr anlegen kann, dann hat er nach Ablauf des Jahres einen Gelbetrag von $x \cdot (1 + i) = x \cdot (1 + 0{,}1)$. Damit es ihm egal ist, ob wir ihm x sofort oder 50 Euro in einem Jahr geben, müsste also gelten:

$$x(1 + i) = x(1 + 0{,}1) = 50$$

Es ergibt sich als Lösung x = 45,45 Euro. Diesen heutigen Wert eines zukünftigen Geldbetrages bezeichnet man als „Barwert". 45,45 sind also der Barwert eines Geldbetrages von 50 Euro in einem Jahr, wenn man von einer Verzinsung in Höhe von 10% ausgeht. Wenn wir den Geldbetrag der Zukunft mit y bezeichnen, dann besteht zwischen y und seinem Barwert x allgemein der folgende Zusammenhang:

$$x(1 + i) = y$$

Wir können das auch direkt nach dem Barwert x auflösen und erhalten:

$$x = \frac{1}{1 + i} y$$

Wenn man den Barwert mit $(1 + i)$ multipliziert, so nennt man diesen Vorgang „aufzinsen", wenn man hingegen den zukünftigen Wert y mit dem Kehrwert, also mit $1/(1 + i)$ multipliziert, dann nennt man das „abzinsen" oder auch „diskontieren". Definiert man

$$D = \frac{1}{1 + i}$$

dann nennt man D den „Diskontierungsfaktor". Mit dem Diskontierungsfaktor lässt sich auch sehr einfach angeben, wie hoch der Barwert eines späteren Geldbetrages y ist, wenn dieser Geldbetrag nicht in einem Jahr, sondern erst in T Jahren zur Verfügung steht. In diesem Fall ergibt sich der Barwert als:

$$x = D^T y$$

Wenn ein Spieler nun also eine Auszahlung in Höhe von a insgesamt $T = 20$ mal bekommt, wobei er die erste Zahlung sofort und die letzte am Ende von Jahr 19 bekommt, so ist der Barwert A seiner gesamten Auszahlung:

$$A = a + aD + aD^2 + aD^3 + \cdots + aD^{19}$$

Wie wir sehen, führen diese Überlegungen zu den gleichen mathematischen Darstellungen, die wir bereits oben bei der Arbeit mit Wahrscheinlichkeiten in wiederholten Spielen genutzt hatten. Der Barwert einer unendlichen Reihe von Auszahlungen in Höhe von a pro Periode beträgt also:

$$A = \frac{a}{1 - D}$$

Sämtliche Überlegungen zu Triggerstrategien und Gleichgewichten sind identisch zu den obigen Überlegungen und müssen daher nicht wiederholt werden.

Stattdessen sehen wir nochmals das Cournot-Duopol unserer Silberproduzenten aus dem zweiten Kapitel an. Dort hatten wir herausgefunden, dass die Unternehmen im Gleichgewicht jeweils Mengen von 330 Einheiten produzieren und damit Gewinne in Höhe von jeweils $G = 108.900$ € erwirtschaften. Wir hatten allerdings auch gesehen, dass sie bei Begrenzung ihrer Produktionsmengen auf 250 Einheiten pro Unternehmen höhere Gewinne erwirtschaften könnten, nämlich Gewinne in Höhe von jeweils $G = 122.500$ €. Das Problem dieser Abmachung war aber, dass es im Stufenspiel massive Anreize gibt, die Abmachung zu brechen. Wir hatten dort herausgefunden, dass es am besten wäre, 370 Mengeneinheiten zu produzieren, wenn der andere sich an die Abmachung hält und 250 Mengeneinheiten produziert. Damit könnte das abweichende Unternehmen einen Gewinn von $G = 136.900$ € erwirtschaften. Daher hatten wir argumentiert, dass die Abmachung wohl nicht stabil sein würde.

Was passiert aber, wenn sich die beiden Unternehmen Jahr für Jahr auf dem Markt gegenüberstehen? Könnten die Produktionsmengen von 250 pro Unternehmen pro Jahr als Gleichgewicht herauskommen?

Nehmen wir an, die Unternehmen spielen beide die folgende Triggerstrategie:

„Produziere in jedem Jahr 250 Mengeneinheiten. Erhöhe die Produktionsmenge dann für immer auf 330 Mengeneinheiten, wenn das andere Unternehmen im Vorjahr mehr als 250 Mengeneinheiten produziert hat."

Wenn beide Unternehmen das tun, erwirtschaften sie jedes Jahr Gewinne in Höhe von $a = 122.500$ € bis in alle Ewigkeit. Nehmen wir an, dass der Zinssatz wieder 10% beträgt, dann ergibt sich für den Diskontierungsfaktor D ein Wert von 0,909. Der Barwert A der gesamten Auszahlung ist dann:

$$A = \frac{122.500€}{1 - 0{,}909} = 1.347.500€$$

Wenn eines der Unternehmen von der Triggerstrategie sofort abweicht, dann erzielt es sofort einen Gewinn von 136.900 € und danach bis in alle Ewigkeit Gewinne in Höhe von 108.900 €, außer eben im ersten Jahr. Es ergibt sich eine gesamte Auszahlung in Höhe von:

$$B = 136.900 € + \frac{108.900 €}{1 - 0{,}909} - 108.900€ = 1.225.900€$$

Da A größer ist als B, bilden die Triggerstrategien ein teilspielperfektes Gleichgewicht dieses Duopolspiels.

Die Implikation dieses Ergebnisses ist nun, dass auch ohne bindende Verträge wettbewerbsbeschränkende Absprachen von Unternehmen stabil sein können. Was das Problem für die Wettbewerbshüter noch zusätzlich verschärft ist die Tatsache, dass die Unternehmen gar keine Absprache treffen müssen. Es reicht schon, dass sie sich die gleichen Gedanken machen, die wir uns hier gemacht haben. Sie werden sich dann einfach an ihre eigenen Analysen halten und damit faktisch ihr Verhalten doch aufeinander abstimmen. Im bereits zitierten Artikel 1 des Gesetzes gegen Wettbewerbsbeschränkungen heißt es zwar:

Vereinbarungen zwischen Unternehmen, Beschlüsse von Unternehmensvereinigungen und aufeinander abgestimmte Verhaltensweisen, die eine Verhinderung, Einschränkung oder Verfälschung des Wettbewerbs bezwecken oder bewirken, sind verboten.

Es sind also bereits die abgestimmten Verhaltensweisen verboten. Dies wirft aber sehr viel größere Nachweisprobleme auf, als wenn man bei einer Durchsuchung der Firmenzentralen schriftliche Abmachungen der Unternehmen finden würde.

Bleibt auch hier noch anzumerken, dass die Triggerstrategien nur dann ein teilspielperfektes Gleichgewicht bilden, wenn die Unternehmen nicht zu stark diskontieren, wenn also der Diskontierungsfaktor D nicht zu klein wird.

3.7 Rohe Gewalt gegen plausible Heuristik

Bis zu diesem Punkt haben wir alle Spiele dadurch gelöst, dass wir jeweils den kompletten Spielbaum aufgestellt oder doch zumindest gedanklich durchdrungen haben. Im Anschluss haben wir uns mit der Methode der Rückwärtsinduktion durch den Spielbaum hindurchgearbeitet, um nach Möglichkeit ein teilspielperfektes Gleichgewicht zu bestimmen. Dies ist uns bisher stets gelungen, weil die Spielbäume noch nicht sehr komplex waren. Wir hatten es bisher mit wenigen Spielern zu tun, die in jeder Situation auch nur wenige mögliche Züge zur Verfügung hatten oder deren Auszahlungen wir als allgemeine Formeln darstellen konnten. Was soll man aber tun, wenn die Spiele komplexer werden und sich Gleichgewichte nicht oder nur unter unverhältnismäßigem Aufwand bestimmen lassen?

Sehen wir uns dazu ein simples Kneipenspiel an. Bei dem Spiel werden 25 Münzen auf den Tresen gelegt:

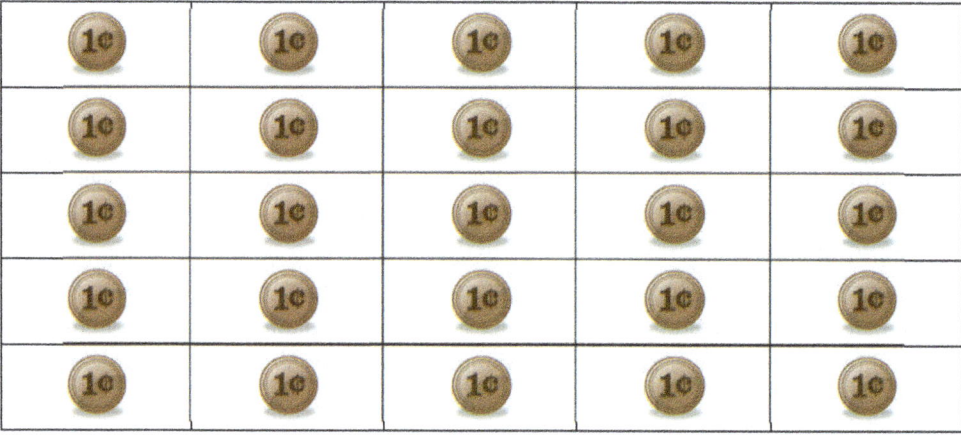

Stefan und Julian spielen nun darum, wer die letzte Münze bekommt. Wer das schafft, ist Sieger des Spiels und bekommt von dem anderen Spieler ein Getränk spendiert. Dabei sehen die Regeln vor, dass jeder Spieler, wenn er am Zug ist, mindestens eine Münze nehmen muss und höchstens vier Münzen nehmen darf. Welche Strategien sollten die Spieler wählen? Da jeder Spieler in jedem Zug mindestens eine Münze nehmen muss, wissen wir zumindest schon einmal, dass das Spiel spätestens nach 25 Zügen beendet wäre. Das wäre aber bereits ein Spielbaum, den man nicht mehr wirklich aufmalen wollen würde. Tatsächlich kann dieses Spiel aber allein durch logische Analyse gelöst werden. Es zeigt sich, dass dieses Spiel eine enorme Anzahl von Gleichgewichten hat. In jedem dieser Gleichgewichte verliert aber der Spieler, der anfängt. Nehmen wir z.B. an, dass Stefan beginnt und zwei Münzen nimmt:

Stefan:

Nun steht Julian vor der folgenden Situation:

Wenn Julian nun drei Münzen nimmt, dann ist die erste „Spalte" an Münzen weg und die Spieler beginnen in der nächsten Spalte. Und dabei hat nun Julian eine simple Gewinnregel: Wenn er, was auch immer Stefan tut, so viele Münzen nimmt, dass beide Spieler zusammen pro Runde 5 Münzen nehmen, dann wird Julian das Spiel gewinnen. Denn in diesem Fall wird in jeder Runde eine Spalte an Münzen weggenommen. In der letzten Runde liegt dann also noch eine Spalte an Münzen, also 5 Stück da. Und egal, wie viele Stefan davon nimmt, Julian nimmt die verbleibende(n) Münze(n) und gewinnt. Die Gleichgewichte des Spiels lauten daher:

Strategie Stefan: *Jede beliebige Strategie*

Strategie Julian: *Nimm in jeder Runde so viele Münzen, dass die Zahl Deiner Münzen zusammen mit der von Stefan genommenen Anzahl an Münzen 5 ergibt.*

Da Stefan sehr viele mögliche Strategien hat, gibt es eine enorme Anzahl von Gleichgewichten. Julian hat hingegen nur diese eine Gleichgewichtsstrategie. Denn wenn er in einer Runde weniger Münzen nehmen würde, in dieser Runde also z.B. insgesamt nur 3 Münzen genommen würden, dann kann Stefan in seinem nächsten Zug auf 5 Münzen ergänzen und sich damit selbst in die Gewinnposition bringen. Julian darf also nicht von seiner Strategie abweichen, denn wenn er das täte, wäre die abweichende Strategie eine Strategie mit der er verlieren würde und daher keinesfalls mehr eine Gleichgewichtsstrategie.

Dieses Spiel ist noch durch die vollständige Analyse des Spielbaums durch normale Computer lösbar. Dieses Vorgehen, nämlich Spiele tatsächlich komplett bis zum Ende von Computerprogrammen durchrechnen zu lassen, wird in der Computerfachsprache auch als „brute force" (oder übersetzt: „rohe Gewalt") bezeichnet. Wir haben also bisher in diesem Buch rohe Gewalt als Lösungsmethode eingesetzt. Was aber, wenn das auch den leistungsfähigsten Rechnern nicht mehr gelingt?

Sehen wir uns dazu das Spiel „Vier gewinnt" an. Bei diesem Spiel geht es darum, dass die Spieler in einem senkrecht aufgestellten Spielfeld ihre Spielsteine so in die Schlitze des Spielfeldes einwerfen, dass sie am Ende 4 ihrer Spielsteine nebeneinander, übereinander oder in einer Diagonale haben. In der folgenden Abbildung ist eine Gewinnposition für den Spieler mit den blauen Spielsteinen durch den orangefarbenen Pfeil markiert, der hier vier seiner Steine in einer Diagonale positionieren konnte.

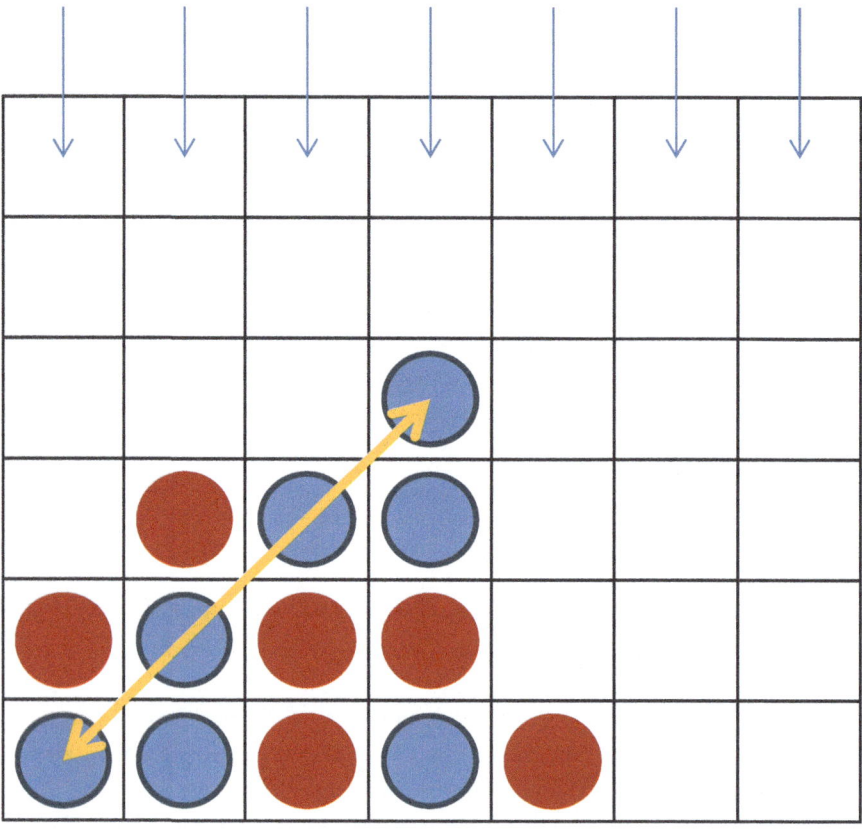

Die dünnen blauen Pfeile am oberen Ende der Abbildung zeigen an, wo die Spielsteine eingeworfen werden. Diese fallen dann jeweils bis zum Boden oder bis auf einen anderen Spielstein durch.

Auch dieses Spiel ist nun noch prinzipiell durch die Berechnung des Spielbaums möglich. Genau dies ist auch geschehen. Dabei hat sich gezeigt, dass der beginnende Spieler seinen Sieg erzwingen kann. Neben der kompletten Berechnung des Spiels ist es aber auch gelungen, das Spiel unter Rückgriff auf heuristische Regeln zu lösen („Heuristik": Analyseverfahren, welches durch Einsatz von begrenztem Wissen versucht, optimale Lösungen durch plausible Überlegungen zu finden). So ist einsichtig, dass ein Spielstein in der Mitte prinzipiell erst einmal besser ist als ein Spielstein am Rand. Das liegt einfach daran, dass ein Spielstein in der Mitte in mehr Richtungen zu einer Viererformation ausgebaut werden kann als ein Spielstein am Rand. Mittels solcher heuristischer Regeln konnte das Spiel ebenfalls gelöst werden und auch hier zeigte sich, dass der beginnende Spieler bei korrektem Spiel immer gewinnt. Für das Spiel „Vier gewinnt" liegt also eine vollständige und eine heuristische Lösung vor.

Anders sieht derzeit noch die Situation im Schachspiel aus. Für das Schachspiel ist noch keine vollständige Analyse gelungen. Daher arbeiten auch Computerprogramme mit Heuristiken, deren Optimalität aber noch nicht endgültig bewiesen ist. So gilt z.B. im Schach, dass eine Figur in der Regel am wertvollsten ist, wenn sie auf möglichst viele Felder ziehen kann. Auch im Schach sind daher Positionen im Zentrum des Spielfelds in der Regel wertvoller als Randpositionen. Solche Heuristiken sind teilweise in Merksprüchen lange überliefert und werden bereits Kindern beim Erlernen des Spiels vermittelt, wie z.B. „Springer am Rand bringt Unglück und Schand". Inzwischen sind die Heuristiken, die in Computerprogrammen verwendet werden, aber schon so ausgereift, dass allenfalls noch die besten Schachspieler der Welt überhaupt eine Chance gegen den Computer haben. Dabei wechseln die Computerprogramme durchaus auch in den Modus „rohe Gewalt", wenn eine Position entstanden ist, von der aus die Rechenkapazität ausreicht, alle Möglichkeiten durchzurechnen. Aber noch ist festzuhalten, dass „die Lösung" des Schachspiels anders als bei „Vier gewinnt" noch nicht bekannt ist.

Diese Überlegungen führen uns zu Problemen der Übertragung unserer spieltheoretischen Betrachtungen auf die Wirtschaftspraxis. So wird in einer Unterdisziplin der Betriebswirtschaftslehre analysiert, welche Strategien Unternehmen wählen sollten, um sich erfolgreich gegen Konkurrenten zu behaupten. Diese Analysen und die darauf beruhenden Empfehlungen im Rahmen des sog. „Strategischen Managements" sind aber bestenfalls Heuristiken. Echte Strategien im spieltheoretischen Sinn müssten ja für alle überhaupt möglichen Situationen passende Handlungsweisen vorsehen. Diese zu ermitteln, ist den Unternehmen in einem komplexen, sich dazu noch schnell verändernden Wettbewerbsumfeld aber nicht möglich. Die Probleme, die Unternehmen bei ihrer Planung zu lösen hätten, wenn sie vollständige Spielpläne, also Strategien, aufstellen wollten, wären mindestens so groß, wie bei der Formulierung einer Strategie für das Schachspiel. Daher ist alles, was in der Wirtschaftspraxis als „Strategie" bezeichnet wird, aus der Perspektive der Spieltheorie allenfalls eine Sammlung mehr oder weniger bewährter Heuristiken. Dabei hat der Wirtschaftspraktiker gegenüber dem Schachspieler noch einen weiteren erheblichen Nachteil: Im Schachspiel kann man verschiedene Heuristiken gegeneinander testen. Wenn dann Computerprogramm 1 immer gegen Programm 2 gewinnt, hat Programm 1 offensichtlich die besseren Heuristiken. Diese Möglichkeit zur sehr präzisen Evaluation von Heuristiken durch mehrfache Wiederholung unter identischen Bedingungen hat man in der Wirtschaftspraxis aber nicht, weil man nicht einfach immer wieder dieselbe Situation herbeiführen und dann seine Heuristiken ausprobieren kann. Wenn also in der Wirtschaftspraxis von „Strategien" gesprochen wird, dann sind damit keine Strategien im spieltheoretisch korrekten Sinn gemeint.

3.8 Anwendungen

3.8.1 Stackelberg-Duopol

Wir sehen uns nun nochmals das Duopolspiel aus Abschnitt 2.6.1. an. Allerdings unterstellen wir jetzt, dass die Unternehmen ihre Produktionsmengen nacheinander wählen. In diesem Fall bezeichnet man das so entstehende Duopol als „Stackelberg-Duopol".

Wir unterstellen jetzt, dass die „Staake Montan AG" ihre Produktionsmenge als erste festlegt und anschließend die „Michels Silberwerk GmbH" ihre Produktionsmenge bestimmt. Die Michels GmbH weiß zum Zeitpunkt ihrer Entscheidung also, wie viel die Staake AG produziert hat. Auch in diesem Spiel sind wir nun allerdings wieder mit einem Problem konfrontiert, auf welches wir bereits im zweiten Kapitel gestoßen waren: Sowohl die Staake AG als auch die Michels GmbH haben unendliche viele Strategien zur Auswahl. Daher können wir das Spiel weder in Matrixform noch als Spielbaum darstellen. Wir wählen aber den gleichen Weg, den wir in Kapitel 2 gegangen sind, indem wir die Auszahlungen als Funktionen darstellen und uns auf die Analyse von besten Antworten konzentrieren. Wir werden zum Schluss allerdings noch feststellen, dass es im Gegensatz zum statischen Spiel mehrere Gleichgewichte gibt, von denen allerdings nur eines teilspielperfekt ist.

Die produzierten Mengen an Silber bezeichnen wir wieder mit q_S für die Menge der Staake AG und q_M für die Menge der Michels GmbH. Der Marktpreis P hängt weiterhin von den produzierten Mengen ab und beträgt:

$$P = 1000 - q_S - q_M$$

Auch an den Gewinnfunktionen ändert sich nichts dadurch, dass wir die Spieler nun nacheinander ziehen lassen. Die Gewinnfunktionen lauten daher weiterhin:

$$G_S = 990q_S - q_S^2 - q_M q_S$$

$$G_M = 990q_M - q_S q_M - q_M^2$$

Nun kommen wir allerdings zu einer Änderung: Die Michels GmbH wählt ihre Produktionsmenge als zweites. Gemäß der Vorgehensweise bei der Rückwärtsinduktion müssen wir mit der Analyse also bei der Michels GmbH beginnen. Wenn die Michels GmbH ihren Gewinn maximieren will, stellt sie zunächst ihre Bedingung erster Ordnung auf:

$$\frac{dG_M}{dq_M} = 990 - q_S - 2q_M = 0$$

Daraus ergibt sich als Funktion der besten Antworten für die Michels GmbH:

$$q_M^* = 495 - 0{,}5q_S$$

Dies ist die teilspielperfekte Strategie der Michels GmbH. Die in dynamischen Spielen für den zweiten Spieler notwendigen „Wenn-Dann"-Bedingungen werden direkt durch diese mathematische Funktion ausgedrückt, die der Michels GmbH ja sagt, wie viel sie produzieren soll, wenn die Staake AG eine Menge von q_S produziert hat. Damit ist der erste Schritt der Rückwärtsinduktion beendet. Wir wissen nun, welche Menge die Michels GmbH in jeder denkbaren Situation, d.h. für jede denkbare Produktionsmenge der Staake AG, produzieren sollte. Die Strategie $q_M^* = 495 - 0{,}5q_S$ ist auch die einzige teilspielperfekte Strategie der Michels GmbH.

Da die Staake AG nun weiß, wie die Michels GmbH reagieren wird, können wir uns nun mit der Staake AG auseinandersetzen. Deren Gewinn beträgt ja:

$$G_S = 990q_S - q_S^2 - q_M q_S$$

Nun weiß die Staake AG aber, dass die Michels GmbH nicht irgendeine Produktionsmenge q_M produzieren wird, sondern dass diese Produktionsmenge aufgrund der teilspielperfekten Strategie festgelegt wird. Wenn wir das in der Gewinnfunktion der Staake AG berücksichtigen, erhalten wir:

$$G_S = 990q_S - q_S^2 - q_M^* q_S$$

$$= 990q_S - q_S^2 - (495 - 0{,}5q_S)q_S$$

Wenn wir den Term in der Klammer ausmultiplizieren und die passenden Terme zusammenfassen, erhalten wir:

$$G_S = 495q_S - 0{,}5q_S^2$$

Um das Maximum zu bestimmen, benötigen wir wieder die Bedingung erster Ordnung. Diese lautet:

$$\frac{dG_S}{dq_S} = 495 - q_S = 0$$

Daraus erhalten wir sofort die optimale Strategie der Staake AG:

$$q_S^* = 495$$

Damit haben wir das teilspielperfekte Gleichgewicht des Spiels bestimmt. Es lautet:

$$\{q_S^* = 495;\ q_M^* = 495 - 0{,}5q_S\}$$

Gemäß der Strategie der Michels GmbH wäre deren Produktionsmenge $q_M^* = 495 - 0{,}5q_S = 495 - 0{,}5 \cdot 495 = 247{,}5$. Da wir das teilspielperfekte Gleichgewicht bestimmt haben und die Produktionsmengen im Gleichgewicht kennen, können wir nun auch noch die Gewinne der Unternehmen berechnen. Zur Vereinfachung lassen wir die Sternchen „*" weg. Die Gewinne lauten für die Staake AG:

$$G_S = 990q_S - q_S^2 - q_M q_S$$

$$= 990 \cdot 495 - 495^2 - 495 \cdot 247,5$$

$$= 122.512,50$$

Und für die Michels GmbH:

$$G_M = 990q_M - q_S q_M - q_M^2$$

$$= 990 \cdot 247,5 - 495 \cdot 247,5 - 247,5^2$$

$$= 61.256,50$$

Im Cournot-Duopol in Abschnitt 2.6.1. hatten wir nur ein Gleichgewicht gefunden. Das Stackelberg-Duopol hier hat hingegen mehrere Gleichgewichte, allerdings nur ein teilspielperfektes.

Wenn wir die Gewinne im Cournot-Duopol mit den Gewinnen im Stackelberg-Duopol vergleichen, dann stellen wir fest, dass sich die Situation für die Michels GmbH verschlechtert hat. Im Cournot-Duopol betrug ihr Gewinn im Gleichgewicht 108.900 €, hier sind es nun nur noch 61.256,50. Es stellt sich daher für die Michels GmbH die Frage, ob sie nicht mit einer anderen Strategie ein günstigeres Gleichgewicht erreichen könnte.

Nehmen wir an, die Michels GmbH würde die Strategie „immer $q_M^* = 330$" spielen, sie würde also 330 Mengeneinheiten produzieren, ganz gleich, was vorher die Staake AG gemacht hat. Was wäre dann die beste Antwort der Staake AG auf eine solche Strategie? Wenn die Staake AG diese Strategie der Michels GmbH glaubt und das in ihrer Gewinnfunktion berücksichtigt, dann lautet ihre Gewinnfunktion:

$$G_S = 990q_S - q_S^2 - q_M^* q_S$$

$$= 990q_S - q_S^2 - 330q_S$$

$$= 660q_S - q_S^2$$

Daraus ergibt sich als Bedingung erster Ordnung:

$$\frac{dG_S}{dq_S} = 660 - 2q_S = 0$$

Die optimale Produktionsmenge der Staake AG wäre nun ebenfalls 330 Mengeneinheiten herzustellen. $q_S = 330$ wäre also eine beste Antwort auf die Strategie „immer $q_M^* = 330$". Nun ist allerdings noch zu prüfen, ob die Michels GmbH bei ihrer Strategie „immer $q_M^* = 330$" bleiben wollen würde, wenn die Staake AG die Strategie $q_S = 330$ spielt. Dazu müssen wir uns ansehen, welches die gewinnmaximierende Produktionsmenge der Michels GmbH wäre, wenn die Staake AG $q_S = 330$ Mengeneinheiten produziert. Dazu sehen wir uns den Gewinn der Michels GmbH an:

$$G_M = 990q_M - q_S q_M - q_M^2$$

$$= 990q_M - 330q_M - q_M^2$$

$$= 660q_M - q_M^2$$

Auch hier ergibt die Bedingung erster Ordnung, dass dann eine Menge von 330 für die Michels GmbH optimal wäre. Sie hätte also keinen Grund, von ihrer Strategie „immer $q_M^* = 330$" nachträglich noch abzuweichen. Damit wäre die Strategiekombination

$$\{q_S^* = 330; immer\ q_M^* = 330\}$$

ebenfalls ein Gleichgewicht. Dieses ist allerdings nicht teilspielperfekt. Denn wenn die Staake AG ihre oben bestimmte Produktionsmenge von 495 Einheiten produzieren würde, dann würde sich die Michels GmbH selbst schädigen, wenn sie bei ihrer Strategie „immer $q_M^* = 330$" bleiben würde. Züge, die zu einer Selbstschädigung führen, können aber nicht Elemente einer teilspielperfekten Strategie sein.

3.8.2 Delegation und Anreize

Wir werden uns nun ein weiteres Spiel ansehen, welches in der betriebswirtschaftlichen Teildisziplin der Personalökonomik sehr wichtig ist. Mit diesem Spiel lassen sich unter anderem Fragen der Ausgestaltung von Anreizen in Delegationsbeziehungen analysieren. Nehmen wir an, dass Yildiz türkische Spezialitäten nach Rezepten ihrer Großmutter produziert und diese auch selbst auf Wochenmärkten verkauft. Sie ist damit sehr erfolgreich und stellt fest, dass sie deutlich mehr verkaufen könnte. Da sie selbst aber gleichzeitig immer nur auf einem Markt sein kann, überlegt sie, ob sie noch jemanden einstellen sollte, der dann auf anderen Märkten ihre Lebensmittel verkauft. Dabei macht sie sich auch Gedanken darüber, ob sie tatsächlich jemanden einstellen sollte oder ob es besser wäre, jemanden zu suchen, der ihr ihre Waren abkauft und dann auf eigene Rechnung weiterverkauft. Sie weiß von sich selbst, dass der Verkaufserfolg ganz erheblich davon abhängt, wie sehr sie sich anstrengt. Nachdem sie eine Anzeige geschaltet hat, in der sie ganz allgemein einen/eine Vertriebsparter/in für ihre Produkte sucht, meldet sich Kenan bei ihr und die beiden fangen an, einen Vertrag auszuhandeln. Kenan wäre dabei sowohl bereit, als Angestellter zu arbeiten oder aber, die Produkte von Yildiz zu kaufen und auf eigene Rechnung weiterzuverkaufen.

Nehmen wir nun an, die beiden würden miteinander ins Geschäft kommen. Yildiz' Bruttogewinn aus dem Verkauf der von Kenan verkauften Waren bezeichnen wir mit x. Die Bezahlung, die Kenan erhält, bezeichnen wir mit y. Die Auszahlung von Yildiz, d.h. ihr Nettogewinn, beträgt daher $x - y$. Sie möchte diese Auszahlung für sich maximieren und sucht nun nach einer Art der Bezahlung für Kenan, die erstens dazu führt, dass sie überhaupt mit ihm ins Geschäft kommt und zweitens dazu, dass er sich beim Verkauf ihrer Produkte auch anstrengt. Wir bezeichnen Kenans Anstrengungsniveau mit a. Dabei unterstellen wir, dass eine höhere Anstrengung für Kenan mit negativen Folgen wie z.B. Erschöpfung verbunden ist. Diese negativen Folgen bewertet Kenan mit $-0{,}5a^2$. Kenans Auszahlung in diesem Spiel ergibt sich nun aus der Differenz zwischen seiner Bezahlung y und den negativen Folgen der Anstrengung.

Wie in vielen ökonomischen Anwendungen üblich bezeichnen wir die Auszahlungen der Spieler im Folgenden als „Nutzen" und bezeichnen diese Nutzen mit U_Y für Yildiz und U_K für Kenan. Es ergeben sich also folgende Nutzen für die beiden Spieler:

$$U_Y = x - y$$

$$U_K = y - 0{,}5a^2$$

(Hinweis: Das „U" wird in ökonomischen Anwendungen häufig als Bezeichnung für „Nutzen" verwendet, was sich aus dem englischsprachigen „Utility" = „Nutzen" herleitet.)

Nun nehmen wir an, dass die beiden über eine Art der Vergütung für Kenan verhandeln, die sowohl eine feste als auch eine variable Komponente enthalten könnte. Die feste Komponente bezeichnen wir einfach mit F. Dabei wählen wir folgende Konvention: Wenn F positiv ist, dann ist F eine feste Zahlung, die Kenan von Yildiz erhält. Dies würden wir als eine Art Fixgehalt interpretieren, welches Kenan dafür erhält, dass er für Yildiz arbeitet. Wenn F hingegen negativ ist, bezeichnen wir damit eine feste Zahlung von Kenan an Yildiz. Eine feste Zahlung von Kenan an Yildiz würde bedeuten, dass Kenan die Produkte von Yildiz komplett oder teilweise kauft, je nach Höhe dieser Zahlung. Er wäre dann nicht der Angestellte von Yildiz, sondern ein selbständiger Weiterverkäufer.

Neben einer solchen festen Zahlung diskutieren die beiden auch über eine Beteiligung von Kenan am Bruttogewinn. Wir bezeichnen die prozentuale Beteiligung am Bruttogewinn x mit s, d.h. Kenan erhält als Teil seiner Vergütung einen Betrag von sx. Damit besteht also die Vergütungsvereinbarung zwischen Yildiz und Kenan aus einer festen Komponente F und einer variablen Komponente sx. Wir können für die Vergütung y daher schreiben:

$$y = F + sx$$

Wenn wir diese Darstellung der Vergütungsvereinbarung in die Nutzenfunktionen der beiden Spieler einsetzen, erhalten wir:

$$U_Y = x - y = x - F - sx$$

$$U_K = y - 0{,}5a^2 = F + sx - 0{,}5a^2$$

Nun ist bekannt, dass der Bruttogewinn x davon abhängt, wie sehr sich Kenan beim Verkauf anstrengt. Wir nehmen hier an, dass die Beziehung zwischen Anstrengungsniveau a und Bruttogewinn x durch $x = 20a$ gegeben ist. Setzen wir nun auch diese Beziehung zwischen a und x noch in die Nutzenfunktionen der beiden Spieler ein, erhalten wir:

$$U_Y = x - F - sx = 20a - F - 20as$$

$$U_K = F + sx - 0{,}5a^2 = F + 20as - 0{,}5a^2$$

Nun müssen wir den Ablauf des Spiels etwas präziser beschreiben. Hierzu nehmen wir an, dass Yildiz in diesem Spiel anfängt. Sie schlägt einen ganz bestimmten Vergütungsvertrag vor, in welchem eine bestimmte feste Zahlung F und eine bestimmte variable Vergütung sx vorgesehen ist. So könnte sie z.B. den Vertrag $y = 500 + 0{,}2x$ anbieten. Mit diesem Vertragsangebot würde sie also vorschlagen, Kenan 500 Euro für seine Arbeit zu geben und zusätzlich noch 20% von ihrem Bruttogewinn. Sie könnte aber alternativ z.B. auch vorschlagen, den Vertrag $y = -1000 + 1x$ zu vereinbaren. Wenn Kenan diesem Vertrag zustimmen würde, müsste er Yildiz 1.000 Euro geben, könnte dann aber den gesamten Bruttogewinn x behalten, seine Beteiligung am Bruttogewinn wäre also 100%.

Da es nun aber wieder unendlich viele mögliche Vertragsangebote gibt, die Yildiz Kenan vorschlagen könnte, können wir dieses Spiel wieder nicht als Spielbaum oder in Matrixform darstellen. Da wir die Auszahlungen aber allgemein als Formeln haben, können wir wieder die bereits diskutierten Optimierungsverfahren einsetzen, um zumindest das teilspielperfekte Gleichgewicht des Spiels zu ermitteln.

Wenn Kenan ein Vertragsangebot von Yildiz bekommt, dann unterstellen wir, dass er es nur annehmen oder ablehnen kann, dass er aber keinen Gegenvorschlag machen kann. Wie kann Kenan nun aber feststellen, ob er annehmen oder ablehnen sollte? Dazu müssen wir zunächst etwas darüber wissen, welche Auszahlung Kenan erreicht, wenn er ablehnt. Hier nehmen wir einfach an, dass er eine Auszahlung von 100 erhält. Er wird also nur dann einen Vertragsvorschlag von Yildiz akzeptieren, wenn er auch mit diesem Vertrag mindestens eine Auszahlung, d.h. einen Nutzen von 100 bekommt. Damit er aber weiß, welchen Nutzen er erreichen kann, wenn er einen Vertragsvorschlag von

Yildiz annehmen würde, muss er sich nicht nur den Vertragsvorschlag selbst ansehen, sondern auch seine Möglichkeiten, aus dem Vorschlag das Beste für sich selbst herauszuholen. Denn er hat ja die Möglichkeit, durch die Wahl seines Anstrengungsniveaus sowohl den Bruttogewinn und damit seine Vergütung, als auch den Grad seiner Erschöpfung zu beeinflussen.

Sehen wir uns den zeitlichen Ablauf des Spiels hier nochmals im Zusammenhang an:

Yildiz schlägt Vergütungsvertrag $y = F + sx$ vor.	Kenan nimmt an oder lehnt ab	Falls Kenan angenommen hat: Kenan wählt sein Anstrengungsniveau a	Spiel endet und die Spieler erhalten ihre Auszahlungen

Der letzte Spieler, der in diesem Spiel dran ist, ist Kenan. Gemäß der Methode der Rückwärtsinduktion beginnen wir unsere Analysen also bei ihm und bei seiner Entscheidung, welches Anstrengungsniveau er wählen sollte. Zwar können wir diese Frage noch nicht detailliert beantworten, weil wir das optimale Vertragsangebot von Yildiz noch gar nicht kennen. Schließlich wollen wir dieses ja erst ermitteln. Allerdings können wir dennoch allgemeine Überlegungen zur Wahl des optimalen Leistungsniveaus anstellen. Dazu sehen wir uns Kenans Nutzenfunktion nochmals an:

$$U_K = F + 20as - 0{,}5a^2$$

Auch wenn wir die Werte für F und s noch gar nicht kennen, können wir dennoch feststellen, welche Anstrengung für Kenan ganz allgemein optimal wäre in Abhängigkeit von der festen Zahlung F und der Gewinnbeteiligung s. Dazu stellen wir die Bedingung erster Ordnung für ein Maximum von Kenans Nutzenfunktion auf und erhalten:

$$\frac{dU_K}{da} = 20s - a = 0$$

Wenn wir diese Gleichung auflösen, erhalten wir für Kenans optimales Anstrengungsniveau:

$$a^* = 20s$$

Hier ist bereits etwas zu sehen, das auch für Yildiz interessant ist: Wenn sich Kenan optimal verhält, dann hängt sein Anstrengungsniveau gar nicht von der festen Zahlung F ab. Yildiz weiß daher, dass sie Kenan nicht zu mehr Anstrengung motivieren kann, indem sie diese feste Zahlung erhöht. Vielmehr zeigt uns die Gleichung $a^* = 20s$, dass

Kenans Anstrengungsniveau nur von seiner Gewinnbeteiligung s abhängt. Wenn diese steigt, strengt er sich mehr an, wenn sie fällt, strengt er sich weniger an.

Welches Nutzenniveau erreicht Kenan, wenn er sein optimales Leistungsniveau $a^* = 20s$ erbringt? Um das festzustellen, müssen wir lediglich diese optimale Leistung in seine Nutzenfunktion einsetzen und wir erhalten:

$$U_K = F + 20a^*s - 0,5a^{*2}$$

$$= F + 20 \cdot 20s^2 - 0,5(20s)^2$$

$$= F + 200s^2$$

Wenn sich Kenan also optimal verhält, nachdem er den Vertragsvorschlag von Yildiz mit der festen Zahlung F und der Gewinnbeteiligung s angenommen hat, dann sollte er eine Leistung von $a^* = 20s$ erbringen und er erreicht damit ein Nutzenniveau von $U_K = F + 200s^2$.

Sehen wir uns ein paar Beispiele an:

Vertragsvorschlag von Yildiz $y = F + sx$	Kenans optimale Leistung $a^* = 20s$	Kenans Nutzenniveau $U_K = F + 200s^2$
$y = 200 + 0,2x$	$a^* = 4$	$U_K = 208$
$y = 100 + 0,4x$	$a^* = 8$	$U_K = 132$
$y = 50 + 0,01x$	$a^* = 0,2$	$U_K = 50,02$
$y = -80 + 1x$	$a^* = 20$	$U_K = 120$

Da wir nun wissen, welches Anstrengungsniveau Kenan wählen wird, wenn er den Vorschlag von Yildiz annimmt, sind wir mit der ersten Analysestufe der Rückwärtsinduktion fertig.

Damit kommen wir zur nächsten Entscheidungsanalyse: Kenans Entscheidung, den Vorschlag anzunehmen oder abzulehnen. Wir hatten oben gesagt, dass Kenan den Vertrag nur dann akzeptieren wird, wenn er mindestens einen Nutzen von 100 erreicht. Damit er unterschreibt, muss also gelten:

$$U_K = F + 200s^2 \geq 100$$

Auf der linken Seite des Ungleichheitszeichens steht ja gerade der Nutzen, den Kenan erreicht, wenn er unterschreibt und dann sein optimales Anstrengungsniveau wählt. Wenn wir diese Ungleichung nach F auflösen, dann können wir damit feststellen, welche feste Zahlung Yildiz mindestens leisten muss, damit sie Kenan dazu bringt, ihrem Vertragsvorschlag zuzustimmen. Diese feste Mindestzahlung ist:

$$F \geq 100 - 200s^2$$

Damit haben wir Kenans teilspielperfekte Strategie vollständig bestimmt. Sie lautet:

„Vertragsvorschlag von Yildiz annehmen, wenn die feste Zahlung F so hoch ist, dass F ≥ 100 − 200s², sonst den Vorschlag ablehnen; wenn der Vorschlag angenommen wurde, das Anstrengungsniveau a so wählen, dass gilt a = 20s"

Nun können wir einen Schritt weiter gehen bei unserer Rückwärtsinduktion. Wir müssen daher nun die Nutzenfunktion von Yildiz analysieren und ihr Maximum berechnen. Dabei hilft uns in diesem Fall allerdings eine Vorüberlegung: Yildiz weiß nun aufgrund von Kenans teilspielperfekter Strategie, dass er den Vertrag nur dann annehmen wird, wenn sie mit ihm eine feste Zahlung vereinbart, für die die obige Ungleichung gilt:

$$F \geq 100 - 200s^2$$

Nun weiß sie aber bereits aus der ersten Stufe der Rückwärtsinduktion, dass Kenan seine Anstrengung gar nicht davon abhängig macht, wie hoch die feste Zahlung F ist. Yildiz muss also nur darauf achten, dass sie diese Zahlung nicht so niedrig ansetzt, dass Kenan ihrem Vorschlag überhaupt nicht zustimmt und dann einer anderen Tätigkeit nachgeht. Es ist daher optimal für sie, diese feste Zahlung gerade so hoch anzusetzen, dass aus dem " ≥ " in der obigen Ungleichung ein " = " wird. Das aus der Sicht von Kenan gerade noch akzeptable, aus der Sicht von Yildiz optimale F ist daher:

$$F^* = 100 - 200s^2$$

Damit können wir nun die Nutzenfunktion von Yildiz maximieren. Ihre Nutzenfunktion lautet:

$$U_Y = 20a - F - 20as$$

Dabei weiß sie nun aber, dass Kenan nicht irgendein Anstrengungsniveau a wählen wird, sondern sein optimales $a^* = 20s$. Auch weiß sie aufgrund der Vorüberlegungen, dass sie nicht irgendeine feste Zahlung F vorschlagen kann, sondern dass die aus ihrer Sicht optimale feste Zahlung das eben ermittelte $F^* = 100 - 200s^2$ ist. Wenn sie diese beiden Vorüberlegungen berücksichtigt, dann ergibt sich für ihren Nutzen:

$$U_Y = 20a^* - F^* - 20a^*s$$

$$= 20 \cdot 20s - 100 + 200s^2 - 20 \cdot 20s \cdot s$$

$$= 400s - 200s^2$$

Die Maximierung der Nutzenfunktion von Yildiz ergibt nun als Bedingung erster Ordnung:

$$\frac{dU_Y}{ds} = 400 - 400s = 0$$

Hieraus ermittelt sie eine optimale Gewinnbeteiligung in Höhe von $s^* = 1$. Wenn sie diesen Wert noch in die Gleichung für die optimale Höhe der festen Zahlung einsetzt, dann erhalten wir:

$$F^* = 100 - 200s^2 = 100 - 200 \cdot 1^2 = -100$$

Damit lautet der optimale Vertrag, den Yildiz Kenan vorschlage sollte:

$$y^* = -100 + 1x$$

Das teilspielperfekte Gleichgewicht des Spiels lautet daher:

Strategie Yildiz: „*Kenan den Vertrag $y = -100 + 1x$ anbieten*"

Strategie Kenan: „*Vertragsvorschlag von Yildiz annehmen, wenn die feste Zahlung F so hoch ist, dass $F \geq 100 - 200s^2$, sonst den Vorschlag ablehnen; wenn der Vorschlag angenommen wurde, das Anstrengungsniveau a so wählen, dass gilt $a = 20s$*"

Wenn die beiden Spieler diese Strategiekombination spielen, können wir auch feststellen, wie das Spiel verlaufen wird und welche Nutzenwerte (Auszahlungen) die Spieler erreichen werden. Zunächst stellen wir dabei fest, dass Kenan diesen Vertragsvorschlag annehmen wird. Er nimmt ja gemäß seiner teilspielperfekten Strategie an, wenn $F \geq 100 - 200s^2$ gilt. Wenn wir die von Yildiz vorgeschlagenen Werte $F = -100$ und $s = 1$ einsetzen, dann erhalten wir $-100 \geq 100 - 200 \cdot 1^2$ bzw. $-100 \geq -100$. Kenans Bedingung für das Akzeptieren des Vorschlags ist also erfüllt. Aufgrund der Gewinnbeteiligung von $s = 1$ und Kenans Strategie erbringt er ein Anstrengungsniveau von $a = 20s = 20 \cdot 1 = 20$. Wenn wir diese ganzen Werte in die Nutzenfunktionen der beiden Spieler einsetzen, erhalten wir:

$$U_Y = 400s - 200s^2 = 200$$

$$U_K = F + 200s^2 = 100$$

Wie bereits im vorherigen Spiel ist das hier gefundene teilspielperfekte Gleichgewicht nicht das einzige Gleichgewicht des gesamten Spiels. Wenn Kenan androhen würde, das Vertragsangebot von Yildiz nur dann anzunehmen, wenn er nicht eine feste Zahlung von

100 an sie leisten müsste, sondern nur bereit ist, eine feste Zahlung von 50 zu leisten und Yildiz dieser Drohung Glauben schenken würde, dann wäre es für Yildiz tatsächlich optimal, nur 50 zu verlangen. Wenn Yildiz dann aber nicht 50, sondern 100 verlangen würde, hätte Kenan eben keinen Grund, dieses Vertragsangebot abzulehnen.

3.9 Aufgaben

Aufgabe 3.9.1
Bestimmen Sie für die folgenden Spiele jeweils das/die Rückwärtsinduktionsergebnisse. Stellen Sie ferner jedes Spiel auch in Matrixform dar und bestimmen Sie alle Gleichgewichte und jeweils das teilspielperfekte Gleichgewicht!

Aufgabe 3.9.1.1

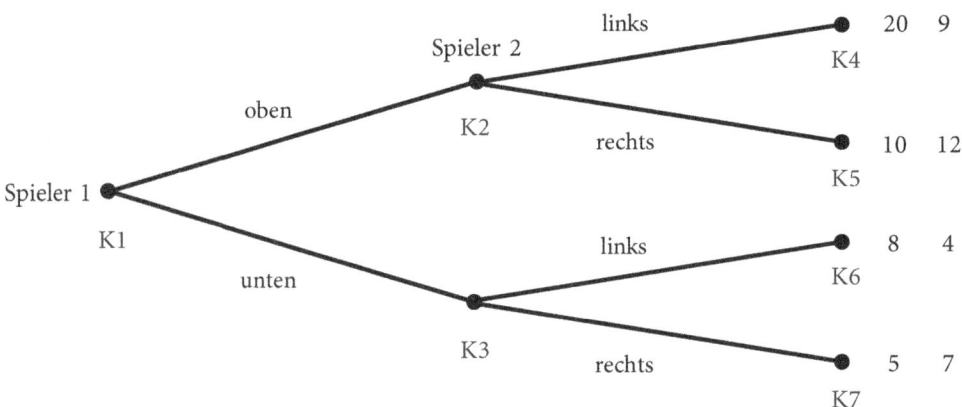

Aufgabe 3.9.1.2

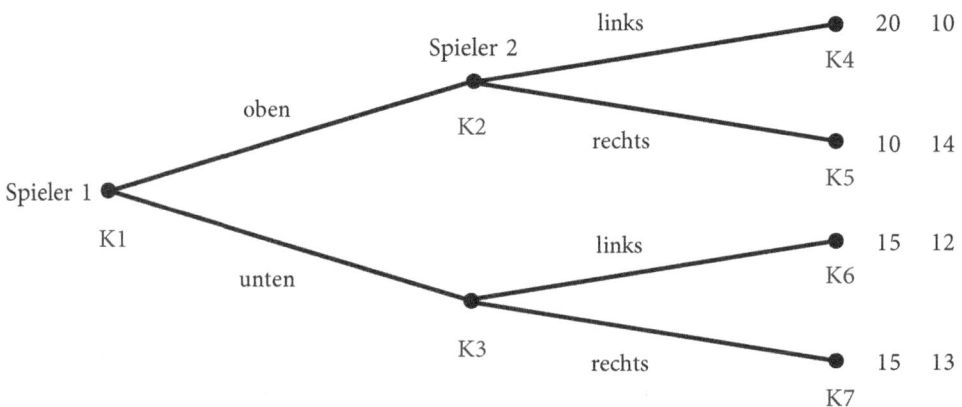

Aufgabe 3.9.1.3

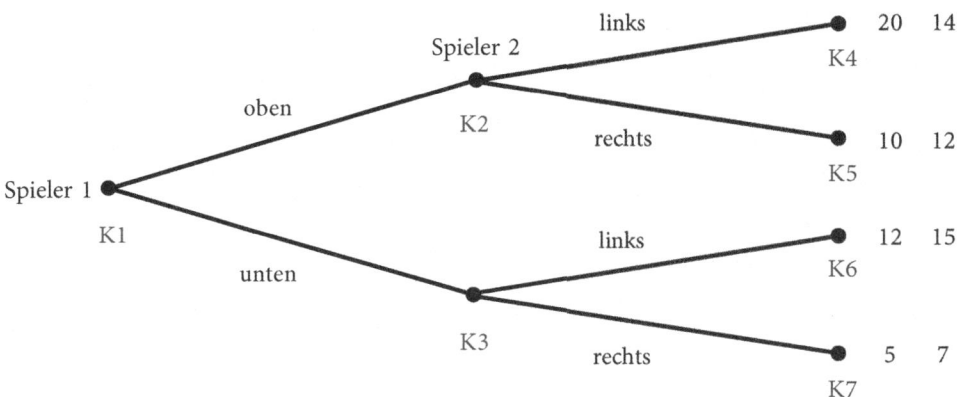

Aufgabe 3.9.1.4

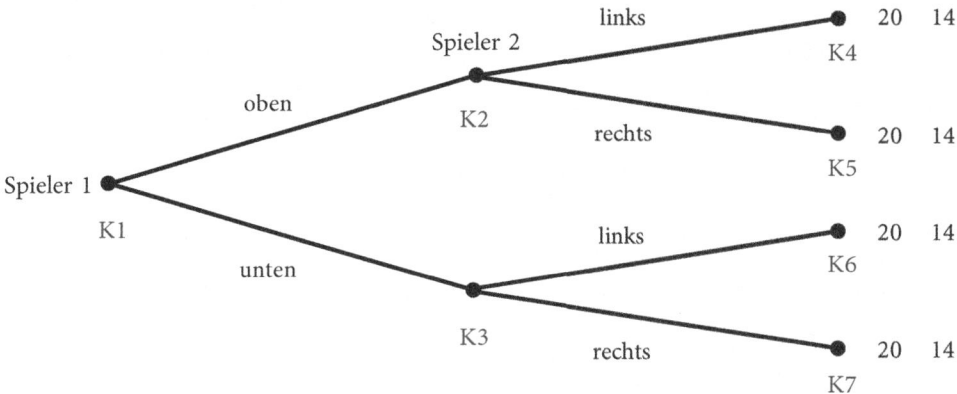

Aufgabe 3.9.2

Bestimmen Sie für das folgende Spiel das teilspielperfekte Gleichgewicht des Spiels. Geben sie die Strategie von Arndt in folgender Form an: Wenn K4: „nord", wenn K5 usw. Gehen Sie analog für Gaby vor. In welchem Endknoten endet das Spiel, wenn das teilspielperfekte Gleichgewicht gespielt wird?

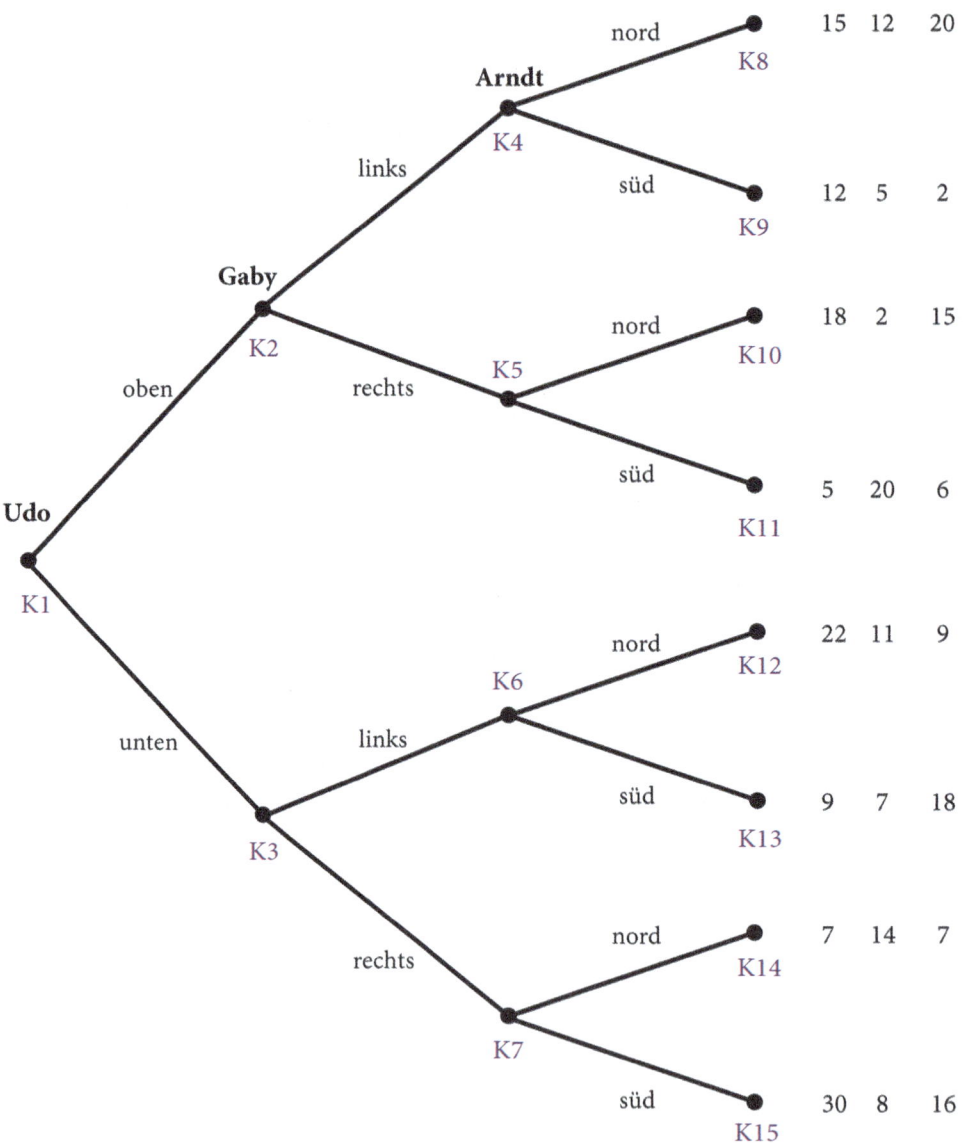

Aufgabe 3.9.3

Nehmen Sie an, dass das folgende Spiel eventuell mehrfach gespielt wird. Nach jeder Runde, in der es gespielt wurde, beträgt die Wahrscheinlichkeit w dafür, dass es nochmals gespielt wird, jeweils 80%.

Die Triggerstrategie von Rita lautet:
„Ich spiele in der ersten Stufe „oben". Danach spiele ich solange „oben", bis Hanne einmal „rechts" gespielt hat, danach spiele ich für immer „unten".

Die Triggerstrategie von Hanne lautet:
„Ich spiele in der ersten Stufe „links". Danach spiele ich solange „links", bis Rita einmal „unten" gespielt hat, danach spiele ich für immer „rechts".

Die Auszahlungen beider Spielerinnen bestehen jeweils aus der Summe der erwarteten Auszahlungen pro Stufe.

a) Bilden die oben genannten Triggerstrategien ein Gleichgewicht des Spieles, wenn die Auszahlungen pro Stufe den Werten der folgenden Matrixdarstellung entsprechen?

		Hanne	
		links	rechts
Rita	oben	50 / 50	5 / 200
	unten	200 / 5	20 / 20

b) Wie hoch ist die kritische Wiederholungswahrscheinlichkeit w, ab der die Triggerstrategien im obigen Spiel ein Gleichgewicht bilden?

c) Nehmen Sie an, dass die Wahrscheinlichkeit für eine Wiederholung jeweils 75% beträgt. Nehmen Sie zusätzlich an, dass Rita in der Zugkombination „unten"/"links" keine Auszahlung von 200 bekommt, sondern den Betrag X. Gleiches gilt für Hanne in der Zugkombination „oben"/"rechts". Das Spiel hat also folgende Auszahlungsmatrix:

		Hanne	
		links	rechts
Rita	oben	50 50	5 X
	unten	X 5	20 20

Bestimmen Sie den kritischen Wert von X so, dass die Triggerstrategien gerade noch ein Gleichgewicht bilden.

Lösung zu Aufgabe 3.9.1.1

Das Rückwärtsinduktionsergebnis des Spiels lautet {oben; rechts}

In Matrixform hat das Spiel folgende Darstellung:

		Spieler 2			
		links wenn oben links wenn unten	links wenn oben rechts wenn unten	rechts wenn oben links wenn unten	rechts wenn oben rechts wenn unten
Spieler 1	oben	(20) 9	(20) 9	(10) (12)	(10) (12)
	unten	8 4	5 (7)	8 4	5 (7)

Wie zu sehen, hat das Spiel zwei Gleichgewichte, nämlich {oben; rechts wenn oben, links wenn unten} und {oben; rechts wenn oben, rechts wenn unten}. Nur das letzte dieser beiden Gleichgewichte ist teilspielperfekt.

Lösung zu Aufgabe 3.9.1.2

Das Rückwärtsinduktionsergebnis des Spiels lautet {unten; rechts}

In Matrixform hat das Spiel folgende Darstellung:

		Spieler 2			
		links wenn oben links wenn unten	links wenn oben rechts wenn unten	rechts wenn oben links wenn unten	rechts wenn oben rechts wenn unten
Spieler 1	oben	(20) / 10	(20) / 10	10 / (14)	10 / (14)
	unten	15 / 12	15 / (13)	(15) / 12	(15) / (13)

Das Spiel hat nur ein Gleichgewicht, nämlich {unten; rechts wenn oben, rechts wenn unten}. Das Gleichgewicht ist teilspielperfekt.

Lösung zu Aufgabe 3.9.1.3

Das Rückwärtsinduktionsergebnis des Spiels lautet {oben; links}

In Matrixform hat das Spiel folgende Darstellung:

		Spieler 2			
		links wenn oben links wenn unten	links wenn oben rechts wenn unten	rechts wenn oben links wenn unten	rechts wenn oben rechts wenn unten
Spieler 1	oben	(20) / (14)	(20) / (14)	10 / 12	(10) / 12
	unten	12 / (15)	5 / 7	(12) / (15)	5 / 7

Wie zu sehen, hat das Spiel drei Gleichgewichte, nämlich {oben; links wenn oben, links wenn unten} und {oben; links wenn oben, rechts wenn unten} und {unten; rechts wenn oben, links wenn unten}. Nur das erste dieser drei Gleichgewichte ist teilspielperfekt.

Lösung zu Aufgabe 3.9.1.4

Die Rückwärtsinduktionsergebnisse des Spiels lautet {oben; links}, {oben; rechts}, {unten; links}, {unten; rechts}

In Matrixform hat das Spiel folgende Darstellung:

		Spieler 2			
		links wenn oben links wenn unten	links wenn oben rechts wenn unten	rechts wenn oben links wenn unten	rechts wenn oben rechts wenn unten
Spieler 1	oben	20 14	20 14	20 14	20 14
	unten	20 14	20 14	20 14	20 14

Wie zu sehen, sind alle 8 Strategiekombinationen Gleichgewichte, die auch alle teilspielperfekt sind.

Lösung zu Aufgabe 3.9.2

Das teilspielperfekte Gleichgewicht lautet:

- Strategie Udo: „unten"
- Strategie Gaby: Wenn K2: „links", wenn K3: „rechts"
- Strategie Arndt: Wenn K4: „nord", wenn K5: „nord", wenn K6: „süd", wenn K7: „süd"

Das Spiel endet im Endknoten K15.

Lösung zu Aufgabe 3.9.3

a) Es ist w die Wahrscheinlichkeit für die Wiederholung des Spiels. Es gilt w = 0,8. Wenn Rita die Triggerstrategie spielt und Hanne dies auch tut, dann werden beide Spielerinnen in jeder Stufe die Zugkombination „oben"/"links" spielen und jeweils Auszahlungen in Höhe von 50 pro Stufe erzielen. Die Summe der erwarteten Auszahlungen aller Stufen ist dann:

$$A_{Trigger} = \frac{50}{1-w} = 250$$

Wenn Rita gegen die Triggerstrategie von Hanne hingegen von ihrer eigenen Triggerstrategie abweicht, dann kann sie zunächst eine Auszahlung von 200 erzielen, indem sie „unten" spielt. Danach wird Hanne dann allerdings immer „rechts" spielen, worauf

Rita sinnvollerweise dann immer weiter „unten" spielen wird. Rita bekäme also in der ersten Stufe eine Auszahlung von 200, in allen weiteren Stufen dann jeweils 20. Ihre Auszahlung würde dann insgesamt betragen:

$$A_{Abweichung} = 200 + \frac{20}{1 - w} - 20 = 280$$

Wie zu sehen ist, würde es sich für Rita lohnen, von ihrer Triggerstrategie gegen die Triggerstrategie von Hanne abzuweichen, da sie durch die Abweichung ihre Auszahlung von 250 auf 280 erhöhen kann. Die Triggerstrategien bilden in diesem Spiel also kein Gleichgewicht.

b) Die Triggerstrategien bilden dann ein Gleichgewicht, wenn deren Auszahlungen mindestens so hoch sind, wie die Auszahlungen bei Abweichung. Es muss also gelten:

$$A_{Trigger} \geq A_{Abweichung}$$

Oder nach Einsetzen:

$$\frac{50}{1 - w} \geq 200 + \frac{20}{1 - w} - 20$$

Nach wenigen algebraischen Umformungen erhält man einen kritischen Wert von $w = 0,8333$, d.h. die Wahrscheinlichkeit für eine Wiederholung des Spiels muss mindestens 83,33% betragen, damit die Triggerstrategien ein Gleichgewicht des Spiels bilden.

c) Damit die Triggerstrategien gerade noch ein Gleichgewicht bilden, muss gelten

$$\frac{50}{1 - w} = X + \frac{20}{1 - w} - 20$$

Zusätzlich ist die Vorgabe zu berücksichtigen, dass die Wahrscheinlichkeit für eine Wiederholung $w = 0,75$ betragen soll. Es muss daher gelten

$$\frac{50}{1 - 0,75} = X + \frac{20}{1 - 0,75} - 20$$

Hieraus errechnet sich ein kritischer Wert für X in Höhe von 140. Inhaltlich lässt sich X in diesem Spiel als Maß für den kurzfristigen eigenen Vorteil beim Abweichen von der Triggerstrategie interpretieren. Wenn dieser kurzfristige Vorteil zu groß wird, hier also größer als 140, dann lohnen sich die Triggerstrategien nicht mehr und es wird abgewichen. Die Triggerstrategien würden dann kein Gleichgewicht mehr bilden.

3.10 Leseempfehlungen und Literatur

Die Spiele und Lösungsmethoden dieses dritten Kapitels werden vertiefend behandelt z.B. von Gibbons (1992), Kapitel 2.

Wiederholte Spiele, Triggerstrategien und verschiedene Versionen des Folk-Theorems werden diskutiert von Holler/Illing (2009), Abschnitt 4.2. Eine umfangreiche Diskussion wiederholter Spiele auf mathematisch wiederum recht hohem Niveau findet sich in Kapitel 7 von Berninghaus/Ehrhart/Güth (2010)

Berninghaus, Siegfried K., Ehrhart, Karl Martin und Güth, Werner (2010): Strategische Spiele – Eine Einführung in die Spieltheorie, 3. Auflage, Springer Verlag, Heidelberg u.a.O.

Gibbons, Robert (1992): A Primer in Game Theory. Verlag Harvester Wheetsheaf, New York u.a.O.

Holler, Manfred J. und Illing, Gerhard (2009): Einführung in die Spieltheorie. 7. Auflage, Springer Verlag, Heidelberg u.a.O.

Statische Spiele mit unvollständiger Information $\quad$ 4

Spiele mit unvollständiger Information sind Spiele, in denen nicht jeder Spieler die Auszahlungen aller seiner Mitspieler genau kennt. Die Spieler können sich also nicht exakt in die Köpfe der anderen hineinversetzen, sie können sich also nicht sicher sein, was die anderen Spieler genau tun werden. Das Verhalten der anderen Spieler wird damit in einem gewissen Sinne zufallsabhängig. Bei der Analyse von Spielen mit unvollständiger Information geht es nun darum, herauszubekommen, wie die Spieler mit diesen zufallsabhängigen Strategien ihrer Mitspieler umgehen sollten.

4.1 Einführendes Beispiel

Wenn wir uns beispielsweise das Cournot-Spiel der beiden Silberproduzenten aus Kapitel 2 ansehen, dann könnte es ja sein, dass zumindest einer der beiden nicht weiß, wie hoch die Produktionskosten des anderen sind. Damit aber selbst in dieser Situation noch eine Lösung bestimmt werden kann, müssen die Spieler zumindest die überhaupt möglichen Kostenfunktionen aller Mitspieler kennen. Und zusätzlich müssen sie wissen, wie wahrscheinlich es jeweils ist, das die Kosten der Mitspieler eine bestimmte Höhe haben. Sehen wir uns das für das Cournot-Spiel aus Kapitel 2 nochmals an. Dort hatten wir zwei Spieler betrachtet, die Silber produzieren, nämlich die Staake Montan AG und die Michels Silberwerk GmbH. Für die beiden Unternehmen hatten wir die folgenden Gewinnfunktionen aufgestellt:

$$G_S = Pq_S - 10q_S$$

$$G_M = Pq_M - 10q_M$$

Der Marktpreis wird durch die Nachfragefunktion angegeben und beträgt:

© Springer-Verlag GmbH Deutschland, ein Teil von Springer Nature 2019
S. Winter, *Grundzüge der Spieltheorie*,
https://doi.org/10.1007/978-3-662-58215-2_5

$$P = 1000 - q_S - q_M$$

Wir nehmen nun an, dass die Kosten der Michels GmbH für die Staake AG nicht genau bekannt sind. Von diesen Kosten hängt aber die Produktionsmenge der Michels GmbH ab. Davon wiederum der Preis und davon wiederum die Gewinne der Staake AG. Nehmen wir nun an, dass die Stückkosten der Michels GmbH entweder niedrig sein könnten und dann 10 betragen oder hoch sein und 50 betragen könnten. Wir bezeichnen die Produktionsmenge der Michels GmbH mit q_{Mn}, wenn die Kosten niedrig sind und mit q_{Mh}, wenn die Kosten hoch sind. Da die Marktpreise von diesen Mengen abhängen, kann es auch unterschiedlich hohe Marktpreise geben. Wir bezeichnen mit P_n den Marktreis, wenn die Kosten der Michels GmbH niedrig sind und mit P_h, wenn die Kosten der Michels GmbH hoch sind. Es gilt also:

$$P_n = 1000 - q_S - q_{Mn}$$

bzw.

$$P_h = 1000 - q_S - q_{Mh}$$

Dementsprechend bezeichnen wir nun den Gewinn der Michels GmbH mit G_{Mn}, falls ihre Kosten niedrig sind und mit G_{Mh}, falls die Kosten hoch sind. Für diese Gewinne ergibt sich:

$$G_{Mn} = P_n q_{Mn} - 10 q_{Mn}$$

$$= (1000 - q_S - q_{Mn}) q_{Mn} - 10 q_{Mn}$$

$$= 990 q_{Mn} - q_S q_{Mn} - q_{Mn}^2$$

bzw.

$$G_{Mh} = 950 q_{Mh} - q_S q_{Mh} - q_{Mh}^2$$

Nun nehmen wir an, dass die Staake AG zwar nicht weiß, ob die Kosten der Michels GmbH hoch oder niedrig sind, dass aber die Wahrscheinlichkeiten für die beiden unterschiedlichen Kostenhöhen bekannt sind. Nehmen wir an, dass die Wahrscheinlichkeit für die niedrigen Kosten bei $w_n = 0{,}6$ liegt und die Wahrscheinlichkeit für die hohen Kosten bei $w_h = 0{,}4$. Wenn die Staake AG mit diesen Wahrscheinlichkeiten kalkuliert, dann ergibt sich ein erwarteter Gewinn (=erwartete Auszahlung) in Höhe von:

$$E(G_S) = w_n(P_n q_S - 10 q_S) + w_h(P_h q_S - 10 q_S)$$

$$= 0{,}6(P_n q_S - 10 q_S) + 0{,}4(P_h q_S - 10 q_S)$$

$$= 0{,}6 P_n q_S + 0{,}4 P_h q \quad - 10 q_S$$

In diesen erwarteten Gewinn kann man nun noch die unterschiedlichen Preise einsetzen, d.h. $P_n = 1000 - q_S - q_{Mn}$ und $P_h = 1000 - q_S - q_{Mh}$. Dann erhält man:

$$E(G_S) = 0{,}6P_n q_S + 0{,}4P_h q_S - 10q_S$$

$$= 0{,}6(1000 - q_S - q_{Mn})q_S + 0{,}4(1000 - q_S - q_{Mh})q_S - 10q_S$$

$$= 990q_S - q_S^2 - 0{,}6q_{Mn}q_S - 0{,}4q_{Mh}q_S$$

Damit lauten die möglichen Auszahlungen aller Spieler:

$$E(G_S) = 990q_S - q_S^2 - 0{,}6q_{Mn}q_S - 0{,}4q_{Mh}q_S$$

$$G_{Mn} = 990q_{Mn} - q_S q_{Mn} - q_{Mn}^2$$

$$G_{Mh} = 950q_{Mh} - q_S q_{Mh} - q_{Mh}^2$$

Diese möglichen Auszahlungen müssen nun maximiert werden, um das Gleichgewicht zu bestimmen. Als Bedingungen erster Ordnung ergeben sich hieraus:

$$\frac{dE(G_S)}{dq_S} = 990 - 2q_S - 0{,}6q_{Mn} - 0{,}4q_{Mh} = 0$$

$$\frac{dG_{Mn}}{dq_{Mn}} = 990 - q_S - 2q_{Mn} = 0$$

$$\frac{dG_{Mh}}{dq_{Mh}} = 950 - q_S - 2q_{Mh} = 0$$

Aus diesen Gleichungen können nun die drei Mengen q_S, q_{Mn} und q_{Mh} berechnet werden. Als Lösungen ergeben sich:

$$q_S = 335{,}33$$

$$q_{Mn} = 327{,}33$$

$$q_{Mh} = 307{,}33$$

Bevor wir nun das Gleichgewicht bestimmen, müssen wir einen weiteren Begriff definieren. In Spielen mit unvollständiger Information spricht man davon, dass die Spieler unterschiedliche „Typen" annehmen können. In unserem Beispiel oben konnte die Michels GmbH vom Typ „niedrige Kosten" oder vom Typ „hohe Kosten" sein. Jede mögliche Auszahlungsfunktion entspricht also einem Typ von Spieler. In statischen Spielen mit unvollständiger Information entspricht eine Strategie eines Spielers nun der Zuordnung eines Zuges zu jedem Spielertyp. Die oben gefundene Strategie der Michels GmbH lautet daher: *„Produziere eine Menge von 327,33, wenn du vom Typ „niedrige Kosten" bist, produziere eine Menge von 307,33, wenn du vom Typ „hohe Kosten" bist".* In Kurzform können wir das auch schreiben als:

$$\text{„327,33 falls Kosten niedrig, 307,33 falls Kosten hoch"}$$

Da die Staake AG nun nur von einem Typ sein kann, lautet ihre Strategie einfach nur:

$$\text{„335,33".}$$

Damit lautet das Gleichgewicht des Spiels:

$$\{335,33; \ 327,33 \ falls \ Kosten \ niedrig, 307,33 \ falls \ Kosten \ hoch\}$$

Allgemein bestehen die Strategien in statischen Spielen mit unvollständiger Information also immer aus der Angabe eines optimalen Zuges in Abhängigkeit von jedem möglichen Typen des jeweiligen Spielers. In dem eben betrachteten Spiel wird jeder Typ eines Spielers von seinen Kosten bestimmt. Die Michels GmbH kann also vom Typ „hohe Kosten" sein oder vom Typ „niedrige Kosten".

4.2   Das Bayes-Theorem

Nehmen Sie an, sie würden zufällig auf der Straße angesprochen und gefragt, ob Sie einen kostenlosen Speicheltest für eine seltene Krankheit machen wollen. Sie willigen ein und sind schockiert, als das Testergebnis positiv ausfällt. Sie fragen nach, ob das Testergebnis zuverlässig sei. Daraufhin sagt man Ihnen, dass der Test immer mit einer Wahrscheinlichkeit von 99% das richtige und mit einer Wahrscheinlichkeit von 1% ein falsches Ergebnis anzeigt, egal, ob man die Krankheit nun hat oder nicht. Wenn Sie das über den Test wissen, wie hoch ist dann die Wahrscheinlichkeit dafür, dass Sie die Krankheit tatsächlich haben, nachdem Sie positiv getestet wurden? Die meisten Menschen antworten auf diese Frage: „99%". Sie tun dies, weil genau das ja die Wahrscheinlichkeit für ein korrektes Testergebnis ist. Diese Antwort ist allerdings in aller Regel falsch. Und sie ist umso falscher, je seltener die Krankheit ist.

Nehmen wir an, dass pro eine Million Menschen 10.000 Menschen die Krankheit haben, dementsprechend 990.000 Personen die Krankheit nicht haben. Was würde herauskommen, wenn man jeden dieser eine Million Menschen mit dem Test testen würde? Es würde sich folgendes Bild ergeben:

		Krankheit		
		ja	nein	Gesamt
Testergebnis	positiv	9.900	9.900	19.800
	negativ	100	980.100	980.200
	Gesamt	10.000	990.000	1.000.000

Wenn das Testergebnis nun also positiv ist, dann befindet man sich offensichtlich in der ersten Zeile der Tabelle. Von den insgesamt 19.800 Menschen, die positiv getestet worden wären, sind aber nur die Hälfte, nämlich 9.900 tatsächlich krank. Daher beträgt die Wahrscheinlichkeit, krank zu sein, wenn das Testergebnis positiv ist, 50% und nicht 99%. Diese Wahrscheinlichkeit hängt also nicht nur davon ab, wie genau der Test ist, sondern auch davon, wie selten die Krankheit ist. Das lässt sich noch weiter plausibilisieren. Nehmen Sie an, sie würden auf eine Krankheit getestet, die es gar nicht gibt und der Test zeigt an, dass Sie die Krankheit haben. Selbst wenn der Test eine Genauigkeit von 99,99% hätte, können Sie die Krankheit offensichtlich dennoch nicht haben. Die Genauigkeit des Tests sagt in diesem Fall also überhaupt nichts über die Wahrscheinlichkeit, krank zu sein.

Bevor wir fortfahren, wollen wir diese Überlegungen in Wahrscheinlichkeitsurteile übersetzen. Dazu nehmen wir die gleiche Tabelle und teilen jede der Zahlen durch 1.000.000, um so die relativen Anteile zu erhalten, die wir dann als Wahrscheinlichkeiten interpretieren.

		Krankheit		
		ja	nein	Gesamt
Testergebnis	positiv	0,0099	0,0099	0,0198
	negativ	0,0001	0,9801	0,9802
	Gesamt	0,01	0,99	1

Wenn man nun fragen würde, wie hoch die Wahrscheinlichkeit dafür ist, dass jemand die Krankheit hat, ehe wir ein Testergebnis haben, dann würde man antworten: 0,01 bzw. 1%. Umgekehrt könnte man auch fragen, wie hoch die Wahrscheinlichkeit dafür ist, dass man ein positives Testergebnis von jemandem bekommt, den man zufällig ausgewählt hat, dann wäre die Antwort: 0,0198 bzw. 1,98%. Diese Wahrscheinlichkeiten nennen wir „Randwahrscheinlichkeiten". Diese Randwahrscheinlichkeiten sind einfach die Summen der Zeilen- bzw. Spalteneinträge. Hierbei ist immer nur nach der Wahrscheinlichkeit für eines der beiden Merkmale gesund/krank oder Test positiv/Test negativ gefragt. Diese Wahrscheinlichkeiten bezeichnen wir formal z.B. einfach als $w(gesund)$ oder $w(negativ)$.

Was aber geben die Werte innerhalb der Tabelle an? Diese Werte geben die Wahrscheinlichkeiten dafür an, dass jemand exakt die betreffende Kombination von Merkmalen hat. Wenn wir also fragen, wie hoch die Wahrscheinlichkeit dafür ist, dass jemand nicht krank ist und negativ getestet würde, dann lautet die Antwort: 0,9801 bzw. 98,01%. In der Notation würden wir eine solche Wahrscheinlichkeit als $w(gesund\ und\ negativ)$ bezeichnen.

Nun kommen wir zur Beantwortung unserer Eingangsfrage. Wie hoch ist die Wahrscheinlichkeit dafür, tatsächlich krank zu sein, wenn man ein positives Testergebnis bekommen hat? Dieser Wert, den wir bereits kennen, ist offensichtlich nicht direkt aus der Tabelle abzulesen. Wir müssen ihn berechnen. Gefragt ist bei dieser Frage nach einer sogenannten „bedingten" Wahrscheinlichkeit. In der Notation bringt man die Bedingung durch einen senkrechten Strich zu Ausdruck. Wir fragen also nach der Wahrscheinlichkeit dafür krank zu sein unter der Bedingung, dass ein positives Testergebnis vorliegt oder formal $w(krank\,|\,positiv)$. Diese Wahrscheinlichkeiten werden auch als „a posteriori"- Wahrscheinlichkeiten bezeichnet (a posteriori = im Nachhinein, d.h. hier: im Nachhinein berechnet unter Berücksichtigung einer gegebenen Bedingung). Wie werden diese nun berechnet? Dies ist relativ simpel. Wir erhalten z.B.:

$$w(krank \mid positiv) = \frac{w(krank\ und\ positiv)}{w(positiv)} = \frac{0,0099}{0,0198} = 0,5$$

Wenn wir uns das in der Tabelle nochmals ansehen, erhalten wir:

		Krankheit		
		ja	nein	Gesamt
Testergebnis	positiv	0,0099 =w(krank und positiv)	0,0099	0,0198 =w(positiv)
	negativ	0,0001	0,9801	0,9802
	Gesamt	0,01	0,99	1

Wenn wir die Information über die Bedingung „positiv" bereits haben, dann sind alle Zeilen, die Informationen enthalten, auf die die Bedingung nicht zutrifft, überflüssig und wir können sie in Gedanken streichen. Und nun können wir einfach $w(krank\ und\ positiv)$ durch $w(positiv)$ teilen, und erhalten die Wahrscheinlichkeit dafür, dass jemand tatsächlich krank ist, vom dem bereits bekannt ist, dass sein Testergebnis positiv war.

Dieses Vorgehen können wir verallgemeinern. Wir erhalten als Formel für die Berechnung der bedingten, d.h. der a posteriori Wahrscheinlichkeiten:

$$w(Merkmal\ A\ |\ Bedingung\ B\ ) = \frac{w(Merkmal\ A\ und\ Bedingung\ B)}{w(Bedingung\ B)}$$

Diese Regel zur Berechnung von a posteriori Wahrscheinlichkeiten wird als das sog. „Bayes-Theorem" bezeichnet, benannt nach dem englischen Mathematiker und Pfarrer Thomas Bayes. Diese Form der Berechnung ist die einzig mögliche konsistente Art, Informationen über Bedingungen in die Berechnung von A-posteriori-Wahrscheinlichkeiten einfließen zu lassen.

4.3 Ein weiterführendes Beispiel

Wir greifen nun unser Beispiel aus Abschnitt 4.1. nochmals auf, machen es jetzt aber etwas komplexer. Dazu nehmen wir an, dass nun auch die Staake AG Kosten in Höhe von $c_{Sn} = 10$ oder $c_{Sh} = 50$ haben könnte. Nehmen wir ferner an, dass die Wahrscheinlichkeit dafür, dass die Staake AG niedrige Kosten c_{Sn} hat, bei 30% liegt, die Wahrscheinlichkeit für hohe Kosten c_{Sn} beträgt hingegen 70%.

Damit haben wir bisher folgende Informationen über die Wahrscheinlichkeiten:

		Michels GmbH		
		Niedrige Kosten c_{Mn}	Hohe Kosten c_{Mh}	Gesamt
Staake AG	Niedrige Kosten c_{Sn}			0,3
	Hohe Kosten c_{Sh}			0,7
	Gesamt	0,6	0,4	1

Nun nehmen wir noch an, dass es einen gewissen Zusammenhang zwischen den Kosten der Unternehmen gibt, dass also tendenziell niedrige Kosten eher auf niedrige Kosten treffen und hohe eher auf hohe. Dann ergibt sich folgendes Bild:

		Michels GmbH		
		Niedrige Kosten c_{Mn}	Hohe Kosten c_{Mh}	Gesamt
Staake AG	Niedrige Kosten c_{Sn}	0,27 $= w(c_{Mn} \text{ und } c_{Sn})$	0,03 $= w(c_{Mh} \text{ und } c_{Sn})$	0,3 $w(c_{Sn})$
	Hohe Kosten c_{Sh}	0,33	0,37	0,7
	Gesamt	0,6	0,4	1

Die Wahrscheinlichkeit für niedrige Kosten der Michels GmbH betragen ja allgemein 60% (Randwahrscheinlichkeit!). Wenn nun die Staake AG ihre Produktionsmengen plant für den Fall, dass sie selbst niedrige Kosten hat, sollte sie dann immer noch davon ausgehen, auf eine Michels GmbH zu treffen, die mit einer Wahrscheinlichkeit von 60% niedrige Kosten hat? Die Antwort lautet: Nein! Denn die Staake AG kann ja die Vorinformation nutzen, dass sie selbst niedrige Kosten hat und dies als Bedingung in ihre Berechnung einbauen. Wenn die Staake AG also niedrige Kosten hat, dann kann sie davon ausgehen, mit der folgenden Wahrscheinlichkeit auf eine Michels GmbH mit niedrigen Kosten zu treffen:

$$w(c_{Mn}|\ c_{Sn}) = \frac{w(c_{Mn} \text{ und } c_{Sn})}{w(c_{Sn})} = \frac{0,27}{0,3} = 0,9$$

Mit der Gegenwahrscheinlichkeit von 0,1 bzw. 10% trifft sie dann auf eine Michels GmbH mit hohen Kosten. Dies können wir aber auch berechnen:

$$w(c_{Mh}|\ c_{Sn}) = \frac{w(c_{Mh} \text{ und } c_{Sn})}{w(c_{Sn})} = \frac{0,03}{0,3} = 0,1$$

Die erwartete Auszahlung für die Staake AG, wenn sie niedrige Kosten hat, würde dann also betragen:

$$E(G_{Sn}) = 0,9(1000 - q_{Sn} - q_{Mn})q_{Sn} + 0,1(1000 - q_{Sn} - q_{Mh})q_{Sn} - 10q_{Sn}$$

Wenn sie hingegen hohe Kosten hat, muss sie von folgenden bedingten Wahrscheinlichkeiten ausgehen:

$$w(c_{Mn} \mid c_{Sh}) = \frac{w(c_{Mn} \; und \; c_{Sh})}{w(c_{Sh})} = \frac{0{,}33}{0{,}7} = 0{,}417$$

Mit der Gegenwahrscheinlichkeit von 0,583 bzw. 58,3% trifft sie dann auf eine Michels GmbH mit hohen Kosten. Dies können wir aber auch berechnen:

$$w(c_{Mh} \mid c_{Sh}) = \frac{w(c_{Mh} \; und \; c_{Sh})}{w(c_{Sh})} = \frac{0{,}37}{0{,}7} = 0{,}583$$

Damit würde sich eine erwartete Auszahlung ergeben in Höhe von:

$$E(G_{Sh}) = 0{,}417(1000 - q_{Sh} - q_{Mn})q_{Sh} + 0{,}583(1000 - q_{Sh} - q_{Mh})q_{Sh} - 50q_{Sh}$$

Mit der gleichen Prozedur kann man nun die erwarteten Auszahlungen für die Michels GmbH berechnen. Hierfür ergibt sich:

$$E(G_{Mn}) = 0{,}45(1000 - q_{Sn} - q_{Mn})q_{Mn} + 0{,}55(1000 - q_{Sh} - q_{Mn})q_{Mn} - 10q_{Mn}$$

$$E(G_{Mh}) = 0{,}075(1000 - q_{Sn} - q_{Mh})q_{Mh} + 0{,}925(1000 - q_{Sh} - q_{Mh})q_{Mh} - 50q_{Mh}$$

Für diese Gleichungen sind nun wieder die Bedingungen erster Ordnung aufzustellen. Es ergeben sich schließlich optimale Mengen in Höhe von $q_{Sn} = 329{,}22$, $q_{Sh} = 315{,}52$, $q_{Mn} = 334{,}16$ und $q_{Mh} = 308{,}11$. Da die Strategien in statischen Spielen mit unvollständiger Information jeweils eine Angabe pro möglichem Spielertyp erfordern, lautet das Gleichgewicht vollständig:

$$\left\{ \begin{array}{l} 329{,}22 \; falls \; c = c_{Sn} \; und \; 315{,}52 \; falls \; c = c_{Sh}; \\ 334{,}16 \; falls \; c = c_{Mn} \; und \; 308{,}11 \; falls \; c = c_{Mh} \end{array} \right\}$$

4.4 Anwendung

Als Anwendung des Konzepts der statischen Spiele mit unvollständiger Information wollen wir die sog. Vickrey-Auktion betrachten, benannt nach William Vickrey, Nobelpreisträger der Wirtschaftswissenschaften 1996. In dieser Auktion geben die Bieter nur einmalig ein verdecktes Gebot ab. Gewinner der Auktion ist derjenige, der das höchste Gebot abgegeben hat. Er muss allerdings nicht den Preis bezahlen, den er selbst geboten hat, sondern nur einen Preis in Höhe des zweithöchsten Gebotes. Man bezeichnet dieses Auktionsdesign daher auch als verdeckte Zweitpreisauktion. Wie wir sehen, handelt es sich hierbei tatsächlich um ein statisches Spiel, da alle Spieler ihre Gebote abgeben, bevor bekannt wird, wer wie viel geboten hat. Die Typen der Spieler ergeben sich nun aus deren subjektiven Wertschätzungen für das Bietgut. Wenn man also gegen Mitspieler spielt, die sehr hohe Wertschätzungen haben, so werden diese Spieler vermutlich höhere Gebote abgeben, als wenn sie nur sehr niedrige Wertschätzungen hätten. Wie sich allerdings zeigt, existiert in Vickrey-Auktionen eine schwach dominante Strategie. Die beste eigene Bietstrategie hängt also nicht davon ab, was die anderen Bieter tun. Dies können wir uns anhand einiger recht simpler Fallunterscheidungen verdeutlichen.

Dazu nehmen wir an, dass das zu versteigernde Bild für Irene einen Wert von 1.000 Euro besitzt, dies ist also ihre Wertschätzung, die wir mit V bezeichnen wollen, d.h. $V = 1.000$. Den Preis, der am Ende für das Bild gezahlt werden muss, bezeichnen wir als P. Irenes Auszahlung ist einfach die Differenz zwischen beiden, d.h. $A = V - P$.

Nennen wir Irenes Gebot einfach B_I. Nehmen wir ferner an, dass das höchste Gebot aller anderen Bieter von Uli stammt. Dieses Gebot bezeichnen wir mit B_U.

Ferner nehmen wir an, dass Irene ein Gebot in Höhe Ihrer Wertschätzung abgibt, d.h. $B_I = V = 1000$. Um zu sehen, ob das eine gute Idee ist, sehen wir uns verschiedene Fälle für das Maximalgebot der anderen Bieter an. Dabei unterstellen wir, dass der Gewinner der Auktion ausgelost wird, wenn mehrere Bieter das gleiche höchste Gebot abgegeben haben.

1. Fall: Nehmen wir zunächst an, dass die anderen Bieter ein Gebot abgegeben haben, welches höher ist als 1.000, d.h. $B_U > 1.000$. Zur Verdeutlichung unterstellen wir einfach, dass Uli 1.200 bietet, d.h. $B_U = 1.200$. Wenn Irene $B_I = 1.000$ bietet, dann bekommt sie das Bild nicht, Ihre Auszahlung ist dann Null, weil sie das Bild nicht bekommt aber auch nichts bezahlen muss. Würde es sich für sie in diesem Fall lohnen, ein geringeres Gebot abzugeben? Nein, offensichtlich nicht, da sie auch mit einem niedrigeren Gebot nicht zum Zuge gekommen wäre. Könnte es sich umgekehrt lohnen, ein höheres Gebot abzugeben? Auch hier lautet die Antwort nein. Nehmen wir an, dass sie ihr Gebot zwar erhöht, aber immer noch unter $B_U = 1.200$ bleibt, also z.B. $B_I = 1.150$ bietet. In diesem Fall hätte die Erhöhung ihres Gebotes wiederum keinen Effekt, weil sie ja nicht das höchste Gebot abgegeben hätte und daher das Bild noch immer nicht bekommt, aber natürlich auch nichts bezahlen muss. Was passiert aber, wenn Sie mehr als B_U bietet? Dann wird sie das Bild bekommen und einen Preis von B_U dafür bezahlen. Ihre Auszahlung wäre daher $A = V - B_U = 1000 - 1200 = -200$. Ihre Auszahlung wäre also negativ geworden. Wenn also irgendein anderer Bieter mehr als Irenes Wertschätzung bietet, dann sollte Irene trotzdem bei einem Gebot in Höhe ihrer Wertschätzung bleiben.

2. Fall: Nehmen wir nun an, dass das höchste Alternativangebot von Uli kleiner ist als Irenes Wertschätzung, es gilt also: $B_U < 1.000$. Hier nehmen wir an, dass Uli ein Gebot in Höhe von $B_U = 800$ abgibt. Wenn Irene nun $B_I = 1.000$ bietet, dann gewinnt sie die

Auktion. Ihre Auszahlung beträgt dann $A = V - B_U = 1000 - 800 = 200$, was jetzt offensichtlich positiv ist. Es würde ihr in dieser Situation aber nichts bringen, ihr Gebot zu erhöhen. Denn sie hat die Auktion ja ohnehin gewonnen und der Preis, den sie bezahlen muss, würde sich durch die Erhöhung ihres Gebotes ja auch nicht verändern. Es wäre also sinnlos, das Gebot zu erhöhen. Kann es sich lohnen, das Gebot zu senken? Nun, solange ihr Gebot oberhalb von 800 bleibt, bleibt ihr Gebot das höchste und sie bekommt das Bild weiterhin für 800. Es hätte sich also nichts gegenüber ihrem Ausgangsgebot von 1000 geändert. Senkt sie aber ihr Gebot unter 800 ab, dann verliert sie die Auktion und ihre Auszahlung sinkt von 200 auf Null. Auch für diesen 2. Fall kommen wir damit zu dem Ergebnis, dass ein Gebot in Höhe Ihrer Wertschätzung niemals schlechter ist als ein anderes Gebot.

3. Fall: In diesem Fall nehmen wir an, dass Uli genau $B_U = 1.000$ bietet. Wenn Irene auch 1000 bietet, wird ausgelost, wer von beiden das Bild bekommt. Wenn Irene das Bild zugelost bekommt, ist ihre Auszahlung Null, da sie 1000 bezahlen muss für ein Bild, dass ihr auch genau 1000 wert ist. Wenn Sie das Bild nicht zugelost bekommt, beträgt ihre Auszahlung aber auch Null, da sie das Bild nicht bekommt aber auch nichts bezahlen muss. Würde es sich in dieser Situation für sie lohnen, ihr Gebot zu erhöhen? Nein, denn dann bekäme sie das Bild zwar mit Sicherheit, müsste aber weitere 1000 dafür bezahlen und hätte somit wieder eine Auszahlung von Null. Die Erhöhung des Gebotes lohnt sich also nicht. Wenn sie ihr Gebot nun aber verringert, dann geht das Bild an Uli. Sie bezahlt nichts und bekommt das Bild nicht, daher bleibt es bei der Auszahlung von Null.

Wenn wir diese drei Fälle zusammenfassen, sehen wir, dass es für Irene niemals eine Verbesserung bringt, ein Gebot abzugeben, welches höher oder niedriger ist als ihre tatsächliche Wertschätzung. Die Anweisung: *„Gib ein Gebot in Höhe deiner Wertschätzung ab"* ist also eine schwach dominante Strategie. Ein Gleichgewicht des Spiels lautet daher, dass jeder Spielertyp ein Gebot in Höhe seiner Wertschätzung abgibt.

Es ist unmittelbar einsichtig, dass die Spieler weniger bieten sollten, wenn es sich um eine Erstpreisauktion handeln würde, die Spieler also genau das bezahlen müssten, was sie auch selbst geboten haben. Wenn Irene in einer solchen Auktion 1000 bieten würde, dann hätte sie eine Auszahlung von Null, wenn sie den Zuschlag nicht erhält und sie hätte eine Auszahlung von Null, wenn sie den Zuschlag erhält. Wenn sie also in einer solchen Auktion eine positive Auszahlung erreichen will, dann muss sie weniger bieten, als ihr das Bild wert ist und hoffen, dass niemand mehr bietet als sie!

Bleibt zu erwähnen, dass wir noch immer im Bereich der nicht-kooperativen Spieltheorie sind. Würden sich die Bieter nämlich vertraglich untereinander einigen können, könnten sie natürlich die höchste Auszahlung dadurch erreichen, dass alle Bieter Null bieten und das Bild dann zum Preis für Null verkauft und einem der Bieter zugelost wird. Den (heimlichen) Zusammenschluss von Bietern bezeichnet man auch als Bietring. Bietringe sind natürlich den Verkäufern der zu versteigernden Objekte und den Auktionatoren ein Dorn im Auge.

4.5 Aufgaben

Aufgabe 4.5.1

Nehmen Sie an, dass bei einer Auktion zwei Bieter aufeinandertreffen, deren Wertschätzung für ein zu versteigerndes Gemälde entweder hoch oder niedrig sein kann. Mit welchen Wahrscheinlichkeiten jeweils bestimmte Bietertypen aufeinandertreffen, ist der folgenden Tabelle zu entnehmen.

		Bieter 2		
		Niedrige Kosten V_{2n}	Hohe Kosten V_{2h}	Gesamt
Bieter 1	Niedriger Wert V_{1n}	0,2 $= w(V_{2n} \ und \ V_{1n})$	0,1	0,3 $w(c_{Sn})$
	Hoher Wert V_{1h}	0,4	0,3	0,7
	Gesamt	0,6	0,4	1

Ermitteln sie folgende bedingte Wahrscheinlichkeiten aus Sicht von Bieter 1:

$$w(V_{2n} \mid V_{1n}), w(V_{2n} \mid V_{1h}), w(V_{2h} \mid V_{1n}), w(V_{2h} \mid V_{1h})$$

Ermitteln sie folgende bedingte Wahrscheinlichkeiten aus Sicht von Bieter 2:

$$w(V_{1n} \mid V_{2n}), w(V_{1n} \mid V_{2h}), w(V_{1h} \mid V_{2n}), w(V_{1h} \mid V_{2h})$$

Aufgabe 4.5.2

Bestimmen Sie das Gleichgewicht für das Beispiel aus Abschnitt 4.3. neu, wobei nun von folgenden Wahrscheinlichkeiten auszugehen ist:

		Michels GmbH		
		Niedrige Kosten c_{Mn}	Hohe Kosten c_{Mh}	Gesamt
Staake AG	Niedrige Kosten c_{Sn}	0,4 $= w(c_{Mn} \ und \ c_{Sn})$	0,4 $= w(c_{Mh} \ und \ c_{Sn})$	0,8 $w(c_{Sn})$
	Hohe Kosten c_{Sh}	0	0,2	0,2
	Gesamt	0,4	0,6	1

Lösung zu Aufgabe 4.5.1

Aus Sicht von Bieter 1 erhält man für die erste der gesuchten Wahrscheinlichkeiten:

$$w(V_{2n} \mid V_{1n}) = \frac{w(V_{2n} \; und \; V_{1n})}{w(V_{1n})} = \frac{0,2}{0,3}$$

Analog berechnet man $w(V_{2n} \mid V_{1h}) = \frac{0,4}{0,7}$, $w(V_{2h} \mid V_{1n}) = \frac{0,1}{0,3}$ und $w(V_{2h} \mid V_{1h}) = 0,3/0,7$

Aus der Sicht von Bieter 2 ergibt sich:

$$w(V_{1n} \mid V_{2n}) = 0,2/0,6, w(V_{1n} \mid V_{2h}) = 0,1/0,4, w(V_{1h} \mid V_{2n}) = 0,4/0,6 \; und$$
$$w(V_{1h} \mid V_{2h}) = 0,3/0,4$$

Lösung zu Aufgabe 4.5.2

Wenn die Staake AG niedrige Kosten hat, beträgt die Wahrscheinlichkeit dafür, auf eine Michels GmbH mit ebenfalls niedrigen Kosten zu treffen:

$$w(c_{Mn} \mid c_{Sn}) = \frac{w(c_{Mn} \; und \; c_{Sn})}{w(c_{Sn})} = \frac{0,4}{0,8} = 0,5$$

Mit der Gegenwahrscheinlichkeit von ebenfalls 0,5 trifft sie dann auf eine Michels GmbH mit hohen Kosten:

$$w(c_{Mh} \mid c_{Sn}) = \frac{w(c_{Mh} \; und \; c_{Sn})}{w(c_{Sn})} = \frac{0,4}{0,8} = 0,5$$

Die erwartete Auszahlung für die Staake AG, wenn sie niedrige Kosten hat, würde dann also betragen:

$$E(G_{Sn}) = 0,5(1000 - q_{Sn} - q_{Mn})q_{Sn} + 0,5(1000 - q_{Sn} - q_{Mh})q_{Sn} - 10q_{Sn}$$

Wenn sie hingegen hohe Kosten hat, muss sie von folgenden bedingten Wahrscheinlichkeiten ausgehen:

$$w(c_{Mn} \mid c_{Sh}) = \frac{w(c_{Mn} \; und \; c_{Sh})}{w(c_{Sh})} = \frac{0}{0,2} = 0$$

Mit der Gegenwahrscheinlichkeit von 1 trifft sie dann auf eine Michels GmbH mit hohen Kosten:

$$w(c_{Mh} \mid c_{Sh}) = \frac{w(c_{Mh} \; und \; c_{Sh})}{w(c_{Sh})} = \frac{0,2}{0,2} = 1$$

Damit würde sich eine erwartete Auszahlung ergeben in Höhe von:

$$E(G_{Sh}) = 0(1000 - q_{Sh} - q_{Mn})q_{Sh} + 1(1000 - q_{Sh} - q_{Mh})q_{Sh} - 50q_{Sh}$$

Mit der gleichen Prozedur kann man nun die erwarteten Auszahlungen für die Michels GmbH berechnen. Hierfür ergibt sich:

$$E(G_{Mn}) = 1(1000 - q_{Sn} - q_{Mn})q_{Mn} + 0(1000 - q_{Sh} - q_{Mn})q_{Mn} - 10q_{Mn}$$

$$E(G_{Mh}) = 2/3(1000 - q_{Sn} - q_{Mh})q_{Mh} + 1/3(1000 - q_{Sh} - q_{Mh})q_{Mh} - 50q_{Mh}$$

Für diese Gleichungen sind nun wieder die Bedingungen erster Ordnung aufzustellen und das Gleichungssystem ist zu lösen. Als Gleichgewicht ergibt sich:

$$\left\{ \begin{array}{c} 335{,}80 \; falls \; c = \; c_{Sn} \; und \; 320{,}14 \; falls \; c = \; c_{Sh}; \\ 327{,}1 \; falls \; c = \; c_{Mn} \; und \; 309{,}71 \; falls \; c = \; c_{Mh} \end{array} \right\}$$

4.6   Leseempfehlungen und Literatur

Die Spiele und Lösungsmethoden dieses vierten Kapitels werden vertiefend behandelt z.B. von Gibbons (1992), Kapitel 3.

Gibbons, Robert (1992): A Primer in Game Theory. Verlag Harvester Wheetsheaf, New York u.a.O.

Dynamische Spiele mit unvollständiger Information

5

Wir kommen nun also zu dynamischen Spielen mit unvollständiger Information. Die Spieler ziehen also nacheinander, und nicht jeder Spieler kennt die Auszahlungen aller anderen Spieler. Während man bei statischen Spielen allenfalls Vorab-Informationen nutzen kann, gibt es in dynamischen Spielen mit unvollständiger Information aber eine zusätzliche Informationsquelle: Das beobachtete Verhalten!

Eine der Kernfragen bei der Analyse von dynamischen Spielen mit unvollständiger Information lautet daher: Ist es für die später ziehenden Spieler möglich, aus dem beobachteten Verhalten der vorher ziehenden Spieler Rückschlüsse über deren Typen zu ziehen?

5.1 Einführendes Beispiel

Wir betrachten folgendes Spiel von Joachim und Astrid: Joachim zieht zuerst einen seiner Züge „oben" oder „unten", danach zieht Astrid „links" oder „rechts". Astrid kann zwar sehen, ob Joachim „oben" oder „unten" gewählt hat, sie weiß aber nicht mit Sicherheit, welche Auszahlungen für ihn resultieren werden, wenn sie nun selbst „links" oder „rechts" wählt. Sie weiß allerdings, dass Joachim entweder vom Typ 1 oder vom Typ 2 ist. Mit welchem Typ Astrid aber konfrontiert ist, erscheint aus Astrids Perspektive zufällig. Diese Zufälligkeit integrieren wir in die Darstellung des Spiels, indem wir am Anfang des Spieles einen virtuellen Spieler namens „Zufall" (wird häufig auch „Natur" genannt) einbauen. Der Zufall wählt nun mit vorgegebenen Wahrscheinlichkeiten aus, ob Joachim vom Typ 1 oder vom Typ 2 ist. Die Entscheidungskanten des Zufalls beschriften wir mit den jeweiligen Wahrscheinlichkeiten. Da der Zufall kein bewusst handelnder

© Springer-Verlag GmbH Deutschland, ein Teil von Springer Nature 2019
S. Winter, *Grundzüge der Spieltheorie*,
https://doi.org/10.1007/978-3-662-58215-2_6

Spieler ist, verfolgt er auch keine eigenen Zielsetzungen. Daher erhält der Zufall auch keine Auszahlungen am Ende des Spiels. Um es salopp zu formulieren: Ein Würfel (=der Zufall) wird nicht glücklicher dadurch, dass er eine sechs statt einer eins gewürfelt hat.

Nun benötigen wir noch eine besondere Darstellungsweise, mit der wir zum Ausdruck bringen können, dass Astrid zwar sehen kann, ob Joachim „oben" oder „unten" gewählt hat, dass sie aber nicht weiß, ob der jeweilige Zug von Typ 1 oder Typ 2 gemacht worden ist. Dies bringen wir im Spielbaum wieder dadurch zum Ausdruck, dass wir die Entscheidungsknoten, die Astrid nicht unterscheiden kann, durch eine senkrechte, gestrichelte Linie verbinden. Diese Darstellungsweise hatten wir ja bereits in Kapitel 3 bei den Spielen mit imperfekter Information kennengelernt.

Im folgenden Beispiel weiß Astrid also nur, dass sie entweder in einem der Entscheidungsknoten (K4 oder K5) oder in einem der Knoten (K6 oder K7) ist, wenn sie am Zug ist.

Zur Bezeichnung von nicht unmittelbar unterscheidbaren Entscheidungsknoten benutzt man den Begriff der sog. „Informationsmenge". Eine Informationsmenge ist eine Menge aller Entscheidungsknoten, für die ein Spieler sagen kann, dass er sich in einem dieser Knoten befindet, aber nicht unmittelbar angeben kann, in welchem davon. In dem unten folgenden Spiel hat Astrid zwei Informationsmengen. Dabei bilden die Knoten {K4 ; K5} ihre Informationsmenge 1 und die Knoten {K6 ; K7} ihre Informationsmenge 2. Wenn Joachim also „unten" gespielt hat, befindet sich Astrid in ihrer Informationsmenge 1, hat Joachim „oben" gespielt, befindet sich Astrid in ihrer Informationsmenge 2.

Bei der folgenden Darstellung ist zusätzlich zu berücksichtigen, dass Astrids Entscheidungsknoten K4 – K7 im gleichen Entscheidungszeitpunkt liegen würden. Wir haben sie aber deshalb etwas versetzt, um durch die senkrechten, gestrichelten Linien markieren zu können, welche Entscheidungsknoten Astrid im Augenblick noch nicht voneinander unterscheiden kann, welche Knoten also jeweils zur selben Informationsmenge gehören. Hätten wir alle vier Entscheidungsknoten direkt untereinander gesetzt, hätten wir die gestrichelten Linien gekrümmt einzeichnen müssen, was in spieltheoretischen Darstellungen durchaus auch üblich ist. In diesem Buch benutzen wir aber die versetzte Darstellung der Entscheidungsknoten. Für dieses Spiel werden wir allerdings gleich sehen, dass Astrid mit etwas Überlegung zumindest aber herausbekommen kann, in welchem ihrer vier Entscheidungsknoten K4 – K7 sie wohl sein dürfte, wenn sie am Zug ist.

Genau dies ist ja die zentrale Fragestellung in dynamischen Spielen mit unvollständiger Information: Kann man aus dem Verhalten des anderen Spieler Schlussfolgerungen darüber ziehen, gegen welchen Typ von Spieler man spielt. Nehmen Sie an, dass Sie auf den Tennisplatz gehen und gegen jemanden antreten, den Sie nicht kennen. Sie wissen also nicht, ob sie gegen einen guten oder schlechten Spieler antreten. Wenn dieser unbekannte Ihnen nun mit zweihundert Stundenkilometern ein Ass um die Ohren haut, dann können Sie aus seinem Verhalten etwas darüber lernen, ob Sie es mit einem guten oder einem schlechten Spieler zu haben. Wie wir gleich sehen werden, kann auch Astrid aus Joachims Verhalten etwas lernen!

Hier nun also das Spiel in Spielbaumdarstellung:

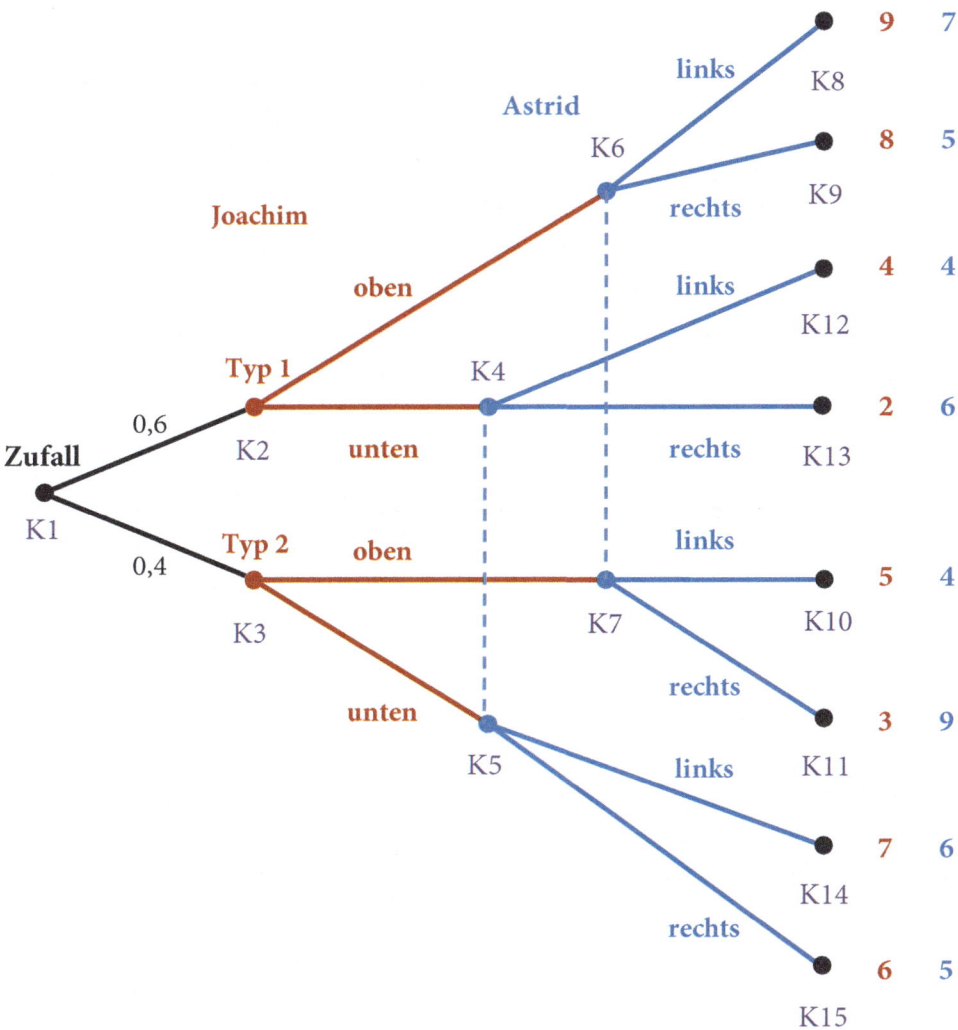

Bevor wir mit einer präziseren Analyse beginnen, sehen wir uns zunächst aber an, warum in diesem Spiel nicht einfach eine Rückwärtsinduktion durchgeführt werden kann. Wäre Astrid im Entscheidungsknoten K6, dann würde uns die Methode der Rückwärtsinduktion ja sagen, dass sie ihren Zug „rechts" streichen kann, weil sie ja im Knoten K6 mit „links" besser fahren würde. Das Problem ist hier aber, dass sie ja gar nicht weiß, ob sie im Knoten K6 oder nicht doch im Knoten K7 ist! Wenn sie also „rechts" streicht, dann kann Sie das nicht auf den Knoten K6 beschränken, denn wenn sie streicht, streicht sie automatisch in K7 mit. Sehen wir uns dazu nur den Teil des Spieles an, der die Entscheidungsknoten K6 und K7 enthält. Wir sehen sofort, dass Astrid im Knoten K6 „rechts" streichen wollen würde, im Knoten K7 aber lieber „links":

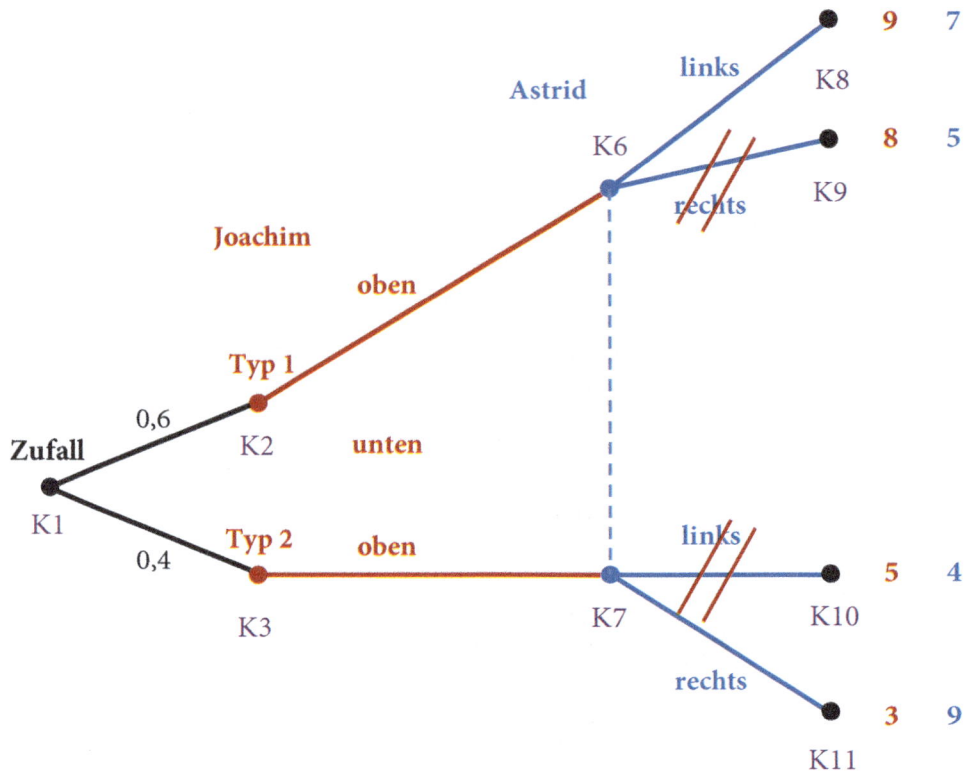

Da sie nun aber nicht weiß, in welchem der beiden Knoten sie ist, weiß sie auch nicht, ob sich links oder rechts streichen soll: Die Rückwärtsinduktion funktioniert nicht!

Dieses Spiel hat aber aufgrund seiner Auszahlungen an Joachim eine besondere Struktur, die uns hilft, das Spiel dennoch eindeutig zu lösen. Hierzu sehen wir uns an, was Joachim tun sollte, wenn er vom Typ 1 wäre. Uns interessieren dabei zunächst auch nur seine Auszahlungen. Es ergibt sich dann folgendes Bild:

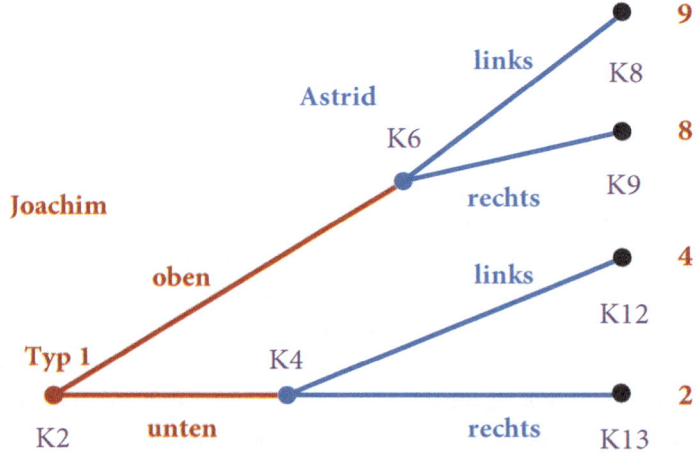

Joachim kann nun sehen, dass er mindestens 8 bekommt, wenn er „oben" spielt, während er höchstens 4 bekommt, wenn er „unten" spielt. „unten" wird also von „oben" dominiert und kann gestrichen werden.

Sehen wir uns nun an, was Joachim tun sollte, wenn er vom Typ 2 wäre. Dann ergibt sich aus seiner Sicht folgende Darstellung des Spiels:

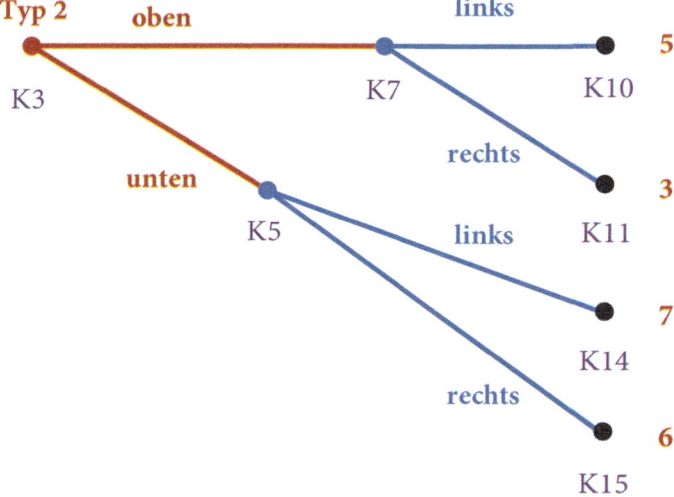

Hier stellen wir nun fest, dass „oben" von „unten" dominiert wird und deswegen gestrichen werden kann.

Als Gesamtergebnis erhalten wir also, dass Joachim auf jeden Fall „oben" spielen sollte, wenn er vom Typ 1 und „unten", wenn er vom Typ 2 ist. Zu dieser Erkenntnis kommt aber auch Astrid. Sie kann daher folgern, dass sie im Knoten K5 ist, wenn Joachim „unten" gespielt hat und im Knoten K6, wenn er „oben" gespielt hat. Um diese Schlussfolgerung auch formal korrekt zu begründen, können wir wieder auf das Bayes-Theorem aus Kapitel 4 zurückgreifen. Dazu benutzen wir zunächst nur die bekannten Randwahrscheinlichkeiten für die beiden Spielertypen:

		Zug		
		oben	unten	Gesamt
Joachim	Typ 1			0,6
	Typ 2			0,4
	Gesamt			1

Nun ist aber bekannt, dass Typ 1 immer „oben" wählen würde und Typ 2 dies niemals tun würde. Damit ist aber die gemeinsame Wahrscheinlichkeit $w(Typ\,1\,und\,"oben")$ genauso groß wie die Randwahrscheinlichkeit für Typ 1, d.h. $w(Typ\,1)$. Gleiche Überlegungen gelten für Typ 2. Eintragen in die Tabelle ergibt:

		Zug		
		oben	unten	Gesamt
Joachim	Typ 1	0,6 $w(Typ\,1\,und\,"oben")$		0,6 $w(Typ\,1)$
	Typ 2		0,4	0,4
	Gesamt			1

Die fehlenden Felder können nun einfach ergänzt werden, und wir erhalten:

		Zug		
		oben	unten	Gesamt
Joachim	Typ 1	0,6 $w(Typ\,1\,und\,"oben")$	0	0,6 $w(Typ\,1)$
	Typ 2	0	0,4	0,4
	Gesamt	0,6	0,4	1

Nun können wir mittels des Bayes-Theorems bestimmen, wie hoch aus Astrids Perspektive die Wahrscheinlichkeit dafür ist, es mit einem Typ 1 zu tun haben, wenn sie den Zug „oben" beobachtet hat. Es ergibt sich:

$$w(Typ\,1\mid oben) = \frac{w(Typ\,1\,und\,"oben")}{w(oben)} = \frac{0,6}{0,6} = 1$$

Dies ist die Wahrscheinlichkeit dafür, dass Astrid sich im Knoten K6 befindet, wenn Joachim „oben" gezogen hat. Sie kann also sicher sein. Sie weiß damit auch, dass sie definitiv nicht im Knoten K7 ist, wenn Joachim „oben" gezogen hat. Zu völlig analogen

Schlussfolgerungen kann Astrid nun kommen, wenn sie „unten" beobachtet hätte. Wenn Sie nun alles streicht, was Joachim nicht tun würde und auch die gestrichelten Linien streicht, die bisher ihre Informationsmengen gekennzeichnet haben, dann erhalten wir die folgende Darstellung:

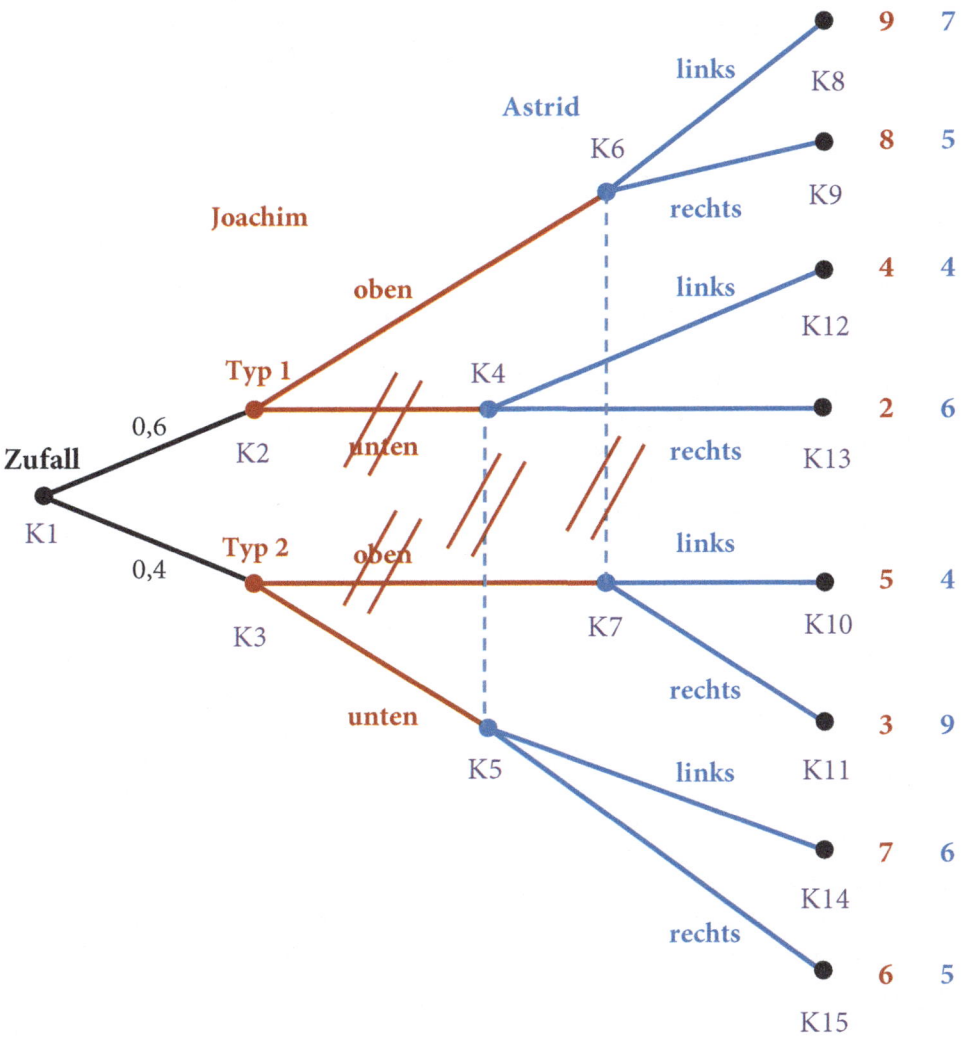

Nun lassen wir in der folgenden Darstellung alles weg, was gestrichen wurde und führen für Astrid die Rückwärtsinduktion durch:

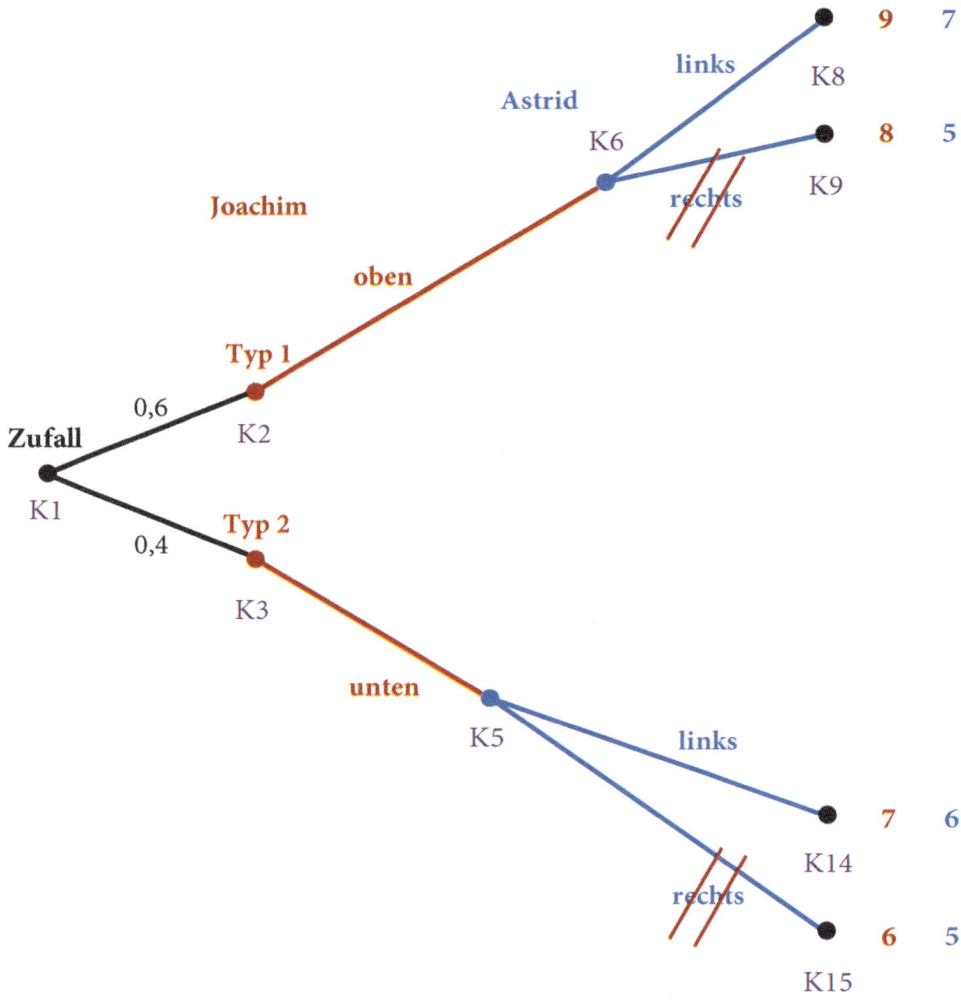

Das Rückwärtsinduktionsergebnis des Spiels lautet also: Typ 1 spielt „oben", Typ 2 spielt „unten" und Astrid spielt „links" falls Joachim „oben" gezogen hat und sie spielt „links", wenn er „unten" gezogen hat. Dies ist allerdings noch nicht das Gleichgewicht, den Gleichgewichte bestehen aus Strategien, hier haben wir eben nur Züge ermittelt.

5.2 Gleichgewichte

Wir haben nun für Astrid ermittelt, sie solle „links" spielen, falls Joachim „oben" gezogen hat und sie solle ebenfalls „links" spielen, wenn er „unten" gezogen hat. Dazu waren aber eine ganze Reihe von Vorüberlegungen notwendig, die wir im Kapitel 3 bei den dynamischen Spielen mit vollständiger Information noch nicht anstellen mussten. Wir konnten die optimale Verhaltensanweisung für Astrid hier nämlich erst ermitteln, nachdem wir uns Gedanken darüber gemacht haben, wie sich Joachim wohl in Abhängigkeit von seinen unterschiedlichen möglichen Typen verhalten würde. Die optimalen Verhaltensanweisungen sind also erst ermittelbar, wenn klar ist, was die Spieler voneinander glauben sollten. Dabei setzen wir nun folgendes wieder voraus: Jeder Spieler unterstellt dem anderen, eine Gleichgewichtsstrategie zu verfolgen. Wenn wir das nicht unterstellen würden, würden wir eventuell zu anderen Schlussfolgerungen kommen müssen. Nehmen Sie an, dass sich Joachim unvernünftig verhalten würde und jeweils das Gegenteil von dem tun würde, was wir oben für ihn herausgefunden hatten. Dann aber würde sich Astrid mit ihrer Annahme, Joachim würde seine dominierten Alternativen streichen, irren. Sie würde dann die falschen Rückschlüsse darüber ziehen, in welchem Entscheidungsknoten sie sich jeweils befindet. Dementsprechend könnten dann auch ihre eigenen Züge falsch sein.

Diese Überlegungen nutzen wir nun, um die Definition von Gleichgewichten in dynamischen Spielen mit unvollständiger Information zu präzisieren. Das tun wir gleich anhand unseres einführenden Beispiels oben. Das Gleichgewicht lautet:

> *Strategie Joachim: Ich spiele „oben", wenn ich vom Typ 1 bin und „unten", wenn ich vom Typ 2 bin.*

> *Strategie Astrid: Ich spiele „links", wenn Joachim „oben" gespielt hat und ich spiele „links", wenn Joachim „unten" gespielt hat.*

> *Wahrscheinlichkeitseinschätzung Astrid: Wenn Joachim „oben" gespielt hat, nehme ich mit Sicherheit an, dass Joachim vom Typ 1 ist und ich mich im Entscheidungsknoten K6 befinde. Wenn Joachim „unten" gespielt hat, nehme ich mit Sicherheit an, dass Joachim vom Typ 2 ist und ich mich also im Knoten K5 befinde.*

Zu einem Gleichgewicht in dynamischen Spielen mit unvollständiger Information gehören also immer auch die Wahrscheinlichkeitseinschätzungen, mit denen die nicht vollständig informierten Spieler ihre Strategien begründen. Diese Wahrscheinlichkeitseinschätzungen beziehen sich darauf, was diese Spieler darüber glauben, in welchem Entscheidungsknoten sie sich jeweils befinden, nachdem sie gesehen haben, was die anderen Spieler getan haben. Statt „Wahrscheinlichkeitseinschätzung" hat sich in der Spieltheorie der englischsprachige Begriff „Belief" eingebürgert, den wir wegen seiner Kürze im Folgenden auch verwenden werden.

5.3 Separierende und Pooling-Gleichgewichte

Wir hatten für unser Spiel aus Abschnitt 5.1. folgendes Gleichgewicht ermittelt:

> *Strategie Joachim: Ich spiele „oben", wenn ich vom Typ 1 bin und „unten", wenn ich vom Typ 2 bin.*

Strategie Astrid: Ich spiele „links", wenn Joachim „oben" gespielt hat und ich spiele
„links", wenn Joachim „unten" gespielt hat.

Belief Astrid: Wenn Joachim „oben" gespielt hat, nehme ich mit Sicherheit an, dass
Joachim vom Typ 1 ist und ich mich im Entscheidungsknoten K6 befinde. Wenn
Joachim „unten" gespielt hat, nehme ich mit Sicherheit an, dass Joachim vom Typ 2
ist und ich mich also im Knoten K5 befinde.

In diesem Gleichgewicht kann man daran, was Joachim tut, erkennen, von welchem Typ
er ist. Wir bezeichnen Gleichgewichte, in denen jeder Spieler jeden Typ aller anderen
Spieler eindeutig an den Verhaltensweisen erkennen kann, als „separierende Gleichgewichte". Die unterschiedlichen Spielertypen separieren sich also voneinander durch ihr
Verhalten. In den sog. „Pooling-Gleichgewichten" tun sie das nicht.

Wir sehen uns das Spiel aus Abschnitt 5.1. jetzt nochmals an, allerdings ändern wir
für Joachim die Auszahlungen. Um die Änderungen schnell erkennen zu können, geben
wir die alten Auszahlungen in Klammern nochmals mit an:

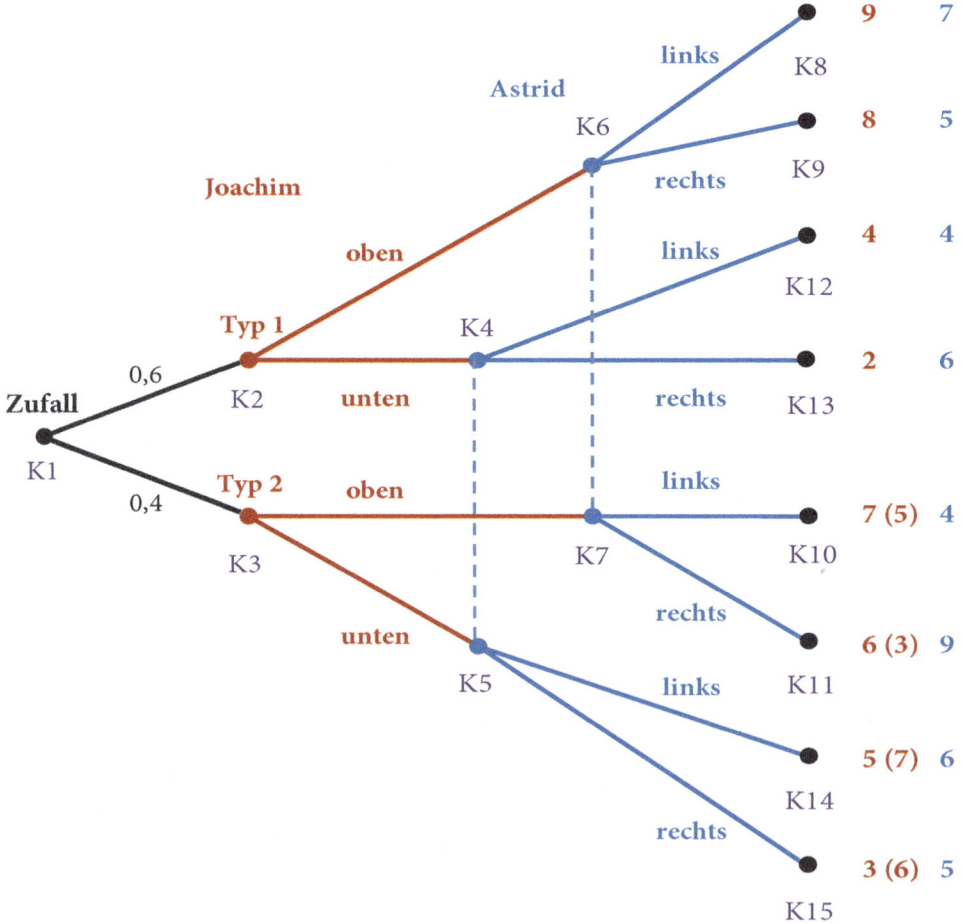

Wie wir nun sofort sehen, ist „oben" für Joachim jetzt immer dominant, egal, von welchem Typ er ist. Das macht die Sache für Astrid offensichtlich schwieriger und leichter zugleich. Es macht die Sache für sie leichter, weil sie weiß, dass Joachim keinesfalls „unten" ziehen wird. Sie muss sich also zunächst keine Gedanken mehr darüber machen, was sie selbst tun sollte, wenn Joachim „unten" gespielt hätte. Schwieriger wird die Entscheidung für sie aber deswegen, weil sie, wenn er „oben" gespielt hat, nicht mehr weiß, ob sie im Entscheidungsknoten K6 oder K7 ist. Ihr Problem ist nun, dass es besser wäre, „links" zu spielen, wenn sie in K6 wäre und „rechts", wenn sie in K7 wäre. Was also sollte sie nun tun? Wir unterstellen hier wieder, dass sie ihre Entscheidung so trifft, dass sie ihre erwartete Auszahlung maximiert. Diese erwartete Auszahlung hängt aber davon ab, für wie hoch sie die Wahrscheinlichkeiten einschätzt, in einem der beiden Knoten K6 oder K7 zu sein. Für die Beantwortung dieser Frage hilft uns aber wiederum das Bayes-Theorem. Astrid will ja wissen, wie hoch die Wahrscheinlichkeit dafür ist, es mit einem Typ 1 zu tun zu haben, wenn sie sieht, dass Joachim „oben" gezogen hat. Anders ausgedrückt: Sie will wissen, in welchem Knoten ihrer Informationsmenge sie ist. Wir suchen also wieder nach bedingten Wahrscheinlichkeiten. Den Zusammenhang zwischen den Typen und ihren Zügen mit den zugehörigen Wahrscheinlichkeiten können wir wieder wie in Kapitel 4 darstellen, wobei wir zunächst nur wieder die Randwahrscheinlichkeiten für die beiden unterschiedlichen Typen angeben:

		Zug		
		oben	unten	Gesamt
Joachim	Typ 1			0,6
	Typ 2			0,4
	Gesamt			1

Nun ist aber bekannt, dass weder Typ 1 noch Typ 2 jemals „unten" wählen würden. Die gemeinsamen Wahrscheinlichkeiten $w(Typ\,1\,und\,"unten")$ und $w(Typ\,2\,und\,"unten")$ müssen daher im Gleichgewicht Null sein, da beide Typen niemals „unten" wählen würden. Wir haben im vorangehenden Satz „im Gleichgewicht" extra unterstrichen, weil die vorangehenden Aussagen auf der Annahme beruhen, Joachim würde sich vernünftig verhalten, also eine Gleichgewichtsstrategie spielen. Wenn er das nicht täte, könnten wir diese Schlussfolgerungen nicht ziehen.

Wenn wir diese gemeinsamen Wahrscheinlichkeiten in die Tabelle eintragen, erhalten wir:

		Zug		
		oben	unten	Gesamt
Joachim	Typ 1		0	0,6
	Typ 2		0	0,4
	Gesamt		0	1

Nun können wir die fehlenden Werte ergänzen und erhalten als endgültige Tabelle:

		Zug		
		oben	unten	Gesamt
Joachim	Typ 1	0,6 $= w(Typ\ 1\ und\ oben)$	0	0,6
	Typ 2	0,4	0	0,4
	Gesamt	1 $= w(oben)$	0	1

Nun kann Astrid die bedingten Wahrscheinlichkeiten berechnen, die sie benötigt, um ihre erwartete Auszahlung maximieren zu können. Es ergibt sich:

$$w(Typ\ 1\ |\ oben\ ) = \frac{w(Typ\ 1\ und\ oben)}{w(oben)} = \frac{0,6}{1} = 0,6$$

Dies ist die Wahrscheinlichkeit dafür, dass Astrid sich im Knoten K6 befindet, wenn Joachim „oben" gezogen hat. Mit der Gegenwahrscheinlichkeit von 0,4 befindet sie sich dann also im Knoten K7. Da Astrid nur in einem dieser beiden Knoten sein kann, können wir alles andere streichen und erhalten:

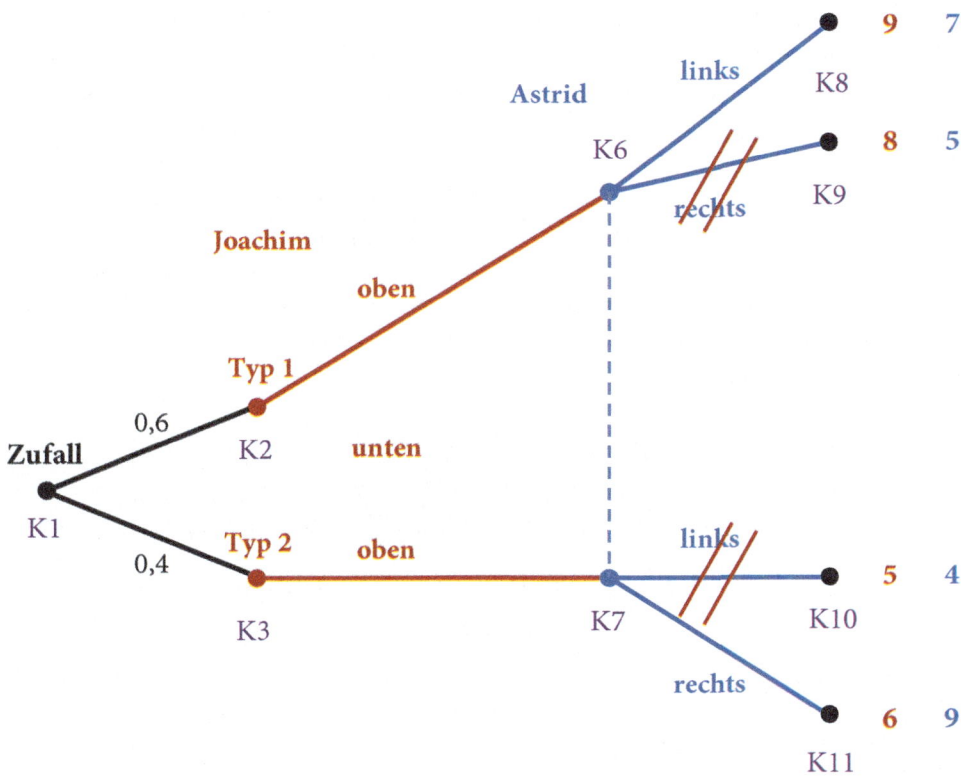

Nun können wir ganz einfach Astrids erwartete Auszahlungen berechnen. Wenn Sie „links" spielt, bekommt sie mit einer Wahrscheinlichkeit von 0,6 eine Auszahlung von 7, da die 0,6 ja die Wahrscheinlichkeit für Typ 1 und damit die Wahrscheinlichkeit für Knoten K6 ist. Mit der Gegenwahrscheinlichkeit ist sie in Knoten K7 und bekommt 4, wenn sie „links" spielt. Die erwartete Auszahlung für „links" ist also:

$$E(A_{links}) = 0,6 * 7 + 0,4 * 4 = 5,8$$

Wenn Sie hingegen „rechts" spielt, ist ihre erwartete Auszahlung:

$$E(A_{rechts}) = 0,6 * 5 + 0,4 * 9 = 6,6$$

Sie sollte also „rechts" spielen, wenn Joachim „oben" gespielt hat.

Was aber sollte Astrid tun, wenn Joachim „unten" gespielt hätte? Wir hatten zwar bereits festgestellt, dass Joachim das keinesfalls tun sollte, weil das eine schlechte Strategie für ihn wäre. Aber eine schlechte Strategie ist immer noch eine Strategie! Und Astrids Spielplan ist erst dann eine Strategie, wenn er vollständig ist. Wir kommen damit nicht darum herum, auch festzulegen, wie Astrid reagieren sollte, wenn Joachim „unten" gespielt hätte.

Wenn wir nun aber feststellen wollen, was Astrid in dieser Situation tun sollte, dann stoßen wir auf ein Problem. Sie müsste ja nun herausfinden, mit welchen Wahrscheinlichkeiten sie sich in einem der beiden Entscheidungsknoten K4 oder K5 befindet. Sie müsste also z.B. berechnen:

$$w(Typ\ 1\mid unten) = \frac{w(Typ\ 1\ und\ unten)}{w(unten)}$$

Wenn wir das aber unter der Annahme berechnen wollen würden, Joachim würde sich vernünftig verhalten und seine Gleichgewichtsstrategie spielen, dann bekämen wir ja die folgenden Wahrscheinlichkeiten:

		Zug		
		oben	unten	Gesamt
Joachim	Typ 1	0,6	0 $= w(Typ\ 1\ und\ unten)$	0,6
	Typ 2	0,4	0	0,4
	Gesamt	1	0 $= w(unten)$	1

Es ergäbe sich also

$$w(Typ\ 1\mid unten) = \frac{w(Typ\ 1\ und\ unten)}{w(unten)} = \frac{0}{0}$$

Dieser Ausdruck ist aber nicht definiert, weil man nicht durch Null teilen darf. Außerdem ergäbe sich für die Gegenwahrscheinlichkeit ebenfalls 0/0, was zusammen nach allen Regeln der Mathematik einfach nicht 1 ergeben will!

Damit kommen wir zu folgendem Ergebnis: Astrid kann keine sinnvollen Beliefs bilden unter der Annahme, dass Joachim eine Gleichgewichtsstrategie spielt. Wenn Sie ihre Beliefs aber unter der Annahme bilden würde, Joachim würde keine Gleichgewichtsstrategie spielen, dann würde uns das nicht viel nützen. Denn was immer wir herausbekämen, könnte uns dann ja nicht helfen, ein Gleichgewicht zu bestimmen, weil wir in die Analyse ja bereits die Annahme hineinstecken, Joachim würde <u>keine</u> Gleichgewichtsstrategie spielen. Wenn wir das aber hineinstecken, kann offensichtlich hinterher kein Gleichgewicht herauskommen.

Was soll man also tun? Hier hätte die Spieltheorie zwei Wege einschlagen können. Der erste Weg wäre der folgende gewesen: Da Joachim im Gleichgewicht niemals unten spielt, könnte man einfach darauf verzichten, anzugeben, was Astrid dann tun sollte. In diesem Fall würde man dann für Astrid einen unvollständigen Spielplan formulieren, in dem überhaupt nicht mehr drinsteht, was sie tun sollte, wenn Joachim „unten" spielt. Das wäre inhaltlich nicht weiter problematisch, jedoch formal ärgerlich, da man dann Probleme mit vielen Begriffsdefinitionen bekäme. Denn unvollständige Spielpläne sind keine Strategien! Wir könnten auch nicht mehr von Gleichgewichten sprechen. Denn wir hatten definiert, dass „Gleichgewichte" Strategiekombinationen sind. Wenn aber Astrids Spielplan unvollständig ist, ist er per Definition keine Strategie mehr und kann daher auch nicht mehr Teil einer Strategiekombination und somit auch nicht mehr Teil eines Gleichgewichtes sein.

Daher hat die Spieltheorie den zweiten Weg gewählt, auch wenn der auf den ersten Blick ein wenig irritierend wirkt: Wir nehmen einfach an, dass Spieler in den Fällen, in denen sie ihre Beliefs nicht mit dem Bayes-Theorem berechnen können, einfach beliebige Beliefs wählen dürfen, die sie sich einfach ausdenken können. Diese müssen einfach nur den allgemeinen Regeln für Wahrscheinlichkeiten folgen. Keine Wahrscheinlichkeit darf also kleiner als Null oder größer als 1 sein und die Summe der Wahrscheinlichkeiten muss genau 1 ergeben.

Für unser obiges Beispiel nehmen wir nun einfach an, dass Astrid sich ausdenkt, sicher zu sein, dass Joachim vom Typ 1 ist, wenn er „unten" gezogen haben sollte. Wenn sie also „unten" beobachtet, nimmt sie an, im Knoten K4 zu sein und spielt dann „rechts".

Damit haben wir das Gleichgewicht des Spiels bestimmt:

Strategie Joachim: Ich spiele „oben", wenn ich vom Typ 1 bin und „oben", wenn ich vom Typ 2 bin.

Strategie Astrid: Ich spiele „rechts", wenn Joachim „oben" gespielt hat und ich spiele „rechts", wenn Joachim „unten" gespielt hat.

Belief Astrid: Wenn Joachim „oben" gespielt hat, nehme ich an, dass Joachim mit einer Wahrscheinlichkeit von 0,6 vom Typ 1 ist und ich mich mit dieser Wahrscheinlichkeit im Entscheidungsknoten K6 befinde. Dementsprechend nehme ich, dass ich mich mit der Gegenwahrscheinlichkeit von 0,4 im Knoten K7 befinde, wenn Joachim „oben" gespielt hat. Wenn Joachim „unten" gespielt hat, nehme ich an, dass Joachim vom Typ 1 ist und ich mich also im Knoten K5 befinde.

Wenn wir nun einen dieser beiden Spieler im Nachhinein fragen würden, ob er seine Strategie oder Beliefs im Nachhinein ändern würde, dann wäre die Antwort beider Spieler „nein". Wir haben also wieder ein Gleichgewicht gefunden. Im Unterschied zum Gleichgewicht des Originalspiels verhalten sich die unterschiedlichen Spielertypen jedoch gleich. Aus dem Verhalten kann man also nicht auf den Spielertypen zurückschließen. Die unterschiedlichen Typen separieren sich also nicht durch ihr Verhalten. Daher sprechen wir hier auch von einem Pooling-Gleichgewicht, weil alle Typen im gleichen „Verhaltens-Pool" bleiben.

5.4   Perfekte bayesianische Gleichgewichte

Wie wir festgestellt haben, gehören zur Bestimmung von Gleichgewichten in dynamischen Spielen mit unvollständiger Information sowohl die Strategien als auch die Beliefs der Spieler. Wenn die Art und Weise, wie die Spieler ihre Beliefs bilden und daraus ihre Strategien ableiten, bestimmten, sinnvollen Anforderungen entsprechen und wir dann ein Gleichgewicht bestimmt haben, dann nennt man solche Gleichgewichte „perfekte bayesianische Gleichgewichte".

Diese Anforderungen lauten (umgangssprachlich):

1. Jeder Spieler muss, wenn er am Zug ist, einen Belief darüber haben, in welchem Knoten er sich befindet.

2. Die Züge, die die Spieler ausführen, sind die bestmöglichen Züge, die sich unter Beachtung ihrer Beliefs ergeben.

3. Die Beliefs jedes Spielers werden nach dem Bayes-Theorem gebildet unter der Annahme, die anderen Spieler würden Gleichgewichtsstrategien verfolgen.

4. Für Entscheidungsknoten, die nicht erreicht werden können, wenn alle Spieler Gleichgewichtsstrategien spielen, sind die Beliefs trotzdem nach dem Bayes-Theorem zu bilden, sofern dies möglich ist. Ist dies nicht möglich, können die Beliefs frei gewählt werden.

Für die Originalversion unseres Spieles aus Abschnitt 5.1. waren die Anforderungen 1–4 erfüllt. Für die Entscheidungsknoten, die mit Sicherheit nicht erreicht werden konnten, konnten wir die Beliefs trotzdem nach dem Bayes-Theorem berechnen. Für diese Knoten haben wir mittels Bayes-Theorem Wahrscheinlichkeiten von Null ermittelt. Da das gefundene Gleichgewicht alle Anforderungen erfüllt, ist es ein perfektes bayesianisches Gleichgewicht.

Für die abgewandelte Form des Spiels war es nicht mehr möglich, alle Beliefs nach dem Bayes-Theorem zu berechnen. Da wir in diesem Fall gemäß Anforderung 4 aber Beliefs frei wählen können, was wir getan haben, haben wir auch im abgewandelten Spiel ein perfektes bayesianisches Gleichgewicht bestimmt.

5.5 Anwendungen

5.5.1 Arbeitsmarktsignale

In diesem Spiel möchte die Unternehmerin Anja Arbeitnehmer einstellen und diese gemäß ihrer Produktivität bezahlen. Wie produktiv die Bewerber sind, ist bei der Einstellung jedoch nicht bekannt. Dies wäre unproblematisch, wenn die Löhne nachträglich an die beobachteten Produktivitäten gekoppelt werden könnten. Diese Möglichkeit einer nachträglichen Anpassung der Löhne sei hier aber ausgeschlossen. Die Löhne werden also bereits im Zeitpunkt der Einstellung vertraglich vereinbart.

Es gibt zwei Typen von Arbeitnehmern, nämlich produktive und unproduktive. Produktive Arbeitnehmer erwirtschaften für Anjas A.S. GmbH einen Bruttoertrag von 10, unproduktive erwirtschaften hingegen einen Bruttoertrag von 6. Die Auszahlung der A.S. GmbH berechnet sich nun aus der Differenz zwischen dem Bruttoertrag und dem zu bezahlenden Lohn.

Bevor die Bewerber sich bewerben, haben sie die Möglichkeit, an einer Schulungsmaßnahme teilzunehmen und dort einen Abschluss zu erwerben. Die Schulungsmaßnahme ist allerdings nicht kostenlos. Die Frage, die mit diesem Spiel untersucht wird, ist nun, ob Anja aus dem Besuch der Schulungsmaßnahme eine Schlussfolgerung darüber ziehen kann, ob sie es mit einem produktiven oder mit einem unproduktiven Bewerber zu tun hat. In dem Spiel wären nun prinzipiell zwei Arten von separierenden und zwei Arten von Pooling-Gleichgewichten denkbar.

Bei den separierenden Gleichgewichten würden entweder die produktiven den Abschluss erwerben und die unproduktiven nicht, oder umgekehrt. Hingegen würden wir in den beiden Pooling-Gleichgewichten sehen, dass entweder alle die Schulungsmaßnahme besuchen oder keiner.

Wie wir sehen werden, hängt das Ergebnis davon ab, wie teuer die Schulungsmaßnahmen für die produktiven und für die unproduktiven Arbeitnehmer sind und davon, welche Lohnsetzungsstrategie Anja bei der Einstellung neuer Mitarbeiter verfolgt. Ohne Berücksichtigung der Auszahlungen, die ja von den Löhnen, Produktivitäten und Schulungskosten abhängen, lässt sich das Spiel zunächst wie folgt darstellen:

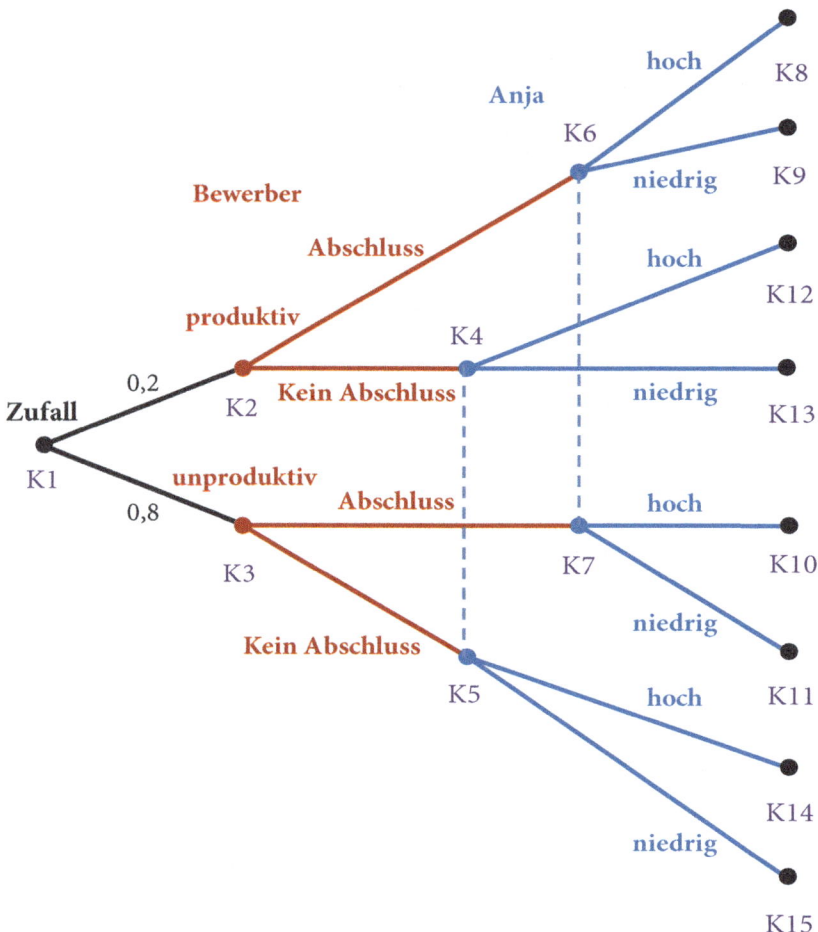

Wie zu sehen, ist das Spiel bis auf die Beschriftungen und die noch fehlenden Auszahlungen identisch mit den oben betrachteten Spielen. „hoch" und „niedrig" steht hierbei
für die Löhne, die Anja den Bewerbern bezahlt.

Wenn Anja die produktiven und die unproduktiven Arbeitnehmer nicht unterscheiden
kann, muss sie beiden den gleichen Lohn bezahlen. Der Lohn entspricht in diesem Fall
dem erwarteten Bruttoertrag aller Arbeitnehmer. Der Bruttoertrag der Produktiven beträgt
10, der Bruttoertrag der Unproduktiven beträgt 6. Der Anteil der Produktiven beträgt 20%,
der Anteil der Unproduktiven beträgt 80%. Daher ergibt sich ein erwarteter Bruttoertrag

$$E(B) = 0,2 * 10 + 0,8 * 6 = 6,8$$

Anjas Auszahlung bei einer Einstellung ergibt sich aus der Differenz zwischen dem Bruttoertrag und dem Lohn. Das sind dann also $10 - 6,8 = 3,2$ bei Einstellung eines Produktiven
und $6 - 6,8 = -0,8$ bei Einstellung eines unproduktiven. Da sich die Löhne nicht unterscheiden, gilt hier hoher Lohn = niedriger Lohn, sie zahlt also immer den Lohn von L=6,8.

Die Auszahlungen der Bewerber ergeben sich aus der Differenz zwischen ihrem Lohn, also den 6,8 und den Kosten für den Abschluss. Wir nehmen nun an, dass der Abschluss 1,0 kostet. Damit können wir nun die Auszahlungen in den Spielbaum eintragen:

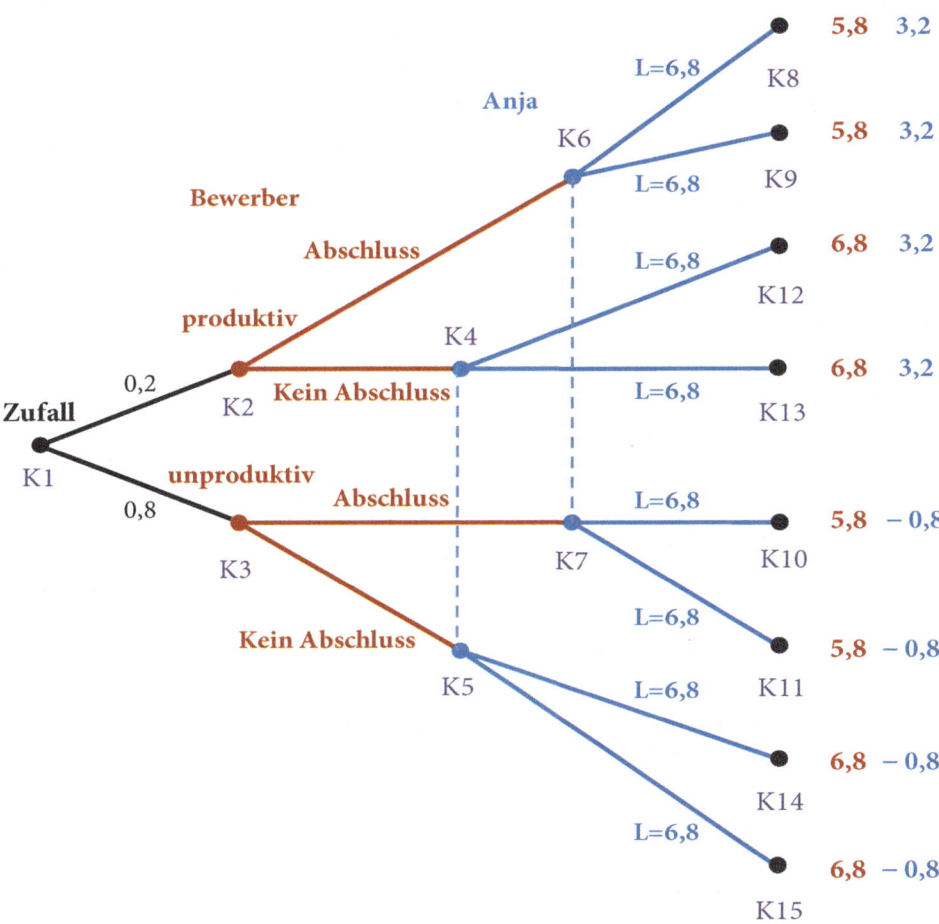

Wie zu sehen ist, würde sich für beide Bewerber bei Anjas undifferenzierter Lohnsetzungspraxis der Erwerb des Abschlusses nicht lohnen. In diesem Fall würde das Pooling-Gleichgewicht lauten:

Strategie Bewerber: Ich spiele „Kein Abschluss", wenn ich vom Typ „produktiv" bin und „Kein Abschluss", wenn ich vom Typ „unproduktiv" bin.

Strategie Anja: Ich spiele „L= 6,8", wenn Bewerber „Kein Abschluss" gespielt hat und ich spiele „L = 6,8", wenn Bewerber „Abschluss" gespielt hat.

Belief Anja: Wenn Bewerber „Kein Abschluss" gespielt hat, nehme ich an, dass Bewerber mit einer Wahrscheinlichkeit von 0,2 vom Typ „produktiv" ist und ich mich mit dieser Wahrscheinlichkeit im Entscheidungsknoten K4 befinde. Dementsprechend nehme ich, dass ich mich mit der Gegenwahrscheinlichkeit von 0,8 im Knoten K5 befinde, wenn Bewerber „Kein Abschluss" gespielt hat. Wenn Bewerber „Abschluss" gespielt hat, nehme ich mit Sicherheit an, dass Bewerber vom Typ unproduktiv ist und ich mich also im Knoten K7 befinde (frei gewählter Belief!).

Das zentrale Ergebnis dieser Analyse ist zunächst, dass der Abschluss nicht erworben wird, wenn er nicht durch höhere Löhne abgegolten wird.

Nun nehmen wir an, dass Anja ihre Lohnsetzung ändern will. Sie fragt sich, ob sie Bewerbern, die den Abschluss vorweisen, einen Lohn in Höhe von 10 und den Bewerbern ohne Abschluss einen Lohn von 6 bezahlen soll. Um Anjas Frage beantworten zu können, stellt sie einen neuen Spielbaum auf (siehe folgende Abbildung).

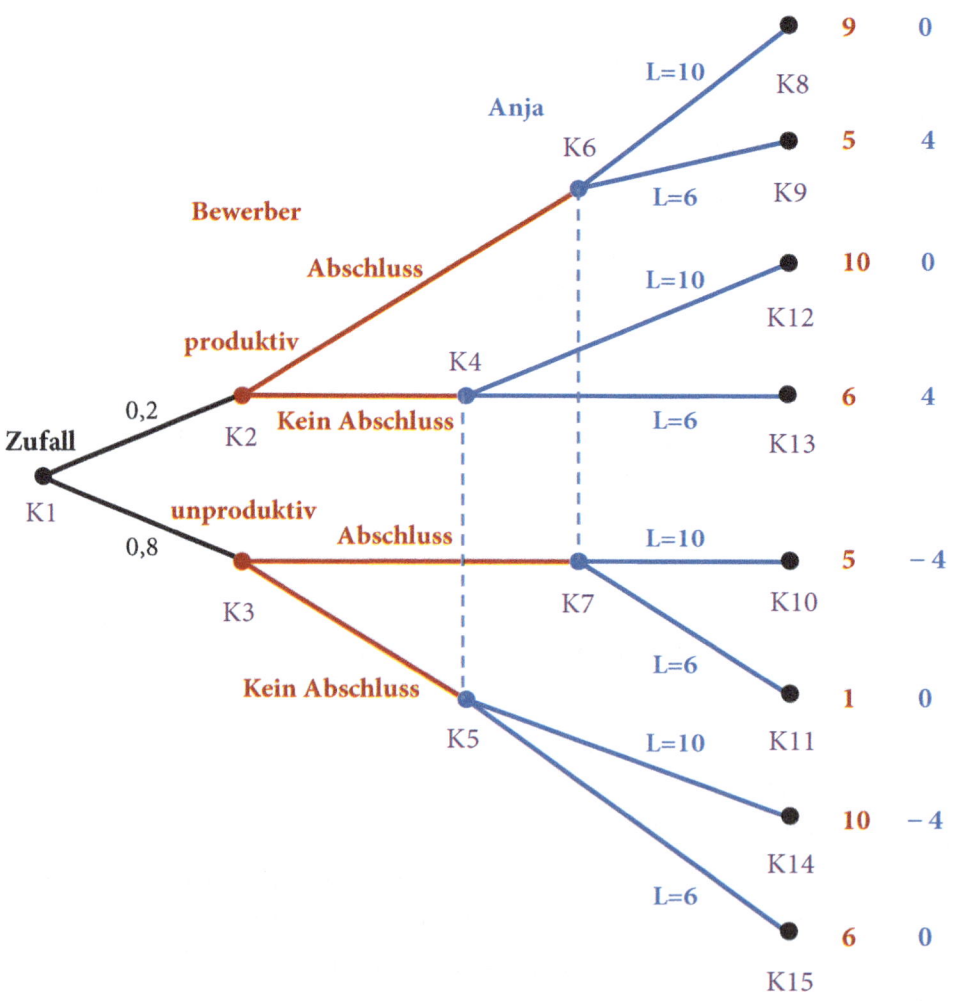

Wenn nun also z.B. ein unproduktiver Typ den Abschluss macht und danach von Anja den hohen Lohn von 10 angeboten erhält, dann befinden wir uns im Endknoten K10. Der Bewerber erhält hier den Lohn 10, hat aber 5 für den Abschluss ausgegeben, es verbleibt ihm damit eine Auszahlung in Höhe von 5. Analog sind die Auszahlungen der Bewerber für die anderen Endknoten zu berechnen.

Da Anja ja überlegt, dass Sie bei Vorlage eines Abschlusses einen hohen Lohn von 10 und ohne Vorlage den niedrigen Lohn von 6 bezahlen will, können wir zur besseren Übersichtlichkeit alle Züge und Endkonten streichen, die bei dieser Strategie von Anja nicht erreicht würden. So ist die Kombination „Kein Abschluss" und „Hoher Lohn" ja nun nicht mehr erreichbar. Wir erhalten dann den folgenden, verkleinerten Spielbaum:

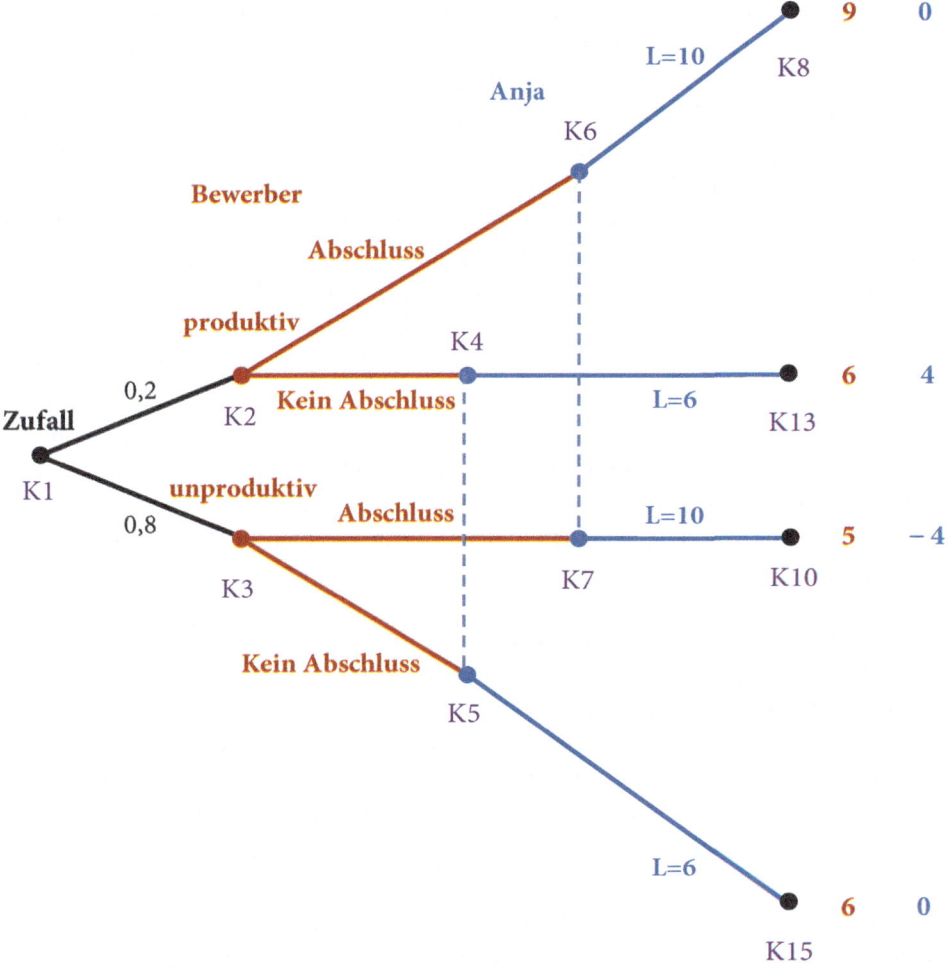

Bei dieser Lohnsetzungsstrategie sehen wir sofort, dass es sich für den produktiven Typ lohnt, den Abschluss zu erwerben, für den unproduktiven Typ lohnt sich das nicht. In diesem Fall würde also ein separierendes Gleichgewicht entstehen:

Strategie Bewerber: Ich spiele „Abschluss", wenn ich vom Typ „produktiv" bin und „Kein Abschluss", wenn ich vom Typ „unproduktiv" bin.

Strategie Anja: Ich spiele „L= 10", wenn Bewerber „Abschluss" gespielt hat und ich spiele „L = 6", wenn Bewerber „Kein Abschluss" gespielt hat.

Belief Anja: Wenn Bewerber „Kein Abschluss" gespielt hat, nehme ich an, dass Bewerber vom Typ „unproduktiv" ist und ich mich mit Sicherheit im Knoten K5 befinde. Wenn Bewerber „Abschluss" gespielt hat, nehme ich mit Sicherheit an, dass Bewerber vom Typ „produktiv" ist und ich mich also im Knoten K6 befinde.

Bei diesem Spiel handelt es sich um ein sogenannte Signalisierungsspiel. In dem hier diskutierten Spiel dient der Erwerb des Abschlusses als ein „Signal", mit dem die produktiven Bewerber glaubhaft signalisieren, dass sie produktiv sind. Dieses Signal ist deswegen glaubwürdig, weil die unproduktiven zu hohe Kosten hätten, den Abschluss ebenfalls zu erwerben. Dieses Ergebnis lässt sich verallgemeinern: Signalisieren funktioniert nur dann, wenn die „Besseren" das Signal billiger erwerben können als die Schlechteren. Die Analyse dieses Spiels geht auf Michael Spence, Nobelpreisträger des Jahres 2001, zurück.

Es zeigt sich ein interessanter Effekt: Die produktiven Bewerber profitieren von der Möglichkeit zu signalisieren, die unproduktiven verlieren hingegen. Im Pooling-Gleichgewicht hatten wir gesehen, dass beide Typen auf Auszahlungen in Höhe von 6,8 kamen. Im separierenden Gleichgewicht sehen wir nun aber, dass die produktiven Typen auf Auszahlungen in Höhe von 9 kommen, während die unproduktiven auf Auszahlungen in Höhe von 6 zurückfallen.

Eine Interpretation dieses Spiels von Michael Spence ist, dass der Erwerb von Bildungsabschlüssen für die produktiven Typen sogar dann sinnvoll sein kann, wenn man durch den Erwerb der Bildung nicht produktiver wird. Genau das hatten wir in unserer Analyse ja stillschweigend angenommen, dass es keine direkten Effekte des Abschlusses auf die Produktivität gibt.

5.5.2 Selbstselektion und Signalisieren

In dem eben diskutierten Signalisierungsspiel setzte Anja letztlich eine Technik ein, die man als „Selbstselektion" bezeichnet. Mit der Strategie, die Anja spielt, bietet sie den Bewerbern zwei unterschiedliche Verträge an, von denen sich jeder Bewerber faktisch selbst einen davon aussuchen kann. Ein Vertrag lautet: Hoher Lohn bei Vorlage eines Abschlusses, der andere: Niedriger Lohn ohne Abschluss. Jeder Bewerber kann sich nun selbst aussuchen, welchen der beiden Verträge er nehmen soll. Die Bewerber suchen sich individuell dann also diejenigen Verträge aus, die für sie selbst am besten sind. Anja muss nur darauf achten, dass sie die Verträge so gestaltet, dass sich die Bewerber auf eine Art und Weise selbst selektieren, die für Anja gut ist. Nehmen wir an, sie würde folgende Verträge anbieten:

1. Hoher Lohn ohne Abschluss
2. Niedriger Lohn mit Abschluss

Dann gäbe es auch zwei verschiedene Verträge zur Auswahl, es würde für Anja aber sicher nichts Gutes dabei herauskommen: Niemand würde Bildung erwerben und sie würde dann auch den Unproduktiven einen hohen Lohn bezahlen und dabei erhebliche Verluste erleiden.

Techniken der Selbstselektion werden von Unternehmen z.B. intensiv für die Preisdifferenzierung eingesetzt. Die Idealsituation für die Unternehmen wäre, wenn es Ihnen gelänge, von jedem Kunden einen individuellen Preis zu bekommen, der genauso hoch ist, wie der Kunde für das Produkt maximal noch bereit wäre zu bezahlen. Wenn morgens der Multimillionär beim Bäcker Brötchen holt und es ihm egal wäre, wenn er 10 Euro für ein einziges Brötchen bezahlen müsste, dann würde der Bäcker das natürlich gern ausnutzen. Das Problem, was Unternehmen dabei in der Regel haben, ist, dass sie die Typen ihrer Konsumenten nicht erkennen können. Es gibt aber verschiedene, teils sehr erfolgreiche Techniken, mit denen es Unternehmen zumindest gelingt, Kunden zu einer Selbstselektion in Gruppen von Typen zu bewegen.

So werden Bücher oft zunächst im Hardcover relativ teuer und einige Monate später als Taschenbuchausgaben verbilligt auf den Markt gebracht. Damit bekommen die Verlage von den echten Fans relativ viel Geld für die Hardcover-Ausgabe. Diese Fans wollen nicht warten, wenn ein Buch ihrer Lieblingsautoren erschienen ist und sind daher bereit, einen hohen Preis zu bezahlen, um das Buch sofort zu bekommen. Kunden mit geringerer Zahlungsbereitschaft warten lieber ein paar Monate und kaufen die Taschenbuchausgabe. Es entsteht so ein separierendes Gleichgewicht nach Zahlungsbereitschaften. Die Alternative wäre, das Buch nur als Hardcover herauszubringen, damit würde man aber die Leser mit der niedrigeren Zahlungsbereitschaft komplett verlieren. Hier hätte man zwar immer noch eine Separierung, aber kein Gleichgewicht mehr, da der Verlag auf die Gewinne aus den Umsätzen mit diesen Lesern verzichten würde, was für die Verlage keine Gleichgewichtsstrategie sein kann. Die andere Alternative, nämlich sofort nur Taschenbücher herauszubringen, würde zu einem Pooling der Leser führen, wäre für die Verlage aber auch nicht optimal, weil sie so die hohe Zahlungsbereitschaft der echten Fans nicht nutzen würden.

Ein ähnlicher Mechanismus wird eingesetzt, wenn Preise zeitlich differenziert werden, wie z.B. Eintrittspreise im Kino oder Preise für Cocktails während der Happy Hour. Dadurch machen die Unternehmen auch den Konsumenten Angebote, die die regulären Preise nicht bezahlen können oder wollen. Es entstehen jeweils separierende Gleichgewichte

5.5.3 Screening

Wie wir gesehen haben, werfen dynamische Spiele mit unvollständiger Information erhebliche analytische Probleme auf. Vor allem die Tatsache, dass Spieler eventuell nicht wissen, in welchem Knoten sie sich befinden, führt dazu, dass sie eventuell Entscheidungen treffen, die sie nicht getroffen hätten, wenn sie gewusst hätten, in welchem Knoten sie sich tatsächlich befinden. Es könnte daher auch für die unvollständig informierten

Spieler sinnvoll sein, Versuche zu unternehmen, die Unvollständigkeit ihrer Information zu beseitigen. Wenn die schlechter informierten Spieler etwas unternehmen, um ihre Informationsmängel zu beseitigen, dann nennt man das „Screening" (engl. „to screen something" = etwas überprüfen).

Käufer von Gebrauchtwagen machen vor dem Kauf eine Probefahrt, um zumindest offensichtliche Mängel ausschließen zu können. Käufer, die wenig über Autos wissen, bringen evtl. Freunde zum Kauf mit, die etwas von Autos verstehen. Evtl. fahren die Käufer vor dem Kauf mit dem Wagen auch zu einem Kraftfahrzeugsachverständigen, um von diesem eine fundierte Qualitätseinschätzung zu bekommen. All dies sind Screeningmaßnahmen.

Unternehmen führen z.B. Einstellungstests durch, um die tatsächlichen Qualitäten von Bewerbern aufzudecken. Zusätzlich werden oft noch Probezeiten vereinbart, in denen weitere Informationen über tatsächliche Eigenschaften aufgedeckt werden können.

Bei solchen Screenings ist allerdings zu beachten, dass diese Maßnahmen nicht zu teuer werden dürfen. Dies gilt für die Screening-Maßnahmen ebenso wie für die Signalisierungsmaßnahmen der besser informierten Spieler. So hatten wir oben festgestellt, dass die Spieler keine Abschlüsse erwerben werden, wenn die Abschlüsse als Signale entweder generell zu teuer sind oder für beide Spielertypen gleich viel kosten. In diesem Fall existiert kein separierendes Gleichgewicht. Das aber würde für Anja dazu führen, dass sie allen Spielern den Lohn in Höhe von 6,8 anbieten muss, obwohl die Bruttoerträge der Unproduktiven nur bei 6 liegen. Aus der Einstellung jedes unproduktiven Bewerbers resultiert daher ein Verlust von 0,8. Wenn Anja die unproduktiven Bewerber aber durch einen Einstellungstest zweifelsfrei erkennen könnte, und der Test z.B. nur 0,1 kosten würde, dann könnte sich Anja durch den Test besserstellen. Wir können sogar präzise berechnen, wie viel der Test maximal kosten darf. Hier könnte man zunächst vermuten, dass der Test höchstens 0,8 kosten darf, weil das Anjas Verlust ist, den sie erleidet, wenn sie einen unproduktiven Bewerber für einen Lohn von 6,8 einstellt. Diese Vermutung ist aber falsch. Um das zu sehen, greifen wir auf unsere oben gemachte Annahme zurück, dass beide Spielertypen auf dem Arbeitsmarkt überall undifferenzierte Löhne in Höhe von 6,8 bekommen. Anja wird es daher nicht gelingen, den unproduktiven Bewerbern einen Lohn unterhalb von 6,8 anzubieten, da diese dann woanders arbeiten gehen würden. Anja kann bei einem negativen Testergebnis die Löhne also gar nicht senken!

Wozu sollte sie dann also testen? Sie testet, weil sie nach dem Test nur noch die produktiven Bewerber einstellen wird. Da diese am Arbeitsmarkt auch nur 6,8 verdienen können, kann Anja den produktiven Bewerbern ebenfalls einen Lohn von 6,8 anbieten. Sie erzielt damit aus der Einstellung eines produktiven Bewerbers einen Überschuss in Höhe von 10 – 6,8 = 3,2. Dieser Überschuss von 3,2 ist daher das Maximum, was Anja insgesamt dafür ausgeben darf, einen produktiven Bewerber zu finden. Wir hatten angenommen, dass 80% der Bewerber unproduktiv sind und 20% produktiv. 4 von 5 sind also unproduktiv und einer ist produktiv. Um einen produktiven Bewerber zu finden, muss Anja also 5 Bewerber testen. Der Test pro Bewerber darf daher höchstens 3,2/5 = 0,64 kosten.

5.6 Aufgaben

Aufgabe 5.6.1

Corrie möchte sich ein Haus bauen lassen. Das Haus wird ihr für einen Preis von 300 angeboten. Sie kann aber nicht direkt erkennen, ob die Bau AG hochwertig oder minderwertig bauen kann. Die Bau AG steht nun vor der Frage, ob sie Corrie eine Garantie auf die erbrachten Bauleistungen anbieten soll oder nicht. Dabei ist zu berücksichtigen, dass die Garantieleistungen, die die Bau AG erbringen muss, wenn sie minderwertig gebaut hat, deutlich teurer sind als bei hochwertigem Bau. Kommt der Kauf des Hauses nicht zustande, erzielen beide Spieler Auszahlungen in Höhe von Null. Die gesamten Auszahlungen und die Spielstruktur sind dem folgenden Spielbaum zu entnehmen.

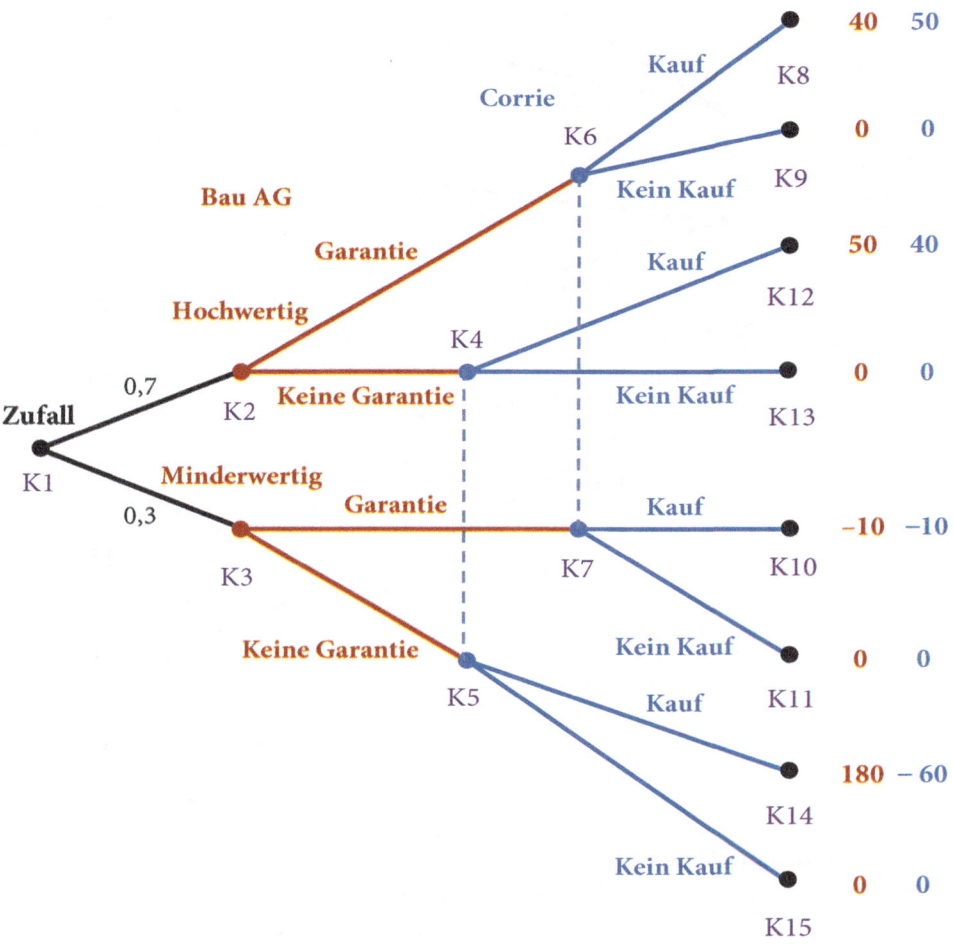

Bestimmen Sie das perfekte bayesianische Gleichgewicht des Spiels und erläutern Sie Ihre Schlussfolgerungen!

Aufgabe 5.6.2

Ermitteln Sie für das folgende Spiel das perfekte bayesianische Gleichgewicht und erläutern Sie Ihre Schlussfolgerungen.

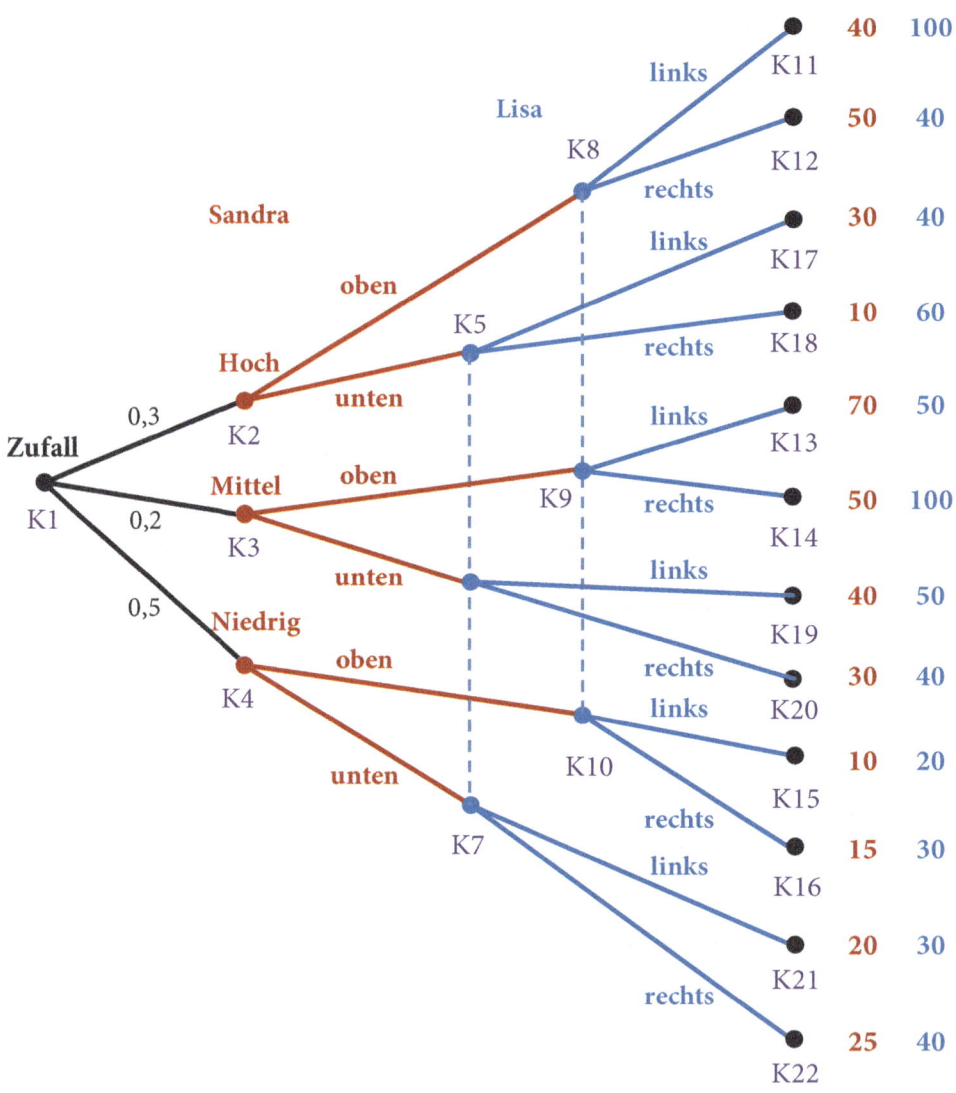

Lösung von Aufgabe 5.6.1

Das Spiel hat ein separierendes Gleichgewicht. Es lautet:

> *Strategie Bau AG: Ich spiele „Garantie", wenn ich vom Typ „Hochwertig" bin und „Keine Garantie", wenn ich vom Typ „Minderwertig" bin.*

Strategie Corrie: Ich kaufe das Haus, wenn die Bau AG „Garantie" spielt und ich kaufe es nicht, wenn die Bau AG keine „Garantie" spielt.

Belief Corrie: Wenn die Bau AG „Garantie" gespielt hat, nehme ich an, dass sie vom Typ „Hochwertig" ist und ich mich mit Sicherheit im Knoten K6 befinde. Wenn die Bau AG „Keine Garantie" gespielt hat, nehme ich mit Sicherheit an, dass sie vom Typ „Minderwertig" ist und ich mich also im Knoten K5 befinde.

Zur Begründung: Wenn die beiden Spieler die angegebenen Strategien spielen, endet das Spiel im Knoten K8, wenn die Bau AG hochwertig baut und im Knoten K15, wenn sie minderwertig baut. Hat die Bau AG, einen Anreiz, ihre Strategie gegen die Strategie von Corrie zu ändern?

Nehmen wir an, die Bau AG würde minderwertig bauen. Wenn sie nun entgegen ihrer o.g. Gleichgewichtsstrategie trotz der minderwertigen Bauweise eine Garantie anbieten würde, dann würde das Spiel im Knoten K10 enden, da Corrie aufgrund ihrer Strategie dann ja kaufen würde. Dadurch würde die Auszahlung der Bau AG aber von 0 im Knoten K15 auf − 10 im Knoten K10 sinken. Die Bau AG hätte also keinen Grund, ihre Gleichgewichtsstrategie zu ändern, wenn sie nur minderwertig bauen könnte.

Nehmen wir nun an, die Bau AG würde hochwertig bauen. Hätte sie gegen die gegebene Strategie von Corrie einen Anreiz, auf die Garantie zu verzichten? Wenn sie die Garantie gibt, endet das Spiel ja in Knoten in K8 und die Bau AG erzielt eine Auszahlung von 40. Würde sie auf die Garantie verzichten, würde Corrie gemäß ihrer Strategie nicht kaufen und das Spiel würde im Knoten K13 enden. Dort würde die Bau AG aber lediglich eine Auszahlung von 0 bekommen. Die Bau AG hat also auch dann keinen Anreiz, ihre Strategie zu ändern, wenn sie hochwertig bauen kann.

Nun ist zu prüfen, ob Corrie einen Anreiz hat, ihre Strategie zu ändern. Nehmen wir also an, die Bau AG hätte gemäß ihrer Gleichgewichtsstrategie eine Garantie angeboten. Wenn Corrie das Haus dann kauft, endet das Spiel im Knoten K8 und Corrie erzielt eine Auszahlung von 50. Würde sie ihre Strategie ändern, das Haus also nicht kaufen, würde das Spiel im Knoten K9 enden und ihre Auszahlung würde auf 0 sinken. Corrie hätte also keinen Anreiz, ihre Strategie für den Fall zu ändern, dass ihr eine Garantie angeboten wird.

Jetzt nehmen wir an, die Bau AG hätte keine Garantie angeboten. Gemäß Gleichgewichtsstrategie der Bau AG befindet sich das Spiel im Knoten K5. Wenn Corrie bei ihrer Gleichgewichtsstrategie bleibt und nicht kauft, endet das Spiel im Knoten K15 und sie erzielt eine Auszahlung in Höhe von 0. Würde sie nun aber kaufen, würde das Spiel im Knoten K14 enden und Corrie würde eine Auszahlung von − 60 erhalten. Sie würde sich also durch den Wechsel der Strategie selbst schädigen. Auch für diesen Fall sollte Corrie also bei ihrer oben angegebenen Gleichgewichtsstrategie bleiben.

Schließlich bleibt noch anzumerken, dass Corrie aufgrund der Gleichgewichtsstrategie der Bau AG auch zu den korrekten Beliefs kommt und ihre eigene Strategie unter Berücksichtigung diese Beliefs ebenfalls optimal ist.

Lösung von Aufgabe 5.6.2

Das perfekte bayesianische Gleichgewicht lautet:

Strategie Sandra: Ich spiele „oben", wenn ich vom Typ „Hoch" bin, ich spiele ebenfalls „oben", wenn ich vom Typ „Mittel" bin und ich spiele „unten", wenn ich vom Typ „Niedrig" bin.

Strategie Lisa: Ich spiele „rechts", wenn Sandra „oben" gespielt hat und ich spiele „links", wenn Sandra „unten" gespielt hat.

Belief Lisa: Wenn Sandra „oben" gespielt hat, nehme ich an, dass Sandra mit einer Wahrscheinlichkeit von 60% vom Typ „Hoch" ist und ich mich im Knoten K8 befinde. Mit einer Wahrscheinlichkeit von 40% nehme ich hingegen an, dass sie vom Typ „Mittel" ist und ich mich im Knoten K9 befinde. Wenn Sandra „unten" gespielt hat, nehme ich mit Sicherheit an, dass Sandra von Typ „Niedrig" ist und ich mich also im Knoten K7 befinde.

Zur Begründung: Zunächst ist leicht zu sehen, dass Sandra immer einen dominanten Zug hat, egal, von welchem Typ sie ist:

Wenn Sie vom Typ „Hoch" ist, und sie dann „oben" zieht, endet das Spiel in den Knoten K11 oder K12, Sandra bekommt daher eine Auszahlung von mindestens 40. Würde sie hingegen „unten" ziehen, würde das Spiel in einem der Knoten K17 oder K18 enden, wodurch sie eine Auszahlung von maximal 30 erzielen könnte. Daher sollte sie in jedem Fall „oben" ziehen, wenn sie vom Typ „Hoch" ist.

Dass sie ebenfalls „oben" ziehen sollte, wenn sie vom Typ „Mittel" ist, begründet sich völlig analog, ebenso, dass sie „unten" ziehen sollte, wenn sie vom Typ „Niedrig" ist.

Mit diesen Überlegungen ist ihre oben angegebene Gleichgewichtsstrategie bereits vollständig begründet.

Für Lisa folgt daraus, dass sie sich sicher sein kann, dass Sandra vom Typ „Niedrig" ist, wenn Sandra „unten" gespielt hat. Wenn Sandra allerdings „oben" gespielt hat, könnte sie vom Typ „Hoch" oder „Mittel" sein. Die zugehörigen Wahrscheinlichkeiten werden über das Bayes-Theorem berechnet. Sandra ist mit einer Wahrscheinlichkeit von 50% entweder vom Typ „Hoch" oder „Mittel". Wenn sie aber „oben" gezogen hat, ist sie mit einer Wahrscheinlichkeit von 30%/50% = 60% vom Typ „Hoch" und mit einer Wahrscheinlichkeit von 40% vom Typ „Mittel". Damit ist auch Lisas Belief begründet.

Aus diesen Beliefs aber ergibt sich nun die oben angegebene Gleichgewichtsstrategie von Lisa. Wenn sie sieht, dass Sandra „unten" gespielt hat, dann weiß Lisa, dass sie sich im Knoten K7 befindet. Spielt sie dann „rechts" endet das Spiel im Knoten K21 und Lisa erzielt eine Auszahlung von 30. Würde sie hingegen „links" spielen, würde das Spiel im Knoten K22 enden und Lisa bekäme eine Auszahlung von 40. Sie sollte also „links" spielen, wenn Sandra „unten" gespielt hat.

Wenn Sandra hingegen „oben" gespielt hat, befindet sich Lisa mit einer Wahrscheinlichkeit von 60% im Knoten K8 und mit einer Wahrscheinlichkeit von 40% im Knoten K9. Spielt Lisa nun „rechts", so landet sie mit einer Wahrscheinlichkeit von 60% im Knoten K11 und mit einer Wahrscheinlichkeit von 40% im Knoten K13. Ihre erwartete Auszahlung für „rechts" beträgt daher $0{,}6 \cdot 100 + 0{,}4 \cdot 50 = 80$. Spielt Lisa hingegen „links", so landet sie mit einer Wahrscheinlichkeit von 60% im Knoten K12 und mit einer Wahrscheinlichkeit von 40% im Knoten K14. Ihre erwartete Auszahlung beträgt daher $0{,}6 \cdot 40 + 0{,}4 \cdot 100 = 64$. Ihre erwartete Auszahlung ist also höher, wenn sie „rechts" spielt, nachdem sie Sandras Zug „oben" beobachtet hat. Damit ist auch Lisas Gleichgewichtsstrategie vollständig begründet.

5.7 Leseempfehlungen und Literatur

Die Analyse von Bildung als Signal auf dem Arbeitsmarkt stammt von Michael Spence (1973), der im Jahr 2001 den Nobelpreis für Wirtschaftswissenschaften erhalten hat. Eine empfehlenswerte Darstellung von dynamischen Spielen mit unvollständiger Information auf mittlerem Schwierigkeitsniveau findet sich in Gibbons (1992), Kapitel 4.

Spence, Michael (1973): Job market signalling. In: Quarterly Journal of Economics, Band 87, S. 355 – 374.

Gibbons, Robert (1992): A Primer in Game Theory. Verlag Harvester Wheetsheaf, New York u.a.O.

Spiele ohne Informationen

6

In den Kapiteln 4 und 5 haben wir Spiele mit unvollständiger Information besprochen. Unvollständige Information bedeutet ja, dass ein Spieler nicht genau weiß, welche Auszahlungen sein Gegenspieler in einer bestimmten Strategiekombination erreicht. Daher ist das Verhalten des Gegenspielers nicht exakt prognostizierbar. Wenn aber die Wahrscheinlichkeiten dafür bekannt sind, welche Auszahlungen der Gegenspieler erzielen könnte, dann kann man seine Strategien immer noch so wählen, dass die erwarteten eigenen Auszahlungen maximiert werden. Was aber soll man tun, wenn man gar nichts über die Auszahlungen anderer Spieler weiß?

6.1 Entscheidungsregeln

Sehen wir uns zunächst das folgende Spiel an:

		Spieler 2	
		links	rechts
Spieler 1	oben	4 ?	0 ?
	unten	1 ?	3 ?

Da Spieler 1 nichts über die Auszahlungen von Spieler 2 weiß, ist das Verhalten von Spieler 2 nicht analysierbar. Es ist daher völlig unmöglich anzugeben, welche Strategie Spieler 2 wählen wird. Damit ist auch klar, dass man keine Gleichgewichte mehr ermitteln kann, weil man nichts über die besten Antworten von Spieler 2 weiß. Man kann also allenfalls noch versuchen, Überlegungen für Spieler 1 anzustellen. Dabei gibt es nur eine mögliche Situation, in der man zu einer eindeutigen Aussage kommen kann. Betrachten wir hierzu das folgende Spiel:

		Spieler 2			
		links		rechts	
Spieler 1	oben	4	?	5	?
	unten	1	?	3	?

In diesem Spiel ist die Strategie „oben" für Spieler 1 dominant. Man kann dem Spieler 1 daher problemlos empfehlen, „oben" zu spielen, da er ja mit dieser dominanten Strategie in jedem Fall besser abschneidet als mit seiner Strategie „unten", ganz gleich, was Spieler 2 tut. Wann immer Spieler 1 also eine dominante Strategie hat, kommt man zu einer eindeutigen Aussage darüber, was er tun sollte. Dies ist aber eben auch der einzige Fall.

Was sollte Spieler 1 tun, wenn er keine dominante Strategie hat? Hierzu gibt es nun eine Reihe von Entscheidungsregeln, denen er folgen könnte. Keine dieser Regeln kann aber als eindeutig optimale Entscheidungsregel angesehen werden. Sehen wir uns einige dieser Regeln und die Kritik daran nun an.

Die erste Regel ist die sogenannte Minimax-Regel. Die Minimax-Regel beruht auf dem Prinzip extremer Vorsicht. Nach der Minimax-Regel soll der Spieler diejenige Entscheidung treffen, die das Minimum seiner eigenen Auszahlungen maximiert. Um festzustellen, welche Entscheidung das ist, müssen wir für jede mögliche Strategie von Spieler 1 zunächst feststellen, welche Auszahlung mit dieser Strategie im ungünstigsten Fall verbunden ist. In dem folgenden Spiel sind für jede Strategie jeweils die minimalen Auszahlungen eingerahmt, die der Spieler 1 im ungünstigsten Fall mit der betreffenden Strategie erzielt:

		Spieler 2	
		links	rechts
Spieler 1	oben	5 ?	0 ?
	mitte	3 ?	2 ?
	unten	1 ?	3 ?

Wie zu sehen ist, führt die Strategie „oben" im ungünstigsten Fall zu einer Auszahlung von 0, die Strategie „mitte" zu einer Auszahlung von 2 und die Strategie „unten" zu einer Auszahlung von 1. Von diesen drei minimalen Auszahlungen ist 2 die höchste und damit das Maximum. Gemäß der Minimax-Regel sollte Spieler 1 also die Strategie „mitte" wählen, weil er dadurch das Minimum der möglichen Auszahlungen maximiert. Diese Regel basiert offensichtlich auf einem Prinzip der Vorsichtigkeit, weil die Chancen auf hohe Auszahlungen bei der Entscheidungsfindung völlig ignoriert werden. Das erscheint vor allem dann besonders problematisch, wenn sich die minimalen Auszahlungen verschiedener Strategien kaum unterscheiden, die maximalen Auszahlungen aber erheblich. Dies ist im folgenden Spiel der Fall:

		Spieler 2	
		links	rechts
Spieler 1	oben	500 ?	0 ?
	mitte	3 ?	2 ?
	unten	1 ?	300 ?

In diesem Spiel wäre nun immer noch „mitte" die Strategie, die gemäß der Minimax-Regel gewählt werden müsste. Das garantiert dann aber lediglich, dass die Auszahlung nicht 1 sondern mindestens 2 beträgt. Gleichzeitig ist aber auch die Chance vertan, mehr als eine Auszahlung von 3 zu erzielen, während mit den Strategien „oben" oder „unten"

Auszahlungen von 500 oder 300 möglich wären. Gerade in solchen Situationen, in denen sich die maximalen Auszahlungen der Strategien erheblich unterscheiden, erscheint die Befolgung der Minimax-Regel deutlich zu pessimistisch.

Das genaue Gegenteil der Minimax-Regel ist die Maximax-Regel. Gemäß dieser Regel soll die Strategie gewählt werden, die die maximale Auszahlung maximiert. Sehen wir uns das vorangehende Spiel nochmals an, wobei nun jeweils die maximalen Auszahlungen eingerahmt sind:

		Spieler 2			
		links		rechts	
Spieler 1	oben	500	?	0	?
	mitte	3	?	2	?
	unten	1	?	300	?

Gemäß der Maximax-Regel sollte in diesem Spiel die Strategie „oben" gewählt werden. In diesem Spiel dürfte die Befolgung der Maximax-Regel deutlich besser zu begründen sein, als die Befolgung der Minimax-Regel. Das liegt hier daran, dass sich die minimalen Auszahlungen der verschiedenen Strategien kaum unterscheiden und daher für die Entscheidungsfindung kaum eine Bedeutung haben. Das ändert sich natürlich dann, wenn sich die minimalen Auszahlungen deutlich unterscheiden würden, so wie im nächsten Spiel:

		Spieler 2			
		links		rechts	
Spieler 1	oben	500	?	−10.000	?
	mitte	400	?	100	?
	unten	200	?	300	?

In diesem Spiel wäre nun immer noch „oben" die Strategie, die gemäß Maximax-Regel gewählt werden sollte. Wie leicht zu sehen ist, sind die Maxima der anderen Strategien aber nur vergleichsweise wenig geringer, während das Minimum bei „oben" mit – 10.000 dramatisch schlechter ist, als die ungünstigsten Auszahlungen der anderen Strategien. Während also die Minimax-Regel eventuell deutlich zu pessimistisch erscheint, weil sie die Chancen auf hohe Auszahlungen ignoriert, könte die Maximax-Regel deutlich zu optimistisch sein, weil sie die Risiken sehr niedriger Auszahlungen ignoriert. Beide Regeln können daher nicht als eindeutig gute Entscheidungsregeln angesehen werden.

Natürlich kann man sich nun die verschiedensten Regeln ausdenken, die die Chancen auf sehr hohe Auszahlungen und die Risiken sehr niedriger Auszahlungen in irgendeiner Form gewichten. So könnte man z.B. Risiken begrenzen, indem man nur noch solche Strategien berücksichtigt, die eine bestimmte Mindestauszahlung garantieren. Zwischen den verbleibenden Strategien wählt man dann z.B. nach der Maximax-Regel. Wenn Spieler 1 z.B. die Regel aufstellt, dass die Auszahlung keinesfalls kleiner als Null werden darf und zwischen den verbleibenden Strategien nach der Maximax-Regel gewählt wird, dann würde er im obigen Spiel die Strategie „mitte" wählen. Die Strategie „oben" würde er ja zunächst streichen, weil deren niedrigste Auszahlung kleiner ist als Null. Von den beiden verbliebenen Strategien hat dann aber „mitte" das Auszahlungsmaximum.

Mit derartigen, nach eigenen Präferenzen gewählten Entscheidungsregeln ließe sich in der Regel jede Strategie irgendwie rechtfertigen. Eine Allgemeingültigkeit können derartige Regeln aber nicht beanspruchen.

Dieses 6. Kapitel ist letztlich ein Exkurs, mit dem die Spieltheorie eigentlich verlassen wird. Denn wir haben in diesem Kapitel keine interdependenten Entscheidungen mehr analysiert, sondern uns nur noch Gedanken über einen der Spieler gemacht und den anderen völlig ignoriert. Wir mussten ihn ignorieren, weil keine Informationen über seine Auszahlungen vorliegen und wir daher nichts dazu sagen konnten, wie er sich sinnvollerweise entscheiden sollte. Man kann die Spieltheorie letztlich dadurch abgrenzen, welche Informationen über andere Spieler vorliegen. Liegen keine Informationen vor, hat man die Spieltheorie letztlich verlassen.

6.2 Aufgaben

Bestimmen Sie für die folgenden Spiele die optimalen Strategien für Spieler 1, sofern dies eindeutig möglich ist. Dort wo das nicht möglich ist, bestimmen Sie jeweils die Strategie, die sich aus der Minimax-Regel ergeben würde und die Strategie, die sich aus der Maximax-Strategie ergeben würde. Begründen Sie jeweils knapp, welche der beiden Regeln Sie für das jeweilige Spiel für besser begründbar halten.

Aufgabe 6.2.1

		Spieler 2	
		links	rechts
Spieler 1	oben	117 ?	503 ?
	mitte	403 ?	312 ?
	unten	502 ?	397 ?

Aufgabe 6.2.2

		Spieler 2	
		links	rechts
Spieler 1	oben	117 ?	290 ?
	mitte	403 ?	312 ?
	unten	226 ?	197 ?

Aufgabe 6.2.3

		Spieler 2	
		links	rechts
Spieler 1	oben	117 ?	146 ?
	mitte	403 ?	146 ?
	unten	526 ?	146 ?

Aufgabe 6.2.4

		Spieler 2			
		links		rechts	
Spieler 1	oben	205	?	223	?
	mitte	703	?	203	?
	unten	202	?	540	?

Aufgabe 6.2.5

		Spieler 2			
		links		rechts	
Spieler 1	oben	0	?	700	?
	mitte	350	?	350	?
	unten	700	?	0	?

Lösung zu Aufgabe 6.2.1

Für Spieler 2 lässt sich keine eindeutig beste Strategie ermitteln. Lediglich die Strategie „mitte" wird von „unten" dominiert und kann gestrichen werden. Gemäß der Minimax-Regel wäre dann die Strategie „unten" zu wählen, da Spieler 1 mit dieser Strategie eine Auszahlung von mindestens 397 erreicht, während er mit der Strategie „oben" lediglich eine Mindestauszahlung von 117 erzielt. Gemäß der Maximax-Regel wäre hingegen die Strategie „oben" zu wählen, da bei dieser Strategie das Maximum der Auszahlungen bei 503 liegt, während es bei der Strategie „unten" bei 502 liegt.

Die Befolgung der Minimax-Regel dürfte in diesem Spiel besser begründbar sein als die Befolgung der Maximax-Regel. Während sich die Maxima beider Strategie kaum unterscheiden, sind die Minima deutlich unterschiedlich. Wenn sich aber die Maxima kaum unterscheiden, gibt es durch die Befolgung der Maximax-Strategie kaum etwas zu gewinnen. In solchen Fällen sollten eher die unterschiedlichen Minima stärker in der Entscheidung berücksichtigt werden.

Lösung zu Aufgabe 6.2.2
Die Strategie „mitte" ist dominant und sollte daher gewählt werden.

Lösung zu Aufgabe 6.2.3
Die Strategie „unten" ist schwach dominant. Sie sollte gewählt werden. Da es gleichgültig ist, welche Strategie Spieler 1 spielt, wenn Spieler 2 „rechts" spielt, sollte Spieler 1 die Strategie wählen, die ihm die höchste Auszahlung für den Fall bringt, dass Spieler 2 „links" spielt.

Lösung zu Aufgabe 6.2.4
Keine der Strategien ist dominant oder auch nur schwach dominant, daher gibt es keine zweifelsfrei beste Strategie für Spieler 1. Allerdings unterscheiden sich die Minima der einzelnen Strategien kaum. Es erscheint daher nicht sinnvoll, sich an der Minimax-Strategie zu orientieren. Die Maxima hingegen unterscheiden sich deutlich, was hier dafür spricht, sich eher an der Maximax-Regel zu orientieren. Dementsprechend sollte hier die Strategie „mitte" gewählt werden.

Lösung zu Aufgabe 6.2.5
Keine der Strategien ist dominant oder auch nur schwach dominant, daher gibt es keine zweifelsfrei beste Strategie für Spieler 1. In diesem Spiel unterscheiden sich die Minima allerdings genauso stark voneinander wie die Maxima. Es ließe sich daher auch kaum begründen, weshalb der Minimax-Regel oder der Maximax-Regel der Vorzug gegeben werden sollte.

Kooperative Spieltheorie

Bis zu diesem Kapitel waren wir davon ausgegangen, dass die Spieler keine bindenden Verträge miteinander schließen können. Das kann daran liegen, dass sie nicht einmal miteinander kommunizieren können oder daran, dass der Abschluss von Verträgen verboten ist, wie z.B. der Abschluss von wettbewerbsbeschränkenden Verträgen mehrerer Unternehmen. Wenn keine bindenden Verträge geschlossen werden können, sprechen wir ja von nicht-kooperativer Spieltheorie.

Hier kommen wir nun zur kooperativen Spieltheorie, in der bindende Verträge als möglich unterstellt werden. An dieser Stelle wollen wir aber zunächst noch stärker präzisieren, was wir unter bindenden Verträgen verstehen. Gemeint sind damit Verträge, die sich auf die direkte Wahl von Strategien beziehen. Wir nehmen also jetzt an, dass die Spieler ihre jeweils zu wählenden Strategien direkt vereinbaren können. Wenn sie aber Strategien und damit Strategiekombinationen vereinbaren können, dann heißt das, dass sie faktisch festlegen können, wer welche Auszahlung erhalten soll. Es können also faktisch Auszahlungskombinationen vereinbart werden.

Die zentrale Fragestellung der kooperativen Spieltheorie ist dann, welche Auszahlungskombination vereinbart werden sollte. Wenn die Auszahlungskombination dann feststeht, kann man sich noch ansehen, welche Strategiekombination zu dieser Auszahlungskombination führen würde. Häufig wird das in Analysen der kooperativen Spieltheorie aber gar nicht mehr explizit angesprochen. Tatsächlich sind die Fragestellungen der kooperativen Spieltheorie meist so abstrakt, dass nicht einmal mehr ersichtlich ist, was die Spieler tatsächlich tun könnten. Vielmehr wird einfach angegeben, welche Auszahlungskombinationen erreichbar sind. Danach beginnt dann die Analyse, welche der erreichbaren Auszahlungskombinationen gewählt werden sollte. Was die Spieler dann in der Realität tun müssten, um diese Auszahlungskombination zu erreichen, wird nicht mehr diskutiert.

© Springer-Verlag GmbH Deutschland, ein Teil von Springer Nature 2019
S. Winter, *Grundzüge der Spieltheorie*,
https://doi.org/10.1007/978-3-662-58215-2_8

Um diese Erwägungen zu verdeutlichen, sehen wir uns das erste Spiel dieses Buches nochmals an. In dem Spiel hatten sich Konni und Sven im Urlaub aus den Augen verloren. Jeder von beiden überlegt nun, wohin er fahren soll. Die Auszahlungsmatrix des Spiels ist:

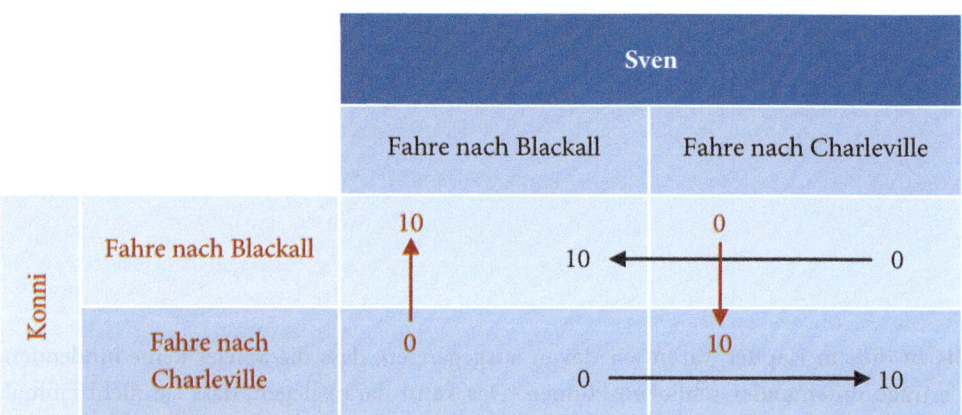

Aus der Analyse dieses Spieles im nicht-kooperativen Fall wissen wir, dass das Spiel zwei Gleichgewichte in reinen Strategien hat, in denen beide entweder nach Blackall oder nach Charleville fahren. In beiden Gleichgewichten erzielen die Spieler jeweils Auszahlungen in Höhe von 10. Da das die höchsten Auszahlungen sind, die jeder Spieler überhaupt erreichen kann, würde die kooperative Spieltheorie hier zu dem Ergebnis kommen, dass sich die Spieler auf die Auszahlungskombination 10/10 einigen sollten. Auf welches Reiseziel und damit auf welche Strategiekombination sie sich einigen sollten, wird hingegen gar nicht mehr diskutiert. Tatsächlich ist das für die kooperative Spieltheorie auch gar nicht mehr wichtig. Stellen Sie sich vor, wir wüssten nur, dass Konni und Sven die Auszahlungskombinationen 0/0 und 10/10 erreichen können, wir wüssten aber überhaupt nichts darüber, um was es in ihrem Spiel eigentlich geht. Dann würden wir wohl trotzdem zu dem Ergebnis kommen, dass die beiden sich auf die Kombination 10/10 einigen sollten. Für eine Analyse der kooperativen Spieltheorie sind die zugrundeliegenden realen Entscheidungsprobleme und die zur Verfügung stehenden Strategien daher letztlich irrelevant. Im Unterkapitel 7.1. sollen aber zunächst noch die zugrundeliegenden Spiele vorgestellt werden, um ein besseres Gefühl dafür zu vermitteln, was die Analysen der kooperativen Spieltheorie mit realen Entscheidungsproblemen zu tun haben. Erst im Anschluss begeben wir uns dann auf das übliche Abstraktionsniveau der kooperativen Spieltheorie.

Wir werden im Folgenden zwei wichtige Konzepte der kooperativen Spieltheorie diskutieren. Im Unterkapitel 7.1 werden wir uns mit Verhandlungstheorien beschäftigen. In diesen Theorien werden Regeln formuliert, nach denen sich die Spieler auf bestimmte Ausahlungskombinationen einigen könnten. Dabei werden die Regeln so formuliert, dass sich aus den Regeln selbst das Verhandlungsergebnis, also die zu wählende Auszahlungskombination direkt ausrechnen lässt. In den Verhandlungstheorien des Unterkapitals 7.1 unterstellen wir, dass jeder Spieler für sich allein verhandelt.

Im Unterkapitel 7.2. hingegen unterstellen wir, dass sich aus der Gruppe der beteiligen Spieler Untergruppen bilden könnten. Solche Untergruppen bezeichnen wir als Koalitionen. Spieler haben einen Anreiz, Koalitionen beizutreten, wenn sie als Mitglied einer Koalition mehr für sich herausholen können, als das, was sie allein für sich herausverhandeln könnten. Welche Auszahlungskombination letztlich vereinbart wird, hängt dann davon ab, welche Koalitionen sich bilden werden.

7.1 Verhandlungslösungen

7.1.1 Verhandlungsmengen

Bevor wir nun beginnen, optimale Auszahlungskombinationen zu bestimmen, müssen wir uns zunächst ansehen, welche Auszahlungskombinationen für die Spieler überhaupt erreichbar sind. Sehen wir uns dazu das folgende Spiel an:

		Spieler 2	
		links	rechts
Spieler 1	oben	0 / 0 (A)	5 / 0 (D)
	unten	0 / 5 (B)	5 / 5 (C)

In diesem Spiel sind alle vier Strategiekombinationen Gleichgewichte, allerdings ist nur das Gleichgewicht {*unten*; *rechts*} effizient. Die in Klammern angegebenen Buchstaben A-D bezeichnen die Auszahlungskombinationen, die in das folgende Auszahlungsdiagramm eingezeichnet sind.

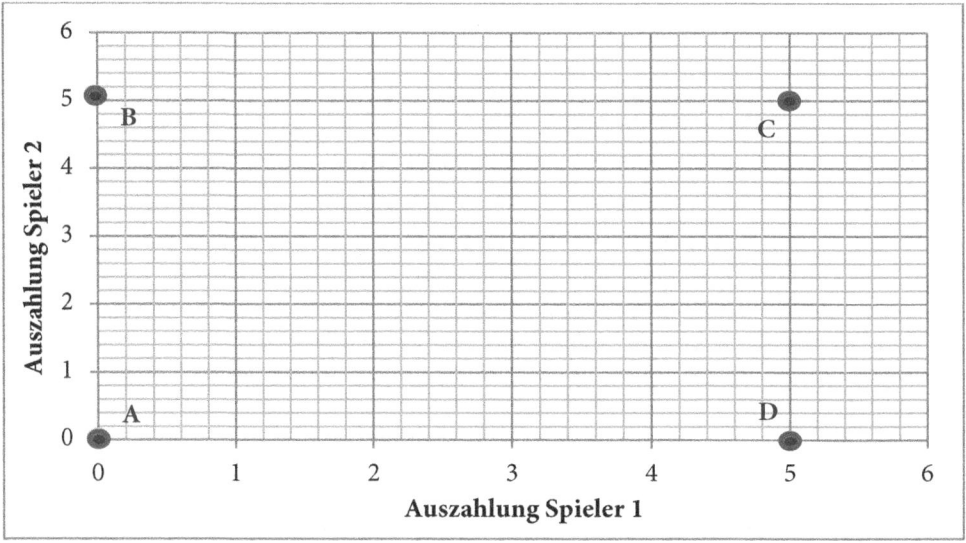

Nehmen wir nun aber noch gemischte Strategien zu unseren Betrachtungen hinzu, so können nicht nur diese vier, sondern sehr viel mehr Auszahlungskombinationen erreicht werden. Wobei zu berücksichtigen wäre, dass dies dann Kombinationen *erwarteter* Auszahlungen wären. Da wir aber angenommen haben, dass tatsächliche Auszahlungen und Erwartungswerte von Auszahlungen von den Spielern als gleich wertvoll angesehen werden, können wir so vorgehen.

Nehmen wir nun einmal an, der Spieler 2 würde „rechts" spielen. Dann bekommt Spieler 1 immer eine Auszahlung von 5, egal was er tut. Spieler 1 kann also „unten", „oben" oder auch jede beliebige gemischte Strategie spielen.

Für Spieler 2 sieht das aber anders aus, für ihn ist keineswegs egal, was Spieler 1 tut. Wenn Spieler 1 „oben" spielt, erreicht Spieler 2 eine Auszahlung von Null, wenn Spieler 1 aber „unten" spielt, erreicht Spieler 2 eine Auszahlung von 5. Wenn Spieler 1 hingegen eine gemischte Strategie spielt, erreicht Spieler 2 eine erwartete Auszahlung, die zwischen 0 und 5 liegt. Wie hoch die erwartete Auszahlung für Spieler 2 ist, hängt nun davon ab, mit welchen Wahrscheinlichkeiten für „oben" und „unten" Spieler 1 spielt. Wird von Spieler 1 mit hoher Wahrscheinlichkeit oben gespielt, dann ist das für Spieler 2 schlecht, da seine erwartete Auszahlung dann näher bei Null liegt, ist hingegen die Wahrscheinlichkeit für „unten" hoch, liegt die Auszahlung für Spieler 2 eher bei 5. Wenn wir diese Überlegungen zusammenfassen, dann folgt daraus:

Wenn Spieler 2 „rechts" spielt und Spieler 1 eine gemischte Strategie, dann können die Spieler alle Auszahlungskombinationen erreichen, die in der folgenden Abbildung durch die blaue Linie markiert sind:

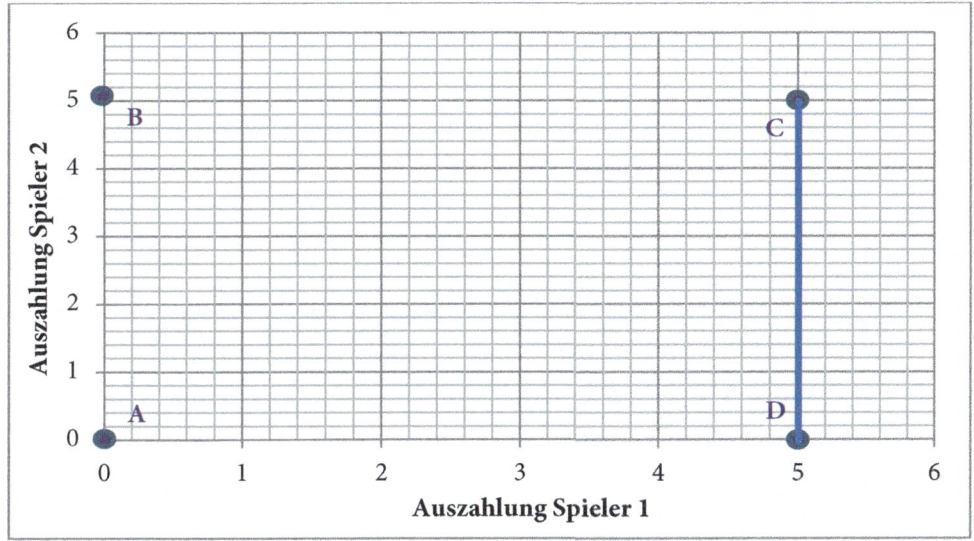

Mit den gleichen Argumenten kann man nun zeigen, dass auch alle Auszahlungskombinationen erreicht werden können, die auf den Verbindungslinien A-B, B-C und A-D liegen. Immer, wenn einer der Spieler eine seiner beiden reinen Strategien spielt und wir für den anderen dessen gemischte Strategien hinzunehmen, erzeugen wir eine dieser Verbindungslinien. Zeichnen wir diese anderen Verbindungslinien also auch noch ein, so erhalten wir:

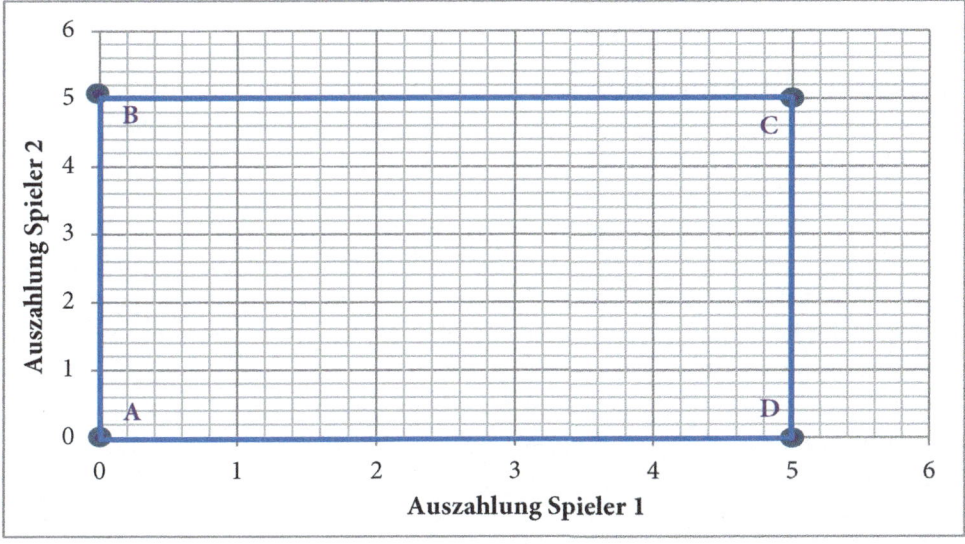

Nun haben wir allerdings noch immer nicht alle erreichbaren Auszahlungskombinationen grafisch erfasst. Das liegt daran, dass wir noch nicht berücksichtigt haben, dass auch beide Spieler gleichzeitig gemischte Strategien spielen könnten. Wenn wir auch diese Fälle berücksichtigen, dann können die Spieler auch alle Auszahlungskombinationen erreichen, die innerhalb des blau umrandeten Rechtecks liegen. Somit ergibt sich, dass in dem hier betrachteten Spiel alle Auszahlungskombinationen erreicht werden können, die innerhalb oder auf dem Rand der blauen Rechtecks liegen:

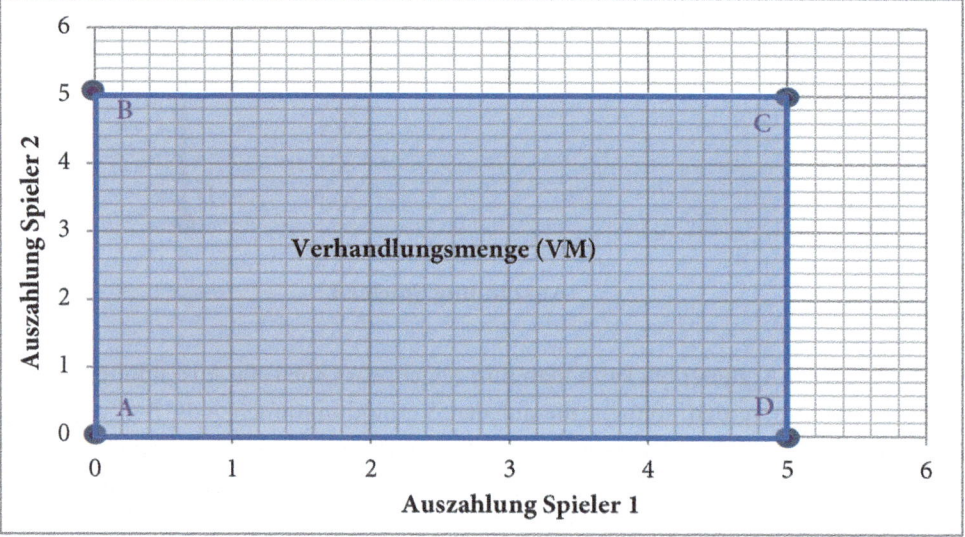

Die Gesamtheit dieser erreichbaren Auszahlungskombinationen hat einen eigenen Namen:

▶ **Definition „Verhandlungsmenge"** Mit dem Begriff der „Verhandlungsmenge" (VM) bezeichnet man die Menge aller in einem Spiel erreichbaren Auszahlungskombinationen.

Bevor wir mit der Frage fortfahren, welche Auszahlungskombination aus der Verhandlungsmenge die Spieler sinnvollerweise vereinbaren sollten, sehen wir uns zunächst an einigen Beispielen an, wie die Verhandlungsmengen von Spielen überhaupt aussehen könnten. Dabei beschränken wir uns aus Gründen der Übersichtlichkeit auf Spiele mit zwei Spielern mit jeweils zwei reinen Strategien. Dabei zeigt sich schnell ein simples Muster. In dem obigen Spiel hat jede Strategiekombination reiner Strategien zu einer anderen Auszahlungskombination geführt. Es gab also vier unterschiedliche Auszahlungskombinationen, die wir zunächst als die Punkte A-D in unsere obigen Diagramme eingezeichnet hatten. Dies führte dazu, dass die Verhandlungsmenge viereckig war. Wenn es vier verschiedene Auszahlungskombinationen gibt, dann ist die Verhandlungsmenge meistens ein Viereck. Wir werden gleich sehen, warum das nur meistens so ist, aber nicht immer.

Sehen wir uns nun ein Spiel an, welches eine vier-, aber keine rechteckige Verhandlungsmenge hat:

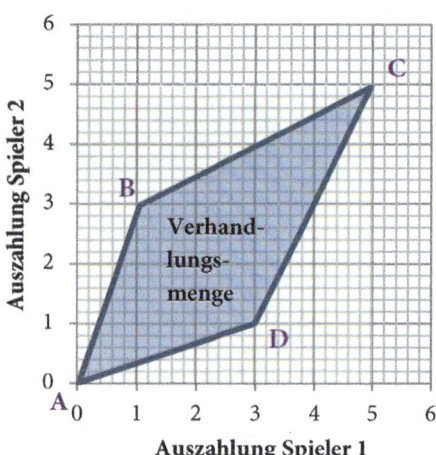

Als nächstes sehen wir uns ein Spiel mit einem zunächst merkwürdigen Muster der Verhandlungsmenge an:

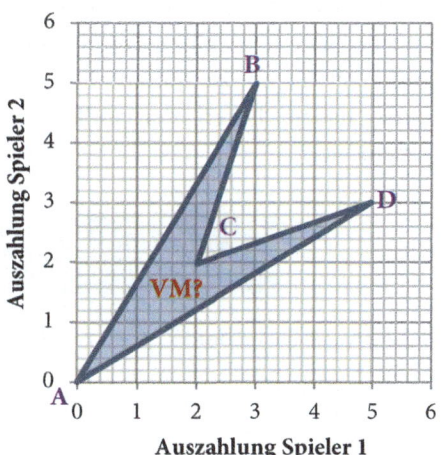

Tatsächlich liegt hier ein absichtlicher Fehler der Darstellung vor. In den oben betrachteten Spielen haben wir immer die Eckpunkte im Uhrzeigersinn miteinander verbunden, um die Verhandlungsmenge einzugrenzen. Es gibt aber keinen zwingenden Grund, das im Uhrzeigersinn zu machen. Denn hinter der Idee, die „Eckpunkte" zu verbinden, die durch die Auszahlungskombinationen der reinen Strategien direkt aus der Matrixdarstellung abgelesen werden können, steckt ja eigentlich eine inhaltliche Begründung: Wenn wir zwei erreichbare Auszahlungskombinationen kennen, von denen ja jede durch

einen Punkt im Auszahlungsdiagramm dargestellt wird, dann können wir mittels geeignet gewählter gemischter Strategien auch alle Punkte erreichen, die auf der Verbindungslinie zwischen den beiden bekannten Punkten liegen. Wir können also im obigen Auszahlungsdiagramm auch alle Punkte auf der Linie zwischen B und D erreichen. Tatsächlich
ergibt sich also für das betrachtete Spiel die folgende Verhandlungsmenge:

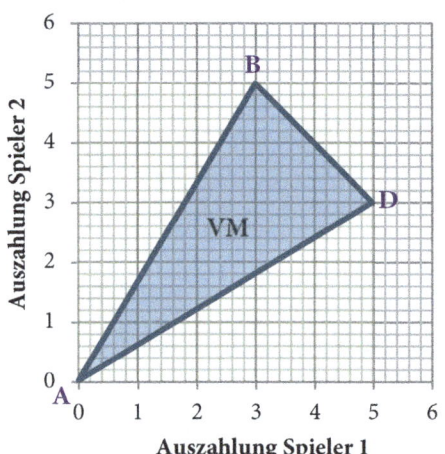

		Spieler 2	
		links	rechts
	oben	0; 0 (A)	5; 3 (D)
Spieler 1	unten	3; 5 (B)	2; 2 (C)

Wir sehen hier also, dass die Verhandlungsmenge weniger Ecken haben kann, als es
unterschiedliche Auszahlungskombinationen in reinen Strategien in dem Spiel gibt.

Kommen wir nun zu Spielen, die lediglich drei unterschiedliche Auszahlungskombinationen haben. Deren Verhandlungsmengen könnten dann z.B. folgendermaßen
aussehen:

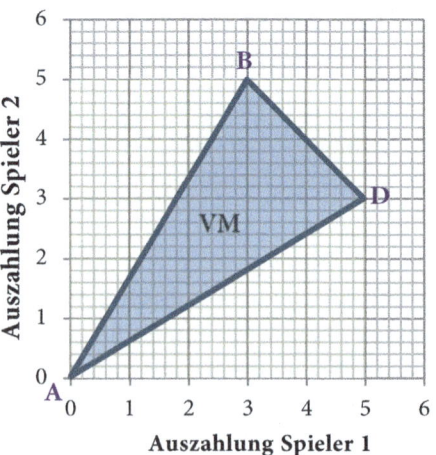

		Spieler 2	
		links	rechts
	oben	0; 0 (A)	5; 3 (D)
Spieler 1	unten	3; 5 (B)	3; 5 (B)

	Spieler 2	
	links	rechts
oben	3; 0 (A)	5; 5 (B)
unten	5; 5 (B)	0; 3 (C)

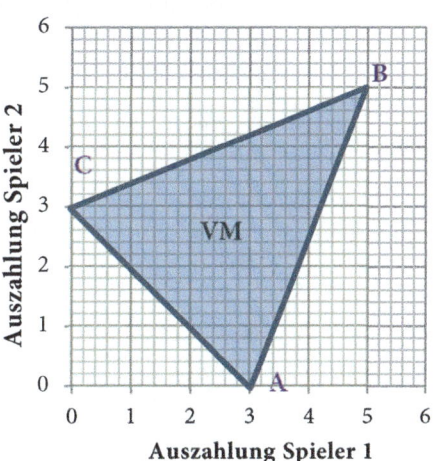

	Spieler 2	
	links	rechts
oben	4; 0 (A)	2; 2 (B)
unten	2; 2 (B)	0; 4 (C)

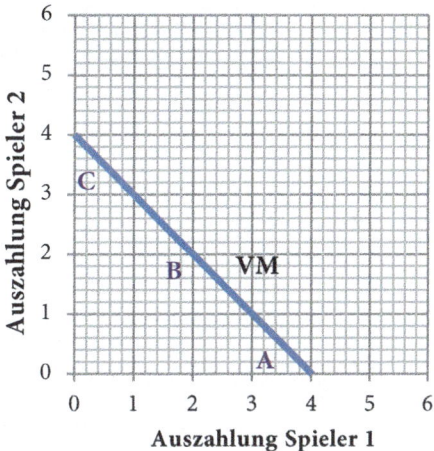

Wie zu sehen ist, kann auch bei drei unterschiedlichen Auszahlungskombinationen die Zahl der Ecken der Verhandlungsmenge geringer sein. Hier ist die Verhandlungsmenge grafisch ausgedrückt lediglich eine Linie. Die Punkte der Auszahlungskombinationen könnten dabei natürlich auch auf einer steigenden Linie liegen.

Gibt es hingegen nur zwei unterschiedliche Auszahlungskombinationen, ist die Verhandlungsmenge immer eine Linie. Dabei können sich sowohl steigende als auch fallende Linien ergeben:

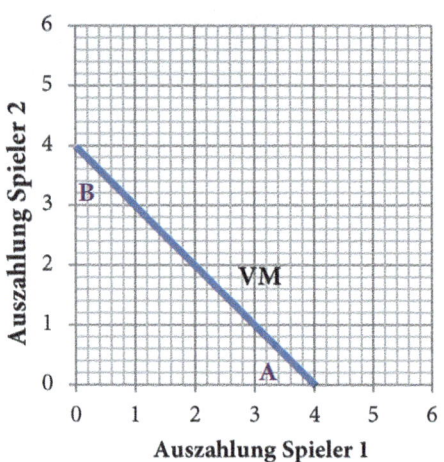

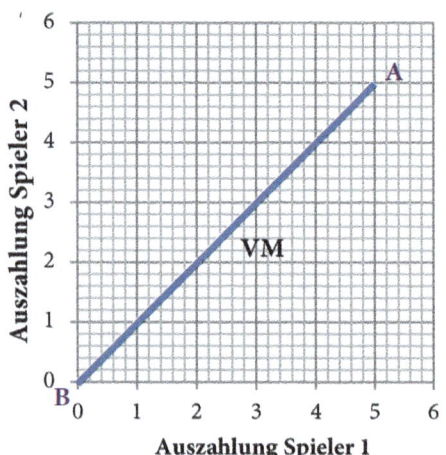

Bleibt noch die letzte Möglichkeit, nämlich ein Spiel, bei dem alle Strategiekombinationen zu ein und derselben Auszahlungskombination führen. Ein solches Spiel hat eine Verhandlungsmenge, die nur einen einzigen Punkt enthält. Tatsächlich liegt in diesem Fall natürlich überhaupt kein echtes Vertragsverhandlungsproblem mehr vor. Denn wenn auch mittels Vertragsverhandlungen ohnehin nur dieser eine Punkt als Verhandlungsergebnis überhaupt herauskommen kann, dann gibt es ja faktisch gar nichts zu verhandeln.

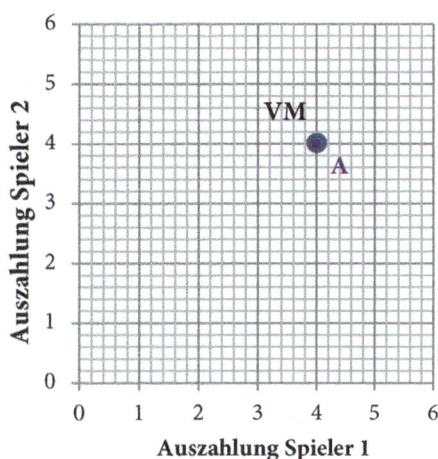

7.1.2 Effizienz

Wir werden nun beginnen, uns Gedanken darüber zu machen, auf welchen Punkt der Verhandlungsmenge sich die Spieler einigen sollten, was also die Lösung ihres Verhandlungsproblems ist, die sie dann mit einem bindenden Vertrag vereinbaren sollten. Hierbei können, je nach Aussehen der Verhandlungsmenge, ganz unterschiedliche Verhandlungsprobleme auftreten.

Die Verhandlungsmenge gibt nun jeweils an, welche Auszahlungskombinationen durch Absprachen über die zu wählenden Strategien überhaupt erreicht werden können. Auszahlungskombinationen außerhalb der Verhandlungsmenge müssen nicht weiter betrachtet werden, weil die Spieler keine Möglichkeiten haben, solche Kombinationen überhaupt zu erreichen. So haben Menschen z.B. nicht einfach die Möglichkeit, mit ihren Freunden Strategien zu vereinbaren, die alle Beteiligten innerhalb eines Tages zu Multimilliardären machen. Eine solche Auszahlungskombination ist nicht erreichbar. Die Verhandlungsmengen sind also insofern vollständig, als dass die in ihnen enthaltenen Auszahlungskombinationen die einzigen sind, die für die Spieler überhaupt erreichbar sind.

Auch im Rahmen der kooperativen Spieltheorie wird weiter angenommen, dass die Spieler bestrebt sind, die eigenen Auszahlungen zu maximieren. Dabei kommt es immer dann zu einem Konflikt und damit zu einem echten Verhandlungsproblem, wenn die Spieler ihre jeweiligen Auszahlungsmaxima nicht gleichzeitig erreichen können.

Aber selbst wenn die Spieler ihre Auszahlungsmaxima nicht gleichzeitig erreichen können, besteht eventuell die Möglichkeit, bestimmte Auszahlungskombinationen in der Verhandlungsmenge zu identifizieren, an denen keiner der Spieler ein echtes Interesse haben kann. Sehen wir uns dazu die folgende Verhandlungsmenge und die Auszahlungskombination E an:

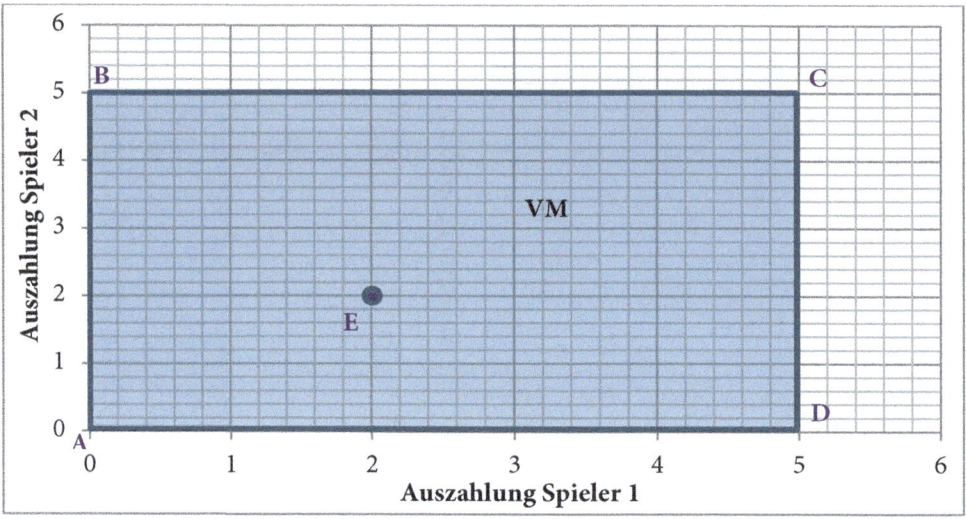

Kann einer der Spieler ein Interesse daran haben, sich vertraglich auf die Auszahlungskombination 2/2, d.h. den Punkt E zu einigen? Um die Frage beantworten zu können,
kann man sich zunächst überlegen, welche Auszahlungskombinationen für Spieler 1
genauso gut oder besser wären. Dies wären alle Auszahlungskombinationen, die auf oder
rechts von der senkrechten roten Linie liegen, welche im folgenden Diagramm eingezeichnet ist. Für Spieler 2 wären hingegen alle Auszahlungskombinationen genauso gut
oder besser, die auf oder oberhalb der waagerechten grünen Linie liegen:

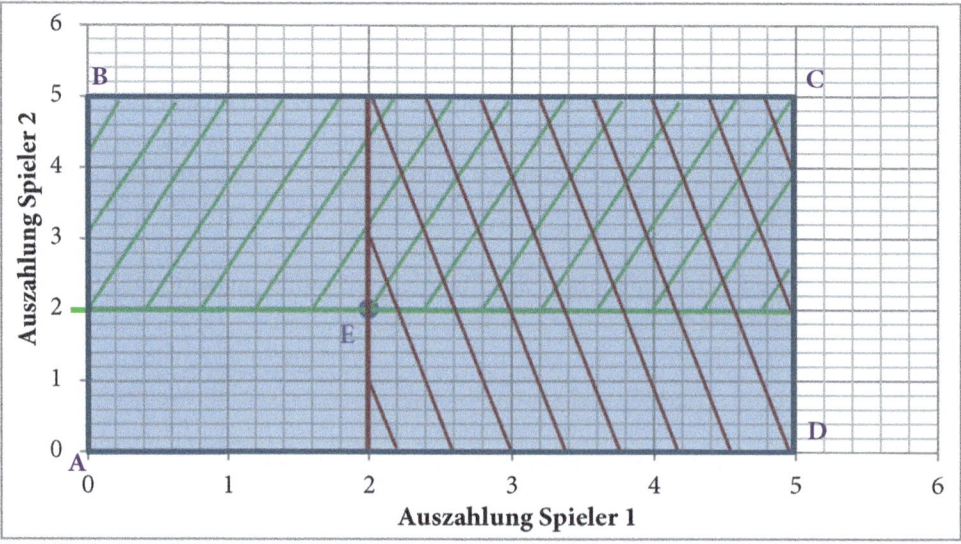

Dies bedeutet, dass der Punkt E für keinen der Spieler optimal ist, weil es andere Auszahlungskombinationen in der Verhandlungsmenge gibt, die für mindestens einen Spieler
besser und keinen Spieler schlechter wären.

Stellen wir uns nun also irgendeinen beliebigen Punkt F einer Verhandlungsmenge vor. Nun sind drei Möglichkeiten denkbar, bei denen beide Spieler nichts gegen einen Wechsel von F auf einen anderen Punkt G haben können:

- Wenn dieser andere Punkt G auf einer waagerechten Linie rechts neben F liegt, dann wäre dieser Punkt G für Spieler 1 besser und für Spieler 2 nicht schlechter. Spieler 1 würde auf G wechseln wollen und Spieler 2 könnte nichts dagegen haben, weil er sich beim Wechsel nicht verschlechtert.
- Wenn der Punkt G auf einer senkrechten Linie oberhalb von F liegt, dann wäre dieser Punkt G für Spieler 2 besser und für Spieler 1 nicht schlechter. Spieler 2 würde auf G wechseln wollen und Spieler 1 könnte nichts dagegen haben, weil er sich beim Wechsel nicht verschlechtert.
- Wenn der Punkt G auf einer diagonalen Linie rechts oberhalb von F liegt, dann wäre dieser Punkt für beide Spieler besser.

Wir definieren nun:

▶ **Definition: „Effiziente Auszahlungskombination"** Eine Auszahlungskombination A heißt „effizient", wenn es in der Verhandlungsmenge keine andere Auszahlungskombination B gibt, die mindestens einen Spieler besser und keinen Spieler schlechter stellen würde.

Damit können wir nun eine einfache erste Optimalitätsregel aufstellen: Spieler sollten nur solche Auszahlungskombinationen vertraglich vereinbaren, die effizient sind. Diese erste, sehr gut begründete und simple Regel reicht bereits, um für eine Reihe von Spielen die kooperative Verhandlungslösung eindeutig zu bestimmen. In den folgenden Verhandlungsmengen gibt es jeweils nur eine Auszahlungskombination A, die effizient ist und daher gewählt werden sollte:

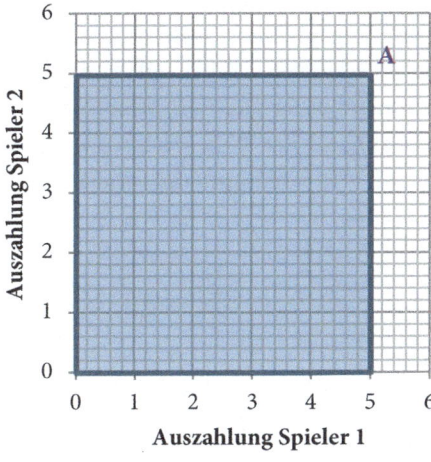 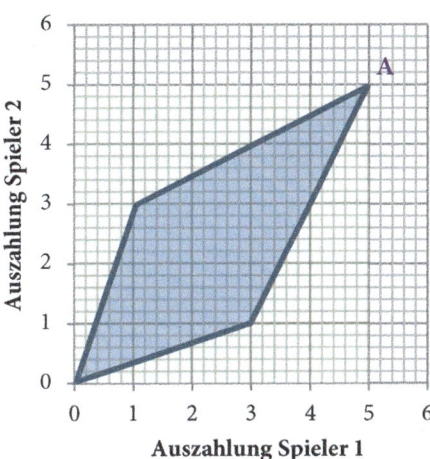

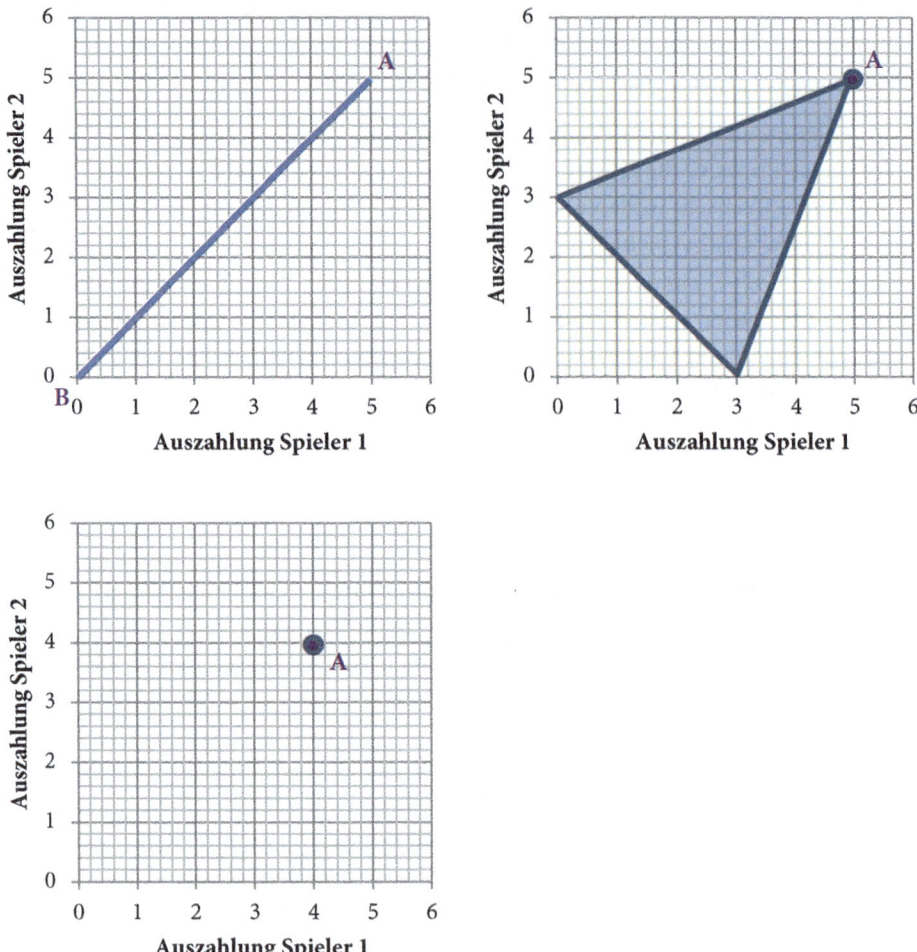

Die so gefundene Auszahlungskombination sagt ja nur etwas darüber, welche Auszahlungen die Spieler erreichen, wenn sie sich optimal einigen. Die Auszahlungskombination sagt aber nicht automatisch, welche Strategien die Spieler wählen sollten. Dies liegt daran, dass eventuell mehrere Strategiekombinationen zu der gleichen, effizienten Auszahlungskombination führen. Sehen wir uns das anhand des Reisespiels vom Anfang dieses Buches nochmals an. Das Spiel hat die folgende Auszahlungsmatrix und Verhandlungsmenge:

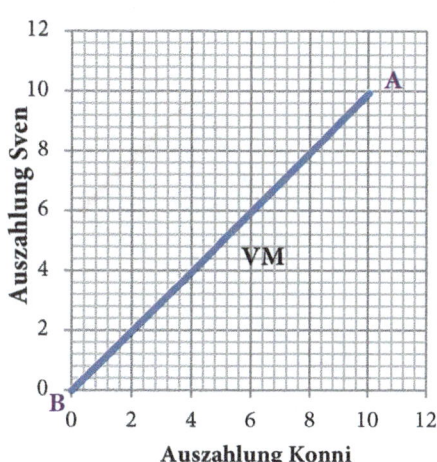

	Spieler 2	
	Blackall	Charleville
Blackall (Spieler 1)	10 10 (A)	0 0 (B)
Charleville (Spieler 1)	0 0 (B)	10 10 (A)

Der Vertrag zwischen Konni und Sven würde dann inhaltlich also so aussehen, dass sie sich entweder beide auf die Strategie „Blackall" oder auf die Strategie „Charleville" einigen. Sie könnten aber auch eine gemeinsame gemischte Strategie wählen und mit beliebigen Wahrscheinlichkeiten auslosen, ob sie beide nach „Blackall" oder nach „Charleville" fahren sollen. In allen diesen Fällen würden sie die einzige effiziente Auszahlungskombination A erreichen. Welche dieser Möglichkeiten die beiden Spieler nun wählen sollten, kann und will die kooperative Spieltheorie nicht sagen, weil ansonsten neben den Auszahlungen offensichtlich noch andere Bewertungskriterien herangezogen werden müssten. Solche anderen Kriterien existieren aber nicht, sofern man das Spiel nicht um weitere Aspekte ergänzen will. Hier könnten wir z.B. annehmen, dass Konni und Sven wissen, dass ein Hotelbesitzer in Blackall kurz vor der Pleite steht. Mit ihren Übernachtungen dort würden sie ihm helfen. Davon haben sie zwar selbst nichts, aber es schadet ihnen auch nicht. Daher gäbe es einen zusätzlichen Grund, nach Blackall zu fahren. Solche Zusatzannahmen erscheinen allerdings nicht sonderlich sinnvoll, da diese immer völlig beliebig aus der Luft gegriffen wären. Und wie bereits mehrfach ausgeführt: Im Rahmen der kooperativen Spieltheorie interessiert man sich letztlich auch gar nicht mehr für die zu wählenden Strategien.

Nun wenden wir uns den für die kooperative Spieltheorie deutlich interessanteren Fällen zu, in denen die Verhandlungsmengen mehrere effiziente Auszahlungskombinationen enthalten. Wenn zwei Auszahlungskombinationen A und B beide effizient sind, erkennt man das grafisch daran, dass deren direkte Verbindungslinie fallend, aber nicht senkrecht verläuft. Die folgenden Verhandlungsmengen besitzen mehrere effiziente Auszahlungskombinationen. Diese sind jeweils durch die roten Ränder der Verhandlungsmengen gekennzeichnet:

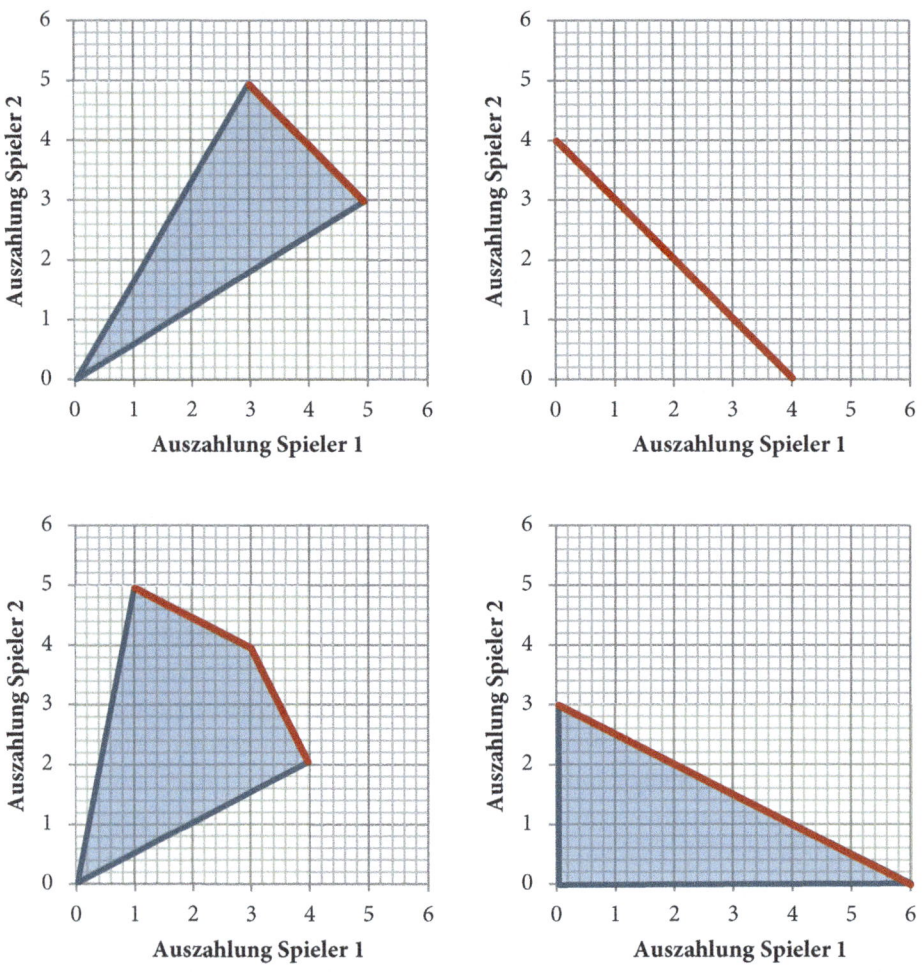

Da es für keinen der Spieler einen Grund geben kann, ineffiziente Auszahlungskombinationen durchsetzen zu wollen, können wir uns bei den weiteren Betrachtungen auf diejenigen Auszahlungskombinationen beschränken, die auf den rot markierten Rändern der Verhandlungsmengen liegen. Wie wir gleich sehen werden, können wir aber selbst von diesen Kombinationen oft noch sehr viele ausschließen.

7.1.3 Individuelle Rationalität

Wir werden uns nun fragen, ob es unter den effizienten Auszahlungskombinationen eine Auszahlungskombination E gibt, die wir deswegen ausschließen können, weil mindestens einer der Spieler einem Vertrag über die Kombination E keinesfalls zustimmen würde. Sehen wir uns dazu das folgende Spiel an:

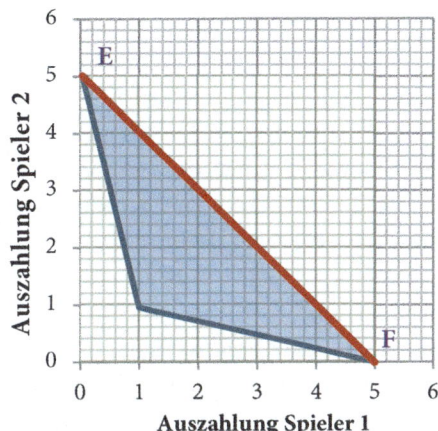

	Spieler 2	
	links	rechts

		links	rechts
Spieler 1	oben	5 0 (F)	1 1
	unten	1 1	0 5 (E)

Wie wir sehen, ist die Auszahlungskombination E effizient. Kann es sein, dass E nun tatsächlich als Ergebnis eines bindenden Vertrages vereinbart wird? Die Antwort ist simpel und lautet: „Nein!"

Für diese Antwort gibt es einen guten Grund: Wenn in einem Vertrag E vereinbart würde, würde Spieler 1 eine Auszahlung von 0 erhalten. Wenn er aber gar nicht an Vertragsverhandlungen teilnimmt und einfach „oben" spielt, bekommt er ja mindestens eine Auszahlung in Höhe von 1. Da man ihn nun nicht zwingen kann, an einer Vertragsverhandlung teilzunehmen, muss Spieler 1 niemals die Auszahlungskombination E akzeptieren.

Das Gleiche gilt nun analog für Spieler 2. Dieser muss die Auszahlungskombination F nicht akzeptieren, weil er dann ja ebenfalls eine Auszahlung von 0 erhalten würde, er für sich selbst durch die Wahl der Strategie „rechts" aber mindestens eine Auszahlung von 1 sichern kann. Bezeichnen wir nun die Mindestauszahlung, die sich Spieler 1 auch ohne Vertrag sichern kann mit $A_{1,min}$ und die von Spieler 2 mit $A_{2,min}$, dann können wir diese Mindestauszahlungen durch eine senkrechte und eine waagerechte Linie in unser Auszahlungsdiagramm einzeichnen:

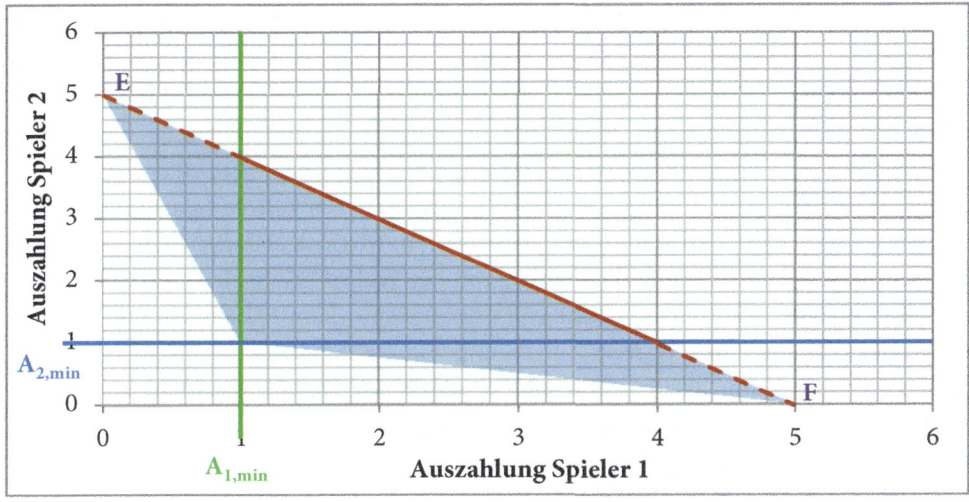

Damit können wir von allen effizienten Auszahlungskombinationen nun auch diejenigen von weiteren Überlegungen ausschließen, die durch die beiden gestrichelten Bereiche der roten Linie gekennzeichnet werden. Dies sind all diejenigen Kombinationen, auf die sich einer der beiden Spieler vertraglich gar nicht einlassen müsste.

Was hier also neben der Forderung nach Effizienz als zweite Forderung aufgestellt wird, ist die Forderung nach individueller Rationalität (Vernünftigkeit). Individuelle Rationalität zeigt sich darin, dass kein Spieler einen Vertrag unterschreiben sollte, der ihn schlechter stellen würde als das, was der Spieler ohne Vertrag für sich bereits allein erreichen kann.

Es soll hier allerdings noch darauf hingewiesen werden, dass die Berücksichtigung der Forderung nach individueller Rationalität nicht immer dazu führt, dass die Menge der effizienten Auszahlungskombinationen noch weiter eingeschränkt werden kann. Ein Spiel, in welchem das so ist, ist das Spiel „Kampf der Geschlechter", welches wir in den Abschnitten 2.2.1 und 2.3 bereits intensiv diskutiert hatten. Die Auszahlungsmatrix und die zugehörige Verhandlungsmenge des Spiels sind:

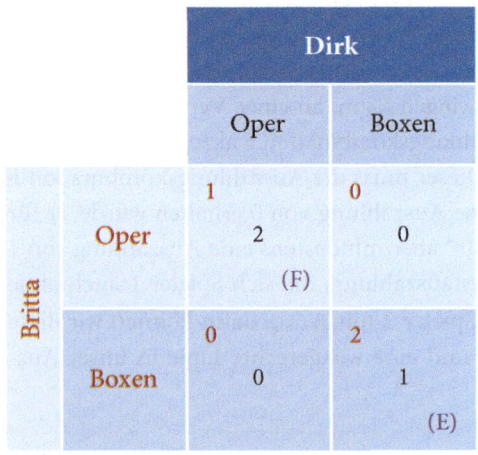
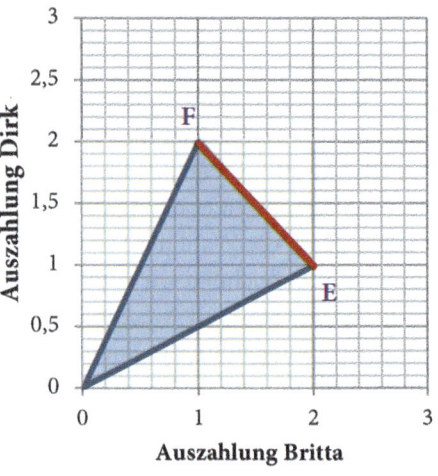

Da jeder Spieler für sich selbst auf den ersten Blick lediglich eine Auszahlung von Null garantieren kann, schränkt die Forderung nach individueller Rationalität die Menge möglicher effizienter Verhandlungsergebnisse offensichtlich nicht ein. Allerdings ist die Analyse noch nicht ganz korrekt. Denn tatsächlich kann sich ja jeder Spieler individuell eine höhere (erwartete) Auszahlung als Null sichern, wenn er eine geeignete gemischte Strategie spielt. Wenn Britta in diesem Spiel mit der Wahrscheinlichkeit von 2/3 „Oper" spielt und mit der Wahrscheinlichkeit von 1/3 „Boxen", dann erreicht sie, unabhängig davon, was Dirk tut, eine erwartete Auszahlung von 2/3. Man beachte hierbei, dass dies nicht die Wahrscheinlichkeiten sind, mit denen Britta im Gleichgewicht gemischter Strategien spielt. Was wir hier ja suchen, ist eine gemischte Strategie, die für Britta eine Mindestauszahlung sichert, wir suchen hier aber kein Gleichgewicht!

Britta kann sich also unabhängig davon, was Dirk tut, eine Mindestauszahlung von 2/3 sichern. Das gilt auch für Dirk, was wir mit analogen Argumenten zeigen könnten. Wenn wir diese beiden Mindestauszahlungen berücksichtigen, dann ergibt sich folgende Darstellung des Auszahlungsdiagramms:

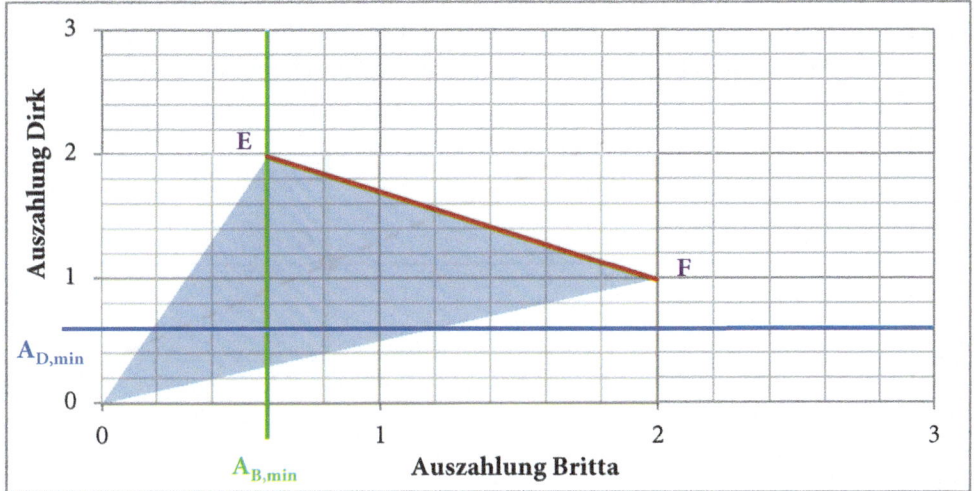

Wie zu sehen ist, werden durch die Berücksichtigung der Mindestauszahlungen keine der effizienten Auszahlungskombinationen auf der roten Linie entfernt. Die Berücksichtigung der Forderung nach individueller Rationalität bringt uns der Lösung in diesem Fall also nicht näher.

Allerdings ist auch das Gegenteil denkbar, nämlich dass die Berücksichtigung der Forderung nach individueller Rationalität ausreicht, um eine eindeutige Lösung zu bestimmen. Dies kommt allerdings nur bei sehr speziellen Auszahlungsstrukturen vor. Sehen wir uns dazu das folgende Spiel an:

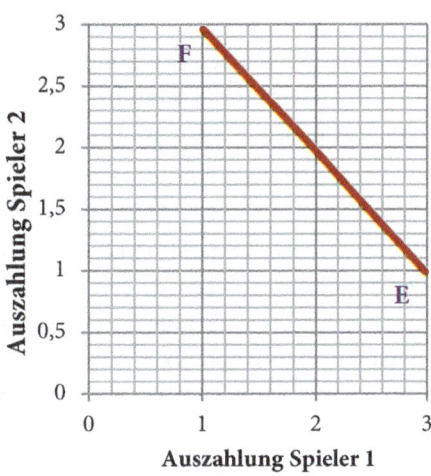

Wenn wir nur reine Strategien berücksichtigen, kann jeder der beiden Spieler für sich selbst lediglich eine Mindestauszahlung von 1 erreichen. Durch eine geeignet gewählte gemischte Strategie kann sich aber jeder Spieler eine (erwartete) Auszahlung von 2 sichern. Wenn z.B. Spieler 1 mit einer Wahrscheinlichkeit von 50% „oben" spielt und dementsprechend mit einer Wahrscheinlichkeit von ebenfalls 50% „unten", dann beträgt seine erwartete Auszahlung 2, egal was Spieler 2 tut. Gleiches gilt für Spieler 2. Wenn wir dies in unser Auszahlungsdiagramm eintragen, dann ergibt sich folgendes Bild:

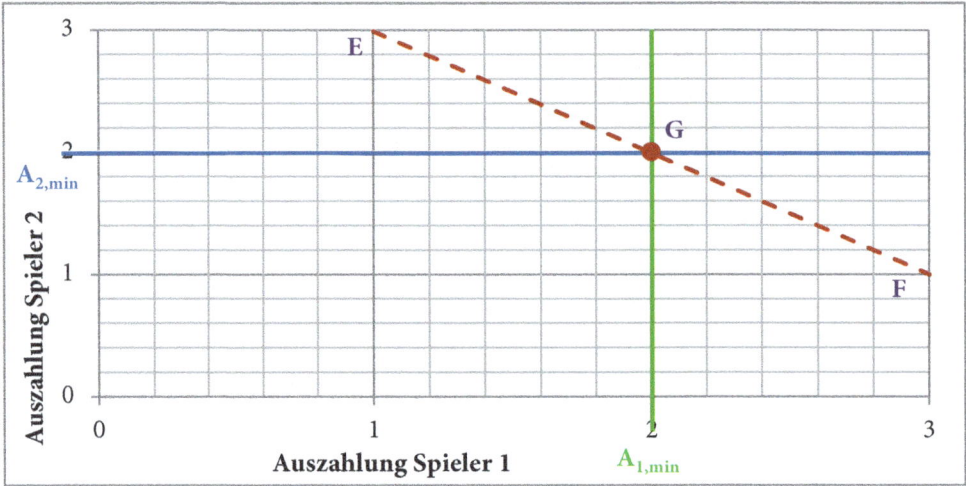

Hier ist nun zu sehen, dass von allen effizienten Auszahlungskombinationen nur noch der Punkt G übrig bleibt, also die Auszahlungskombination, in der jeder Spieler eine Auszahlung von 2 erhält. Damit wäre auch dieses Spiel eindeutig gelöst.

Wir stellen also bis hierher Folgendes fest:

- Wenn es nur eine effiziente Auszahlungskombination A gibt, dann wird diese vereinbart.
- Wenn es mehrere effiziente Auszahlungskombinationen gibt, von denen aber nur die Kombination A der Forderung nach individueller Rationalität aller Spieler gerecht wird, dann wird diese vereinbart.
- Wenn es mehrere effiziente Auszahlungskombinationen gibt, die auch dem Kriterium der individuellen Rationalität aller Spieler entsprechen, dann benötigt man weitere Kriterien, um eine eindeutige Lösung bestimmen zu können.

Zum Schluss dieses Unterabschnitts soll auf einen weiteren Effekt der individuellen Rationalität hingewiesen werden. Wenn ein Spieler kein Verhandlungsergebnis akzeptiert, welches schlechter ist als seine Mindestauszahlung, dann wird dadurch automatisch auch die maximal überhaupt noch erreichbare Auszahlung des anderen Spielers festgelegt. Diese ergibt sich dann jeweils durch den Schnittpunkt des effizienten Randes der Verhandlungsmenge mit der jeweiligen Mindestauszahlung des anderen Spielers. Bezeichnen wir die maximal erreichbaren Auszahlungen der Spieler mit $A_{1,max}$ für Spieler 1 und mit

$A_{2,max}$ für Spieler 2 und kennzeichnen diese Maximalauszahlungen mit gestrichelten Linien, so erhalten wir:

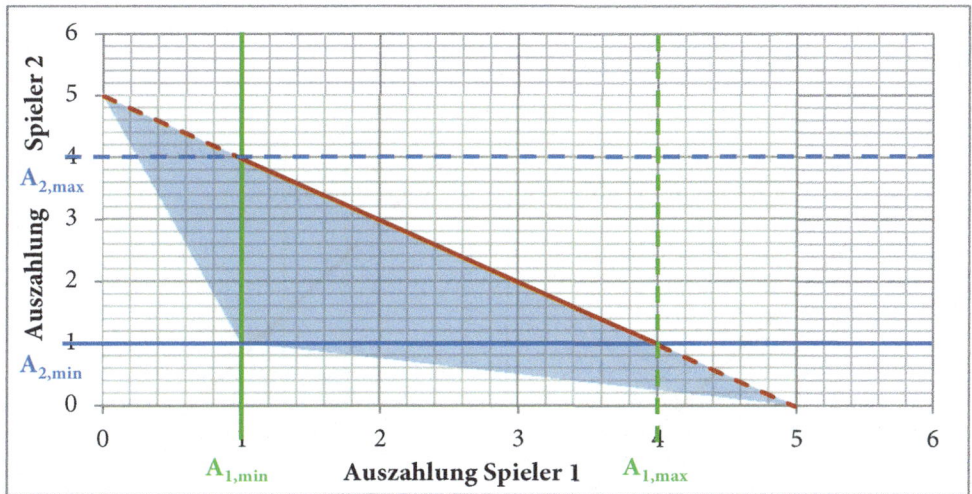

Wir werden nun damit beginnen, zusätzliche Kriterien zu diskutieren, die geeignet sein könnten, die Lösung weiter einzugrenzen. Dabei werden wir allerdings feststellen, dass diese *Kriterien nicht mehr so eindeutig begründbar sind wie das Effizienzkriterium und das* Kriterium der individuellen Rationalität.

7.1.4 Verhandlungsposition

Wenn man umgangssprachlich über Verhandlungen redet, dann wird gelegentlich die Formulierung benutzt, jemand sei in einer „guten Verhandlungsposition". Was aber versteht man darunter? In der Regel verbergen sich dahinter zwei unterschiedliche Ideen, die durchaus auch gleichzeitig zutreffen können. Eine Vorstellung davon, was eine gute Verhandlungsposition ausmacht, ist, dass das Scheitern der Verhandlung für den anderen Verhandlungspartner schlimme Folgen hätte. Je mehr der andere also durch das Scheitern einer Verhandlung verlieren kann, desto eher wird er bereit sein, Zugeständnisse zu machen. Die andere Vorstellung von einer guten Verhandlungsposition ist, dann man selbst beim Scheitern der Verhandlung nicht so viel verlieren kann. Dies ist in unserer bisherigen Terminologie gleichbedeutend damit, dass ein Spieler für sich selbst eine hohe Mindestauszahlung garantieren kann. Für Spieler 1 hatten wir diese erreichbare Mindestauszahlung mit $A_{1,min}$ und für Spieler 2 mit $A_{2,min}$ bezeichnet.

Wir werden uns nun einige Gedanken dazu machen, welche Effekte man erwarten sollte, wenn sich die Mindestauszahlungen von Spielern verändern. Sollte sich nun in einem Spiel nichts anderes ändern als eine dieser Mindestauszahlungen, dann kann man plausibel argumentieren, dass das einen Einfluss auf die Lösung haben müsste. Sehen wir uns dazu das folgende Spiel in der Ausgangslage an. Wir unterstellen bei diesem Spiel in der Ausgangslage einfach, die Spieler hätten sich, aus welchen Gründen auch immer, auf die Auszahlungskombination **L** geeinigt, **L** ist also die Lösung des kooperativen Spiels. In den beiden folgenden Abbildungen vergleichen wir das Spiel in der Ausgangslage (linke Abbildung) mit dem Spiel nach einer Erhöhung der Mindestauszahlung für Spieler 1. Die rot-gestrichelten Linien zeigen weiterhin die Auszahlungskombinationen an, die zwar effizient sind, aber das Kriterium der individuellen Rationalität verletzen.

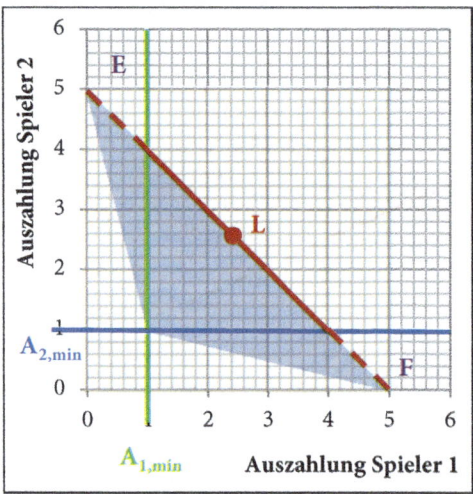 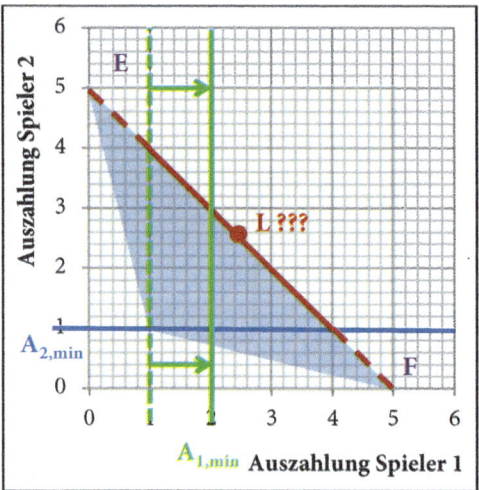

Nun steigt die Mindestauszahlung für Spieler 1, also $A_{1,min}$, von 1 auf 2. Wir haben dies in der rechten Abbildung durch die Verschiebung der senkrechten grünen Linie zum Ausdruck gebracht. Sollte die Lösung **L** von dieser Veränderung unberührt bleiben? Das wäre zwar nicht unmöglich, weil die Lösung **L** ja nun immer noch effizient wäre und auch weiter dem Kriterium der individuellen Rationalität genügen würde. Aber es wäre nicht sehr plausibel. Das sehen wir spätestens dann, wenn die Mindestauszahlung von Spieler 1 noch weiter ansteigen würde:

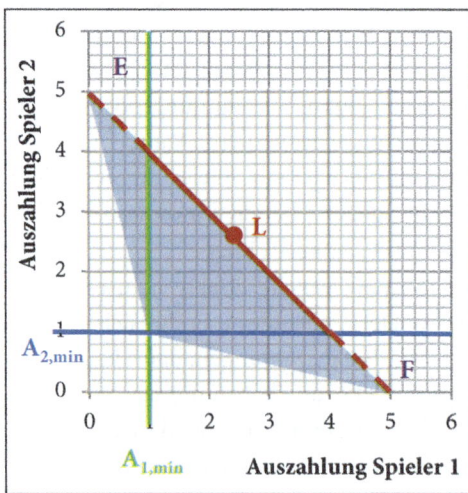 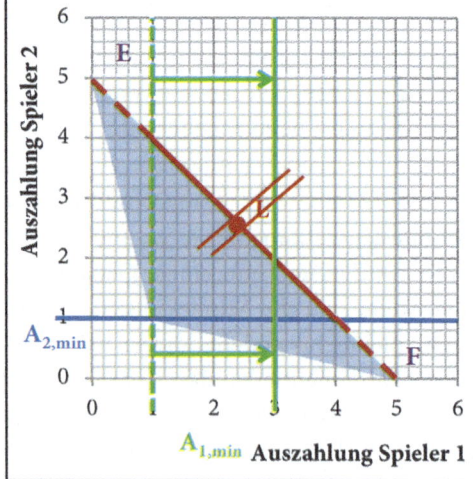

Es ist nun unmittelbar zu sehen, dass die alte Lösung **L** jetzt definitiv nicht mehr in Frage käme, weil sie nun das Kriterium der individuellen Rationalität verletzen würde. Dass es aber im ersten Fall gar keinen Effekt geben sollte, während es im zweiten Fall definitiv einen Effekt geben muss, ließe sich wohl nur sehr schwer begründen. Wir können also sehr plausibel argumentieren, dass eine Verbesserung der Verhandlungsposition zu einer Verbesserung der Auszahlung des betreffenden Spielers führen sollte.

Kann man vielleicht sogar etwas dazu sagen, in welchem Umfang sich eine Veränderung der Mindestauszahlung von z.B. Spieler 1 auf seine endgültig erzielte Auszahlung auswirken sollte? Das kann man in der Tat, allerdings erst dann, wenn man eine plausible Begründung dafür gefunden hat, wie die Lösung aussehen müsste, bevor wir die Mindestauszahlung eines Spielers variiert haben. Was wir aber wohl in jedem Fall als gut begründet ansehen können ist, dass die Auszahlung eines Spielers nicht sinken kann, wenn seine Mindestauszahlung steigt.

Wie allerdings der genaue Effekt einer Veränderung der Mindestauszahlung aussieht, lässt sich nicht mehr allgemein und eindeutig begründen. Es gibt daher in der spieltheoretischen Diskussion mehrere Vorschläge, wie sich veränderte Mindestauszahlungen auswirken könnten. Zwei dieser Vorschläge werden wir uns später noch ansehen. Vorher werden wir uns noch mit einem weiteren Aspekt auseinandersetzen, der einen Einfluss auf das Verhandlungsergebnis hat, nämlich mit dem Konzept der „Verhandlungsmacht".

7.1.5 Verhandlungsmacht

Das Konzept der „Verhandlungsmacht" ist ebenfalls in der Umgangssprache bekannt. Wenn Menschen darüber reden, Person P würde mit einem mächtigen Gegner G verhandeln, dann ist damit gemeint, dass G über Möglichkeiten verfügt, das Verhandlungsergebnis zu seinen eigenen Gunsten und damit zu Ungunsten von P zu beeinflussen. Dabei versteht man unter Macht stets ein relatives Beeinflussungspotenzial. Wenn in einem Spiel zwei Spieler jeweils das gleiche Beeinflussungspotenzial haben, dann würden wir sie als gleichmächtig ansehen. In diesem Fall könnten wir sagen, dass jeder Spieler 50% aller Verhandlungsmacht besitzt. Für unsere späteren Überlegungen wird es sich aber noch als zweckmäßig erweisen, die Macht eines Spielers als Kennzahl auszudrücken. Wir werden die Macht von Spieler 1 als M_1, die Macht von Spieler 2 als M_2 usw. bezeichnen. Ferner nehmen wir noch eine Normierung vor: Wenn alle Spieler gleich viel Macht haben, setzen wir einfach $M_1 = M_2 = 1$. Ferner legen wir noch fest, dass die Summe der Machtkennzahlen $M_1 + M_2 + \ldots$ immer genauso groß sein soll, wie die Anzahl der an einem Verhandlungsspiel beteiligten Spieler. Diese beiden Festlegungen haben zwar keinen wichtigen Einfluss auf unsere weiteren Überlegungen, machen aber die Notation in vielen Fällen deutlich einfacher.

Woher soll nun die Macht eines Spielers kommen? Im vorangehenden Abschnitt hatten wir über Verhandlungspositionen gesprochen. Die Stärke der Verhandlungsposition ließ sich dabei relativ einfach über die Mindestauszahlung definieren, die sich ein Spieler auch ohne Einigung mit dem anderen sichern kann. Diese Mindestauszahlungen ließen sich durch Analysen des jeweils zugrundeliegenden nicht-kooperativen Spiels berechnen, z.B.

indem geeignete gemischte Strategien gefunden werden, die möglichst hohe Mindestauszahlungen garantieren. Eine vergleichbare Berechnung ist zur Feststellung der Verhandlungsmacht eines Spielers aber nun nicht möglich. In den zugrunde liegenden nicht-kooperativen Spielen stehen jedem Spieler zur Beeinflussung der anderen Spieler lediglich seine eigenen Strategien zur Verfügung. Die Verhandlungsmacht eines Spielers, die sich ergeben würde, wenn die Situation plötzlich kooperativ würde und man Auszahlungskombinationen direkt verhandeln könnte, ergibt sich also nicht bereits aus dem nicht-kooperativen Basisspiel.

Macht kann daher erst nachträglich in das Spiel eingebaut werden, indem man einfach Annahmen darüber trifft, welcher Spieler welche Macht hat. Dies mag ein wenig unbefriedigend sein, weil man so relativ willkürlich einem der Spieler mehr Macht zubilligen könnte als dem anderen. Diese Willkür ist aber kein echtes Problem. Denn wir können uns zunächst ansehen, wie die Lösung des kooperativen Verhandlungsspiels aussehen würde, wenn alle Spieler gleich mächtig wären. Anschließend machen wir uns dann Gedanken darüber, welche Effekte es hätte, wenn die Macht eines Spielers zu- und die Macht des anderen Spielers (bzw. der anderen Spieler) abnimmt. Hier geht es uns dann letztlich nur um eine Analyse der Effekte, die von veränderten Machtverhältnissen ausgehen würden. Mehr als das würden wir dann gar nicht mehr aussagen wollen.

Bevor wir nun fortfahren, werden wir eine nicht übliche, aber für unsere weiteren Überlegungen hilfreiche und auch plausible Begriffsbestimmung vornehmen. Wir definieren Macht als die Möglichkeit, den anderen Spieler dazu zu bewegen, den eigenen Vorschlägen über die zu wählende Auszahlungskombination zu folgen. Wenn dann z.B. Spieler 1 die gesamte Macht hat, dann kann er Spieler 2 dazu bringen, jeden Vorschlag bezüglich der Auszahlungskombination zu akzeptieren. Hiermit sind allerdings nur die zulässigen Auszahlungskombinationen gemeint. Das sind diejenigen, die nicht gegen das Kriterium der individuellen Rationalität von Spieler 2 verstoßen. Verhandlungsmacht ist also immer dadurch begrenzt, dass der andere Spieler die Verhandlung einfach verlassen könnte und sich dann individuell seine Mindestauszahlung sichert.

Sehen wir uns nun an, wie sich eine so definierte Macht auf das Verhandlungsergebnis auswirken würde. Als Beispiel betrachten wir eines unser oben bereits verwendeten Spiele nochmals:

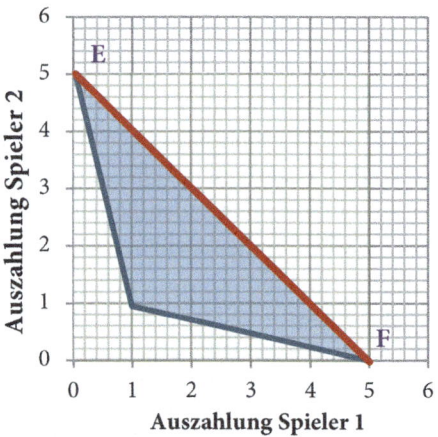

Wenn wir nun annehmen, dass Spieler 1 die gesamte Verhandlungsmacht hat, welchen Vorschlag würde er dann dem Spieler 2 aufzwingen? Spieler 1 ist weiter bestrebt, seine eigene Auszahlung zu maximieren. Die höchste Auszahlung, die er in dem Spiel erreichen kann, ist die Auszahlung $A_{1,max}$. Diese Auszahlung erreicht er im Punkt L_1. Dort erreicht Spieler 2 lediglich noch seine Mindestauszahlung $A_{2,min}$. Noch mehr als im Punkt L_1 kann Spieler 1 nun nicht für sich herausholen, weil Spieler 2 sonst aus der Verhandlung aussteigen würde. Hat hingegen Spieler 2 sämtliche Macht, dann muss das Ergebnis entsprechend der Punkt L_2 sein.

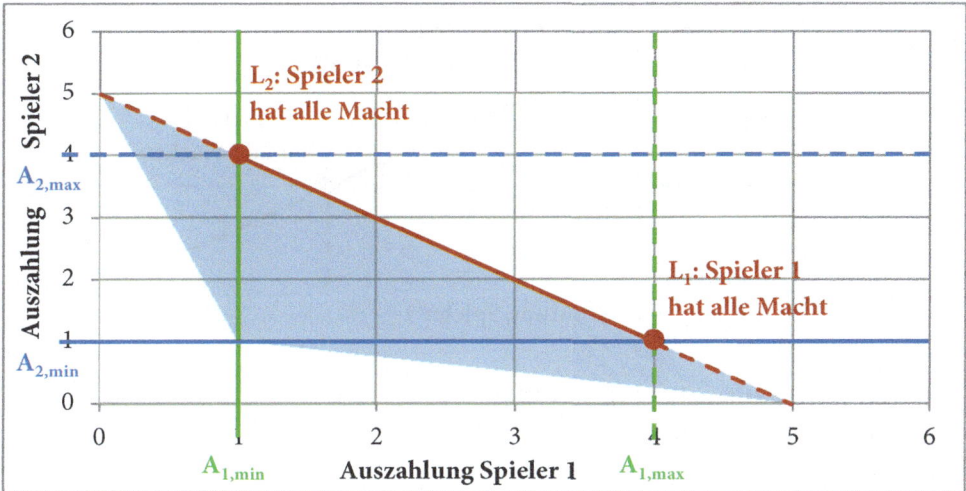

Was würde nun aber folgen, wenn beide Spieler gleich mächtig wären, wenn also nun $M_1 = M_2 = 1$ gelten würde? Dann würde man erst einmal plausibel argumentieren können, dass die Lösung dann irgendwo zwischen den Punkten L_1 und L_2 liegen sollte. Tatsächlich lässt sich aber besonders ein Punkt wirklich gut rechtfertigen, nämlich der Punkt genau in der Mitte zwischen L_1 und L_2!

Warum ist das so? Dazu sehen wir uns die Grundstruktur des Spiels nochmals an. Dabei stellen wir dann z.B. fest, dass beide Spieler die gleiche Verhandlungsposition haben, d.h. sie können jeweils für sich selbst die gleichen Mindestauszahlungen sichern. Tatsächlich sind sogar die Maximalauszahlungen identisch. Die Situation von Spieler 1 stimmt in diesem Spiel vollständig mit der Situation von Spieler 2 überein. Tatsächlich gibt es in diesem Spiel zwischen den beiden Spielern keinen einzigen Unterschied außer dem, dass wir den einen Spieler „Spieler 1" und den anderen „Spieler 2" genannt haben. Wenn es aber keinen anderen Unterschied zwischen den beiden gibt als den Namen und wir nun auch noch annehmen, dass sie gleich mächtig sind, wieso sollten sie dann mit unterschiedlichen Auszahlungen aus einer Verhandlung herauskommen? Es kann keinen Grund dafür geben, es sei denn, dass wir uns nachträglich einen besonderen Grund ausdenken. Das wäre aber nicht sinnvoll, weil solche Gründe dann völlig beliebig sein würden.

Die Lösung unseres Spiels müsste dementsprechend der Punkt L_3 sein, der genau zwischen L_1 und L_2 liegen würde. Jeder Spieler bekäme also eine Auszahlung von 2,5.

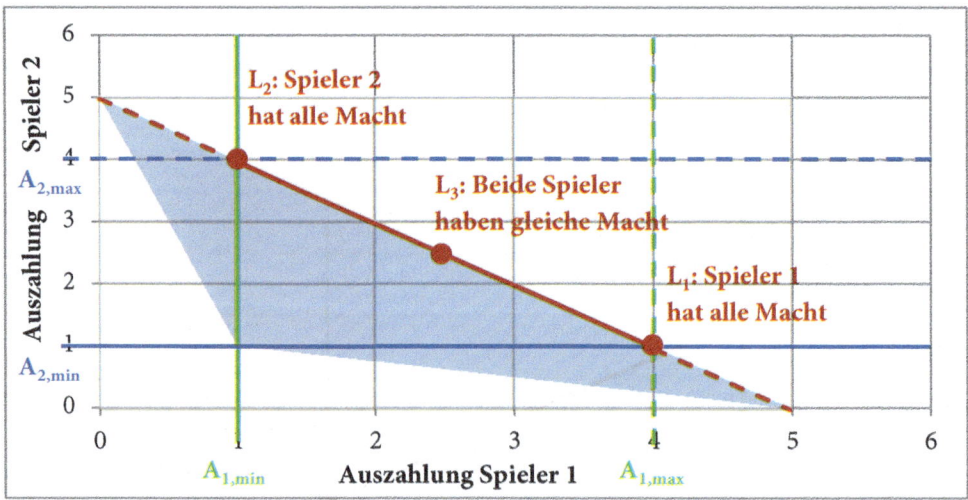

7.1.6 Die Verhandlungslösung von Nash

John Nash hat vorgeschlagen, die Lösung eines kooperativen Verhandlungsspiels dadurch zu ermitteln, dass man plausible Anforderungen an die Lösung stellt und diese Anforderungen sehr allgemein formuliert. Dabei war es eine Zielsetzung von Nash, ein Lösungsverfahren für Verhandlungsprobleme ganz unabhängig davon zu entwickeln, um welches Verhandlungsproblem es sich handelt und wie bspw. die Verhandlungsmenge aussieht. Sein Verfahren zur Berechnung der Verhandlungslösung stellt vier Anforderungen auf, denen die Lösung genügen soll. Diese Anforderungen werden als „Axiome" bezeichnet. Wie wir sehen werden, werden wir viele unserer obigen Überlegungen in den Axiomen von Nash wiederfinden.

Nash schlägt die folgenden vier Axiome vor:

- Das Effizienzaxiom
- Das Symmetrieaxiom
- Das Linearitätsaxiom
- Das Unabhängigkeitsaxiom

Das Effizienzaxiom fordert einfach nur, dass die Lösung auf dem effizienten Rand der Verhandlungsmenge liegen sollte. Diese Forderung müssen wir hier nicht nochmals erläutern, da wir uns mit der Effizienzfrage bereits sehr eingehend beschäftigt haben.

Das Symmetrieaxiom fordert, dass jeder Spieler die gleiche Auszahlung erreichen sollte, wenn das Spiel symmetrisch ist. Symmetrisch sind Spiele dann, wenn alle beteiligten
Spieler vor exakt der gleichen Situation stehen. Dann gibt es außer den unterschiedlichen
Namen der Spieler keine weiteren Unterschiede, mit denen sich rechtfertigen ließe, dass
einer der Spieler mit einer höheren Auszahlung aus dem Spiel geht als der oder die anderen. Dieses Symmetrieaxiom bedeutet schließlich auch noch, dass keiner der Spieler
mehr Verhandlungsmacht hat als der andere. Wenn man also die Effekte von Verhandlungsmacht untersuchen will, dann ist das mit dem Verhandlungsmodell von Nash nicht
möglich. Wir werden im nächsten Abschnitt darauf eingehen, wie man die Effekte von
Macht in die Überlegungen von Nash einbauen könnte.

Völlig neu für unsere Betrachtungen sind hingegen das Linearitätsaxiom und das Unabhängigkeitsaxiom. Für ein Grundverständnis der beiden Axiome reichen allerdings
relativ einfache Interpretationen.

Sehen wir uns dazu zunächst das Linearitätsaxiom an. Nehmen wir an, dass Katja und
Maren über die Aufteilung von 100 Euro verhandeln, die vor ihnen auf dem Tisch liegen.
Nun unterstellen wir, dass sich die beiden darauf einigen, dass Maren 60% des Geldes
bekommen soll und Katja 40%. Aus welchen Gründen es zu dieser Aufteilung kommt,
soll uns hier nicht interessieren. Wie hätten die beiden Spielerinnen dieses Geld aufgeteilt, wenn man die 100 Euro vorher in US$ umgetauscht hätte? Nehmen wir an, das
Geld sei vorher umgetauscht worden zu einem Wechselkurs von 1,30 Dollar pro Euro,
dann würden also nicht mehr 100 Euro vor Maren und Katja liegen sondern 130 Dollar.
Zusätzlich nehmen wir an, dass jede der Spielerinnen ihren Anteil hinterher wieder zu
dem gleichen Wechselkurs in Euro zurücktauschen könnte. Das Linearitätsaxiom fordert
nun, dass die Aufteilung des Geldes nicht von der Währungseinheit abhängen sollte, in
der das Geld auf den Tisch gelegt wird. Wenn Maren und Katja, aus welchen Gründen
auch immer, den Eurobetrag 60/40 teilen, dann fordert das Linearitätsaxiom, dass sie
dann auch den Dollarbetrag 60/40 teilen sollten.

Damit kommen wir zum letzten Axiom, dem Unabhängigkeitsaxiom. Dieses Axiom
fordert, dass die Verhandlungslösung nicht davon abhängen soll, ob oder ob nicht vorher irrelevante Alternativen gestrichen werden, auf die man sich ohnehin nicht geeinigt
hätte. Nehmen wir an, Maren und Katja hätten sich bei der Aufteilung der 100 Euro
tatsächlich auf 60/40 geeinigt, wobei die beiden ja völlig frei entscheiden konnten, wie sie
das Geld aufteilen. Was wäre, wenn das Geld von Martina auf den Tisch gelegt worden
wäre und Martina gesagt hätte, dass das Geld so aufgeteilt werden muss, dass Maren
mindestens 20 Euro bekommt? Damit wäre es also nicht mehr möglich gewesen, Maren
z.B. nur noch 15 Euro von dem Geld zu geben. Die Verhandlungsmenge wäre also kleiner geworden. Für unser Beispiel bedeutet das folgendes: Maren bekam in der ursprünglichen Aufteilung 60% des Geldes, also 60 Euro. Wenn nun die neue Einschränkung
kommt, dass sie mindestens 20 Euro bekommen muss, sie aber vorher ohnehin bereits
60 Euro bekommen hat, dann soll diese neue Einschränkung keinen Einfluss auf die

Lösung haben. Das Unabhängigkeitsaxiom besagt also allgemein, dass die Verkleinerung der Verhandlungsmenge keinen Einfluss auf die Lösung haben sollte, solange die ursprüngliche Lösung weiter in der Verhandlungsmenge bleibt.

Neben diesen vier Axiomen, die man als eine Art „Vernünftigkeitsprinzipien" interpretieren kann, fordert auch Nash, dass die Verhandlungslösung der Forderung der individuellen Rationalität genügen muss. Es lässt sich also kein Spieler auf eine Lösung ein, die ihn schlechter als seine Mindestauszahlung stellt.

Für den Fall, dass der effiziente Rand der Verhandlungsmenge linear ist, kommt das Rechenverfahren von Nash zu einer sehr einfachen und schnell zu ermitteln den Lösung. Sehen wir uns das folgende Spiel nochmals an:

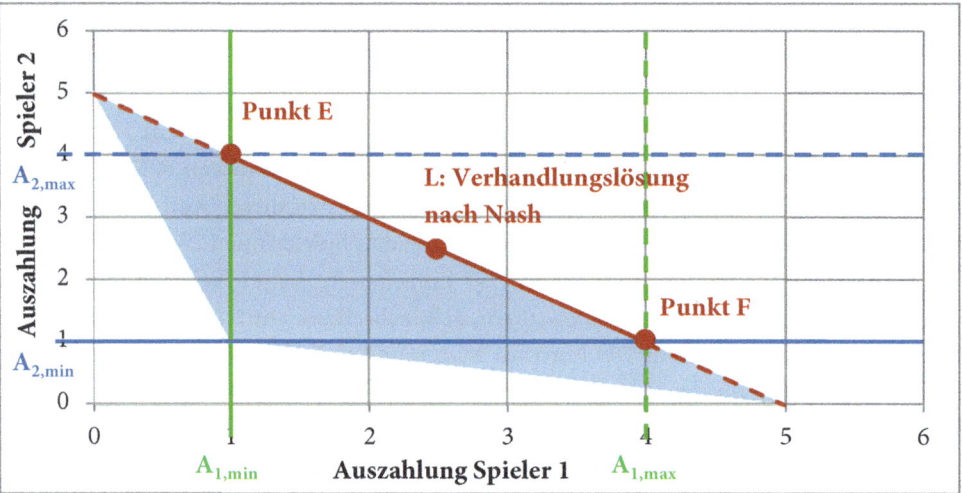

Bei einem linearen effizienten Rand bekommt nach der Lösung von Nash jeder Spieler eine Auszahlung, die genau in der Mitte seiner Minimal- und Maximalauszahlung liegt. Für Spieler 1 ist seine Mindestauszahlung 1 und seine Maximalauszahlung 4, die Mitte ist also $(1+4)/2 = 2{,}5$. Das gleiche gilt für Spieler 2. Geometrisch liegt damit der Lösungspunkt L immer genau in der Mitte zwischen den Punkten E und F.

Wir sehen uns nun noch das Rechenverfahren von Nash an, mit dem diese Lösung berechnet werden kann. Bezeichnen wir mit A_1 die Auszahlung von Spieler 1 und mit A_2 die Auszahlung von Spieler 2, wenn sie sich einigen. Dann misst die Differenz $(A_1 - A_{1,min})$, wie viel sich der Spieler 1 durch eine Einigung mit Spieler 2 besserstellt gegenüber einer Nichteinigung. Diese Differenz wird auch als „Einigungsdividende" bezeichnet. Die Einigungsdividende von Spieler 2 lautet dementsprechend $(A_2 - A_{2,min})$. Nennen wir die Multiplikation beider Einigungsdifferenzen einfach „Z", dann erhalten wir:

$$Z = \left(A_1 - A_{1,min}\right)\left(A_2 - A_{2,min}\right)$$

Nash schlägt nun vor, diese Funktion Z zu maximieren, in dem die Auszahlungen A_1 und A_2 entsprechend gewählt werden. Bei der Wahl der Werte von A_1 und A_2 ist als Nebenbedingung zu berücksichtigen, dass diese jeweils nicht kleiner werden dürfen als die betreffenden Mindestauszahlungen, da die Verhandlungslösung sonst gegen die Forderung nach individueller Rationalität verstoßen würde.

Sehen wir uns das für das obige Spiel an. Beide Spieler haben eine Mindestauszahlung von 1, wir können für Z also schreiben:

$$Z = (A_1 - 1)(A_2 - 1)$$

Nun ist zu berücksichtigen, dass die Werte für die Auszahlungen nicht völlig frei gewählt werden können, sondern die Auszahlungskombination muss in der Verhandlungsmenge liegen, da sie sonst nicht erreichbar wäre. Wir machen hier zusätzlich gleich noch Gebrauch davon, dass die gesuchte Auszahlungskombination auf dem effizienten Rand liegen muss. Der effiziente Rand ist aber eine fallende, gerade Linie, die wir durch eine Geradengleichung beschreiben können. Diese Geradengleichung lautet für unser obiges Spiel:

$$A_2 = 5 - A_1$$

Setzen wir das in unsere Funktion Z ein, dann erhalten wir:

$$Z = (A_1 - 1)(A_2 - 1)$$
$$= (A_1 - 1)(5 - A_1 - 1)$$
$$= 5A_1 - A_1^2 - 4$$

Um das Maximum dieser Funktion zu bestimmen, stellen wir die Bedingung erster Ordnung auf und erhalten:

$$\frac{dZ}{dA_1} = 5 - 2A_1 = 0$$

Daraus ermitteln wir die optimale Auszahlung $A_1 = 2{,}5$. Setzen wir diesen Wert noch in die Gleichung des effizienten Randes ein, erhalten wir $A_2 = 5 - A_1 = 5 - 2{,}5 = 2{,}5$.

Wir haben damit genau die Lösung berechnet, die wir oben bereits grafisch hergeleitet haben, nun aber mit einem eindeutigen Rechenverfahren.

7.1.7 Die asymmetrische Verhandlungslösung

Die Verhandlungslösung von Nash beruht auf den vier oben beschriebenen Axiomen. Eine Folge des Symmetrieaxioms ist dabei, dass die Einigungsdividenden ($A_1 - A_{1,\min}$)

und $(A_2 - A_{2,min})$ gleichmäßig bei der Maximierung der Funktion Z berücksichtigt werden. Das impliziert, dass es so etwas wie „Macht" nicht gibt, also keiner der Spieler in der Lage ist, seine Einigungsdividende auf Kosten des anderen zu erhöhen. Wenn man Machteffekte untersuchen will, muss man auf das Symmetrieaxiom verzichten. Wenn dann also nur noch das Effizienzaxiom, das Linearitätsaxiom und das Unabhängigkeitsaxiom gelten sollen, dann kann man trotzdem die Lösung eines Verhandlungsproblems berechnen. Allerdings geschieht dies nun nicht mehr mit der obigen Funktion Z, da ja in dieser Funktion die Einigungsdividenden beider Spieler gleichgewichtet werden. Um zum Ausdruck zu bringen, dass wir uns nun mit den Effekten von Macht beschäftigen, nennen wir die neue Funktion mit gewichteten Einigungsdividenden Z_M. Hierfür ergibt sich:

$$Z_M = \left(A_1 - A_{1,min}\right)^{M_1}\left(A_2 - A_{2,min}\right)^{M_2}$$

Wie bereits oben ausgeführt bezeichnen M_1 und M_2 jeweils die Macht von Spieler 1 bzw. Spieler 2. Wenn wir sowohl M_1 als auch M_2 auf den Wert von jeweils 1 setzen, dann wären beide Spieler wieder gleich mächtig und wir wären wieder beim symmetrischen Verhandlungsmodell von Nash.

Nun hatten wir noch angenommen, dass die Summe dieser Machtfaktoren so groß sein soll wie die Anzahl der Spieler. Bei zwei Spielern würde also gelten $M_1 + M_2 = 2$, oder umgeformt: $M_2 = 2 - M_1$. Einsetzen ergibt:

$$Z_M = \left(A_1 - A_{1,min}\right)^{M_1}\left(A_2 - A_{2,min}\right)^{2-M_1}$$

Auch diese Funktion kann nun maximiert werden, worauf wir hier aber verzichten wollen, da die Berechnung der Ableitung etwas aufwändiger ist. Stattdessen beschränken wir uns auf eine grafische Interpretation der Lösung, wenn der effiziente Rand linear ist. In diesem Fall zeigt sich, dass die Lösung recht einfach beschrieben und mittels einfacher Formeln auch berechnet werden kann. In der Lösung erhält jeder Spieler eine Auszahlung, die sowohl von seiner Mindestauszahlung als auch von seiner maximalen Auszahlung abhängt. Bezeichnen wir die Differenz zwischen beiden Auszahlungen für Spieler 1 mit D_1 und für Spieler 2 mit D_2, dann gilt also:

$$D_1 = A_{1,max} - A_{1,min}$$

$$D_2 = A_{2,max} - A_{2,min}$$

Grafisch können wir diese Differenzen folgendermaßen einzeichnen:

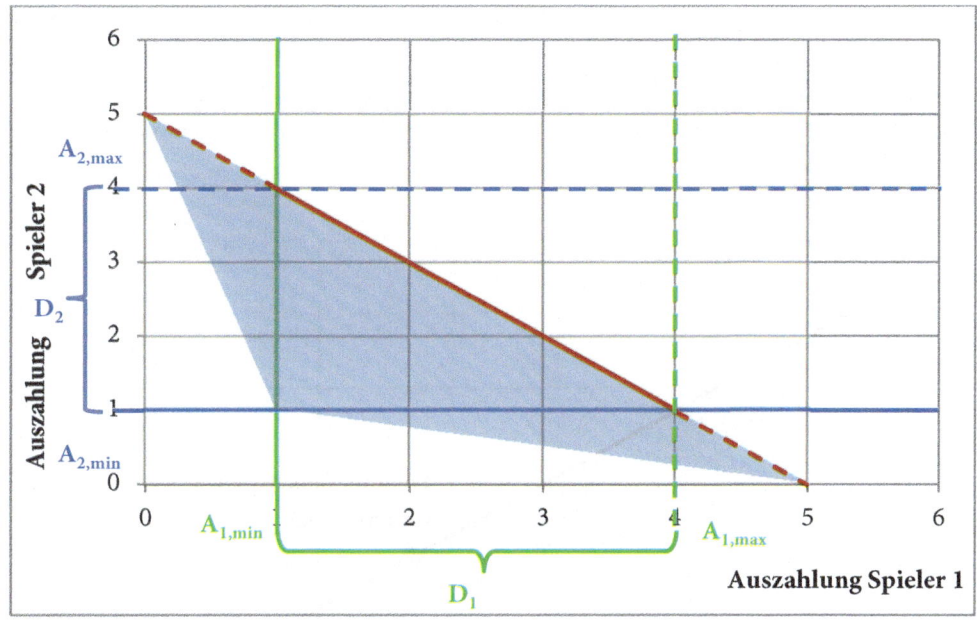

In der Lösung bekommt nun jeder Spieler seine Mindestauszahlung $A_{1,min}$ bzw. $A_{2,min}$ plus einen Anteil an seiner Differenz D_1 bzw. D_2. Dieser Anteil ist nun direkt proportional zu seinem Machtanteil. Der Machtanteil von Spieler 1 beträgt $M_1/(M_1+M_2)$ und der Machtanteil von Spieler 2 beträgt $M_2/(M_1+M_2)$. Damit ergeben sich für die Auszahlungen:

$$A_1 = A_{1,min} + \frac{M_1}{M_1 + M_2} D_1$$

Entsprechend für Spieler 2:

$$A_2 = A_{2,min} + \frac{M_2}{M_1 + M_2} D_2$$

Da wir die Machtvariablen so festgelegt haben, dass sie Summe $M_1 + M_2$ gleich 2 sein soll, können wir auch schreiben:

$$A_1 = A_{1,min} + 0{,}5 M_1 D_1$$

$$A_2 = A_{2,min} + 0{,}5 M_2 D_2$$

Nehmen wir für unser obiges Spiel also z.B. an, dass Spieler 1 eine Macht von 1,5 hat und Spieler 2 eine Macht von 0,5, so erhalten wir durch einsetzen:

$$A_1 = A_{1,min} + 0{,}5 M_1 D_1 = 1 + 0{,}5 \cdot 1{,}5 \cdot 3 = 3{,}25$$

$$A_2 = A_{2,min} + 0{,}5 M_2 D_2 = 1 + 0{,}5 \cdot 0{,}5 \cdot 3 = 1{,}75$$

Grafisch liegt der Lösungspunkt rechts von $A_{1,min}$ und zwar auf 75% der Strecke zwischen $A_{1,min}$ und $A_{1,max}$, da der Machtanteil von Spieler 1 gerade $1{,}5/(1{,}5 + 0{,}5) = 0{,}75$ bzw. 75% beträgt. Genauso liegt der Punkt auf 25% der Strecke zwischen $A_{2,min}$ und $A_{2,max}$ oberhalb von $A_{2,min}$. Diese 25% entsprechen dem Anteil des Spielers 2 an der insgesamt vorhandenen Macht.

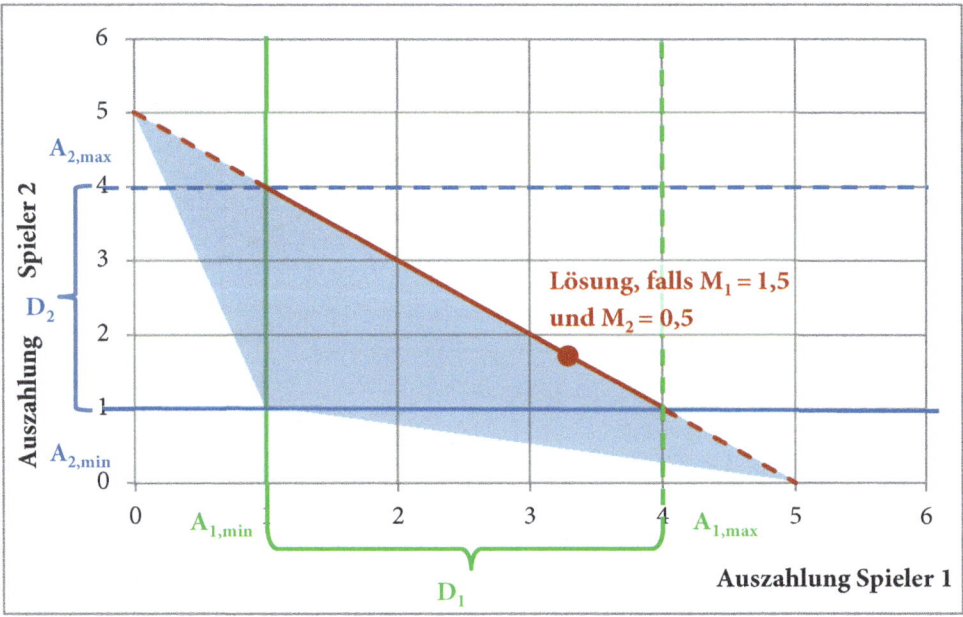

Hat ein Spieler alle Macht, dann erreicht er auch das Maximum seiner Auszahlung, wodurch der andere dann natürlich nur noch seine Mindestauszahlung bekommen würde. Die Lösung würde also in den Schnittpunkt der Maximalauszahlung des einen Spielers mit der Mindestauszahlung des anderen Spielers wandern.

7.1.8 Anwendungen

Die Modelle der kooperativen Spieltheorie, die wir in diesem Buch kennengelernt haben, also das symmetrische Verhandlungsmodell von John Nash aber auch das asymmetrische des letzten Abschnitts unterstellen, dass es zu einer Einigung kommt, wenn dadurch eine Auszahlungskombination erreicht wird, die mindestens einen der Spieler besserstellt und keinen der Spieler schlechter stellt als die nichtkooperative Lösung des Spiels. Es werden also stets effiziente Lösungen erreicht.

Der Blick in das reale Leben zeigt aber, dass nicht immer effiziente Auszahlungskombinationen erreicht werden, selbst wenn eine vertragliche Lösung möglich wäre. Wir sehen z.B., dass sich Menschen vor Gericht streiten, obwohl durch die Gerichtskosten, die Kosten für Anwälte und so weiter am Ende des Gerichtsverfahrens auf jeden Fall weniger Geld übrig ist als vorher. Die Streitparteien erreichen also nicht den effizienten Rand ihrer Verhandlungsmenge. Sehen wir uns das an einem Beispiel an. Hierbei unterstellen wir, dass sich Susanne und Stefan um eine Erbschaft in Höhe von 50.000 Euro streiten.

Damit hat der effiziente Rand der Verhandlungsmenge zunächst folgendes Aussehen:

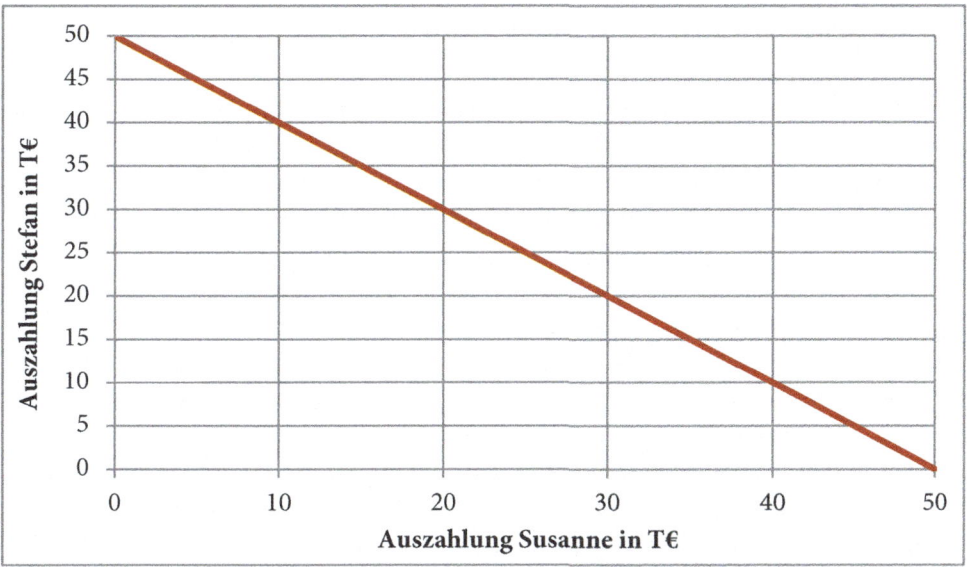

Jede Kombination von Auszahlungen, bei der die 50.000 Euro auch tatsächlich komplett an die beiden gehen, ist effizient. Was könnte nun aber dazu führen, dass sie sich nicht einigen? Innerhalb unserer obigen Überlegungen gäbe es einen simplen Grund: Es könnte sein, dass sie ihre erwarteten Mindestauszahlungen überschätzen. Nehmen wir z.B. an, dass Susanne glaubt, in einem Prozess mindestens 30.000 Euro zugesprochen zu bekommen. Für Stefan nehmen wir an, dass er das gleiche glaubt. Wenn wir diese Mindestauszahlungen in das Diagramm einzeichnen, dann erhalten wir folgendes Bild:

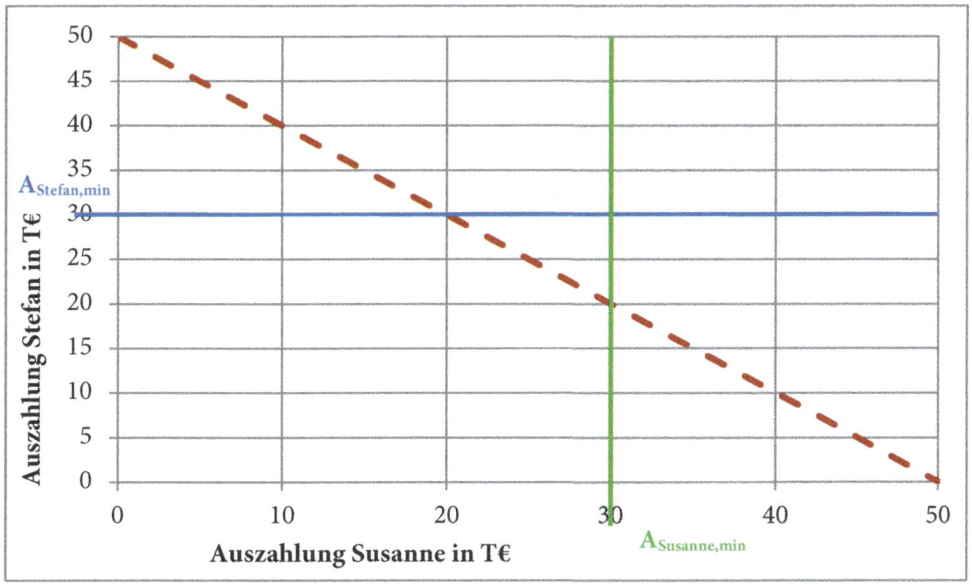

Da sich die Mindestauszahlungen oberhalb des effizienten Randes schneiden, gibt es keine Auszahlungskombination, die auf dem effizienten Rand liegt und gleichzeitig für beide Spieler individuell akzeptabel wäre. Es gibt daher keine Lösung des Verhandlungsproblems.

Wenn die beiden Spieler nun aber deswegen vor Gericht ziehen, werden sie am Ende feststellen, dass zumindest einer von beiden weniger bekommen wird, als er als Mindestauszahlung erwartet hat. Das Problem, mit dem wir es hier zu tun haben, ist offensichtlich, dass die erwarteten Mindestauszahlungen nicht korrekt sind. Wenigstens eine muss falsch sein, denn wenn jeder von beiden erwartet, mindestens 30.000 Euro zu bekommen, insgesamt aber nur 50.000 Euro da sind, dann muss ein Fehler in den Einschätzungen der Mindestauszahlungen vorliegen.

Mit dieser Interpretation verlassen wir aber bereits den Bereich der rationalen Spieltheorie. Bisher hatten wir immer angenommen, dass alle Einschätzungen und Berechnungen der Spieler korrekt sind. Da sich aber reale Menschen keineswegs wie die rationalen Akteure in diesem Buch verhalten müssen, hätten wir zumindest schon mal eine mögliche Erklärung dafür, dass es trotz hoher Kosten immer wieder zu Gerichtsprozessen kommt.

Es sind allerdings auch Erklärungen möglich, ohne die Annahme rationaler Akteure aufgeben zu müssen. Dazu müssten wir allerdings die Auszahlungen der Spieler modifizieren. So könnte es sein, dass Menschen einem Gerichtsurteil einen eigenen Wert beimessen. Nehmen wir an, dass Susanne und Stefan zwar wissen, dass sie sich besser außergerichtlich einigen sollten, dass sie dann aber befürchten, sich ihr ganzes Leben lang Gedanken darüber zu machen, ob sie in einem Prozess nicht doch mehr hätten bekommen können als den Betrag, auf den sie sich außergerichtlich geeinigt hätten. Um das zu vermeiden, gehen sie vor Gericht, damit sie am Ende eine objektive Entscheidung bekommen. Das Urteil durch einen unabhängigen Richter hätte damit einen eigenen Wert, der bei der Berechnung der Auszahlungen berücksichtigt werden müsste.

Schließlich könnte es auch sein, dass einer von beiden Spielern streitsüchtig ist und es ihm Spaß macht, vor Gericht zu ziehen. In diesem Fall müsste der Spaß bei den Auszahlungen berücksichtigt werden.

In vielen Fällen dürften in der Realität wohl aber doch falsche Einschätzungen zu Gerichtsprozessen führen. Gleiches gilt auch für andere Konfliktformen wie etwa Streiks bis hin zu kriegerischen Auseinandersetzungen.

7.2 Koalitionsspiele

In den Verhandlungsspielen im Unterkapitel 7.1 waren wir ja (stillschweigend) davon ausgegangen, dass jeder nur für sich allein verhandelt. In den nun folgenden Koalitionsspielen geht es hingegen um die Frage, welche Auszahlungsforderungen Spieler für sich aufstellen können, wenn sie die Möglichkeit haben, sich zu verschiedenen Koalitionen zusammenzuschließen.

Wie in Unterkapitel 7.1 interessiert man sich auch bei der Analyse von Koalitions-spielen nicht dafür, worum es inhaltlich in dem Spiel eigentlich geht. Der Fokus liegt wieder ganz auf der Analyse von Auszahlungskombinationen. Was man tun muss, um die „optimalen" Auszahlungskombinationen zu erreichen, ist hingegen nicht von Inte-resse.

Zur inhaltlichen Veranschaulichung könnten wir uns aber z.B. folgendes Koalitions-spiel vorstellen: Ein Chef knallt seinen drei Mitarbeitern einen Stapel von Aufgaben auf den Tisch. Jeder Mitarbeiter könnte sich einen Teil davon nehmen und für sich allein mit der Bearbeitung beginnen. Es könnte aber auch einer allein arbeiten und die beiden an-deren arbeiten als Team zusammen und helfen sich gegenseitig. Sie könnten aber auch alle gemeinsam als Team arbeiten. Wenn man jetzt annimmt, dass die Mitarbeiter eine Belohnung in Abhängigkeit vom Erfolg der Aufgabenbearbeitung bekommen, der Erfolg aber davon abhängt, ob sie allein oder im Team arbeiten, dann sollten die Mitarbeiter sich genau ansehen, wie sie sich möglichst produktiv organisieren können. Dabei tritt dann aber ein mögliches Problem auf: Wenn sich herausstellen sollte, dass sie als Ge-samtteam am produktivsten wären und sich deswegen auch als Gesamtteam organisie-ren, dann erhalten sie am Ende auch eine Belohnung als Gesamtteam. Diese Belohnung müssen die drei nun aber unter sich aufteilen. Wer soll wieviel von dem Teambonus erhalten, d.h. wer erhält welche Auszahlungen? Es sind Fragestellungen wie diese, die man mit der Methodik der Koalitionsspiele untersuchen kann.

7.2.1 Begriffe und Notation

Für die Analyse von Koalitionsspielen benötigen wir einige neue Begriffe und etwas zusätzliche Notation. Die Menge aller Spieler bezeichnen wir mit MAS. Wenn wir es z.B. mit den Spielern Tom, Carolin und Maria zu tun haben, dann besteht die Menge aller Spieler aus diesen dreien und wir verwenden dafür die übliche Mengenschreibweise mit den geschweiften Klammern, also $MAS = \{Tom, Carolin, Maria\}$. Koalitionen bezeich-nen nun Teilmengen von Spielern, die sich zusammenschließen könnten. Koalitionen sind also ebenfalls Mengen und wir bezeichnen Koalitionen einfach mit K. Eine Koaliti-on aus den Spielern Tom und Maria würden wir also notieren als $K = \{Tom, Maria\}$. Im Folgenden bezeichnen wir die Spieler einfach mit Großbuchstaben, also z.B. $MAS = \{A, B, C\}$ und eine Koalition der Spieler A und C dann entsprechend mit $K = \{A, C\}$. Die Menge aller Spieler, d.h. $MAS = \{A, B, C\}$ wird auch als „große Koaliti-on" bezeichnet. Schließlich ist es den Spielern ja nicht verboten, dass sie sich alle zu einer Koalition zusammenschließen. Nun definieren wir uns noch eine zweite besondere Koa-lition, nämlich diejenige, in der niemand Mitglied ist. Für diese „leere" Koalition ver-wenden wir das übliche Zeichen für leere Mengen, nämlich das Symbol $\emptyset$. Die leere Koalition ist also $K = \emptyset$.

Als nächstes definieren wir eine sogenannte Koalitionsfunktion, die wir mit $w(K)$ be-zeichnen. Eine Koalitionsfunktion ist eine Auszahlungsfunktion, die angibt, wie hoch die gemeinsame Auszahlung für jede mögliche Koalition ist. So würde z.B. $w(\{A,C\}) = 15$ bedeuten, dass eine Koalition der Spieler A und C eine gemeinsame Auszahlung von 15 erreichen kann. Per Definition wird dann noch festgelegt, dass die leere Koalition eine Auszahlung von $w(\emptyset) = 0$ erreicht: Eine Koalition, in der niemand Mitglied ist, bekommt auch keine Auszahlung. Es sei für diese Notation noch angemerkt, dass die Reihenfolge, in der Elemente in Mengen aufgeführt werden, nichts an der Menge selbst ändert. Es gilt also $\{A,C\} = \{C,A\}$. Eine Koalition aus den Spielern A und C ist also dasselbe wie eine Koalition aus den Spielern C und A. Daher gilt für die Koalitionsfunktionen, dass dann z.B. auch $w(\{A,C\}) = w(\{C,A\})$ ist.

Zum Schluss brauchen wir noch den Begriff des „marginalen Beitrags". Unter dem marginalen Beitrag eines Spielers X versteht man die zusätzliche Auszahlung, die eine bereits bestehende Koalition erzielen kann, wenn sie diesen Spieler X noch in ihre Koalition aufnimmt. Nehmen wir an, dass eine Koalition aus den Spielern A und C eine Auszahlung von 15 erreichen kann, d.h. $w(\{A,C\}) = 15$. Ferner sei angenommen, dass eine Koalition aus den Spielern A, B und C eine Auszahlung von 22 erreichen kann, d.h. $w(\{A,B,C\}) = 22$. Es erhöht sich also die Auszahlung der Koalition $\{A,C\}$ von 15 auf 22 durch die Aufnahme des Spielers B. Diese Differenz, d.h. $w(\{A,B,C\}) - w(\{A,C\}) = 22 - 15 = 7$ wird als der „marginale Beitrag" des Spielers B in dieser Koalition bezeichnet.

7.2.2 Der Shapley-Wert

Der Shapley-Wert, benannt nach Lloyd S. Shapley, Nobelpreisträger der Wirtschaftswissenschaften 2012, baut auf diesen letzten Überlegungen zum marginalen Beitrag eines Spielers auf. Die Grundidee dabei ist unmittelbar plausibel: Ein Spieler, der zu vielen Koalitionen hohe marginale Beiträge leisten könnte, ist damit für viele Koalitionen ein wertvoller und begehrter Koalitionspartner. Daher lässt sich plausibel argumentieren, dass ein solcher Spieler auch relativ hohe Auszahlungen bekommen sollte.

Der Shapley-Wert ist nun ein Lösungskonzept, mit dem die Auszahlung jedes Spielers unmittelbar berechnet werden kann. Diese Auszahlung ergibt sich dabei einfach aus dem Durchschnitt der marginalen Beiträge, die der Spieler zu allen denkbaren Koalitionen beisteuern könnte.

Sehen wir uns hierfür ein Beispiel an, wobei wir weiter von drei Spielern ausgehen, d.h. $MAS = \{A,B,C\}$. Welche einzelnen Koalitionen K sind bei drei Spielern möglich? Möglich sind:

$K =$	$\emptyset$	$\{A\}$	$\{B\}$	$\{C\}$	$\{A,B\}$	$\{A,C\}$	$\{B,C\}$	$\{A,B,C\}$

Für diese Koalitionen müssen nun jeweils die Werte der Koalitionsfunktion $w(K)$ bekannt sein, um das Spiel weiter analysieren zu können. Für unser Beispiel nehmen wir die Werte der folgenden Tabelle an:

$K =$	$\emptyset$	$\{A\}$	$\{B\}$	$\{C\}$	$\{A, B\}$	$\{A, C\}$	$\{B, C\}$	$\{A, B, C\}$
$w(K)$	0	10	5	20	18	34	28	44

Für die Berechnung des Shapley-Wertes nicht notwendig, aber dennoch vorab interessant ist ein Blick auf die Gesamtauszahlungen aller möglichen Koalitionskombinationen. Nehmen wir an, jeder der drei Spieler würde für sich selbst eine eigene „Einpersonenkoalition" gründen. Dann ergäbe sich die Koalitionskombination $(\{A\}, \{B\}, \{C\})$. Gemäß der Werte der Koalitionsfunktion würde sich für diese Koalitionskombination aus der vorangehenden Tabelle eine gesamte Auszahlung von $w(\{A\}) + w(\{B\}) + w(\{C\}) = 10 + 5 + 20 = 35$ ergeben. Würde also jeder Spieler für sich bleiben, würden alle Spieler zusammen eine Gesamtauszahlung von 35 erreichen. Diese Gesamtauszahlung kann nun für jede mögliche Kombination von Koalitionen ermittelt werden. Es ergibt sich für unser Beispiel:

Koalitionskombination	Einzelkoalitionen in der Koalitionskombination	Gesamtauszahlung der Koalitionskombination
1	$\{A\}, \{B\}, \{C\}$	$10 + 5 + 20 = \mathbf{35}$
2	$\{A\}, \{B, C\}$	$10 + 28 = \mathbf{38}$
3	$\{B\}, \{A, C\}$	$5 + 30 = \mathbf{35}$
4	$\{C\}, \{A, B\}$	$20 + 18 = \mathbf{38}$
5	$\{A, B, C\}$	$\mathbf{44}$

Anhand dieser Vergleiche ist unmittelbar zu sehen, dass in diesem Beispiel der höchste Gesamtwert erzielt wird, wenn sich alle drei Spieler zu einer Koalition zusammenschließen. Die Frage ist nun aber, wer von den dreien wie viel von der Gesamtauszahlung von 44 bekommen sollte. Eine Art, diese individuellen Beiträge zu ermitteln, ist eben der sogenannte „Shapley-Wert".

Zur Ermittlung des Shapley-Wertes stellt man nun zunächst folgende Frage: In welcher Reihenfolge könnten die Spieler entscheiden, einer Koalition beizutreten? Bei drei Spielern gibt es 6 mögliche Reihenfolgen. Diese sind der folgenden Tabelle zu entnehmen:

Reihenfolge					
A, B, C					
A, C, B					
B, A, C					
B, C, A					
C, A, B					
C, B, A					

Die Tabelle enthält noch einige leere Spalten, diese füllen wir nun nach und nach weiter aus.

Wir werden zunächst als Beispiel den Shapley-Wert des Spielers C bestimmen. Das Ergebnis hängt nicht davon ab, in welcher Reihenfolge man die Shapley-Werte ermittelt, wir könnten auch mit Spieler A oder B beginnen. Fangen wir aber mit C an. Dazu tragen wir in die zweite Spalte die Menge aller Spieler ein, die bei der gegebenen Reihenfolge vor Spieler C an der Reihe gewesen wären, sich zu entscheiden. Es ergibt sich:

Reihenfolge	Menge der Spieler vor C				
A, B, C	$\{A, B\}$				
A, C, B	$\{A\}$				
B, A, C	$\{A, B\}$				
B, C, A	$\{B\}$				
C, A, B	$\emptyset$				
C, B, A	$\emptyset$				

Nun nehmen wir an, dass der oder die Spieler, die jeweils vor C dran gewesen wären, tatsächlich eine Koalition gebildet hätten. In die dritte Spalte tragen wir die zugehörigen Werte der Koalitionsfunktion für jede dieser Koalitionen ein. Es ergibt sich:

Reihenfolge	Menge der Spieler vor C	$w(K)$ ohne C			
A, B, C	$\{A, B\}$	$w(\{A, B\}) = 18$			
A, C, B	$\{A\}$	$w(\{A\}) = 10$			
B, A, C	$\{A, B\}$	$w(\{A, B\}) = 18$			
B, C, A	$\{B\}$	$w(\{B\}) = 5$			
C, A, B	$\emptyset$	$w(\emptyset) = 0$			
C, B, A	$\emptyset$	$w(\emptyset) = 0$			

Anschließend bilden wir die Menge aller Spieler vor C und nehmen den Spieler C zu dieser Menge hinzu. Dies tragen wir in die vierte Spalte unserer Tabelle ein. Wir erhalten somit:

Reihenfolge	Menge der Spieler vor C	$w(K)$ ohne C	Menge der Spieler vor C plus Spieler C		
A, B, C	$\{A, B\}$	$w(\{A, B\}) = 18$	$\{A, B, C\}$		
A, C, B	$\{A\}$	$w(\{A\}) = 10$	$\{A, C\}$		
B, A, C	$\{A, B\}$	$w(\{A, B\}) = 18$	$\{A, B, C\}$		
B, C, A	$\{B\}$	$w(\{B\}) = 5$	$\{B, C\}$		
C, A, B	$\emptyset$	$w(\emptyset) = 0$	$\{C\}$		
C, B, A	$\emptyset$	$w(\emptyset) = 0$	$\{C\}$		

Jetzt tragen wir auch für diese Koalitionen, die nun den Spieler C aufgenommen haben, wieder die Werte der Koalitionsfunktion ein.

Reihenfolge	Menge der Spieler vor C	$w(K)$ ohne C	Menge der Spieler vor C plus Spieler C	$w(K)$ inklusive C	
A, B, C	$\{A, B\}$	$w(\{A, B\}) = 18$	$\{A, B, C\}$	$w(\{A, B, C\}) = 44$	
A, C, B	$\{A\}$	$w(\{A\}) = 10$	$\{A, C\}$	$w(\{A, C\}) = 34$	
B, A, C	$\{A, B\}$	$w(\{A, B\}) = 18$	$\{A, B, C\}$	$w(\{A, B, C\}) = 44$	
B, C, A	$\{B\}$	$w(\{B\}) = 5$	$\{B, C\}$	$w(\{B, C\}) = 28$	
C, A, B	$\emptyset$	$w(\emptyset) = 0$	$\{C\}$	$w(\{C\}) = 20$	
C, B, A	$\emptyset$	$w(\emptyset) = 0$	$\{C\}$	$w(\{C\}) = 20$	

Im letzten Schritt berechnen wir die marginalen Beiträge des Spielers C in jeder der sechs möglichen Reihenfolgen, indem wir den Wert in der dritten Spalte vom Wert in der 5. Spalte abziehen. Wir erhalten:

Reihenfolge	Menge der Spieler vor C	$w(K)$ ohne C	Menge der Spieler vor C plus Spieler C	$w(K)$ inklusive C	Marginaler Beitrag von Spieler C
A, B, C	$\{A, B\}$	$w(\{A, B\}) = 18$	$\{A, B, C\}$	$w(\{A, B, C\}) = 44$	$44 - 18 = 26$
A, C, B	$\{A\}$	$w(\{A\}) = 10$	$\{A, C\}$	$w(\{A, C\}) = 34$	$34 - 10 = 24$
B, A, C	$\{A, B\}$	$w(\{A, B\}) = 18$	$\{A, B, C\}$	$w(\{A, B, C\}) = 44$	$44 - 18 = 26$
B, C, A	$\{B\}$	$w(\{B\}) = 5$	$\{B, C\}$	$w(\{B, C\}) = 28$	$28 - 5 = 23$
C, A, B	$\emptyset$	$w(\emptyset) = 0$	$\{C\}$	$w(\{C\}) = 20$	$20 - 0 = 20$
C, B, A	$\emptyset$	$w(\emptyset) = 0$	$\{C\}$	$w(\{C\}) = 20$	$20 - 0 = 20$

Der Shapley-Wert berechnet sich jetzt als Durchschnitt dieser marginalen Beiträge. Bezeichnen wir den Shapley-Wert für Spieler C mit SW_C, so erhalten wir:

$$SW_C = \frac{26 + 24 + 26 + 23 + 20 + 20}{6} = 23{,}167$$

Völlig analog können wir die Shapley-Werte der beiden anderen Spieler berechnen. Für Spieler A ergibt sich:

Reihenfolge	Menge der Spieler vor A	$w(K)$ ohne A	Menge der Spieler vor A plus Spieler A	$w(K)$ inklusive A	Marginaler Beitrag von Spieler A
A, B, C	$\emptyset$	$w(\emptyset) = 0$	$\{A\}$	$w(\{A\}) = 10$	$10 - 0 = 10$
A, C, B	$\emptyset$	$w(\emptyset) = 0$	$\{A\}$	$w(\{A\}) = 10$	$10 - 0 = 10$
B, A, C	$\{B\}$	$w(\{B\}) = 5$	$\{A,B\}$	$w(\{A,B\}) = 18$	$18 - 5 = 13$
B, C, A	$\{B,C\}$	$w(\{B,C\}) = 28$	$\{A,B,C\}$	$w(\{A,B,C\}) = 44$	$44 - 28 = 16$
C, A, B	$\{C\}$	$w(\{C\}) = 20$	$\{A,C\}$	$w(\{A,C\}) = 34$	$34 - 20 = 14$
C, B, A	$\{B,C\}$	$w(\{B,C\}) = 28$	$\{A,B,C\}$	$w(\{A,B,C\}) = 44$	$44 - 28 = 16$

Als Shapley-Wert ergibt sich daraus:

$$SW_A = \frac{10 + 10 + 13 + 16 + 14 + 16}{6} = 13{,}167$$

Schließlich ergibt sich für Spieler B:

Reihenfolge	Menge der Spieler vor B	$w(K)$ ohne B	Menge der Spieler vor B plus Spieler B	$w(K)$ inklusive B	Marginaler Beitrag von Spieler B
A, B, C	$\{A\}$	$w(\{A\}) = 10$	$\{A,B\}$	$w(\{A,B\}) = 18$	$18 - 10 = 8$
A, C, B	$\{A,C\}$	$w(\{A,C\}) = 34$	$\{A,B,C\}$	$w(\{A,B,C\}) = 44$	$44 - 34 = 10$
B, A, C	$\emptyset$	$w(\emptyset) = 0$	$\{B\}$	$w(\{B\}) = 5$	$5 - 0 = 5$
B, C, A	$\emptyset$	$w(\emptyset) = 0$	$\{B\}$	$w(\{B\}) = 5$	$5 - 0 = 5$
C, A, B	$\{A,C\}$	$w(\{A,C\}) = 34$	$\{A,B,C\}$	$w(\{A,B,C\}) = 44$	$44 - 34 = 10$
C, B, A	$\{C\}$	$w(\{C\}) = 20$	$\{B,C\}$	$w(\{B,C\}) = 28$	$28 - 20 = 8$

Hieraus ergibt sich ein Shapley-Wert für Spieler B

$$SW_B = \frac{8 + 10 + 5 + 5 + 10 + 8}{6} = 7{,}667$$

Addiert man jetzt die Shapley-Werte aller Spieler, so ergibt sich eine Summe von

$$SW_A + SW_B + SW_C = 13{,}167 + 7{,}667 + 23{,}167 = 44$$

Dies ist genau der Wert der Koalitionsfunktion für die große Koalition! Dies ist kein Zufall, sondern liegt in der Berechnungsmethode begründet. Die Shapley-Lösung generiert immer effiziente Vorschläge, nach denen der maximal überhaupt erreichbare Wert der Koalitionsfunktion auch auf die Spieler verteilt wird.

Sehen wir uns noch einmal die marginalen Beiträge aller Spieler in allen Reihenfolgen im Vergleich an, so erhalten wir folgende Tabelle:

Reihenfolge	Marginaler Beitrag A	Marginaler Beitrag B	Marginaler Beitrag C
A, B, C	10	8	26
A, C, B	10	10	24
B, A, C	13	5	26
B, C, A	16	5	23
C, A, B	14	10	20
C, B, A	16	8	20
Shapley-Wert:	$SW_A = 13{,}167$	$SW_B = 7{,}667$	$SW_C = 23{,}167$

An dieser Tabelle erkennt man nochmals gut die Berechnungslogik: Wer zu vielen möglichen Koalitionen einen hohen marginalen Beitrag leisten kann, für den ergibt sich auch ein hoher Shapley-Wert. Den höchsten Wert erzielt hier C, eben weil Spieler C zu jeder denkbaren Koalition einen marginalen Beitrag von mindestens 20 leisten kann. Am anderen Ende des Spektrums steht offensichtlich Spieler B, der höchstens einen marginalen Beitrag von 10 leisten kann. Er erzielt demnach auch einen sehr viel niedrigeren Shapley-Wert.

7.3 Aufgaben

Aufgabe 7.3.1

Ermitteln Sie zu den folgenden Spielen die Verhandlungsmengen und zeichnen Sie diese jeweils in das zugehörige Diagramm.

Aufgabe 7.3.1.1

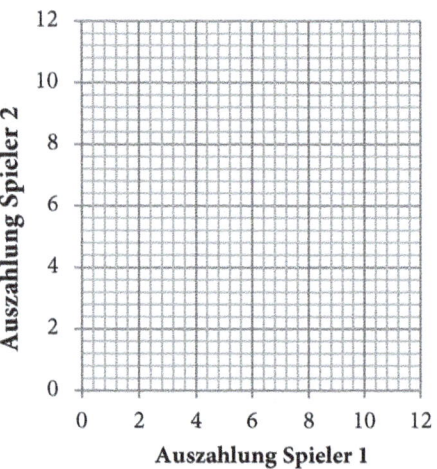

		Spieler 2	
		links	rechts
Spieler 1	oben	10 0	0 0
	unten	0 0	0 10

Aufgabe 7.3.1.2

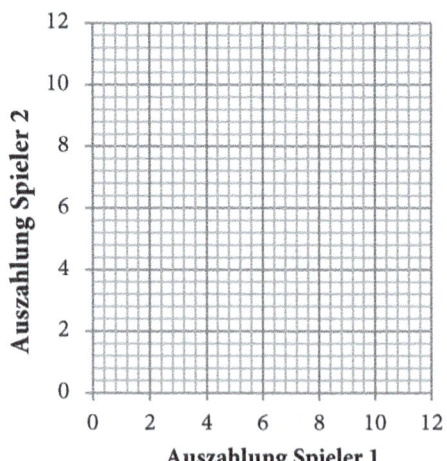

		Spieler 2	
		links	rechts
Spieler 1	oben	10 10	0 10
	unten	10 0	0 0

Aufgabe 7.3.1.3

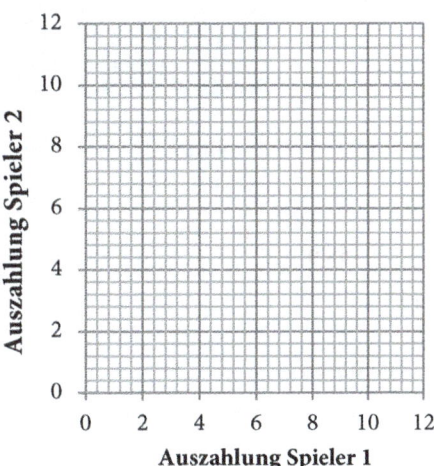

		Spieler 2	
		links	rechts
Spieler 1	oben	9 1	4 3
	unten	2 11	11 7

Aufgabe 7.3.1.4

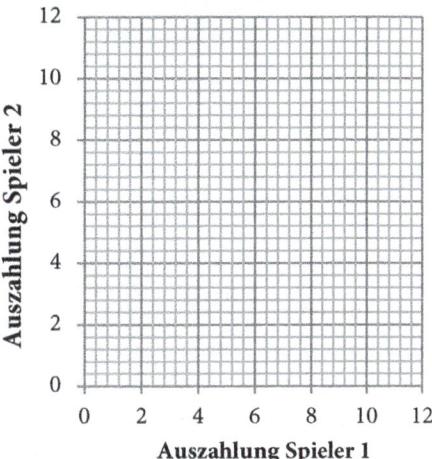

		Spieler 2	
		links	rechts
Spieler 1	oben	2 8	12 12
	unten	6 0	10 4

Aufgabe 7.3.2

Ermitteln Sie zu den folgenden Spielen die Verhandlungsmengen und zeichnen Sie diese jeweils in das zugehörige Diagramm. Ermitteln Sie zusätzlich die (erwarteten) Mindestauszahlungen, die sich jeder Spieler über die Wahl einer geeigneten, ggf. gemischten, Strategie selbst sichern kann und zeichnen Sie diese ebenfalls in das jeweilige Diagramm.

Aufgabe 7.3.2.1

	Spieler 2	
	links	rechts
Spieler 1 oben	6 2	6 4
Spieler 1 unten	2 12	10 4

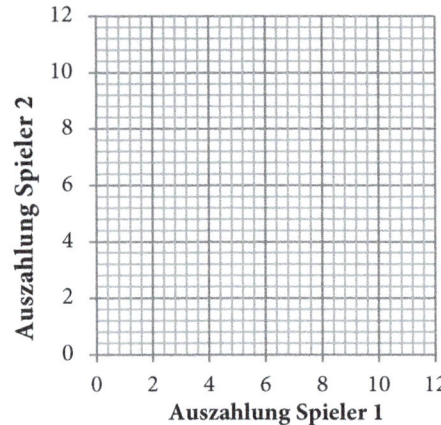

Aufgabe 7.3.2.2

	Spieler 2	
	links	rechts
Spieler 1 oben	8 8	12 2
Spieler 1 unten	10 4	4 10

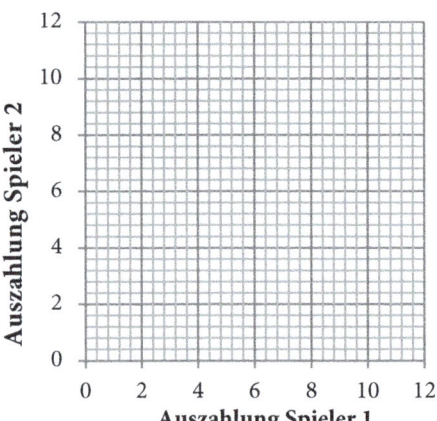

Aufgabe 7.3.2.3

	Spieler 2	
	links	rechts
Spieler 1 oben	10 6	10 4
Spieler 1 unten	6 10	6 12

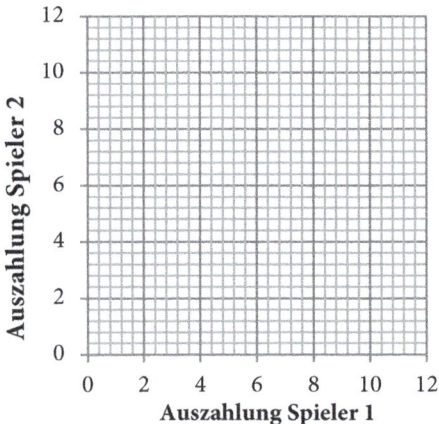

Aufgabe 7.3.3

Ermitteln Sie die Lösungen der folgenden Verhandlungsprobleme gemäß dem symmetrischen Verhandlungsmodell von Nash.

Maximieren Sie dazu die Funktion $Z = (A_1 - A_{1,min})(A_2 - A_{2,min})$ und bestimmen Sie A_1 und A_2.

Aufgabe 7.3.3.1

Die Gleichung für den effizienten Rand lautet $A_2 = 10 - A_1$. Ferner gilt $A_{1,min} = 4$ und $A_{2,min} = 2$.

Aufgabe 7.3.3.2

Die Gleichung für den effizienten Rand lautet $A_2 = 100 - 4A_1$. Ferner gilt $A_{1,min} = 10$ und $A_{2,min} = 20$.

Aufgabe 7.3.3.3

Die Gleichung für den effizienten Rand lautet $A_2 = 20 - 2A_1$. Ferner gilt $A_{1,min} = 10$ und $A_{2,min} = 4$.

Aufgabe 7.3.4

Bestimmen Sie die Lösungen der folgenden Verhandlungsprobleme gemäß dem asymmetrischen Verhandlungsmodell. Gehen Sie davon aus, dass der effiziente Rand jeweils linear ist. Falls nötig, berechnen Sie zunächst die Maximalauszahlungen $A_{1,max}$ und $A_{2,max}$, wenn diese nicht gegeben sind.

Aufgabe 7.3.4.1

Es gelte: $A_{1,max} = 10$, $A_{1,min} = 0$, $A_{2,max} = 20$, $A_{2,min} = 10$ und $M_1 = 1,2$

Aufgabe 7.3.4.2

Es gelte: $A_{1,max} = 10$, $A_{1,min} = 0$, $A_{2,max} = 20$, $A_{2,min} = 10$ und $M_1 = 0,2$

Aufgabe 7.3.4.3

Es gelte: $A_{1,min} = 0$, $A_{2,min} = 10$ und $M_1 = 0,2$. Die Gleichung für den effizienten Rand lautet $A_2 = 40 - A_1$.

Aufgabe 7.3.5

In einem Koalitionsspiel mit den drei Spielern A, B, und C seien die folgenden Angaben zur Koalitionsfunktion bekannt:

$K =$	$\emptyset$	$\{A\}$	$\{B\}$	$\{C\}$	$\{A, B\}$	$\{A, C\}$	$\{B, C\}$	$\{A, B, C\}$
$w(K)$	0	12	18	18	36	42	36	60

Berechnen Sie die Shapley-Werte für alle drei Spieler!

Lösung zu Aufgabe 7.3.1.1

| | | Spieler 2 | |
		links	rechts
Spieler 1	oben	10 / 0	0 / 0
	unten	0 / 0	0 / 10

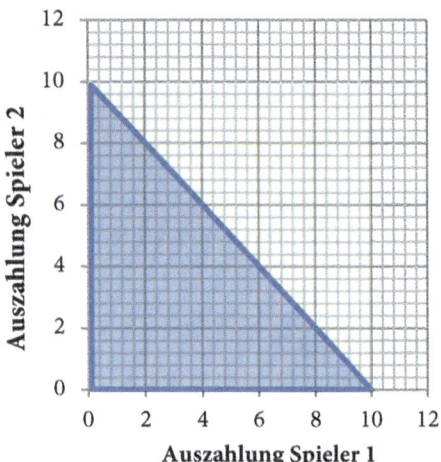

Lösung zu Aufgabe 7.3.1.2

| | | Spieler 2 | |
		links	rechts
Spieler 1	oben	10 / 10	0 / 10
	unten	10 / 0	0 / 0

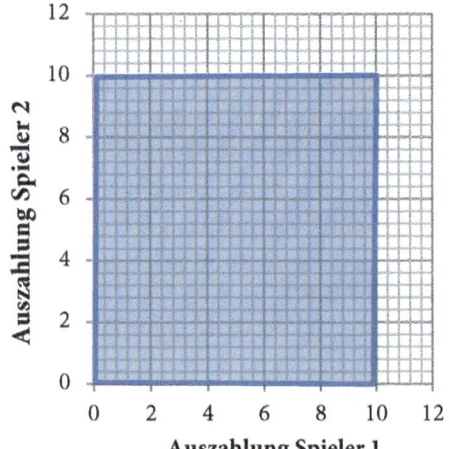

Lösung zu Aufgabe 7.3.1.3

	Spieler 2	
	links	rechts
Spieler 1 oben	9 1	4 3
Spieler 1 unten	2 11	11 7

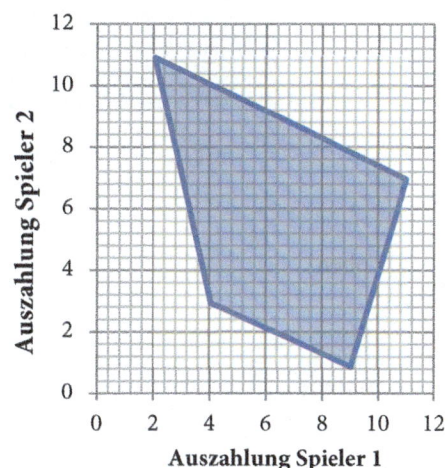

Lösung zu Aufgabe 7.3.1.4

	Spieler 2	
	links	rechts
Spieler 1 oben	2 8	12 12
Spieler 1 unten	6 0	10 4

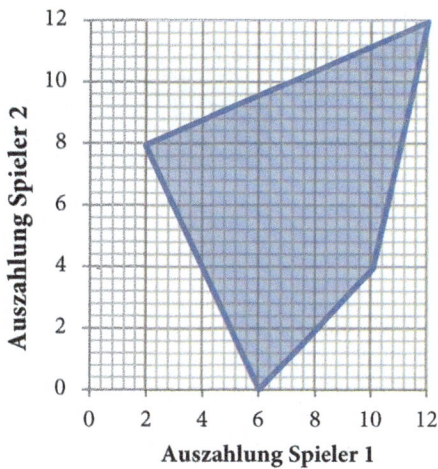

Lösung zu Aufgabe 7.3.2.1

	Spieler 2	
	links	rechts
oben	6 2	6 4
unten	2 12	10 4

(Spieler 1)

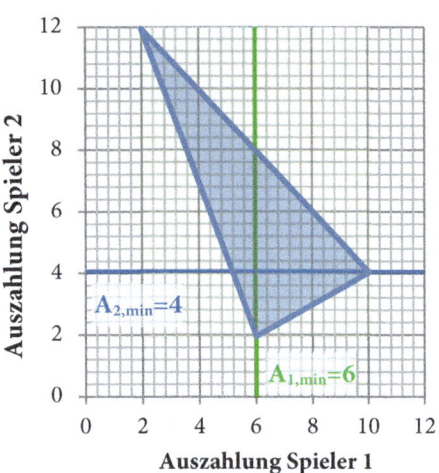

Spieler 1 kann sich eine Mindestauszahlung von 6 sichern, wenn er „oben" spielt. Spieler 2 kann sich eine Mindestauszahlung von 4 sichern, wenn er „rechts" spielt.

Lösung zu Aufgabe 7.3.2.2

	Spieler 2	
	links	rechts
oben	8 8	12 2
unten	10 4	4 10

(Spieler 1)

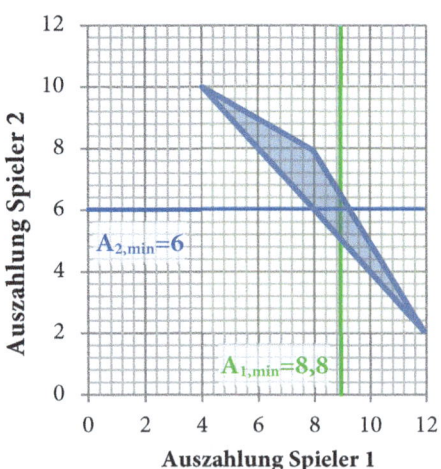

Spieler 1 kann sich eine Mindestauszahlung von 8,8 sichern, wenn er eine geeignete gemischte Strategie wählt. Bezeichnet man mit „o" die Wahrscheinlichkeit, dass Spieler 1 „oben" spielt, dann beträgt seine erwartete Auszahlung für den Fall, dass Spieler 2 links spielt:

$$E(A_1|\text{"links"}) = 8o + 10(1 - o) = 10 - 2o$$

Hingegen beträgt seine erwartete Auszahlung, wenn Spieler 2 „rechts" spielt:

$$E(A_1|\text{"rechts"}) = 12o + 4(1 - o) = 4 + 8o$$

Wählt Spieler 1 seine Wahrscheinlichkeit o nun so, dass die beiden erwarteten Auszahlungen gleich sind und damit unabhängig davon, was Spieler 2 tut, dann sichert sich Spieler 1 dadurch seine Mindestauszahlung. Es muss also gelten:

$$E(A_1|\text{"links"}) = E(A_1|\text{"rechts"})$$

Daraus folgt somit:

$$10 - 2o = 4 + 8o$$

Als Lösung ergibt sich eine Wahrscheinlichkeit von $o = 0{,}6$. Setzt man das in eine der beiden erwarteten Auszahlungen ein, so erhält man $E(A_1|\text{"links"}) = E(A_1|\text{"rechts"}) = 8{,}8$.

Spieler 2 kann sich eine Mindestauszahlung von 6 sichern, wenn er eine geeignete gemischte Strategie wählt. Bezeichnet man mit „l" die Wahrscheinlichkeit, dass Spieler 2 „links" spielt, dann beträgt seine erwartete Auszahlung für den Fall, dass Spieler 1 „oben" spielt:

$$E(A_2|\text{"oben"}) = 8l + 2(1 - l) = 6l + 2$$

Hingegen beträgt seine erwartete Auszahlung, wenn Spieler 1 „unten" spielt:

$$E(A_2|\text{"unten"}) = 4l + 10(1 - l) = 10 - 6l$$

Wählt Spieler 2 seine Wahrscheinlichkeit l nun so, dass die beiden erwarteten Auszahlungen gleich sind und damit unabhängig davon, was Spieler 1 tut, dann sichert sich Spieler 2 dadurch seine Mindestauszahlung. Es muss also gelten:

$$E(A_2|\text{"oben"}) = E(A_2|\text{"unten"})$$

Daraus folgt somit:

$$6l + 2 = 10 - 6l$$

Als Lösung ergibt sich eine Wahrscheinlichkeit von $l = 2/3$. Setzt man das in eine der beiden erwarteten Auszahlungen ein, so erhält man $E(A_2|\text{"oben"}) = E(A_2|\text{"unten"}) = 6$.

Lösung zu Aufgabe 7.3.2.3

	Spieler 2	
	links	**rechts**
oben	10 6	10 4
unten	6 10	6 12

Spieler 1 kann sich eine erwartete Mindestauszahlung von 10 sichern, indem er „oben" spielt. Spieler 2 kann sich eine Mindestauszahlung von 6 sichern, indem er „links" spielt.

Lösung zu Aufgabe 7.3.3.1

Es gilt:

$$Z = \left(A_1 - A_{1,min}\right)\left(A_2 - A_{2,min}\right)$$

Einsetzen der Mindestauszahlungen ergibt:

$$Z = (A_1 - 4)(A_2 - 2)$$

Einsetzen der Gleichung für den effizienten Rand ergibt:

$$Z = (A_1 - 4)(A_2 - 2)$$

$$= (A_1 - 4)(10 - A_1 - 2)$$

$$= (A_1 - 4)(8 - A_1)$$

$$= 12A_1 - 32 - A_1^2$$

Die Bedingung erster Ordnung für das Maximum der Funktion Z lautet:

$$\frac{dZ}{dA_1} = 12 - 2A_1 = 0$$

Als Lösung folgt $A_1 = 6$. Und aus der Gleichung des effizienten Randes folgt dann durch Einsetzen: $A_2 = 10 - A_1 = 10 - 6 = 4$.

Lösung zu Aufgabe 7.3.3.2

Es gilt:

$$Z = (A_1 - A_{1,min})(A_2 - A_{2,min})$$

Einsetzen der Mindestauszahlungen ergibt:

$$Z = (A_1 - 10)(A_2 - 20)$$

Einsetzen der Gleichung für den effizienten Rand ergibt:

$$Z = (A_1 - 10)(A_2 - 20)$$

$$= (A_1 - 10)(100 - 4A_1 - 20)$$

$$= (A_1 - 10)(80 - 4A_1)$$

$$= 120A_1 - 800 - 4A_1^2$$

Die Bedingung erster Ordnung für das Maximum der Funktion Z lautet:

$$\frac{dZ}{dA_1} = 120 - 8A_1 = 0$$

Als Lösung folgt $A_1 = 15$. Und aus der Gleichung des effizienten Randes folgt dann durch Einsetzen: $A_2 = 100 - 4A_1 = 100 - 60 = 40$.

Lösung zu Aufgabe 7.3.3.3

Es gilt:

$$Z = (A_1 - A_{1,min})(A_2 - A_{2,min})$$

Einsetzen der Mindestauszahlungen ergibt:

$$Z = (A_1 - 10)(A_2 - 4)$$

Einsetzen der Gleichung für den effizienten Rand ergibt:

$$Z = (A_1 - 10)(A_2 - 4)$$

$$= (A_1 - 10)(20 - 2A_1 - 4)$$

$$= (A_1 - 10)(16 - 2A_1)$$

$$= 36_1 - 160 - 2A_1^2$$

Die Bedingung erster Ordnung für das Maximum der Funktion Z lautet:

$$\frac{dZ}{dA_1} = 36 - 4A_1 = 0$$

Als Lösung folgt $A_1 = 9$. Und aus der Gleichung des effizienten Randes folgt dann durch Einsetzen: $A_2 = 20 - 2A_1 = 20 - 18 = 2$. Wie zu sehen ist, liegen die beiden errechneten Auszahlungen unter den Mindestauszahlungen der Spieler. Die Lösung ist also nicht zulässig, weil sie gegen die Forderung nach individueller Rationalität verstößt. Für dieses Verhandlungsproblem existiert ist also keine kooperative Lösung.

Lösung zu Aufgabe 7.3.4.1

Es gilt allgemein $M_2 = 2 - M_1$. Hier folgt wegen $M_1 = 1,2$ also $M_2 = 2 - M_1 = 2 - 1,2 = 0,8$. Ferner gilt:

$$D_1 = A_{1,max} - A_{1,min} = 10 - 0 = 10$$

$$D_2 = A_{2,max} - A_{2,min} = 20 - 10 = 10$$

Als Lösung ergibt sich damit:

$$A_1 = A_{1,min} + 0,5M_1D_1 = 0 + 0,5 \cdot 1,2 \cdot 10 = 6$$

$$A_2 = A_{2,min} + 0,5M_2D_2 = 10 + 0,5 \cdot 0,8 \cdot 10 = 14$$

Lösung zu Aufgabe 7.3.4.2

Es gilt allgemein $M_2 = 2 - M_1$. Hier folgt wegen $M_1 = 0,2$ also $M_2 = 2 - M_1 = 2 - 0,2 = 1,8$. Ferner gilt:

$$D_1 = A_{1,max} - A_{1,min} = 10 - 0 = 10$$

$$D_2 = A_{2,max} - A_{2,min} = 20 - 10 = 10$$

Als Lösung ergibt sich damit:

$$A_1 = A_{1,min} + 0,5M_1D_1 = 0 + 0,5 \cdot 0,2 \cdot 10 = 1$$

$$A_2 = A_{2,min} + 0,5M_2D_2 = 10 + 0,5 \cdot 1,8 \cdot 10 = 19$$

Lösung zu Aufgabe 7.3.4.3

Es gilt allgemein $M_2 = 2 - M_1$. Hier folgt wegen $M_1 = 0,2$ also $M_2 = 2 - M_1 = 2 - 0,2 = 1,8$. Die Maximalauszahlungen müssen zunächst berechnet werden. Hierfür kann die Gleichung des effizienten Randes herangezogen werden. Wegen $A_2 = 40 - A_1$ gilt:

$$A_{2,max} = 40 - A_{1,min}$$

$$A_{2,min} = 40 - A_{1,max}$$

Einsetzen der bekannten Mindestauszahlungen ergibt:

$$A_{2,max} = 40 - 0 = 40$$

$$10 = 40 - A_{1,max}$$

Es ergeben sich also Maximalauszahlungen in Höhe von $A_{1,max} = 30$ und $A_{2,max} = 40$. Somit folgt:

$$D_1 = A_{1,max} - A_{1,min} = 30 - 0 = 30$$

$$D_2 = A_{2,max} - A_{2,min} = 40 - 10 = 30$$

Als Lösung ergibt sich damit:

$$A_1 = A_{1,min} + 0{,}5M_1D_1 = 0 + 0{,}5 \cdot 0{,}2 \cdot 30 = 3$$

$$A_2 = A_{2,min} + 0{,}5M_2D_2 = 10 + 0{,}5 \cdot 1{,}8 \cdot 30 = 37$$

Lösung zu Aufgabe 7.3.5

Bekannt sind folgende Angaben zur Koalitionsfunktion:

$K =$	$\emptyset$	$\{A\}$	$\{B\}$	$\{C\}$	$\{A,B\}$	$\{A,C\}$	$\{B,C\}$	$\{A,B,C\}$
$w(K)$	0	12	18	18	36	42	36	60

Mit diesen Angaben lassen sich die marginalen Beiträge aller Spieler wie folgt berechnen:

Für Spieler A:

Reihenfolge	Menge der Spieler vor **A**	$w(K)$ ohne **A**	Menge der Spieler vor **A** plus Spieler **A**	$w(K)$ inklusive **A**	Marginaler Beitrag von Spieler **A**
A, B, C	$\emptyset$	$w(\emptyset) = 0$	$\{A\}$	$w(\{A\}) = 12$	$12 - 0 = 12$
A, C, B	$\emptyset$	$w(\emptyset) = 0$	$\{A\}$	$w(\{A\}) = 12$	$12 - 0 = 12$
B, **A**, C	$\{B\}$	$w(\{B\}) = 18$	$\{A,B\}$	$w(\{A,B\}) = 36$	$36 - 18 = 18$
B, C, **A**	$\{B,C\}$	$w(\{B,C\}) = 36$	$\{A,B,C\}$	$w(\{A,B,C\}) = 60$	$60 - 36 = 24$
C, **A**, B	$\{C\}$	$w(\{C\}) = 18$	$\{A,C\}$	$w(\{A,C\}) = 42$	$42 - 18 = 24$
C, B, **A**	$\{B,C\}$	$w(\{B,C\}) = 36$	$\{A,B,C\}$	$w(\{A,B,C\}) = 60$	$60 - 36 = 24$

Als Shapley-Wert ergibt sich daraus:

$$SW_A = \frac{12 + 12 + 18 + 24 + 24 + 24}{6} = 19$$

Für Spieler B:

Reihenfolge	Menge der Spieler vor **B**	$w(K)$ ohne **B**	Menge der Spieler vor **B** plus Spieler **B**	$w(K)$ inklusive **B**	Marginaler Beitrag von Spieler **B**
A, **B**, C	$\{A\}$	$w(\{A\}) = 12$	$\{A, B\}$	$w(\{A, B\}) = 36$	$36 - 12 = 24$
A, C, **B**	$\{A, C\}$	$w(\{A, C\}) = 42$	$\{A, B, C\}$	$w(\{A, B, C\}) = 60$	$60 - 42 = 18$
B, A, C	$\emptyset$	$w(\emptyset) = 0$	$\{B\}$	$w(\{B\}) = 18$	$18 - 0 = 18$
B, C, A	$\emptyset$	$w(\emptyset) = 0$	$\{B\}$	$w(\{B\}) = 18$	$18 - 0 = 18$
C, A, **B**	$\{A, C\}$	$w(\{A, C\}) = 42$	$\{A, B, C\}$	$w(\{A, B, C\}) = 60$	$60 - 42 = 18$
C, **B**, A	$\{C\}$	$w(\{C\}) = 18$	$\{B, C\}$	$w(\{B, C\}) = 36$	$36 - 18 = 18$

Hieraus ergibt sich ein Shapley-Wert für Spieler B

$$SW_B = \frac{24 + 18 + 18 + 18 + 18 + 18}{6} = 19$$

Für Spieler C:

Reihenfolge	Menge der Spieler vor **C**	$w(K)$ ohne **C**	Menge der Spieler vor **C** plus Spieler **C**	$w(K)$ inklusive **C**	Marginaler Beitrag von Spieler **C**
A, B, **C**	$\{A, B\}$	$w(\{A, B\}) = 36$	$\{A, B, C\}$	$w(\{A, B, C\}) = 60$	$60 - 36 = 24$
A, **C**, B	$\{A\}$	$w(\{A\}) = 12$	$\{A, C\}$	$w(\{A, C\}) = 42$	$42 - 12 = 30$
B, A, **C**	$\{A, B\}$	$w(\{A, B\}) = 36$	$\{A, B, C\}$	$w(\{A, B, C\}) = 60$	$60 - 36 = 24$
B, **C**, A	$\{B\}$	$w(\{B\}) = 18$	$\{B, C\}$	$w(\{B, C\}) = 36$	$36 - 18 = 18$
C, A, B	$\emptyset$	$w(\emptyset) = 0$	$\{C\}$	$w(\{C\}) = 18$	$18 - 0 = 18$
C, B, A	$\emptyset$	$w(\emptyset) = 0$	$\{C\}$	$w(\{C\}) = 18$	$18 - 0 = 18$

Für den Shapley-Wert ergibt sich:

$$SW_C = \frac{24 + 30 + 24 + 18 + 18 + 18}{6} = 22$$

7.4   Leseempfehlungen und Literatur

Das oben vorgestellte Konzept des symmetrischen Verhandlungsmodells mit seinen vier Axiomen ist von John Nash (1950) entwickelt worden. Eine schöne Darstellung kooperativer Verhandlungsspiele inklusive des Verhandlungsmodells von Nash findet sich in Holler/Illing (2009), Kapitel 5, oder auch in Berninghaus/Ehrhart/Güth (2010), Unterkapitel 4.1. Vollständig der kooperativen Spieltheorie gewidmet ist Wiese (2005).

Berninghaus, Siegfried K., Ehrhart, Karl Martin und Güth, Werner (2010): Strategische Spiele – Eine Einführung in die Spieltheorie, 3. Auflage, Springer Verlag, Heidelberg u.a.O.

Holler, Manfred J. und Illing, Gerhard (2009): Einführung in die Spieltheorie. 7. Auflage, Springer Verlag, Heidelberg u.a.O.

Nash, John F. (1950): The Bargaining Problem. In: Econometrica, Band 18, S. 155 – 162.

Wiese, Harald (2005): Kooperative Spieltheorie, Oldenbourg-Verlag

Spiele mit fehlerhaften Strategien

8

In den vorangehenden Kapiteln haben wir einen Zweig der Spieltheorie kennengelernt, den man als „rationale" Spieltheorie bezeichnen kann. In der rationalen Spieltheorie treffen die Spieler bewusste Entscheidungen, die darauf abzielen, ihre Auszahlungen zu maximieren. Wir haben dabei unterstellt, dass die Spieler nicht nur bewusste Entscheidungen treffen, sondern dass sie dabei auch keine Fehler machen. Wir werden uns in den verbleibenden beiden Kapiteln dieses Buches noch mit der Behandlung von Strategien beschäftigen, die entweder Fehler enthalten oder aber ganz auf Überlegungen zur Optimalität verzichten. In diesem 8. Kapitel sehen wir uns dazu zunächst ein Gleichgewichtskonzept an, welches explizit die Analyse von Fehlern berücksichtigt. Hierbei geht es dann um folgende Frage:

Wie sollten Spieler ihre optimalen Strategien wählen, wenn ihre Mitspieler eventuell Fehler bei der Wahl ihrer eigenen Strategien machen könnten?

8.1 Einführendes Beispiel

Sehen wir uns dazu zunächst ein einfaches Spiel an, um das Grundproblem zu verdeutlichen. Das Spiel hat zwei Gleichgewichte in reinen Strategien, von denen nur eines effizient ist.

© Springer-Verlag GmbH Deutschland, ein Teil von Springer Nature 2019
S. Winter, *Grundzüge der Spieltheorie*,
https://doi.org/10.1007/978-3-662-58215-2_9

		Uli	
		links	rechts
Iris	oben	10 10	−990 9
	unten	9 −990	9 9

Im Gleichgewicht {*oben*; *links*} erreichen beide Spieler Auszahlungen von jeweils 10, im Gleichgewicht {*unten*; *rechts*} erreichen beide Spieler jeweils 9. Das zweite Gleichgewicht ist also ineffizient. Dies spricht zunächst dafür, dass Iris „oben" spielen sollte und Uli „unten". Diese beiden Strategien sind aber deswegen gefährlich, weil sich die Spieler der Gefahr aussetzen, jeweils Auszahlungen von −990 zu bekommen, wenn der jeweilige Mitspieler einen Fehler macht. Wenn Iris „oben" spielt, und Uli dann einen Fehler macht, also „rechts" spielt, hat dieser Fehler für Uli selbst kaum Auswirkungen, weil seine Auszahlung nur von 10 auf 9 sinken würde. Für Iris wäre der Effekt aber dramatisch, weil ihre Auszahlung von 10 auf −990 sinken würde. Vor einem solchen Risiko könnte Iris sich ganz einfach dadurch schützen, dass sie „unten" spielt. Dann hat sie nämlich eine Auszahlung von 9 sicher. Gleiches gilt für Uli, der aus Gründen der Sicherheit „rechts" spielen könnte. Diese Sicherheit ist allerdings nicht kostenlos zu haben, denn wenn der jeweils andere Spieler gar keinen Fehler machen würde, hätten die Spieler vergeblich auf eine höhere Auszahlung verzichtet. Wie sollten sich die Spieler in einer solchen Situation also verhalten? Die Antwort lässt sich leider nicht ganz eindeutig bestimmen. Dennoch ist es möglich, die wichtigsten Einflussgrößen auf die Strategiewahl der Spieler zu bestimmen.

Eine Einflussgröße ist sicher die Wahrscheinlichkeit dafür, dass der Mitspieler einen Fehler macht. Wenn wir im obigen Beispiel annehmen, dass Uli die Strategie „rechts", also den Fehler, nur mit einer extrem niedrigen Wahrscheinlichkeit wählt, dann wird Iris mit ruhigem Gewissen „oben" spielen können. Nehmen wir an, dass Uli „rechts" mit der Wahrscheinlichkeit von 6 Richtigen im Lotto spielt, also mit etwa 1 zu 14 Mio., dann wird Iris dieses Risiko ignorieren können. Bei deutlich höheren Wahrscheinlichkeiten wird sie das dann aber eventuell nicht mehr tun. Tatsächlich kann man die kritische Wahrscheinlichkeit sogar berechnen. Bezeichnen wir die Wahrscheinlichkeit für „rechts" einfach mit w, dann ergibt sich für die Wahrscheinlichkeit für „links" ein Wert von $(1-w)$. Nehmen wir das in unsere Matrixdarstellung auf, dann erhalten wir:

	Uli	
	links $(1-w)$	rechts w

oben	10
	       10
		-990
		       9

unten	9
	      -990
		9
		       9

(Iris is labeled on the left side; rows are "oben" and "unten")

Wenn Iris nun „oben" spielt, dann erzielt sie eine erwartete Auszahlung von:

$$E(A_{oben}) = (1 - w) \cdot 10 + w \cdot (-990) = 10 - 1000w$$

Spielt sie hingegen „unten", erhält sie ja in jedem Fall eine Auszahlung von 9, was wir auch der Berechnung ihrer erwarteten Auszahlung entnehmen können:

$$E(A_{unten}) = (1 - w) \cdot 9 + w \cdot 9 = 9$$

Iris sollte bei ihrer Strategie „oben" bleiben, solange ihre erwartete Auszahlung mindestens so hoch ist, wie ihre erwartete Auszahlung für „unten". Es muss also gelten:

$$10 - 1000w \geq 9$$

Löst man das nach der kritischen Wahrscheinlichkeit w auf, erhält man:

$$w \leq 1/1000$$

Solange Iris bei Uli also mit einer Fehlerwahrscheinlichkeit von einem Tausendstel oder weniger rechnet, sollte sie bei ihrer Strategie „oben" bleiben. Das Problem dieser Analyse ist nun aber, dass, selbst wenn man annimmt, der Mitspieler könnte einen Fehler machen, man in der Regel trotzdem nicht weiß, wie hoch die Wahrscheinlichkeit eines solchen Fehlers ist. Wir können also kritische Werte berechnen, wir haben aber keinen objektiven Maßstab, mit dem wir diesen kritischen Wert vergleichen können, um zu einer zweifelsfrei richtigen Entscheidung zu kommen. Dies ist ein Grund dafür, dass die folgenden Überlegungen nicht ganz so eindeutige Schlussfolgerungen zulassen, wie sie in den vorherigen Kapiteln meist möglich waren.

Neben der Wahrscheinlichkeit für einen Fehler des Mitspielers ist natürlich auch zu berücksichtigen, wie hoch der Schaden ist, der durch einen Fehler verursacht würde. Nehmen wir an, dass ein Spiel folgende Auszahlungen hat:

		Uli		
		links (1−w)		**rechts** w
Iris	oben	10	10	0 9
	unten	9	0	9 9

Die Änderung der Auszahlungen von je −990 auf 0 ändert an den Gleichgewichten des Spiels gar nichts. Wenn Iris nun aber „oben" spielt, ergibt sich als erwartete Auszahlung:

$$E(A_{oben}) = (1 - w) \cdot 10 + w \cdot 0 = 10 - 10w$$

Spielt sie hingegen „unten", erhält sie ja in jedem Fall weiter eine erwartete Auszahlung von 9:

$$E(A_{unten}) = (1 - w) \cdot 9 + w \cdot 9 = 9$$

Iris sollte weiterhin bei ihrer Strategie „oben" bleiben, solange ihre erwartete Auszahlung mindestens so hoch ist, wie ihre erwartete Auszahlung für „unten". Es muss also gelten:

$$10 - 10w \geq 9$$

Löst man das nach der kritischen Wahrscheinlichkeit w auf, erhält man:

$$w \leq 1/10$$

Wie zu sehen ist, hat diese Änderung der Auszahlungen dazu geführt, dass Iris auch mit höheren Fehlerwahrscheinlichkeiten als 1/1000 leben könnte, solange die Wahrscheinlichkeit nicht höher als 1/10 würde.

Wir können damit festhalten, dass bei der Berücksichtigung möglicher Fehler sowohl die Fehlerwahrscheinlichkeiten als auch die Höhe der Schäden durch Fehler eine Rolle spielen.

8.2 Trembling-Hand-perfekte Gleichgewichte

Um die Frage des Umgangs mit Fehlern nun noch etwas strukturierter zu beantworten, sehen wir uns ein letztes Mal den Film „Dr. Seltsam" an. Dabei werden wir das spieltheoretische Problem des Films ein wenig vereinfachen. Nehmen wir an, dass die Entscheidungen über einen Angriff und den Bau einer Weltvernichtungsmaschine simultan getroffen werden. Die zugehörigen Auszahlungen bleiben aber diejenigen, die wir bereits in Kapitel 3 verwendet haben. Es ergibt sich dann folgende Matrixdarstellung des Spiels:

		UDSSR	
		Automatische Bombe	Nichtautomatische Bombe
USA	Kein Angriff	1 1	1 1
	Angriff	−1 −1	2 0

Das Spiel hat nun zwei Gleichgewichte, nämlich { *Kein Angriff; Automatische Bombe* } und { *Angriff; Nichtautomatische Bombe* }. Sehen wir uns zunächst das erste dieser beiden Gleichgewichte etwas genauer an. Dabei wollen wir die Frage beantworten, ob die beiden zugehörigen Gleichgewichtsstrategien auch dann noch als gute Strategien angesehen werden können, wenn der jeweilige Gegenspieler evtl. einen Fehler macht. Fehler berücksichtigen wir wie bereits oben wieder in der Form, dass wir annehmen, der Gegner würde nicht einfach seine beste Antwort spielen, sondern eine gemischte Strategie. Dabei unterstellen wir, dass der Gegner mit einer Wahrscheinlichkeit von w einen Fehler macht. Er spielt also mit der Wahrscheinlichkeit von w die falsche Strategie und mit der Wahrscheinlichkeit von $(1-w)$ seine beste Antwort. Diese Art von gemischter Strategie unterscheidet sich allerdings von den gemischten Strategien, die wir in Abschnitt 2.3. analysiert haben. Dort wurden die Wahrscheinlichkeiten der gemischten Strategien bewusst und absichtlich gewählt, um erwartete Auszahlungen zu maximieren. Hier nehmen wir nun an, dass die gemischten Strategien einfach durch Fehler zustande kommen und die Spieler diese Fehlerwahrscheinlichkeiten nicht beeinflussen können.

Sehen wir uns das für den Fall an, dass die USA „Kein Angriff" spielt. Die beste Antwort der UDSSR wäre, eine automatische Bombe zu bauen. Die USA nimmt nun an, die UDSSR würde die Strategie „Automatische Bombe" mit einer Wahrscheinlichkeit von $(1-w)$ spielen und die Strategie „Nichtautomatische Bombe" mit der Wahrscheinlich-

keit w. Wie hoch ist in diesem Fall die erwartete Auszahlung der USA, wenn sie tatsächlich „Kein Angriff" spielt?

In diesem Fall tritt die Strategiekombination { *Kein Angriff*; *Automatische Bombe* }
mit einer Wahrscheinlichkeit von $(1 - w)$ ein und die Strategiekombination
{ *Kein Angriff*; *Nichtautomatische Bombe* } mit der Wahrscheinlichkeit w. Aus der
Perspektive der USA könnten wir das Spiel unter Berücksichtigung der Wahrscheinlichkeiten wie folgt darstellen:

		UDSSR	
		Automatische Bombe $(1-w)$	Nichtautomatische Bombe w
USA	Kein Angriff	1	1
	Angriff	−1	2

Die erwartete Auszahlung für „Kein Angriff" beträgt daher:

$$E\big(A_{Kein\ Angriff}\big) = (1 - w) \cdot 1 + w \cdot 1 = 1$$

Hingegen würde sich für die Strategie „Angriff" eine erwartete Auszahlung für die USA
ergeben in Höhe von:

$$E\big(A_{Angriff}\big) = (1 - w) \cdot (-1) + w \cdot 2 = 3w - 1$$

Damit können wir nun feststellen, bis zu welcher Fehlerwahrscheinlichkeit w die Strategie „Kein Angriff" eine Gleichgewichtsstrategie, also eine beste Antwort, bleibt. Dies ist
dann der Fall, wenn die erwartete Auszahlung für „Kein Angriff" mindestens genau so
hoch ist wie die erwartete Auszahlung für „Angriff". Dies ist dann der Fall, wenn gilt:

$$E\big(A_{Kein\ Angriff}\big) \geq E\big(A_{Angriff}\big)$$

Einsetzen der erwarteten Auszahlungen ergibt die äquivalente Bedingung:

$$1 \geq 3w - 1$$

Wenn man diese Bedingung nach w auflöst, erhält man:

$$w \leq 2/3$$

Solange die Wahrscheinlichkeit für einen Fehler der UDSSR also geringer als 2/3 ist, bleibt die Strategie „Kein Angriff" also eine beste Antwort auf die Strategie „Automatische Bombe".

Wir kommen damit zu einer neuen Definition:

▶ **Definition: „Trembling-Hand-perfekte Strategie"** Eine Strategie heißt „Trembling-Hand-perfekt", wenn sie bei einer geringen Fehlerwahrscheinlichkeit des Gegners immer noch eine beste Antwort bleibt.

Mit dieser Definition können wir eine weitere Verfeinerung von Gleichgewichtskonzepten vornehmen:

▶ **Definition: „Trembling-Hand-perfektes Gleichgewicht"** Ein Gleichgewicht wird als „Trembling-Hand-perfektes Gleichgewicht" bezeichnet, wenn die Strategien aller Spieler in der Strategiekombination des Gleichgewichts Trembling-Hand-perfekte Strategien sind.

Der Begriff „Trembling-Hand", wörtlich übersetzt: „zitternde Hand", spielt darauf an, dass die Spieler bei der Auswahl ihrer Strategien einen ihrer Spielpläne mit einer zitternden Hand auswählen, also die falsche Strategie erwischen könnten.

Trembling-Hand-Perfektion ist ebenso wie Teilspielperfektion eine weitere Verfeinerung von Gleichgewichtskonzepten. Solche Verfeinerungen sind ja dazu da, die „besseren" Gleichgewichte zu bestimmen, wenn man mehrere Gleichgewichte zur Auswahl hat. Trembling-Hand-Perfektion verlangt von einem Gleichgewicht, dass die Strategien der Spieler auch dann noch gute Strategien sein sollen, wenn der Gegner mit einer gewissen, geringen Wahrscheinlichkeit einen Fehler macht und nicht seine beste Antwort spielt.

Hat man in einem Spiel mehrere Gleichgewichte, ist die Empfehlung der Spieltheorie „Wähle Deine beste Antwort" nicht mehr eindeutig. Der Sinn und Zweck von Verfeinerungen liegt ja darin, mit zusätzlichen Anforderungen bessere von schlechteren Gleichgewichten zu unterscheiden. Bleibt dann nur ein Gleichgewicht übrig, ist das deswegen schön, weil dann die Empfehlung der Spieltheorie, man solle seine beste Antwort wählen, wieder eindeutig wäre. Hierbei hilft nun auch die Verfeinerung der Trembling-Hand-Perfektion. Diese Verfeinerung ist vermutlich die wichtigste Verfeinerung in der gesamten Spieltheorie, oft spricht man daher einfach auch nur von „Perfektion", wenn Trembling-Hand-Perfektion gemeint ist. Allerdings garantiert auch die Forderung, ein Gleichgewicht solle Trembling-Hand-perfekt sein, nicht, dass am Ende nur ein Gleichgewicht übrig bleibt.

Formal kann man die Trembling-Hand-Perfektion eines Gleichgewichts relativ simpel prüfen. Hierzu muss man für jede Strategie S in der Strategiekombination des Gleichgewichts feststellen, wie hoch die Wahrscheinlichkeit eines Fehlers des / der Gegenspieler höchstens sein darf, bevor S keine beste Antwort mehr wäre. Wenn man eine solche Fehlerwahrscheinlichkeit berechnen kann und das Ergebnis nicht exakt Null, sondern größer als Null ist (egal wie klein, nur eben echt größer als Null!), ist die Strategie Trembling-Hand-perfekt. Gilt das dann für alle Strategien im Gleichgewicht, ist das Gleichgewicht Trembling-Hand-perfekt.

Kommen wir damit zurück zu unserem Spiel. Wir hatten damit begonnen, das Gleichgewicht {*Kein Angriff*; *Automatische Bombe*} zu analysieren. Hierbei hatten wir oben herausgefunden, dass die Strategie „Kein Angriff" für die USA eine beste Antwort bleibt, solange die Wahrscheinlichkeit für einen Fehler der UDSSR geringer ist als 2/3. 2/3 ist größer als Null, also ist die oben analysierte Strategie, keinen Angriff auszuführen, Trembling-Hand-perfekt.

Ob aber das Gleichgewicht {*Kein Angriff*; *Automatische Bombe*} Trembling-Hand-perfekt ist, können wir erst beurteilen, wenn wir die obige Analyse auch aus der Perspektive der UDSSR durchgeführt haben. Wir müssen uns also ansehen, ob auch die Strategie der UDSSR, eine automatische Bombe zu bauen, Trembling-Hand-perfekt ist. Wenn die UDSSR nun die Strategie „Automatische Bombe" spielt, müssen wir uns also ansehen, wie hoch ihre erwartete Auszahlung ist, wenn die USA mit einer bestimmten Wahrscheinlichkeit einen Fehler macht, also doch „Angriff" spielt. Unter Berücksichtigung der Wahrscheinlichkeiten können wir das Spiel aus der Perspektive der Sowjetunion wie folgt darstellen:

		UDSSR	
		Automatische Bombe	Nichtautomatische Bombe
USA	Kein Angriff $(1-w)$	1	1
	Angriff w	−1	0

Die erwartete Auszahlung der UDSSR für „Automatische Bombe" ist dann:

$$E(A_{Automatische\ Bombe}) = (1 - w) \cdot 1 + w \cdot (-1) = 1 - 2w$$

Hingegen würde sich für die Strategie „Nichtautomatische Bombe" eine erwartete Auszahlung für die UDSSR ergeben in Höhe von:

$$E(A_{Nichtautomatische\ Bombe}) = (1 - w) \cdot (1) + w \cdot 0 = 1 - w$$

Damit können wir nun feststellen, bis zu welcher Fehlerwahrscheinlichkeit w die Strategie „Automatische Bombe" eine Gleichgewichtsstrategie, also eine beste Antwort, bleibt. Dies ist dann der Fall, wenn die erwartete Auszahlung für „Automatische Bombe" mindestens genauso hoch ist, wie die erwartete Auszahlung für „Nichtautomatische Bombe". Dies ist dann der Fall, wenn gilt:

$$E(A_{Automatische\ Bombe}) \geq E(A_{Nichtautomatische\ Bombe})$$

Einsetzen der erwarteten Auszahlungen ergibt die äquivalente Bedingung:

$$1 - 2w \geq 1 - w$$

Wenn man diese Bedingung nach w auflöst, erhält man:

$$w \leq 0$$

Da w eine Wahrscheinlichkeit ist und daher nicht kleiner als 0 werden kann, muss die Wahrscheinlichkeit für einen Fehler der USA also bei exakt Null liegen. Wenn auch nur die geringste Wahrscheinlichkeit dafür besteht, dass die USA einen Fehler machen, dann ist der Bau einer automatischen Bombe keine Gleichgewichtsstrategie der UDSSR mehr. Der Bau der automatischen Bombe ist also nicht Trembling-Hand-perfekt. Daher ist auch das Gleichgewicht {*Kein Angriff*; *Automatische Bombe*} kein Trembling-Hand-perfektes Gleichgewicht.

Wie sieht nun die Situation für das zweite Gleichgewicht {*Angriff*; *Nichtautomatische Bombe*} aus? Für die USA ergibt sich die folgende Analyse, wobei w nun wieder die Wahrscheinlichkeit für einen Fehler der UDSSR ist, also die Wahrscheinlichkeit dafür, doch eine automatische Bombe zu bauen:

$$E(A_{Angriff}) = w \cdot (-1) + (1 - w) \cdot 2 = 2 - 3w$$

Hingegen würde sich für die Strategie „Kein Angriff" eine erwartete Auszahlung für die USA ergeben in Höhe von:

$$E(A_{Kein\ Angriff}) = w \cdot 1 + (1 - w) \cdot 1 = 1$$

Damit können wir nun feststellen, bis zu welcher Fehlerwahrscheinlichkeit w die Strategie „Angriff" eine Gleichgewichtsstrategie, also eine beste Antwort, bleibt. Dies ist dann der Fall, wenn die erwartete Auszahlung für „Angriff" mindestens genau so hoch ist wie die erwartete Auszahlung für „Kein Angriff". Dies ist dann der Fall, wenn gilt:

$$E\left(A_{Angriff}\right) \geq E\left(A_{Kein\ Angriff}\right)$$

Einsetzen der erwarteten Auszahlungen ergibt die äquivalente Bedingung:

$$2 - 3w \geq 1$$

Wenn man diese Bedingung nach w auflöst, erhält man:

$$w \leq 1/3$$

Wir konnten w berechnen, w ist echt größer als Null und damit ist „Angriff" Trembling-Hand-perfekt.

Für die Analyse aus der Sicht der UDSSR ergibt sich: Wenn die UDSSR nun die Strategie „Nichtautomatische Bombe" spielt, ergeben sich folgende erwartete Auszahlungen der UDSSR:

$$E(A_{Nichtautomatische\ Bombe}) = (1 - w) \cdot 0 + w \cdot 1 = w$$

Hingegen ergibt sich für den Bau der automatischen Bombe:

$$E(A_{Automatische\ Bombe}) = (1 - w) \cdot (-1) + w \cdot 1 = 2w - 1$$

Damit können wir nun feststellen, bis zu welcher Fehlerwahrscheinlichkeit w die Strategie „Nichtautomatische Bombe" eine beste Antwort bleibt. Dies ist dann der Fall, wenn gilt:

$$E(A_{Nichtautomatische\ Bombe}) \geq E(A_{Automatische\ Bombe})$$

Einsetzen der erwarteten Auszahlungen ergibt die äquivalente Bedingung:

$$w \geq 2w - 1$$

Wenn man diese Bedingung nach w auflöst, erhält man:

$$w \leq 1$$

Da eine Wahrscheinlichkeit ohnehin nicht größer als 1 sein kann, ist diese Bedingung immer erfüllt. Die Strategie „Nichtautomatische Bombe" ist daher Trembling-Hand-perfekt. Somit haben wir als Ergebnis, dass das Gleichgewicht { Angriff; Nichtautomatische Bombe } ein Trembling-Hand-perfektes Gleichgewicht ist.

In Stanley Kubricks Film „Dr. Seltsam" wird indirekt auch dieses Gleichgewichtskonzept angesprochen. Der Präsident der USA fragt Dr. Seltsam, ob die USA an etwas ähnlichem wie der Weltvernichtungsmaschine arbeiten würden. Unter Hinweis auf die nahende Katastrophe durch den bereits eingetretenen Fehler antwortet Dr. Seltsam, dass der Bau einer solchen Waffe zwar analysiert wurde. Er sei aber zu dem Schluss gekommen, „dass dieser Idee als Abschreckungsmittel kein Erfolg beschieden sei, und zwar aus Gründen, die in diesem Augenblick nur zu klar sein dürften." Diese Argumentation zielt direkt auf das Konzept der Trembling-Hand-Perfektion ab: Strategien, die in den Untergang führen, wenn einer der Mit- bzw. Gegenspieler auch nur den geringsten Fehler macht, sind in einer Welt realer Menschen hochgradig gefährlich und daher nicht zu rechtfertigen. Auch dann nicht, wenn sie in einer Welt rationaler Akteure Gleichgewichtsstrategien sind.

Bleibt zu erwähnen, dass es eine Art von Gleichgewichten gibt, die immer Trembling-Hand-perfekt sind. Dies sind Gleichgewichte dominanter Strategien. Wenn ein Spieler eine dominante Strategie hat, ist es für die Strategiewahl dieses Spielers irrelevant, was der oder die anderen Spieler tun. Seine dominante Strategie ist immer die beste Antwort auf alle möglichen Strategien der Mitspieler. Damit ist es dann aber auch egal, ob die Strategien, die die anderen Spieler wählen, auf Fehlentscheidungen beruhen oder nicht.

Andererseits gilt: Haben wir es mit einem Gleichgewicht zu tun, in dessen Strategiekombination eine schwach dominierte Strategie eines Spielers enthalten ist, so ist dieses Gleichgewicht nicht Trembling-Hand-perfekt.

Die Überprüfung von Gleichgewichten auf Trembling-Hand-Perfektion ist auch in dynamischen Spielen möglich und sinnvoll. Im Kapitel drei hatten wir gesehen, wie wir mit der Methode der Rückwärtsinduktion festgestellt haben, welcher Spieler welchen Zug zu welchem Zeitpunkt ausführen wird. Was aber, wenn man sich auf die Rückwärtsinduktion nicht verlassen kann, weil einer der später ziehende Spieler vielleicht einen Fehler macht?

Wir werden uns die Behandlung der Trembling-Hand-Perfektion in dynamischen Spielen hier nicht mehr ansehen. Was wir aber tun wollen, ist, uns noch anzusehen, wie bedeutsam die Annahme ist, Spieler könnten evtl. Fehler machen. Denn ausgerechnet mit dieser Annahme, können wir unter anderem die Methode der Rückwärtsinduktion vor einem möglichen logischen Schlaganfall retten. Sehen wir uns das unten folgende Spiel von Antonia (A) und Markus (M) an, wobei zunächst Antonia zieht, dann Markus und dann nochmals Antonia. Die Züge, die aufgrund der Überlegungen der Rückwärtsinduktion gestrichen werden können, sind wieder durch einen roten Doppelstrich gestrichen. Die grünen Kanten zeigen an, welcher Spielverlauf gemäß Rückwärtsinduktion zu erwarten ist. Folgt das Spiel diesem Verlauf, endet das Spiel im Knoten K11 und Antonia erzielt eine Auszahlung von 4 und Markus erzielt eine Auszahlung von 7. Die blauen Rahmen markieren die beiden Teilspiele, die in den Knoten K2 und K3 beginnen.

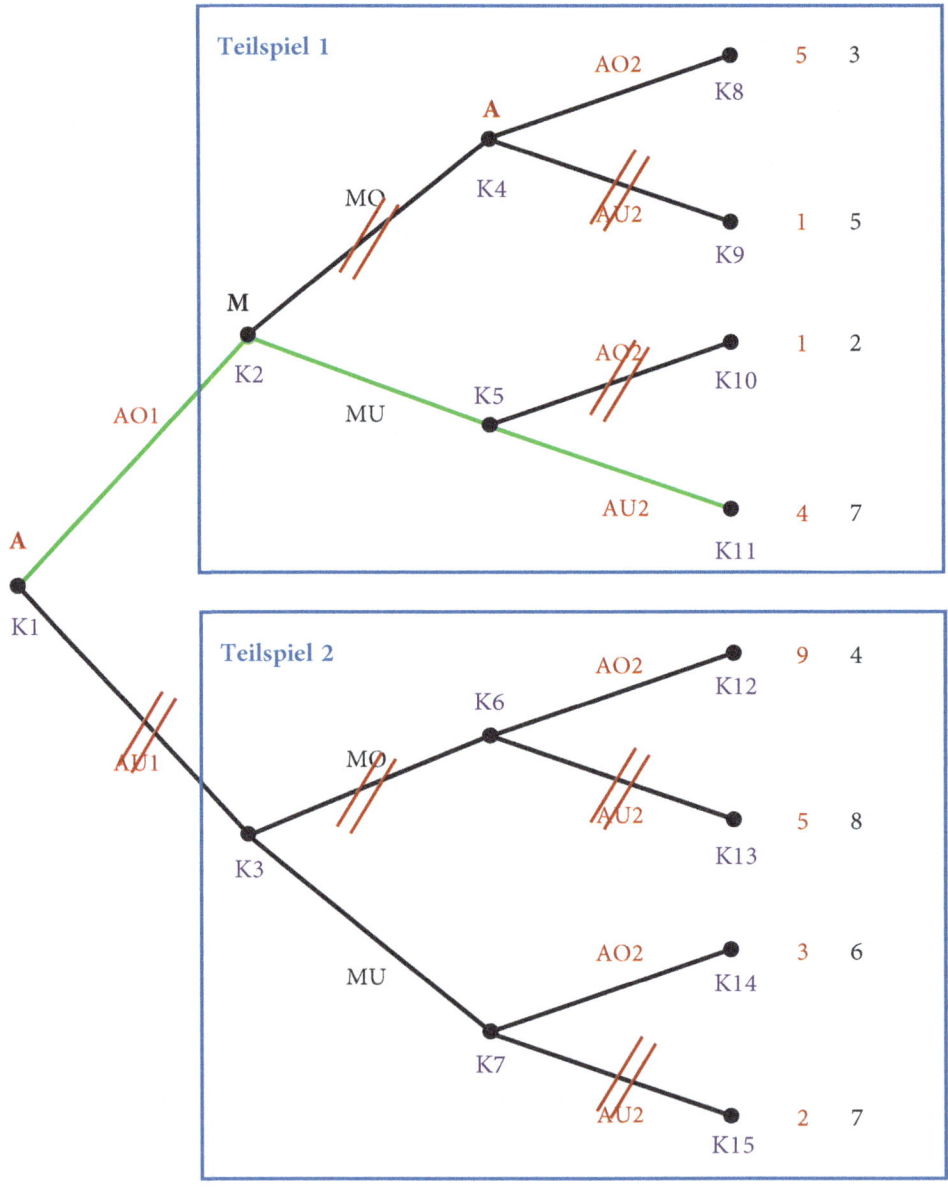

Die Analyse des ersten Teilspiels ist unproblematisch, die Analyse des zweiten nicht! Warum? Nun, im Knoten K3 ist Markus am Zug. Um in diesem Knoten seinen besten Zug zu bestimmen, muss er sich erst überlegen, was Antonia in den Knoten K6 und K7 tun würde. Wenn sich Antonia in diesen beiden Knoten vernünftig verhält, streicht sie so, wie wir das oben im Spielbaum eingetragen haben und das weiß auch Markus. Das Problem ist aber: Wenn Antonia sich im Sinne der Rückwärtsinduktion vernünftig verhalten würde, könnte Markus erst gar nicht im Knoten K3 sein. Wenn er auf einmal doch dort ist, muss er die Schlussfolgerung ziehen, dass Antonia nicht vernünftig ist. Wenn er aber diese Schlussfolgerung zieht, kann er gedanklich in den Knoten K6 und K7 nicht die Streichungen vornehmen, die wir oben eingetragen haben. Nehmen wir dazu jetzt einfach mal an, Markus würde im Knoten K3 die Schlussfolgerung ziehen, Antonia würde immer das Gegenteil von dem tun, was gut für sie wäre. Sie würde also immer ihre besseren Züge streichen. Dann würde sich folgende Darstellung von Teilspiel 2 ergeben:

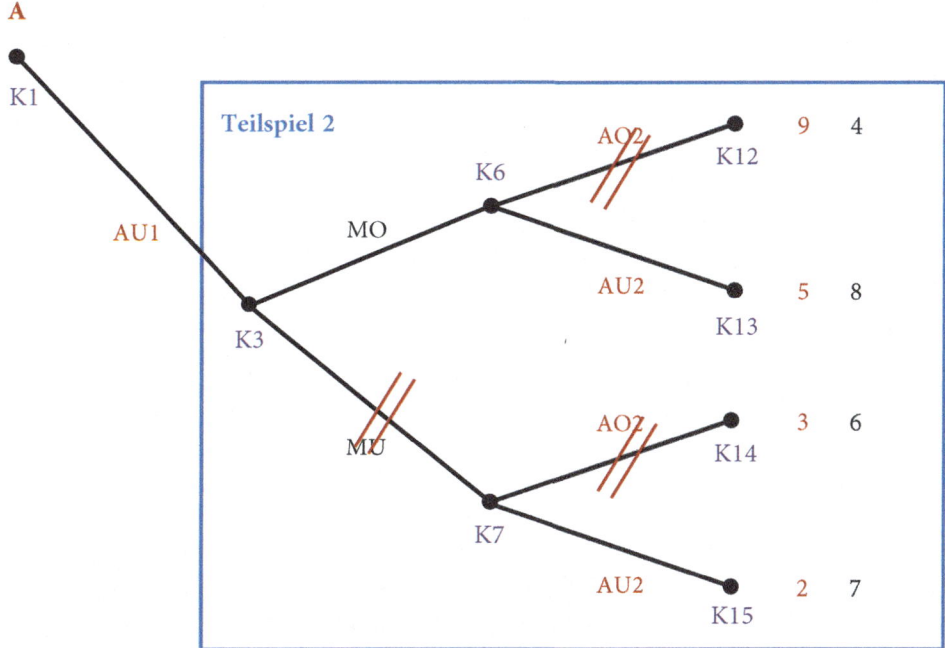

Wenn Markus also annimmt, dass sich Antonia in den Knoten K6 und K7 wiederum nicht vernünftig verhält, dann sollte er in K3 nicht MO streichen, sondern MU. Wenn er das aber täte, würde das Spiel im Knoten K13 enden. In diesem Endknoten wäre Antonias Auszahlung aber 5 und nicht nur 4 wie im ursprünglichen Spiel. Es wäre für Antonia daher vorteilhaft unvernünftig zu sein. Wenn sie nun aber doch vernünftig ist, kann sie das erkennen und wird sich aufgrund ihrer Vernunft unvernünftig verhalten, um Markus in die Irre zu führen. Doch nun passiert folgendes: Markus streicht MU, weil er Antonia für unvernünftig hält. Dann kommt sie in den Knoten K6. Da sie aber in Wirklichkeit vernünftig ist, streicht sie dort nicht AO2 sondern AU2. Das Spiel endet nun in K12. Das aber ist für Markus schlechter als das ursprüngliche Ergebnis im Knoten K11, da er dort eine Auszahlung von 7 erhalten hat, jetzt aber nur noch 4 bekommt. Wenn das passiert, stellt er im Nachhinein fest, dass seine Strategie, die ihm empfohlen hat, im Knoten K3 MU zu streichen, schlecht für ihn gewesen ist. Er würde diese Strategie also ändern wollen, der Endknoten K12 kann also nicht das Ergebnis eines Gleichgewichts sein. Er müsste daher zum Streichen von MO zurückkehren. Das aber ist nur vernünftig, wenn Markus annimmt, dass Antonia sich vernünftig verhält, was er im Knoten K3 aber nicht annehmen kann. Womit wir wieder am Anfang unserer Geschichte wären: Die Analyse bricht zusammen, wir haben einen logischen Schlaganfall. Und hier kommt nun die rettende Idee der kleinen Fehler. Wenn die Spieler annehmen, die anderen Spieler könnten mit geringen Wahrscheinlichkeiten Fehler machen, dann treten diese Logikprobleme nämlich nicht auf. Wenn Markus sich also plötzlich im Knoten K3 befinden würde, würde er nun einfach annehmen, Antonia hätte einen Fehler gemacht. Da er aber von geringen Fehlerwahrscheinlichkeiten ausgeht, kann er davon ausgehen, dass sich Antonia in der Folge vermutlich richtig entscheiden wird. Damit hat er auch einen guten Grund, die Rückwärtsinduktion so weiter zu betreiben, wie wir das im Kapitel 3 beschrieben haben. Das obige Spiel bleibt also logisch konsistent analysierbar. Wir sehen also, wie wertvoll Reinhard Seltens Idee ist, kleinere Fehler in die Spieltheorie zu integrieren.

8.3   Propere Gleichgewichte

Sehen wir uns zum Schluss dieses Kapitels noch ein Beispiel dafür an, dass das Konzept der Trembling-Hand-Perfektion nicht die einzige Möglichkeit ist, mögliche Fehler in spieltheoretischen Analysen zu behandeln und in bestimmten Situation nicht einmal die beste.

Hierzu betrachten wir folgendes Spiel:

		Spieler 2	
		links	rechts
Spieler 1	oben	0 0	2 2
	mitte	1 4	1 4

Dieses Spiel hat offensichtlich zwei Gleichgewichte in reinen Strategien, nämlich das Gleichgewicht {*mitte*; *links*} und {*oben*; *rechts*}. Da die Strategie „links" von Spieler 2 aber schwach von „rechts" dominiert wird, kann ein Gleichgewicht, welches die Strategie „links" enthält, nicht Trembling-Hand-perfekt sein.

Nun nehmen wir an, dass Spieler 1 die Möglichkeit erhält, eine zusätzliche Strategie zu spielen, die wir einfach „unten" nennen. Für diese zusätzliche Strategie nehmen wir Auszahlungen gemäß der folgenden Matrixdarstellung an:

		Spieler 2		Spieler 2	
		links		rechts	
Spieler 1	oben	0		2	
			0		2
	mitte	1		1	
			4		4
	unten	−3		−1	
			3		1

Es ist sofort zu sehen, dass die neue Strategie „unten" strikt sowohl von „mitte" als auch von „oben" dominiert wird. Diese Strategie kann daher keine Gleichgewichtsstrategie sein und wir könnten sie eigentlich gleich wieder streichen. Wenn wir das aber nicht tun, können wir allerdings zeigen, dass das oben gefundene Gleichgewicht {*mitte*; *links*} nun auf einmal Trembling-Hand-perfekt ist. Dazu nehmen wir an, dass die Spieler, ausgehend von diesem Gleichgewicht die folgenden Fehler machen könnten: Spieler 1 hat nun zwei Alternativen zu seiner Gleichgewichtsstrategie „mitte", kann also auch zwei Fehler machen, nämlich den Fehler „oben" zu spielen oder den Fehler „unten" zu spielen. Nehmen wir hierfür an, dass er den Fehler „oben" mit einer Wahrscheinlichkeit von w spielt, den Fehler „unten" aber mit einer höheren Wahrscheinlichkeit. Hier nehmen wie einfach mal an, dass er diesen Fehler mit einer Wahrscheinlichkeit von $3w$ spielt. Mit einer Gesamtwahrscheinlichkeit von $w + 3w = 4w$ macht er also einen seiner möglichen Fehler, entsprechend spielt er mit einer Wahrscheinlichkeit von $1 − 4w$ die korrekte Strategie „mitte". Tragen wir diese Wahrscheinlichkeiten in unsere Matrix ein, erhalten wir:

		Spieler 2		Spieler 2	
		links		rechts	
Spieler 1	oben w	0		2	
			0		2
	mitte $1 − 4w$	1		1	
			4		4
	unten $3w$	−3		−1	
			3		1

Wie hoch sind nun die erwarteten Auszahlungen von Spieler 2 für seine beiden Strategien „links" und „rechts"?

Es ergeben sich:

$$E(A_{links}) = 0w + (1 - 4w)4 + 3w \cdot 3 = 4 - 7w$$

$$E(A_{rechts}) = w \cdot 2 + (1 - 4w)4 + 3w \cdot 1 = 4 - 11w$$

Wir sehen sofort, dass es ganz egal ist, wie groß der Fehler w ist, die erwartete Auszahlung von „links" ist jetzt immer größer als die erwartete Auszahlung von „rechts". Damit ist die Strategie „links" in dem neuen Spiel nun auf einmal Trembling-Hand-perfekt. Das ist unschön, weil die Trembling-Hand-Perfektion einer Strategie von Spieler 2 hier nur dadurch entstanden ist, dass man für Spieler 1 eine völlig unsinnige neue Strategie in das Spiel aufgenommen hat. Was kann man tun?

Roger Myerson hat entdeckt, dass man durch das Hinzufügen von dominierten Strategien Gleichgewichte „künstlich" zu Trembling-Hand-perfekten Gleichgewichten machen kann. Er hat dazu aber auch gleich eine andere Verfeinerung vorgeschlagen, die das in vielen Fällen verhindern kann. Myerson hat seine Verfeinerung wie folgt begründet. Er hat argumentiert, dass Menschen zwar Fehler machen können, dass es aber dennoch plausibel ist, anzunehmen, dass sie schwerere Fehler mit geringeren Wahrscheinlichkeiten machen als weniger schwerwiegende Fehler. Das könnte man leicht dadurch begründen, dass es sich mehr lohnt, schwerere Fehler zu vermeiden und Menschen daher mehr unternehmen, diese zu vermeiden.

In unserem obigen Beispiel hatten wir angenommen, dass Spieler 1 den Fehler „oben" mit einer Wahrscheinlichkeit von w macht, den Fehler „unten" aber mit einer dreimal höheren Wahrscheinlichkeit, nämlich 3w. Der Fehler „unten" wäre für Spieler 1 aber schlimmer als der Fehler „oben". Denn wenn Spieler 1 aus Versehen „unten" spielt erhält er eine Auszahlung von -3, macht er hingegen den Fehler „oben" erhält er eine Auszahlung von 0. Der Fehler „unten" ist also der schwerere Fehler, für den wir aber dennoch eine höhere Wahrscheinlichkeit angenommen hatten. Was würde passieren, wenn wir das ändern, also annehmen, dass der schwerere Fehler weniger wahrscheinlich ist?

In diesem Fall nehmen wir nun an, dass die Wahrscheinlichkeit für „oben" höher ist als für „unten". Nennen wir die Wahrscheinlichkeit für „unten" nun w und die Wahrscheinlichkeit für „oben" aw, wobei a größer als 1 sein muss. Wenn wir das in unsere Matrixdarstellung eintragen, erhalten wir:

		Spieler 2			
		links		rechts	
Spieler 1	oben aw	0	0	2	2
	mitte $1 - (1 + a)w$	1	4	1	4
	unten w	-3	3	-1	1

Als erwartete Auszahlungen ergeben sich nun:

$$E(A_{links}) = 0 \cdot aw + (1 - (1 + a)w)4 + w \cdot 3 = 4 - 4aw - w$$

$$E(A_{rechts}) = aw \cdot 2 + (1 - (1 + a)w)4 + w \cdot 1 = 4 - 2aw - 3w$$

Bilden wir die Differenz der beiden erwarteten Auszahlungen:

$$E(A_{links}) - E(A_{rechts}) = (4 - 4aw - w) - (4 - 2aw - 3w)$$

$$= 2w - 2aw$$

Da nun aber a größer ist als 1, ist der Ausdruck negativ. Bei dieser angenommenen Fehlerstruktur ist „links" nun also für jede beliebige Wahrscheinlichkeit $w > 0$ wieder schlechter als rechts. Damit kommen wir zu zwei weiteren Definitionen:

▶ **Definition „propere Strategie"**   Eine Strategie heißt „proper" (englisch für „angemessen", „geeignet", „korrekt"), wenn sie in dem Fall, dass die Mitspieler zwar Fehler machen könnten, größere Fehler aber unwahrscheinlicher sind als kleinere Fehler, immer noch eine beste Antwort ist.

Entsprechend ergibt sich für Gleichgewichte:

▶ **Definition „propere Gleichgewichte"**   Gleichgewichte heißen „propere Gleichgewichte", wenn alle Strategien in der Strategiekombination des Gleichgewichts propere Strategien sind.

Das oben gefundene Gleichgewicht {*mitte*; *links*} ist also nicht proper, weil die Strategie „links" keine propere Strategie ist. Damit haben wir für dieses Beispiel über die Anforderung, eine Strategie solle auch proper sein, den unschönen Effekt beseitigt, dass ein Gleichgewicht nur dadurch zu einem „besseren" (hier: Trembling-Hand-perfekten) Gleichgewicht wird, dass wir für Spieler 1 eine unsinnige Strategie nachträglich hinzunehmen.

Bleibt zum Schluss zu erwähnen, dass die Verfeinerung des properen Gleichgewichts die Tremling-Hand-Perfektion enthält. Ist ein Gleichgewicht also proper, dann ist es auch Trembling-Hand-perfekt.

8.4 Aufgaben

Stellen sie für die folgenden Spiele für jedes der Gleichgewichte in reinen Strategien fest, ob diese jeweils Trembling-Hand-perfekt sind!

Aufgabe 8.4.1

		Al Capone	
		Schweigen	Aussagen
Pablo Escobar	Schweigen	−1 −1	−10 0
	Aussagen	0 −10	−9 −9

Aufgabe 8.4.2

		Dirk	
		Oper	Boxen
Britta	Oper	1 2	0 0
	Boxen	0 0	2 1

Aufgabe 8.4.3

		Spieler 2	
		links	rechts
Spieler 1	oben	1 1	1 1
	unten	1 1	0 0

Lösung zu Aufgabe 8.4.1

Antwort: Das einzige Gleichgewicht des Spieles lautet {*Aussagen*; *Aussagen*}. Es ist ein Gleichgewicht dominanter Strategien, daher ist es auch Trembling-Hand-perfekt.

Lösung zu Aufgabe 8.4.2

Die beiden Gleichgewichte in reinen Strategien dieses Spieles lauten {*Oper*; *Oper*} und {*Boxen*; *Boxen*}. Da die Auszahlungen in beiden Gleichgewichten symmetrisch sind, muss nur eines der beiden Gleichgewichte geprüft werden.

Wir prüfen das Gleichgewicht {*Oper*; *Oper*}. Nehmen wir also an, dass Britta „Oper" spielt. Wenn dann Dirk mit der Wahrscheinlichkeit w „Boxen" spielt, also einen Fehler macht und nicht seine beste Antwort wählt, dann beträgt Brittas erwartete Auszahlung:

$$E\big(A_{Oper}\big) = (1 - w) \cdot 1 + w \cdot 0 = 1 - w$$

Würde sie hingegen „Boxen" spielen, dann beträgt ihre erwartete Auszahlung:

$$E(A_{Boxen}) = (1 - w) \cdot 0 + w \cdot 2 = 2w$$

Damit „Oper" für sie die beste Antwort bleibt, muss gelten

$$1 - w \geq 2w$$

Wenn man diese Bedingung nach w auflöst, erhält man:

$$w \leq 1/3$$

Die berechnete kritische Wahrscheinlichkeit ist größer als Null, daher ist Brittas Strategie „Oper" Trembling-Hand-perfekt.

Für Dirk ergibt sich, wenn er „Oper" spielt und Britta mit der Wahrscheinlichkeit w dann „Boxen" spielt:

$$E(A_{Oper}) = (1 - w) \cdot 2 + w \cdot 0 = 2 - 2w$$

Würde er hingegen „Boxen" spielen, dann beträgt seine erwartete Auszahlung:

$$E(A_{Boxen}) = (1 - w) \cdot 0 + w \cdot 1 = w$$

Damit „Oper" für ihn die beste Antwort bleibt, muss gelten

$$2 - 2w \geq w$$

Wenn man diese Bedingung nach w auflöst, erhält man:

$$w \leq 2/3$$

Auch Dirks Strategie „Oper" ist somit Trembling-Hand-perfekt. Damit ist auch das Gleichgewicht {*Oper*; *Oper*} Trembling-Hand-perfekt. Wegen der Symmetrie gilt das auch für {*Boxen*; *Boxen*}.

Lösung zu Aufgabe 8.4.3

Das Spiel hat drei Gleichgewichte in reinen Strategien, nämlich {*oben*; *links*}, {*oben*; *rechts*} und {*unten*; *links*}.

Das Gleichgewicht {*oben*; *links*} ist Trembling-Hand-perfekt. Wenn Spieler 1 nämlich „oben" spielt, ist es für ihn egal, was Spieler 2 tut, daher ist es auch egal, ob Spieler 2 einen Fehler macht. Gleiches gilt umgekehrt für Spieler 2, wenn er links spielt.

Die beiden anderen Gleichgewichte {*oben*; *rechts*} und {*unten*; *links*} sind wiederum symmetrisch, daher muss nur eines von beiden geprüft werden: Im Gleichgewicht {*oben*; *rechts*} würde Spieler 2 durch einen Fehler von Spieler 1 geschädigt, im Gleichgewicht {*unten*; *links*} ist es umgekehrt.

Wir überprüfen das Gleichgewicht {*oben*; *rechts*}: Die erwartete Auszahlung für Spieler 1, wenn er „oben" spielt, beträgt:

$$E(A_{oben}) = (1 - w) \cdot 1 + w \cdot 1 = 1$$

Würde er hingegen „unten" spielen, dann beträgt seine erwartete Auszahlung:

$$E(A_{unten}) = (1 - w) \cdot 0 + w \cdot 1 = w$$

Damit „oben" für Spieler 1 die beste Antwort bleibt, muss gelten

$$w \leq 1$$

Da diese Bedingung immer erfüllt ist, ist die Strategie „oben" für Spieler 1 Trembling-Hand-perfekt.

Für Spieler 2 ergibt sich, wenn er „rechts" spielt und Spieler 1 mit der Wahrscheinlichkeit w dann „unten" spielt:

$$E(A_{rechts}) = (1 - w) \cdot 1 + w \cdot 0 = 1 - w$$

Würde Spieler 2 hingegen „links" spielen, dann beträgt seine erwartete Auszahlung:

$$E(A_{links}) = (1 - w) \cdot 1 + w \cdot 1 = 1$$

Damit „rechts" für ihn die beste Antwort bleibt, muss gelten

$$1 - w \geq 1$$

Wenn man diese Bedingung nach w auflöst, erhält man:

$$w \leq 0$$

Es kann also keine kritische Wahrscheinlichkeit größer als Null bestimmt werden. Daher ist die Strategie „rechts" des Spielers 2 nicht Trembling-Hand-perfekt. Somit ist auch das Gleichgewicht {*oben*; *rechts*} nicht Trembling-Hand-perfekt.

Das gleiche Resultat ergibt sich auch für das Gleichgewicht {*unten*; *links*}. In diesem Gleichgewicht ist die Strategie „unten" des Spielers 1 nicht Trembling-Hand-perfekt.

8.5 Leseempfehlungen und Literatur

Das Konzept der Trembling-Hand-Perfektion ist von Reinhard Selten (1975) entwickelt worden, der zusammen mit John Nash und John Harsanyi im Jahr 1994 den Nobelpreis für Wirtschaftswissenschaften erhalten hat. Eine vertiefende, gleichzeitig knappe Darstellung der Trembling-Hand-Perfektion findet sich in Abschnitt 5.5. in Rieck (2013). Eine ausführliche Diskussion auf mathematisch deutlich höherem Niveau findet sich z.B. in Berninghaus/Erhart/Güth (2010), Abschnitt 2.6. Das Konzept des properen Gleichgewichts ist von Roger B. Myerson (1978) entwickelt worden.

Mit den Ausführungen in diesem 8. Kapitel haben wir den Kernbereich der rationalen Spieltheorie verlassen. Das hier vorgestellte Konzept der Trembling-Hand-Perfektion und der properen Strategien unterstellen aber weiterhin, dass die Spieler bewusste Entscheidungen treffen, dabei aber evtl. Fehler machen. Ein weiterer Zweig der Spieltheorie, die sogenannte evolutionäre Spieltheorie, untersucht Spiele, in denen die Spieler entweder wenig überlegte oder sogar völlig unüberlegte, z.B. instinktive, Entscheidungen treffen. Mit der evolutionären Spieltheorie werden wir uns im 9. Kapitel beschäftigen.

Berninghaus, Siegfried K., Ehrhart, Karl Martin und Güth, Werner (2010): Strategische Spiele – Eine Einführung in die Spieltheorie, 3. Auflage, Springer Verlag, Heidelberg u.a.O.

Holler, Manfred J. und Illing, Gerhard (2009): Einführung in die Spieltheorie. 7. Auflage, Springer Verlag, Heidelberg u.a.O.

Myerson, Roger B. (1978): Refinements of the Nash Equilibrium Concept. In: International Journal of Game Theory, Band 7, S. 73 – 80.

Rieck, Christian (2013): Spieltheorie – Eine Einführung. 12. Auflage, Christian Rieck Verlag, Eschborn.

Selten, Reinhard (1975): Reexamination of the perfectness concept for equilibrium points in extensive games. In: International Journal of Game Theory, Band 4, S. 25 – 55.

Evolutionäre Spieltheorie

9

Im vorangehenden Kapitel haben wir uns mit Strategien beschäftigt, bei deren Wahl zwar Fehler auftreten können, die aber dennoch bewusst und eben weitgehend wohl-überlegt gewählt werden. Im nun folgenden, neunten und letzten Kapitel dieses Buches schauen wir uns noch Strategien an, denen entweder wenige oder sogar keinerlei ver-nünftige Überlegungen zugrunde liegen. Damit verlassen wir den Bereich der rationalen Spieltheorie endgültig. Dieser Zweig der Spieltheorie wird als „evolutionäre", manchmal auch als „evolutorische", Spieltheorie" bezeichnet. Diese hat sich, und daher stammt der Name, zunächst mit Evolutionsprozessen im Tierreich beschäftigt. Eine Frage die man mit Methoden der evolutionären Spieltheorie untersuchen könnte ist z.B. die, wie sich Tiere einer Gattung verhalten müssen, damit die Gattung überlebt. Hierbei wird nun aber nicht unterstellt, dass sich die einzelnen Tiere Gedanken um den Fortbestand der eignen Art machen und deswegen bestimmte Verhaltensweisen wählen. Sondern in Analysen der evolutionären Spieltheorie nimmt man an, dass die Verhaltensweisen jedes einzelnen Tieres einfach feststehen, sich diese Verhaltensweisen aber zwischen Tieren derselben Gattung unterscheiden können. Welches dieser unterschiedlichen Verhal-tensmuster wird dann langfristig überleben?

Schauen wir uns hierzu ein Beispiel zweier Kuckuckspopulationen an, die auf den fik-tiven Inseln Sölt und Mallorku leben. Beide Kuckuckspopulationen legen, wie bei Ku-ckucken üblich, ihre Eier nur in fremde Nester anderer Vogelarten, brüten also nicht selbst. Die geschlüpften Kuckucke verdrängen die Jungen der Wirtsvögel aus dem Nest, so dass die Wirtsvögel, in deren Nest ein Kuckucksei liegt, in dem betreffenden Jahr keine eigenen Jungen großziehen können. Die Kuckucke auf Sölt werden „Söltixe" ge-nannt, die auf Mallorku nennen wir mal „Mallorixe". Sowohl Söltixe als auch Mallorixe werden bis zu 10 Jahre alt.

Nun zum Verhalten unserer fiktiven Kuckucke: Jedes Söltix-Weibchen legt 5 Eier pro Jahr, jeweils eines pro Nest der Wirtsvögel. Söltixe haben keine eigenen Reviere und

© Springer-Verlag GmbH Deutschland, ein Teil von Springer Nature 2019
S. Winter, *Grundzüge der Spieltheorie*,
https://doi.org/10.1007/978-3-662-58215-2_10

respektieren keine Revieransprüche von anderen Söltixen. Mallorixe hingegen legen pro Weibchen maximal ein Ei pro Jahr, haben sehr große Reviere, die sie zudem gegen andere Mallorixe vehement verteidigen. Welche der beiden Kuckucksarten ist „schlauer"? Nun, wir würden vermutlich folgendes sehen: Die Söltixe vermehren sich zunächst sehr schnell, da sie pro Weibchen viele Eier legen. Da sie keine Reviere haben, ist davon auszugehen, dass schon nach wenigen Jahren in jedes Nest jeder anderen Vogelart ein Söltix-Ei gelegt wird. Die Folge ist, dass die Wirtsvögel aussterben, da sie keine eigenen Jungen mehr großziehen können. Dann aber finden die Söltixe keine bebrüteten Nester mehr, in die sie ihre Eier legen können. In letzter Konsequenz vermehren sich die Söltixe am Anfang also sehr schnell, sterben dann aber aus. Was passiert bei den Mallorixen? Die haben große, gut verteidigte Reviere, was bedeutet, dass es in ihren Revieren viele Nester potenzieller Wirtsvögel gibt. Nur in eines davon aber wird ein Ei gelegt. Das führt dazu, dass die Wirtsvögel langfristig überleben und damit auch die Mallorixe.

Die „Strategie" der Mallorixe, wenige Eier zu legen und große Reviere zu beanspruchen, ist also „besser" als die Strategie der Söltixe, weil die Mallorixe langfristig überleben, die Söltixe aber aussterben. Was bedeutet nun aber dieses „besser"? Besser für wen? Wir können hier wohl kaum argumentieren, dass das Söltix-Weibchen, das 5 Eier legt und kein Revier verteidigen muss, unglücklicher ist als das Mallorix-Weibchen. Diese Tiere wählen ihre individuellen Verhaltensweisen nicht, um irgendwelche individuellen „Auszahlungen" zu maximieren, sie wählen sie, weil sie ihnen vorbestimmt sind. Aber einige dieser Verhaltensweisen sind für die Art besser als andere! Damit haben wir auch schon etwas darüber gesagt, auf welcher Ebene und anhand welches Kriteriums in einem Zweig der evolutionären Spieltheorie beurteilt wird, ob Verhaltensweisen gut oder schlecht sind. „Gut" oder „schlecht" wird hier nicht auf der Ebene des Individuums beurteilt, sondern auf der Ebene der Art. Und das Kriterium für „gut" ist das stabile Überleben der Art.

In anderen Fragestellungen wird untersucht, welche Verhaltensweisen in einer einzelnen Tierart überlebensfähig sind. Hierbei geht es dann nicht darum, wie sich diese Tierart verhalten muss, um zu überleben, sondern es geht z.B. um die Frage, wie heftig die Tiere einer Art Revierkämpfe untereinander austragen. Hierfür nimmt man dann z.B. an, dass es sehr aggressive Tiere gibt, die den Artgenossen bei Revierkämpfen so schwer angreifen, dass dieser sogar sterben kann und solche, die sich eher auf Drohgebärden beschränken. Hier lautet dann die Frage, ob sich auf Dauer nur die sehr aggressiven oder eher die weniger aggressiven durchsetzen werden oder beide „Typen" von Tieren nebeneinander in einer Tierpopulation existieren können.

In der wirtschaftswissenschaftlichen Forschung wurde die evolutionäre Spieltheorie am Anfang eher abgelehnt oder zumindest als für Ökonomen unnützes Zeug abgetan. Dies ist verständlich vor dem Hintergrund, dass in der ökonomischen Denktradition die Idee vom rational handelnden Menschen sehr fest verankert ist. Es mehren sich aber die Stimmen die sagen, dass man z.B. auch menschliche Lernprozesse mit den Methoden der evolutionären Spieltheorie sehr gut untersuchen kann. Jemand, der das Schachspiel erlernt, setzt sich ja nicht hin und wählt eine optimale Strategie. Die wirklich optimale Strategie des Schachspiels ist schließlich bis heute noch gar nicht bekannt. Vielmehr setzt sich der Anfänger hin und testet in vielen, vielen Partien, was funktioniert und was nicht funktioniert. Die schlechten Strategien werden dann im Zeitablauf verworfen, sie sterben aus, die guten überleben.

9.1 Unbewusste Strategiewahl

Bevor wir uns mit dem wichtigsten Gleichgewichtskonzept der evolutionären Spieltheorie auseinandersetzen, wollen wir uns aber zunächst noch ein paar Gedanken hierzu von begnadeten Spieltheoretikern ansehen, anhand derer man die zentralen Ideen der evolutorischen Spieltheorie recht einfach nachvollziehen kann.

Ein erster wichtiger Bestandteil der evolutionären Spieltheorie ist dabei der Gedanke der unbewussten Strategiewahl. Wenn Individuen, seien es Menschen, Tiere oder Pflanzen, unbewusste „Entscheidungen" treffen, dann kann man sich dennoch ansehen, was passieren würde, wenn viele Individuen solche unbewussten Entscheidungen treffen würden. Fangen wir einmal mit dem Wanderungsverhalten von Kreisen und Dreiecken an. Nehmen wir an, dass rote Dreiecke und blaue Kreise auf einem „Spielfeld" wie folgt angeordnet sind:

Als nächstes nehmen wir an, dass die Dreiecke und Kreise anfangen, umherzuwandern. Sie tun das nicht mit einer bestimmten Zielsetzung, sie versuchen also insbesondere nicht, „Auszahlungen" bewusst zu maximieren. Vielmehr nehmen wir an, dass das Wanderungsverhalten der Dreiecke und Kreise eher zufällig ist. Für diese Zufälle nehmen wir allerdings eine gewisse Struktur an. Speziell soll gelten, dass Dreiecke mit höherer Wahrscheinlichkeit an eine andere Position wandern, wenn es vor Beginn ihrer Wanderung viele Kreise auf den Nachbarfeldern gibt und dass sie mit einer geringeren Wahrscheinlichkeit losziehen, wenn viele andere Dreiecke in ihrer Nähe sind. Für Kreise gilt das gleiche analog. Um es kurz zu machen: Kreise „mögen" Kreise als Nachbarn lieber als Dreiecke und Dreiecke mögen Dreiecke als Nachbarn lieber als Kreise. Für unser obiges Spielfeld bedeutet das, dass z.B. das Dreieck auf dem Feld B8 mit höherer Wahrscheinlichkeit auf Wanderschaft geht als das Dreieck auf G1, denn das auf B8 hat nur Kreise als Nachbarn, das auf G1 nur Dreiecke.

Zusätzlich nehmen wir jetzt noch an, dass die Wanderung eines Kreises oder Dreiecks ebenfalls zufällig endet. Allerdings ist auch die Wahrscheinlichkeit für das Ende einer Wanderung bestimmten Einflüssen ausgesetzt. Speziell nehmen wir an, dass die Wahrscheinlichkeit dafür, eine Wanderung auf einem bestimmten, gerade erreichten Feld zu beenden, größer wird, wenn in der Nachbarschaft viele gleiche Formen „wohnen", während sie sinkt, wenn in der Nachbarschaft viele der jeweils anderen Form „wohnen". Wenn also z.B. das Dreieck auf B8 auf Wanderschaft gehen würde, dann würde es sich eher auf F2 niederlassen als auf A7, da es auf F2 andere Dreiecke als Nachbarn hätte, während es auf A7 nur Kreise als Nachbarn hätte.

Nehmen wir also einmal an, dass nach diesen Regeln das Dreieck auf B8 nach F2 umzieht. Zufällig wird als nächstes der Kreis auf H3 ausgewählt und macht sich auf die Wanderschaft. Er bleibt auf A7 „hängen", da er hier viele Kreise als Nachbarn hat. Als nächstes „erwischt" es noch den Kreis auf C4, der „zufällig" nach B8 „umzieht", wo vorher ein Dreieck gewohnt hat. Zeichnen wir das Umziehen dieser drei geometrischen Formen in unser Spielfeld ein, so erhalten wir:

	A	B	C	D	E	F	G	H
1	●		●			▲	▲	▲
2	▲			●		▲	▲	
3			▲					
4	●			▲		●		▲
5								
6		●	▲		●	▲	●	
7	●	●	●		▲			
8	●	●	●				●	▲

Wird nach diesen Regeln weiter „umgezogen", sehen wir z.B. nach den nächsten 4 Umzügen (Dreiecke C3 nach H2, C6 nach H3 und Kreise F4 nach A6 und E6 nach C6) folgendes Bild:

	A	B	C	D	E	F	G	H
1	●		●			▲	▲	▲
2	▲			●		▲	▲	▲
3								▲
4	●			▲				▲
5								
6	●	●	●			▲	●	
7	●	●	●		▲			
8	●	●	●				●	▲

Und schließlich, nach einer ganzen Reihe weiterer, „zufälliger" Umzüge:

	A	B	C	D	E	F	G	H
1					▲	▲	▲	▲
2					▲	▲	▲	▲
3						▲	▲	▲
4							▲	▲
5	●	●	●					
6	●	●	●	●				
7	●	●	●	●				
8	●	●	●	●				

Nach genügend Runden haben sich im Ergebnis Dreiecke und Kreise vollständig voneinander getrennt. Es entstehen auf unserem Spielfeld also „Kreis- und Dreiecksghettos". Für die Entstehung dieser Ghettos ist es dabei keineswegs notwendig, dass Kreise Dreiecke

„hassen" oder umgekehrt. Es reicht völlig aus, dass Dreiecke andere Dreiecke nur ein ganz wenig mehr „mögen" als Kreise und Kreise andere Kreise nur ein ganz wenig mehr „mögen" als Dreiecke. Keines der Dreiecke und keiner der Kreise hat bei diesem Spiel die eigenen „Auszahlungen" maximiert. So wurde weder die Wahl, ob man umzieht, noch die Entscheidung, wo man sich niederlässt, rational getroffen, um Auszahlungen zu maximieren. Vielmehr waren beide Entscheidungen Zufallsentscheidungen, in die die „Präferenzen" der Kreise und Dreiecke nur schwach und indirekt über die Beeinflussung von Wahrscheinlichkeiten eingegangen sind. Dabei müssen diese Präferenzen den Dreiecken und Kreisen in keiner Weise bewusst sein. Diese Annahme, dass Entscheidungen nicht wirklich „optimal" gewählt werden, sondern unbewusst, gar zufällig, ist ein erster fundamentaler Baustein der evolutionären Spieltheorie.

Diese wundervolle Idee, mit sehr einfachen, evolutorischen Annahmen die Entstehung von Ghettos zu erklären, verdanken wir Thomas C. Schelling, Nobelpreisträger der Wirtschaftswissenschaften im Jahr 2005 (zusammen mit Robert J. Aumann).

9.2 Vererbung von Strategien

Neben der Idee, der unbewussten, eventuell „irrationalen" Wahl von Strategien, besteht der nächste wichtige Grundgedanke der evolutionären Spieltheorie darin, dass Strategien vererbt werden können und sich vor allem solche Strategien vererben, die erfolgreich sind. Sehen wir uns dazu die ebenfalls äußerst faszinierenden Ideen von Robert Axelrod an, der sich mit der Frage beschäftigt hat, wie kooperatives Verhalten selbst unter Egoisten entstehen kann. Axelrod hat diese Fragestellung anhand des Gefangenendilemmas untersucht, welches wir in Kapitel 2 und im Fall der mehrfachen Wiederholung in Kapitel 3 analysiert haben. Sehen wir uns dazu noch einmal eine Auszahlungsmatrix eines einfachen Gefangenendilemmas an, wobei wir hier ein etwas anderes Zahlenbeispiel und andere Strategienamen als in den Kapiteln 2 bzw. 3 verwenden wollen, weil die dortigen Namen der Spieler und der Strategien inhaltlich nicht gut zur evolutionären Spieltheorie passen.

In der statischen Fassung soll unser neues Gefangenendilemma folgende Auszahlungsmatrix haben:

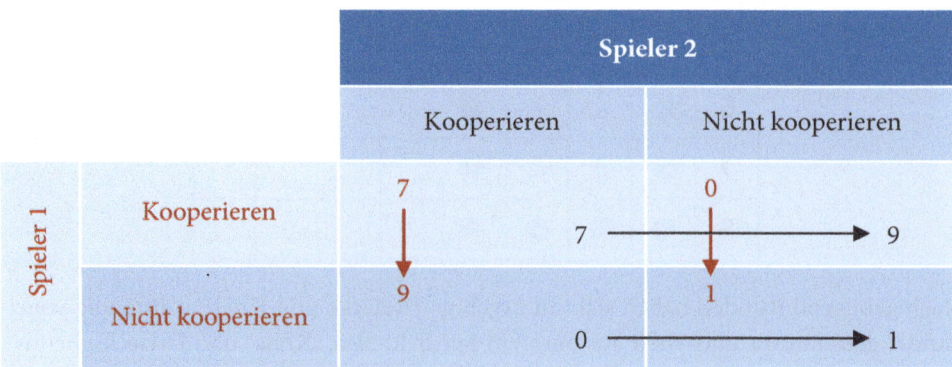

Wie wir anhand der eingezeichneten Pfeile leicht sehen können, hat das Spiel nur ein einziges Gleichgewicht, nämlich die Strategiekombination {Nicht kooperieren; Nicht kooperieren}. Dieses Gleichgewicht ist exakt vom Typ Gefangenendilemma, weil das Gleichgewicht ein ineffizientes Gleichgewicht dominanter Strategien ist. Beide Spieler könnten sich deutlich besser stellen, wenn sie die Strategiekombination {Kooperieren; Kooperieren} spielen würden, in der jeder eine Auszahlung von 7 bekäme statt nur 1 wie im Gleichgewicht. Da aber die Strategie „Nicht kooperieren" für beide Spieler jeweils dominant ist, kommt es nicht zur effizienten Strategiekombination, sondern zum Gleichgewicht dominanter Strategien {Nicht kooperieren; Nicht kooperieren}.

Nehmen wir nun an, die Spieler würden dieses Spiel 100 Mal wiederholen. Was sollten sie dann in jeder Runde tun? Lohnt es sich nun, zumindest am Anfang kooperativ zu spielen in der Hoffnung, dass der andere das durch ebenfalls kooperatives Verhalten seinerseits in den nächsten Runden belohnt? Die spieltheoretisch korrekte Antwort auf diese Frage kennen wir bereits aus Kapitel 3, sie lautet: Nein! In Kapitel 3 hatten wir diese Antwort mittels Rückwärtsinduktion hergeleitet. Rückwärtsinduktion beginnt mit der Analyse in der letzten Runde. In der letzten Runde hat das Spiel aber die oben dargestellte Auszahlungsmatrix und jeder der beiden hat einen dominanten Zug, nämlich „Nicht kooperieren". In der letzten Runde werden sie also nicht kooperieren. Das wissen sie aber bereits in der vorletzten Runde, so dass es auch hier keinen Grund mehr geben kann, zu kooperieren, da die eigene Kooperation in der vorletzten Runde nicht durch kooperatives Verhalten des anderen Spielers in der letzten Runde belohnt würde. Das aber gilt auch in der vorvorletzten Runde und so weiter. Im Endeffekt führt uns das Argument der Rückwärtsinduktion also zu der Schlussfolgerung, dass es in keiner einzigen Runde zu kooperativem Verhalten kommt. Diese Argumentationsweise unterstellt aber, dass die Spieler die Rückwärtsinduktion beherrschen, also rational sind. Was aber, wenn nicht?

Genau damit hat sich Robert Axelrod beschäftigt und ist dabei auf eine sehr interessante Idee gekommen. Er hat andere Wissenschaftler aufgefordert, irgendwelche Strategien vorzuschlagen, die ein Spieler spielen könnte, der eventuell das Spiel nebst Rückwärtsinduktion nicht vollständig durchschaut. Die eingereichten Strategievorschläge sind dann gegeneinander in einer Computersimulation angetreten.

Wie hat man sich das vorzustellen? Nehmen wir an, eine der vorgeschlagenen Strategien wäre, in jeder Runde kooperativ zu spielen, egal was der andere tut. Diese Strategie nennen wir einfach mal „Weicheistrategie", weil sie jede Art von unkooperativem Verhalten unbestraft lässt. Eine andere Strategie wäre, immer unkooperativ zu spielen, ebenfalls egal, was der andere tut. Diese Strategie nennen wir einfach mal „Aggrostrategie". Wie schneiden die beiden Strategien gegeneinander ab? Nun, wenn ein Spieler, der die Weicheistrategie spielt, auf einen Aggro-Spieler trifft, dann bekommt der Weichei-Spieler in jeder Runde eine Auszahlung von Null, was nach 100 Runden in Summe immer noch Null ergibt. Der Aggrospieler bekommt in jeder Runde hingegen 9, hat nach

100 Runden also insgesamt eine Auszahlung von 900 angesammelt. Der Aggrospieler gewinnt also gegen den Weichei-Spieler.

Damit kommen wir zur Idee der Vererbung in der evolutionären Spieltheorie. Für unser obiges Beispiel könnten wir nun annehmen, dass sich die Aggrospieler fortpflanzen, weil sie so erfolgreich gewesen sind. Man könnte z.B. unterstellen, dass die erspielten Auszahlungen von 900 ausreichen, um eigene Nachkommen großzuziehen. Die Auszahlungen von Null der Weicheier reichen hingegen nicht, um eigene Nachkommen großzuziehen.

Nehmen wir im Folgenden also an, dass die Spieler Nachkommen im Verhältnis ihrer Auszahlungen bekommen. Das Verhältnis der Auszahlungen der Aggrospieler im Verhältnis zu den Auszahlungen der Weichei-Spieler ist also 900/0, was hier bedeutet, dass sich nach jedem Aufeinandertreffen von einem Aggro- und einem Weicheispieler der Aggrospieler fortpflanzt, der Weichei-Spieler aber nicht. Sterben die Weichei-Spieler also aus? Diese Frage können wir so noch nicht beantworten. Wir müssten nämlich zusätzlich wissen, wie viele Aggrospieler und wie viele Weicheier am Anfang in der gesamten Population aller Spieler vorhanden waren und wie hoch demnach die Wahrscheinlichkeiten dafür sind, dass die einzelnen Spielertypen aufeinandertreffen.

Nehmen wir also im Folgenden an, dass 50% der ursprünglichen Spielerpopulation aus Weichei-Spielern und 50% aus Aggrospielern besteht.

Wenn nun zwei Spieler aufeinandertreffen, dann ergeben sich folgende Überlegungen: Ist ein Spieler ein Weichei, trifft er mit 50%-iger Wahrscheinlichkeit auf ein anderes Weichei und mit 50%-iger Wahrscheinlichkeit trifft er auf einen Aggro-Spieler. Trifft er auf einen anderen kooperativen Weichei-Spieler, erzielt er eine Auszahlung von 7 pro Runde, bei 100 Runden also 700. Trifft er auf einen Aggro-Spieler erzielt er eine Auszahlung von Null pro Runde, insgesamt also auch Null bei 100 Runden.

Damit ergibt sich eine erwartete Auszahlung eines Weichei-Spielers in Höhe von:

$$E(A_{Weichei}) = 0{,}5 * 700 + 0{,}5 * 0 = 350$$

Spielt der Spieler hingegen die Aggro-Strategie, ergeben sich folgende Überlegungen: Trifft ein Aggro-Spieler auf ein Weichei, erzielt er eine Auszahlung von 9 Pro Runde, also 900 bei 100 Runden. Trifft er auf einen anderen Aggro-Spieler, erzielt er eine Auszahlung von 1 pro Runde, nach 100 Runden also eine Gesamtauszahlung von 100. Seine erwartete Auszahlung beträgt somit:

$$E(A_{Aggro}) = 0{,}5 * 900 + 0{,}5 * 100 = 500$$

Welche Auszahlungen erreichen die Spieler dieser Population im Durchschnitt pro Kopf? Nun, die durchschnittliche Auszahlung pro Kopf berechnen wir, indem wir die eben berechneten erwarteten Auszahlungen mit den jeweiligen Anteilen des Spielertyps multiplizieren und das dann über die beiden Spielertypen aufsummieren. Nennen wir den Anteil der Weicheier p_W und den Anteil der Aggros mit p_A, so erhalten wir die folgende durchschnittliche Auszahlung pro Kopf:

$$E(A) = p_W E(A_{Weichei}) + p_A E(A_{Aggro})$$

$$= 0{,}5 * 350 + 0{,}5 * 500$$

$$= 175 + 250$$

$$= 425$$

Zu dieser durchschnittlichen Pro-Kopf Auszahlung tragen die Weicher einen Betrag von 175 und die Aggro-Spieler einen Betrag von 250 bei. Nun nehmen wir an, dass sich die nächste Spielergeneration im Verhältnis dieser Beiträge zur durchschnittlichen Pro-Kopf-Auszahlung zusammensetzt. In der nächsten Generation sind demnach 175/(175+250)=41,18% der Spieler Weichei-Spieler und dementsprechend 250/(175+250)=58,82% Aggro-Spieler. Der Anteil der Weicheier ist also von 50% auf etwa 41% gefallen, während der Anteil der Aggro-Spieler gestiegen ist.

Wenn Sie diese Vorgehensweise mit den Anteilen an der durchschnittlichen Auszahlung pro Kopf noch nicht ganz nachvollziehen können, kann man sich die Logik dahinter auch so vorstellen: Nehmen Sie einfach an, dass die Population in der ersten Generation aus 1000 Individuen besteht. 500 davon sind Weicheier und 500 sind Aggro-Spieler. Jedes Weichei erspielt Auszahlungen von 350, die 500 Weicheier der Population erspielen zusammen also 350*500 = 175.000. Von den 500 Aggro-Spielern erspielt jeder eine Auszahlung 500, zusammen erspielen sie also 500*500 = 250.000. Nehmen wir einfach an, diese Zahlenwerte repräsentieren den Wert von Ressourcen, die für die Aufzucht von Nachkommen eingesetzt werden können. Dann ist klar, dass die Weicheier weniger Nachkommen großziehen können als die Aggro-Spieler, weil sie weniger Ressourcen erspielt haben. Wenn man nun annimmt, dass jeder Nachkomme, ob Aggro oder Weichei, dieselbe Menge an Ressourcen braucht, um großgezogen zu werden, dann ziehen die Aggro-Spieler 250.000/175.000 = 1,428 Mal so viele Junge groß wie die Weicheier. Nennen wir den Anteil der Weicheier in der neuen Generation p, dann beträgt der Anteil der Aggros in der neuen Generation also 1,428p. Zusammen müssen diese Anteile aber natürlich wieder 100% ergeben, es muss also gelten Anteil Weichei plus Anteil Aggros = 100% oder in Symbolen: p + 1,428p = 100%. Löst man das nach p auf, erhält man p = 41,17% als Anteil der Weicheier und 1,429p = 1,428 * 41,17% = 58,83% als Anteil der Aggro-Spieler. Wir kommen also mit dieser Interpretation und diesem Rechenweg zu demselben Ergebnis wie oben. Auf beiden Rechenwegen kommen wir also zu dem Ergebnis, dass der Anteil der Weicheier abgenommen hat. Geht das so weiter, sterben die Weicheier gar aus?

Nun, für die neue Generation ergeben sich jetzt die folgenden Überlegungen. Ein Weichei-Spieler trifft nun mit 41,17%-iger Wahrscheinlichkeit auf ein anderes Weichei und mit 58,83%-iger Wahrscheinlichkeit auf einen Aggro-Spieler. Seine erwartete Auszahlung beträgt somit:

$$E(A_{Weichei}) = 0{,}4117 * 700 + 0{,}5883 * 0 = 288{,}24$$

Die Wahrscheinlichkeiten gelten analog für einen Aggrospieler. Seine erwartete Auszahlung beträgt entsprechend:

$$E\left(A_{Aggro}\right) = 0{,}4117 * 900 + 0{,}5883 * 100 = 429{,}12$$

Nun müssen wir wieder die durchschnittliche Pro-Kopf-Auszahlung berechnen. Es ergibt sich:

$$E(A) = p_W E(A_{Weichei}) + p_A E\left(A_{Aggro}\right)$$

$$= 0{,}4117 * 288{,}24 + 0{,}5883 * 429{,}12$$

$$= 118{,}69 + 252{,}60$$

$$= 371{,}29$$

Was passiert in der dritten Generation? Nun, in der dritten Generation setzt sich die Population der Spielertypen wie folgt zusammen. Der Anteil der Weichei-Spieler ist jetzt 118,69/(118,69+252,60)=31,96% und der Anteil der Aggro-Spieler ist entsprechend 252,60/(118,69+252,60)=68,04%. Die Anteile der Weichei-Spieler sind also weiter gefallen und entsprechend die Anteile der Aggro-Spieler gestiegen. In der vierten Generation ergeben sich daraus die folgenden erwarteten Auszahlungen:

$$E(A_{Weichei}) = 0{,}3196 * 700 + 0{,}6804 * 0 = 223{,}77$$

$$E\left(A_{Aggro}\right) = 0{,}3196 * 900 + 0{,}6804 * 100 = 355{,}73$$

Hieraus ergibt sich eine durchschnittliche Pro-Kopf-Auszahlung von:

$$E(A) = p_W E(A_{Weichei}) + p_A E\left(A_{Aggro}\right)$$

$$= 0{,}3196 * 223{,}77 + 0{,}6804 * 355{,}73$$

$$= 71{,}53 + 242{,}92$$

$$= 313{,}55$$

Berechnen wir ein letztes Mal die Anteile der nächsten Generation. Es ergibt sich für die Weicheier: 71,53/(71,53+242,92)=22,81% und der Anteil der Aggro-Spieler ist entsprechend 242,92/(71,53+242,92)=77,19%. Die Anteile der Weichei-Spieler sind also noch weiter gefallen. Nach einer weiteren Anzahl von Generationen zeigt sich, dass die Weicheier tatsächlich aussterben. In einer Welt, die nur von Weicheiern und Aggros bevölkert ist, können die Weicheier also nicht überleben.

Ändert sich dieses Ergebnis, wenn wir davon ausgehen würden, dass in der ersten Generation nicht 50% Weicheier und 50% Aggro-Spieler mitspielen würden? Nehmen wir einfach mal an, in der ersten Generation wären jetzt 80% Weicheier und dementsprechend 20% Aggro-Spieler. Können die Weicheier nun überleben, weil sie jetzt mit höherer Wahrscheinlichkeit auf andere Weicheier treffen und sich demensprechend besser fortpflanzen können? In diesem Fall wären die erwarteten Auszahlungen der ersten Generation:

$$E(A_{Weichei}) = 0,8 * 700 + 0,2 * 0 = 560$$

$$E(A_{Aggro}) = 0,8 * 900 + 0,2 * 100 = 740$$

Als durchschnittliche Pro-Kopf-Auszahlung ergibt sich daraus:

$$E(A) = p_W E(A_{Weichei}) + p_A E(A_{Aggro})$$

$$= 0,8 * 560 + 0,2 * 740$$

$$= 448 + 148$$

$$= 596$$

In der zweiten Generation wären die Anteile der Weicheier entsprechend 448/(448+148)= 0,7517 und die der Aggrospieler 148/(448+148)=0,2483. Der Anteil der Weicheier wäre also auch hier gefallen. Rechnet man die nächsten Generationen durch, kommen wir zu dem gleichen Ergebnis wie oben: Die Weicheier sterben aus. Aber: Daraus sollte man keineswegs die Schlussfolgerung ziehen, die Aggrostrategie sei immer eine gute Strategie. Wir werden später sehen, dass es sehr simple, eher kooperative Strategien gibt, die den Aggros gnadenlos das Licht ausknipsen!

Genau diese Idee des Überlebens von bestimmten Strategien gegen andere Strategien hat Robert Axelrod untersucht. Auf seine Anfrage hin sind also verschiedene Strategien vorgeschlagen worden, die dann gegeneinander angetreten sind. Die oben diskutierten Weichei- und Aggro-Strategien haben wir uns nur vorab deswegen angesehen, weil die Strategien sehr einfach analysierbar waren und diese Strategien völlig ausreichen, um die Grundideen zu verstehen.

Sehen wir uns also einige der Strategien an, die für Axelrods Wettkampf vorgeschlagen worden sind. Eine der Strategien ist die schon aus Kapitel 3 bekannte Triggerstrategie. Gemäß der Triggerstrategie soll ein Spieler sich kooperativ verhalten, solange sich der andere Spieler ebenfalls kooperativ verhält. Verhält sich der andere Spieler hingegen in einer der 100 Runden unkooperativ, sagt die Triggerstrategie, dass man sich danach in jeder weiteren Runde unkooperativ verhalten soll. Eine andere vorgeschlagene Strategie ist die „Auge um Auge, Zahn um Zahn"-Strategie. Diese Strategie schlägt vor, in der ersten Runde kooperativ zu spielen und in den nächsten Runden immer das zu tun, was der Mitspieler in der vorhergehenden Runde gespielt hat. Wenn Spieler 2 also in der 12. Runde kooperativ und in der 13. Runde unkooperativ spielt, dann verlangt die „Auge um Auge, Zahn um Zahn"-Strategie von Spieler 1, dass er in der 13. Runde kooperativ spielt, weil Spieler 2 das in der 12. Runde getan hat. Und sie verlangt von Spieler 1, dass er in der 14. Runde unkooperativ spielt, weil Spieler 2 das in der 13. Runde getan hat. In der spieltheoretischen Literatur wird diese Strategie als „Tit for Tat"-Strategie bezeichnet. Neben diesen beiden sind dann eine ganze Reihe anderer Strategien gegeneinander angetreten.

Dabei wurde der „Wettkampf" der Strategien in zwei Phasen durchgeführt. In der ersten Phase ist jede Strategie exakt einmal gegen jede andere Strategie und einmal gegen sich selbst angetreten. Am Ende wurde festgestellt, welche Auszahlungen jede Strategie dabei insgesamt erreicht hat. Damit war Phase 1 beendet. In Phase 2 wurde dann eine Population von Strategien konstruiert. In dieser Population erhielt jede Strategie einen Anteil, der ihrem Anteil an den Auszahlungen der ersten Phase entsprach. Hat also Strategie A in der ersten Runde eine Auszahlung von insgesamt 1000 erzielt und Strategie B eine doppelt so hohe Auszahlung von 2000, dann bekam Strategie B in der Ausgangspopulation von Phase 2 auch einen doppelt so hohen Anteil wie Strategie A. Danach sind dann alle gemeldeten Strategien so wie oben beschrieben in einen evolutorischen Wettkampf getreten, haben sich also entweder vermehrt, wenn sie erfolgreich waren oder sind ausgestorben, wenn sie nicht erfolgreich waren.

Im Ergebnis hat die Strategie „Tit for Tat" gewonnen. Tit for Tat hat dabei in der ersten Phase schon recht gut abgeschnitten und konnte sich in Phase 2 im evolutorischen Wettkampf ebenfalls gut behaupten. Das war nicht für alle Strategien der Fall. So gab es Strategien, die in der ersten Phase zwar gut abgeschnitten haben, in der Evolution aber nicht. Einer der möglichen Gründe ist leicht verständlich: Wenn eine Strategie A besonders erfolgreich gegen eine Strategie B ist, aber nicht erfolgreich gegen C und nicht erfolgreich gegen sich selbst, dann kann folgendes passieren: Zunächst verdrängt A die Strategie B, B stirbt also aus. Wenn B aber erstmal ausgestorben ist, dann muss A danach nur noch gegen C und gegen sich selbst antreten. Da A hierbei aber nicht erfolgreich ist, stirbt dann auch A aus.

Wir wollen uns hier noch ganz kurz ansehen, was mit der Aggro-Strategie passiert, wenn sie gegen die Tit for Tat Strategie antreten muss.

Kommen wir dazu nochmals zu unserem Gefangenendilemma zurück:

		Spieler 2	
		Kooperieren	Nicht kooperieren
Spieler 1	Kooperieren	7 ↓ 7 ⟶ 9	0 ↓ 9
	Nicht kooperieren	9 0 ⟶ 1	1 1

Weiterhin gehen wir davon aus, dass das Spiel 100 Mal wiederholt wird. Was passiert nun, wenn nur Tit for Tat und Aggrostrategien gespielt werden? Tit for Tat beginnt kooperativ und macht in der Folge immer das, was der andere in der vorangehenden Runde gespielt hat. Treffen zwei Tit for Tat-Spieler aufeinander, sind sie die kompletten 100 Runden kooperativ miteinander. In diesem Fall erreicht ein Tit for Tat-Spieler also eine Auszahlung von 700. Trifft ein Tit for Tat-Spieler auf einen Aggro-Spieler, so passiert Folgendes. In der ersten Runde ist der Tit for Tat-Spieler kooperativ, der Aggro-Spieler nicht. In der ersten Runde erzielt der Tit for Tat Spieler also eine Auszahlung von Null. In allen weiteren Runden ist er, genau wie der Aggro-Spieler, immer unkooperativ und erzielt also 99 Runden lang jeweils eine Auszahlung von 1, insgesamt also 99.

Nehmen wir nun an, dass es in der Ausgangspopulation 50% Tit for Tat- und 50% Aggro-Spieler gibt. Dann beträgt die erwartete Auszahlung eines Tit for Tat-Spielers:

$$E\left(A_{Tit\,for\,Tat}\right) = 0{,}5 * 700 + 0{,}5 * 99 = 399{,}5$$

Wie sieht die Sache für den Aggro-Spieler aus? Trifft er auf einen Tit for Tat-Spieler, erzielt er in der ersten Runde eine Auszahlung von 9, in den 99 weiteren Runden jeweils 1, insgesamt also 108. Trifft er auf einen anderen Aggro-Spieler, erzielt er in jeder Runde 1, insgesamt also 100. Seine erwartete Auszahlung ist also:

$$E\left(A_{Aggro}\right) = 0{,}5 * 108 + 0{,}5 * 100 = 104$$

Als durchschnittliche Pro-Kopf-Auszahlung aller Spieler ergibt sich daraus:

$$E(A) = p_T E\left(A_{Tit\,for\,Tat}\right) + p_A E\left(A_{Aggro}\right)$$

$$= 0{,}5 * 399{,}5 + 0{,}5 * 104$$

$$= 199{,}75 + 52$$

$$= 251{,}75$$

In der zweiten Generation wären die Anteile der Tit for Tat-Spieler 199,75/(199,75+52)= 0,7934 und die der Aggro-Spieler entsprechend 52/(199,75+52)=0,2065. Der Anteil der Tit for Tat-Spieler wäre also innerhalb einer Generation von 50% auf 79,34% angestiegen, die der Aggro-Spieler entsprechend von 50% auf 20,65% gefallen! Das würde so weitergehen. Nach 10 Generationen wären die Aggro-Spieler komplett ausgestorben. Aggros machen zwar Weicheier fertig, aber mit Tit for Tats kommen sie nicht zurecht, weil die hart genug zurückschlagen! Die Aggro-Strategie, nämlich in jeder Runde unkooperativ zu spielen, kann in einer Welt rationaler Akteure mittels Rückwärtsinduktion analytisch als beste Strategie charakterisiert werden. Wenn die Gegner aber nicht rational sind und einfach Tit for Tat spielen, werden die Aggros mit der Zeit aus der Welt gekickt, Rationalität hin oder her!

Nachdem wir uns nun mit der unbewussten Strategiewahl und der Vererbung von Strategien auseinandergesetzt haben, können wir diese Überlegungen im nächsten Schritt zu einem neuen Gleichgewichtskonzept ausbauen.

9.3   Das Gleichgewicht evolutionsstabiler Strategien

Kommen wir nun also zum vermutlich wichtigsten Gleichgewichtskonzept der evolutionären Spieltheorie. Sehen wir uns hierzu das folgende Spiel an, welches die gleichen Strategienamen wie oben verwendet, aber kein Gefangenendilemma mehr ist:

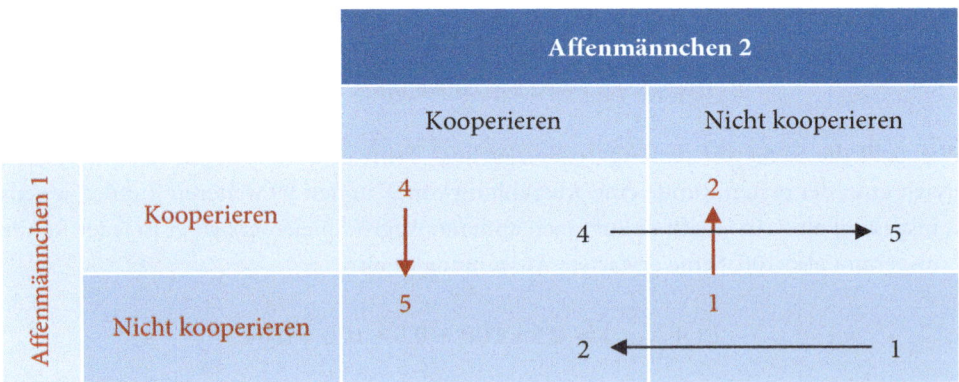

Dieses Spiel hat offensichtlich zwei Gleichgewichte in reinen Strategien, nämlich das Gleichgewicht {Kooperieren, Nicht kooperieren} und das Gleichgewicht {Nicht kooperieren, Kooperieren}. Für die Spieler gehen wir davon aus, dass diese nicht vernunftbegabt sind. Nehmen wir also an, es seien Tiere. Beide Tiere gehören zur selben Tierart, z.B. könnten wir uns vorstellen, dass es Affenmänchen sind, die um Weibchen kämpfen. „Kooperieren" eines Affenmännchens heißt dann z.B., dass das Männchen eher einen Showkampf aufführt, aber nicht ernsthaft versucht, den Gegner zu verletzen oder gar zu töten. „Nicht kooperieren" heißt hingegen, dass der Gegner ernsthaft angegriffen wird. Die Affenmännchen, die hier aufeinandertreffen, treffen rein zufällig aufeinander, sie kennen sich nicht und haben nach dem Kampf auch keine weiteren Kontakte. Die Bezeichnungen der beiden Spieler als „Affenmännchen 1" und „Affenmännchen 2" sind rein willkürlich, beides sind einfach zufällig aufeinandertreffende Individuen ihrer Art.

Nun brauchen wir noch eine zum Evolutionsgedanken passende Interpretation der Auszahlungen. Wir hatten diese Auszahlungen oben als Ressourcen interpretiert, die für die Aufzucht von Jungen notwendig sind. Hingegen wird in der evolutionären Spieltheorie meist unterstellt, dass diese Auszahlungen direkt als erwartete Anzahl der Nachkommen desselben Typs zu interpretieren sind. Dieser Interpretation schließen wir uns hier an. Treffen also zwei kooperative Affenmännchen aufeinander, bekommt jedes von ihnen 4 Affenmännchenjunge, die später einmal ebenfalls kooperativ sein werden. Trifft hingegen ein kooperatives Affenmännchen auf ein unkooperatives, bekommt das kooperative 2 kooperative Affenmännchenjunge und das unkooperative bekommt 5, die dann später in Kämpfen ebenfalls unkooperativ sein werden. Treffen schließlich zwei unkooperative Affenmännchen aufeinander, werden beide jeweils nur ein Affenmännchenjunges bekommen, welches seinerseits später unkooperativ sein wird. Bei diesen Ausführungen unterstellen wir stillschweigend, dass es immer genug Weibchen und zusätzlichen Weibchennachwuchs gibt, sodass die Männchen ewig mit ihren Kämpfen nach den obigen Regeln weitermachen können.

Nun gehen wir einmal davon aus, dass es in der Anfangspopulation nur kooperative Männchen gibt. Bei jedem Kampf treffen also kooperative Männchen aufeinander. Die von uns betrachtete Affenart spielt also in den Begriffen der Spieltheorie komplett die reine Strategie „Kooperieren". Was aber würde passieren, wenn in dieser Situation nun einige wenige Männchen dazu übergehen würden, sich in Kämpfen unkooperativ zu verhalten, z.B. durch einen Gendefekt im Gehirn, der sie aggressiver macht? Können sie sich ausbreiten? Die Antwort ist: Ja! Denn solange es nur wenige von ihnen gibt, treffen sie eher auf kooperative Männchen und haben dann jeweils 5 Nachkommen, während die kooperativen nur 4 bekommen, wenn sie aufeinandertreffen und sogar nur 2, wenn sie auf ein unkooperatives Männchen treffen.

Nehmen wir nun an, dass in der Ausgangspopulation plötzlich 1% unkooperative Affenmännchen auftreten. Welche Auszahlungen erreichen die beiden Typen dann? Nun, für die kooperativen Männchen ergibt sich eine erwartete Auszahlung von:

$$E\left(A_{Kooperieren}\right) = 0{,}99 * 4 + 0{,}01 * 2 = 3{,}98$$

Und für die unkooperativen:

$$E\left(A_{Nicht\ kooperieren}\right) = 0{,}99 * 5 + 0{,}01 * 1 = 4{,}96$$

Als durchschnittliche Pro-Kopf-Auszahlung aller Spieler ergibt sich daraus (p_K = Anteil der kooperativen Männchen, p_{NK} = Anteil der nicht kooperativen Männchen):

$$E(A) = p_K E\left(A_{Kooperieren}\right) + p_{NK} E\left(A_{Nicht\ kooperieren}\right)$$

$$= 0{,}99 * 3{,}98 + 0{,}01 * 4{,}96$$

$$= 3{,}9402 + 0{,}0496$$

$$= 3{,}9898$$

Für die zweite Generation würden sich daraus die folgenden Anteile an der Population ergeben. Für die kooperativen Männchen: 3,9402/(3,9402+0,0496)=0,9875 und für die nicht kooperativen Männchen: 0,0496/(3,9402+0,0496)=0,0125. Der Anteil der nicht kooperativen Männchen würde also von 1% auf 1,25% steigen. Dieser Anstieg würde sich über eine Reihe von Generationen fortsetzen. Allerdings würden in unserem Beispiel die kooperativen Männchen nicht aussterben. Um das zu sehen, müssen wir uns für dieses Beispiel zunächst nur ansehen, was passieren würde, nachdem sich die nicht kooperativen Männchen so stark vermehrt hätten, dass beide Typen 50% der Population ausmachen. In diesem Fall ergibt sich:

$$E\left(A_{Kooperieren}\right) = 0{,}5 * 4 + 0{,}5 * 2 = 3$$

Und für die unkooperativen:

$$E\left(A_{Nicht\ kooperieren}\right) = 0{,}5 * 5 + 0{,}5 * 1 = 3$$

Als durchschnittliche Pro-Kopf-Auszahlung aller Spieler ergäbe sich dann offensichtlich:

$$E(A) = p_K E\left(A_{Kooperieren}\right) + p_{NK} E\left(A_{Nicht\ kooperieren}\right)$$

$$= 0{,}5 * 3 + 0{,}5 * 3$$

$$= 1{,}5 + 1{,}5$$

$$= 3$$

Für die nächste Generation würden sich daraus die folgenden Anteile an der Population ergeben. Für die kooperativen Männchen: 1,5/(1,5+1,5)=0,5 und für die nicht kooperativen Männchen: 1,5/(1,5+1,5)=0,5. In der nächsten Generation wäre der Anteil beider Typen also wieder 50%. Damit würden auch wieder dieselben erwarteten Auszahlungen resultieren, woraus sich dann wieder Anteile von 50% für die Folgegeneration ergeben würden. Das würde dann ewig so weitergehen. Die Population dieser Art würde sich also bei 50% kooperativen und 50% nicht kooperativen Männchen einpendeln.

Wenn wir uns das obige Spiel nochmals zusammenfassend ansehen, dann stellen wir fest, dass das Spiel 3 Gleichgewichte hat. Zwei in reinen Strategien und eines in gemischten

Strategien. Die beiden in reinen Strategien lauten {*Kooperieren*; *Nicht kooperieren*} und {*Nicht kooperieren*; *Kooperieren*}. Das Gleichgewicht in gemischten Strategien lautet $\{(p_{k1}, 1 - p_{k1}); (p_{k2}, 1 - p_{k2})\} = \{(0{,}5,\ 0{,}5); (0{,}5,\ 0{,}5)\}$, d.h. beide Spieler spielen „Kooperieren" und „Nicht Kooperieren" jeweils mit einer Wahrscheinlichkeit von 50%. Dieses letzte Gleichgewicht können wir mit den Methoden aus Abschnitt 2.3. dieses Buches berechnen. Wir haben aber erstaunlicherweise eben gesehen, dass wir dieses Gleichgewicht auch mittels unserer Evolutionsideen herleiten konnten.

Damit kommen wir zu einer neuen Definition, die allerdings in dieser Form nur für den Fall zweier Spieler gilt. Hierzu unterstellen wir, dass es eine evolutionsstabile Strategie gibt, die wir dann S_e nennen. Eine Strategie, die nicht identisch mit S_e ist, nennen wir hier jetzt allgemein S_x.

▶ **Definition „Evolutionsstabile Strategie"** Eine Strategie eines Spielers 1 (analog für Spieler 2) S_e heißt evolutionsstabil, wenn sie die beiden folgenden Eigenschaften hat:

1. Die Strategie S_e bringt dem Spieler 1 mindestens dieselbe Auszahlung wie jede andere seiner möglichen Strategien S_x, falls auch Spieler 2 die Strategie S_e spielt. Die Auszahlung von Spieler 1, wenn er mit seiner Strategie S_e gegen S_e von Spieler 2 spielt, muss also mindestens genauso hoch sein, wie die Auszahlung, die Spieler 1 erreicht, wenn er mit einer beliebigen anderen Strategie S_x gegen die Strategie S_e des Spielers 2 antritt. Die Auszahlung für Spieler 1 in der Strategiekombination $\{S_e, S_e\}$ muss also mindestens so hoch sein wie seine Auszahlung in der Strategiekombination $\{S_x, S_e\}$. Knapp formuliert: S_e ist eine beste Antwort auf sich selbst.

2. Nun nehmen wir an, dass es eine Strategie S_x gibt, die tatsächlich genau dieselbe Auszahlung gegen S_e erbringt wie S_e selbst. Aus der Sicht von Spieler 1 würde dann also die Strategiekombination $\{S_x, S_e\}$ zu exakt derselben Auszahlung für ihn führen wie die Strategiekombination $\{S_e, S_e\}$. Wenn es nun tatsächlich eine solche Strategie S_x gibt, dann muss für die evolutionsstabile Strategie S_e aber gelten, dass sie für Spieler 1 <u>echt besser</u> ist als S_x, falls auch Spieler 2 S_x spielen würde. Es muss dann also gelten, dass die Auszahlung von Spieler 1 in der Strategiekombination $\{S_e, S_x\}$ echt größer ist als seine Auszahlung in der Strategiekombination $\{S_x, S_x\}$

Entsprechend definieren wir:

▶ **Definition „evolutionsstabiles Gleichgewicht"** Ein evolutionsstabiles Gleichgewicht ist ein Gleichgewicht, das aus einer Kombination evolutionsstabiler Strategien besteht.

Klingt ein wenig wüst, aber wir werden das schon aufdröseln. Die erste Bedingung sagt ja nichts anderes, als dass eine Strategie nur dann eine evolutionsstabile Strategie sein kann, wenn sie eine beste Antwort auf sich selbst ist. Wenn Spieler 2 also S_e spielt und genau diese Strategie S_e dem Spieler 1 dann mindestens dieselbe Auszahlung bringt wie jede seiner anderen Strategien, dann bedeutet das: Spieler 1 würde die Frage, ob er S_e nachträglich noch ändern wollen würde, nachdem er erfahren hat, dass Spieler 2 ebenfalls S_e gewählt hat, verneinen. Er würde nachträglich nicht zu einer seiner anderen Strategien S_x wechseln wollen. Das erste Motto einer evolutionsstabilen Strategie ist also: „Ich bin mir selbst am liebsten!"

Prüfen wir mal, was diese erste Bedingung für unser obiges Spiel bedeutet. Nehmen wir an, dass die reine Strategie „Kooperieren" eine evolutionsstabile Strategie sei, d.h. wir nehmen an, dass dies die Strategie S_e ist, dass also gilt $S_e = Kooperieren$. Nehmen wir nun an, dass Spieler 2 diese Strategie spielt. Ist dann $S_e = Kooperieren$ die beste Antwort von Spieler 1? Nein, offensichtlich nicht, denn wenn Spieler 2 „Kooperieren" spielt, ist es für Spieler 1 besser, „Nicht kooperieren" zu spielen. Damit ist die Prüfung hier bereits beendet, die Strategie „Kooperieren" ist keine evolutionsstabile Strategie, weil sie keine beste Antwort auf sich selbst ist. Wir sehen schnell, dass das auch auf die Strategie „Nicht kooperieren" zutrifft, auch diese Strategie ist nicht evolutionsstabil. Daraus folgt sofort, dass die beiden Gleichgewichte in reinen Strategien, nämlich {*Kooperieren*; *Nicht kooperieren*} und {*Nicht kooperieren*; *Kooperieren*} keine evolutionsstabilen Gleichgewichte seien können, da in beiden Gleichgewichten nur Strategien vorkommen, die jeweils selbst nicht evolutionsstabil sind.

Bleibt als dritter Kandidat nur das gefundene Gleichgewicht in gemischten Strategien. Prüfen wir somit als nächstes, ob die gemischte Strategie $(p_K, 1 - p_K) = (0{,}5,\ 0{,}5)$ evolutionsstabil ist.

Dazu prüfen wir zunächst die erste Bedingung. Nehmen wir an, dass Spieler 2 diese Strategie spielt. Nehmen wir zusätzlich an, dass Spieler 1 „Kooperieren" mit einer Wahrscheinlichkeit von p_{K1} spielt und dementsprechend „Nicht kooperieren" mit einer Wahrscheinlichkeit von $1 - p_{K1}$. Tragen wir diese Wahrscheinlichkeiten in unsere Matrixdarstellung ein, erhalten wir:

		Spieler 2			
		Kooperieren 0,5		Nicht kooperieren 0,5	
Spieler 1	Kooperieren p_{K1}	4	4	2	5
	Nicht kooperieren $1 - p_{K1}$	5	2	1	1

Es ergibt sich nun als erwartete Auszahlung für Spieler 1:

$$E(A_{Spieler\,1}) = p_{K1} \cdot 0{,}5 \cdot 4 + p_{K1} \cdot 0{,}5 \cdot 2 + (1 - p_{K1}) \cdot 0{,}5 \cdot 5 + (1 - p_{K1}) \cdot 0{,}5 \cdot 1$$
$$= 3$$

Die erwartete Auszahlung von Spieler 1 ist also konstant und hängt nicht von p_{K1} ab. Würde er nun ebenfalls mit der gemischten Strategie (0,5, 0,5) spielen, würde er dieselben Auszahlungen erreichen, wie mit jeder anderen seiner reinen oder gemischten Strategien. Er würde also die Frage, ob er seine gemischte Strategie (0,5, 0,5) nachträglich wechseln wollen würde, verneinen. Das aber heißt, dass die erste Bedingung der Evolutionsstabilität erfüllt ist!

Wenn wir das rekapitulieren, ist das auch nicht schwer zu verstehen. Die erste Bedingung der Evolutionsstabilität verlangt, dass eine Strategie gegen sich selbst mindestens genauso gut ist, wie jede andere. In einem Gleichgewicht gemischter Strategien gilt das aber für jede der gemischten Strategien. Denn wenn der Spieler 2 die gemischte Strategie des Gleichgewichts spielt, ist es für Spieler 1 egal, welche Strategie er selbst spielt, da seine (erwarteten) Auszahlungen für alle reinen und gemischten Strategien gleich hoch sind. Das haben wir ein paar Zeilen weiter oben erst wieder gesehen: Spielt Spieler 2 die gemischte Gleichgewichtsstrategie, dann ist die Auszahlung von Spieler 1 konstant (hier: 3). Spieler 1 kann daher genauso gut auch selbst die gemischte Gleichgewichtsstrategie spielen.

Damit können wir nun die zweite Eigenschaft der Evolutionsstabilität prüfen. Wiederholen wir diese hier nochmals:

> Nun nehmen wir an, dass es eine Strategie S_x gibt, die tatsächlich genau dieselbe Auszahlung gegen S_e erbringt wie S_e selbst. Aus der Sicht von Spieler 1 würde dann also die Strategiekombination $\{S_x, S_e\}$ zu exakt derselben Auszahlung für ihn führen wie die Strategiekombination $\{S_e, S_e\}$. Wenn es nun tatsächlich eine solche Strategie S_x gibt, dann muss für die evolutionsstabile Strategie S_e aber gelten, dass sie für Spieler 1 <u>echt besser</u> ist als S_x, falls auch Spieler 2 S_x spielen würde. Es muss dann also gelten, dass die Auszahlung von Spieler 1 in der Strategiekombination $\{S_e, S_x\}$ echt größer ist als seine Auszahlung in der Strategiekombination $\{S_x, S_x\}$.

Wir vermuten bisher, dass die gemischte Strategie $(p_K, 1 - p_K) = (0{,}5,\ 0{,}5)$ unsere gesuchte evolutionsstabile Strategie S_e sein könnte, da sie Bedingung 1 erfüllt. Auf diese gemischte Strategie treffen nun aber die beiden ersten Sätze aus Bedingung 2 zu, wir müssen also auch Bedingung 2 durchprüfen. Denn mit einer seiner anderen Strategien S_x erreicht der Spieler 1 dieselbe Auszahlung wie mit einer seiner Strategie $(p_K, 1 - p_K) = (0{,}5,\ 0{,}5)$, wenn Spieler 2 ebenfalls die gemischte Strategie $(p_K, 1 - p_K) = (0{,}5,\ 0{,}5)$ spielt. Nehmen wir als Strategie S_x z.B. die reine Strategie „Kooperieren". Die erwartete Auszahlung für Spieler 1, wenn Spieler 2 die gemischte Strategie $(p_K, 1 - p_K) = (0{,}5,\ 0{,}5)$ spielt, beträgt:

$$E\big(A_{Kooperieren}\big) = 0{,}5 \cdot 4 + 0{,}5 \cdot 2 = 3$$

Diese Auszahlung ist für Spieler 1 aber genauso hoch wie die, die er erreicht, wenn er auch mit der gemischten Strategie $(p_K, 1 - p_K) = (0{,}5,\ 0{,}5)$ spielen würde. Tatsächlich gilt das hier ja sogar nicht nur für die reine Strategie $S_x = $ „Kooperieren", sondern für jede beliebige reine oder gemischte Strategie.

Somit müssen wir die Prüfung aus Bedingung 2 durchführen. Diese zweite Bedingung kann man inhaltlich auch noch etwas anders ausformulieren. Man kann folgende Frage stellen: Angenommen, die beiden Spieler würden im Augenblick die Strategiekombination $\{S_e, S_e\}$ spielen. Wenn jetzt der Spieler 2 plötzlich zu S_x wechselt, sollte Spieler 1 dann bei S_e bleiben oder sollte er das Verhalten von Spieler 2 exakt nachahmen und dann auch auf S_x wechseln, sodass die Spieler dann die Strategiekombination $\{S_x, S_x\}$ spielen würden? Wenn das Verbleiben bei S_e für Spieler 1 echt besser wäre als das Nachahmen, also der Wechsel auf S_x, dann wäre auch die zweite Bedingung erfüllt. Man könnte das zweite Motto einer evolutionsstabilen Strategie also etwa formulieren als: „Geh, wohin Du willst, ich komme nicht mit!".

Beginnen wir also mit unserer Prüfung von Bedingung 2. Wir nehmen nun an, dass der Spieler 2 die Strategie $(0{,}5,\ 0{,}5)$ nicht weiter spielt, sondern auf irgendeine andere Strategie wechselt. Wir unterstellen hierfür einfach mal, dass Spieler 2 jetzt auf die gemischte Strategie $(p_K, 1 - p_K) = (0{,}2,\ 0{,}8)$ wechselt. Die jetzt durchzuführende Prüfung ist die folgende: Sollte Spieler 1 bei der vermuteten evolutionsstabilen Strategie $(0{,}5,\ 0{,}5)$ bleiben, oder lohnt es sich jetzt, Spieler 2 nachzuahmen, also dessen neue Strategie $(p_K, 1 - p_K) = (0{,}2,\ 0{,}8)$ exakt zu kopieren?

Berechnen wir also die beiden erwarteten Auszahlungen für Spieler 1. Zunächst für den Fall, dass Spieler 1 bei $(0{,}5,\ 0{,}5)$ bleibt, also nur Spieler 2 mit $(p_K, 1 - p_K) = (0{,}2,\ 0{,}8)$ spielt. Dann erhalten wir folgendes Spiel:

		Spieler 2	
		Kooperieren 0,2	Nicht kooperieren 0,8
Spieler 1	Kooperieren 0,5	4 4	2 5
	Nicht kooperieren 0,5	5 2	1 1

Aus diesem Spiel ergibt sich für Spieler 1:

$$E\left(A_{(0,5,0,5)}\right) = 0,5 \cdot 0,2 \cdot 4 + 0,5 \cdot 0,8 \cdot 2 + 0,5 \cdot 0,2 \cdot 5 + 0,5 \cdot 0,8 \cdot 1 = 2,1$$

Würde Spieler 1 nun die Strategie von Spieler 2 kopieren, müsste er auch mit $(p_K, 1 - p_K) = (0,2, \; 0,8)$ spielen. Wir hätten dann folgendes Spiel:

		Spieler 2	
		Kooperieren 0,2	Nicht kooperieren 0,8
Spieler 1	Kooperieren 0,2	4 4	2 5
	Nicht kooperieren 0,8	5 2	1 1

In diesem Fall würde sich ergeben:

$$E\left(A_{(0,2,0,8)}\right) = 0,2 \cdot 0,2 \cdot 4 + 0,2 \cdot 0,8 \cdot 2 + 0,8 \cdot 0,2 \cdot 5 + 0,8 \cdot 0,8 \cdot 1 = 1,92$$

Damit sehen wir, dass es sich für Spieler 1 nicht lohnt, von der Strategie (0,5, 0,5) abzuweichen und den Spieler 2 nachzuahmen bei seiner Strategie $(p_K, 1 - p_K) = (0,2, 0,8)$. Vielmehr ist es besser, bei (0,5, 0,5) zu bleiben, da die Auszahlung von Spieler 1 wirklich größer (nicht gleich!) ist. Damit ist ein erster großer Schritt getan, um die zweite Bedingung der Evolutionsstabilität der gemischten Strategie (0,5, 0,5) zu beweisen: Wir konnten zeigen, dass es sich nicht lohnt, die abweichende Strategie $(p_K, 1 - p_K) = (0,2, 0,8)$ nachzuahmen. Das verbleibende Problem ist hier nur, dass es vielleicht noch eine ganz andere, abweichende Strategie geben könnte, bei der sich das Nachahmen doch noch lohnen könnte. Wie wäre es z.B. mit der Strategie $(p_K, 1 - p_K) = (0,9, 0,1)$? Lohnt sich das Nachahmen jetzt?

Wir können nun unmöglich alle Alternativen einzeln durchprüfen, denn schließlich gibt es bei gemischten Strategien unendlich viele. Also müssen wir das ganze algebraisch angehen. Nennen wir die abweichende Strategie einfach $(p_K, 1 - p_K)$. Wenn Spieler 1 diese Strategie nicht nachahmt, sondern bei (0,5, 0,5) bleibt, beträgt seine erwartete Auszahlung:

$$E\left(A_{(0,5,0,5)}\right) = 0,5 \cdot p_K \cdot 4 + 0,5 \cdot (1 - p_K) \cdot 2 + 0,5 \cdot p_K \cdot 5 + 0,5 \cdot (1 - p_K) \cdot 1$$

$$= 3p_K + 1,5$$

Ahmt er hingegen nach, beträgt seine erwartete Auszahlung:

$$E\big(A_{(p_K,\ 1-p_K)}\big) = p_K \cdot p_K \cdot 4 + p_K(1 - p_K) \cdot 2 + (1 - p_K)p_K \cdot 5 + (1 - p_K)(1 - p_K) \cdot 1$$

$$= 5p_k - 2p_K^2 + 1$$

Nun definieren wir uns eine Differenzfunktion D, indem wir die zweite erwartete Auszahlung von der ersten abziehen:

$$D = E\big(A_{(0,5,0,5)}\big) - E\big(A_{(p_K,\ 1-p_K)}\big)$$

$$= (3p_K + 1,5) - (5p_K - 2p_K^2 + 1)$$

$$= 2p_K^2 - 2p_K + 0,5$$

Diese Differenzfunktion misst also den Vorteil, den es hat, bei der Strategie (0,5, 0,5) zu bleiben, statt die Strategie $(p_K, 1 - p_K)$ nachzuahmen. Sehen wir uns diese Funktion einmal grafisch an:

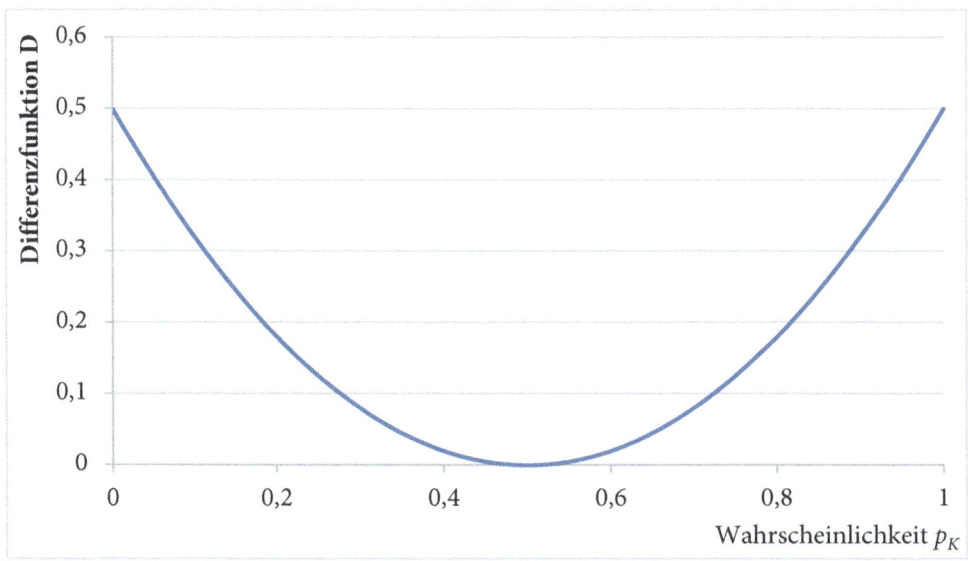

Und hier sehen wir nun das, wonach wir so lange gesucht haben. Es ist fast immer von Vorteil, bei der Strategie (0,5, 0,5) zu bleiben, denn die Differenzfunktion ist fast überall echt positiv. Die einzige Ausnahme ist die Strategie (0,5, 0,5), bei der die Differenzfunktion D selbst den Wert Null annimmt. Diese Strategie ist aber eben gerade keine Abweichung von der evolutionsstabilen Strategie. Nun haben wir genau das, was wir zeigen wollten. Gegen <u>absolut jede</u> Abweichung von (0,5, 0,5) lohnt es sich, bei

(0,5, 0,5) zu bleiben, statt die Abweichung nachzuahmen. Und daraus folgt. Die gemischte Strategie (0,5, 0,5) ist evolutionsstabil. Das gilt natürlich für beide Spieler.

Nun ist für den echten Spieltheoretiker ein solcher grafischer „Beweis" durch das Auf-
zeichnen einer Differenzfunktion allenfalls eine Hilfslösung. Auch will man ja vielleicht
gar nicht immer ein Bild von der Differenzfunktion anfertigen. Wir können dieses Ergebnis aber mit vertretbarem Rechenaufwand auch mathematisch exakt herleiten. Dazu
überlegen wir uns Folgendes: Damit Bedingung 2 erfüllt ist, darf die Differenzfunktion
zunächst an keiner Stelle negativ werden. Denn das würde heißen, dass sich ein Nachahmen mindestens einer Strategie doch lohnen würde, was es aber nicht darf. Um zu
zeigen, dass die Funktion an keiner Stelle negativ ist, kann man folgende Prüfung vornehmen. Man untersucht zunächst, an welcher Stelle die Funktion D ihr Minimum hat.
Und dann prüft man, wie hoch der Funktionswert an der Stelle des Minimums ist. Ist der
Funktionswert im Minimum der Funktion größer oder gleich Null, dann kann die Funktion an keiner Stelle negative Werte annehmen. Damit wäre der erste Teil des Nachwei-
ses erledigt. Im zweiten Teil zeigt man, dass die Differenzfunktion D nur an exakt einer
einzigen Stelle den Wert Null annimmt, nämlich an der Stelle der evolutionsstabilen
Strategie. Macht man die evolutionsstabile Strategie des Gegenspielers nach, macht man
keine Abweichung nach, denn der Gegenspieler spielt ja gerade die evolutionsstabile
Strategie. Zeigt sich also, dass die Differenzfunktion nur in dem Fall Null ist, in dem der
Gegenspieler selbst die evolutionsstabile Strategie spielt, in allen anderen Fällen aber
nicht, hat man den Beweis erbracht, dass Bedingung 2 erfüllt ist. Klingt vermutlich kom-
plizierter, als es ist. Sehen wir uns das für unser obiges Beispiel an:

Wir müssen also zunächst feststellen, wo das Minimum der Differenzfunktion liegt.
Unsere obige Differenzfunktion lautet:

$$D = 2p_K^2 - 2p_K + 0,5$$

Wenn wir das Minimum bestimmen wollen, müssen wir die erste Ableitung gleich Null
setzen und den betreffenden Wert für p_K bestimmen. Tun wir das! Die erste Ableitung
gleich Null zu setzen ergibt:

$$\frac{dD}{dp_K} = 4p_K - 2 = 0$$

Die Lösung dieser Gleichung ergibt $p_K = 0,5$. Um zu überprüfen, ob wir wirklich ein
Minimum und nicht etwa ein Maximum an dieser Stelle gefunden haben, müssen wir
noch nachweisen, dass die zweite Ableitung an der Stelle $p_k = 0,5$ positiv ist. Für die
zweite Ableitung ergibt sich:

$$\frac{d^2D}{dp_K^2} = 4$$

Die zweite Ableitung ist konstant positiv, also auch an der Stellte $p_K = 0{,}5$. An dieser Stelle hat die Funktion D also tatsächlich ihr Minimum. Setzen wir nun $p_K = 0{,}5$ in die Funktion ein, so erhalten wir:

$$D \;=\; 2p_K^2 - 2p_K + 0{,}5$$

$$=\; 2 \cdot 0{,}5^2 - 2 \cdot 0{,}5 + 0{,}5$$

$$=\; 0$$

Daraus können wir als ersten wichtigen Schluss ziehen: Eine Abweichung nicht nachzumachen, führt zu einem Vorteil von mindestens Null, ist also niemals nachteilig. Nun müssen wir noch zeigen, dass jede denkbare Abweichung von $p_K = 0{,}5$ dazu führen würde, dass ein Nichtnachmachen zu einem echt positiven Vorteil, also zu $D > 0$ führen würde. Um das zu zeigen, wären nun verschiedene Wege denkbar. Wir nutzen hierzu eine einfache Betrachtung: Die Ableitung der Funktion lautet allgemein:

$$\frac{dD}{dp_K} = 4p_K - 2$$

Für absolut jeden Wert $p_K < 0{,}5$ ist diese Ableitung strikt negativ. Im Intervall von $0 \le p_K < 0{,}5$ fällt die Funktion also. Sie fällt hin zum Minimum der Funktion. Das aber bedeutet, dass die Funktionswerte links von Minimum alle echt größer als Null sein müssen: Jede Nachahmung einer Abweichung von $p_K = 0{,}5$ nach unten führt also zu einer echten Verschlechterung. Umgekehrt gilt: im Intervall von $0{,}5 < p_K \le 1$ ist die Ableitung strikt positiv. Rechts von $p_K = 0{,}5$ ist die Funktion also ebenfalls überall echt größer als Null. Damit würde auch jede Nachahmung einer Abweichung von $p_k = 0{,}5$ nach oben ebenfalls zu einer echten Verschlechterung führen. Damit haben wir nun auch einen mathematisch korrekten Beweis dafür geliefert, dass die Strategie $(p_K, 1 - p_K) = (0{,}5,\ 0{,}5)$ Bedingung 2 erfüllt und somit evolutionsstabil ist.

Und somit ist auch unser Gleichgewicht in gemischten Strategien mit $\{(p_{K1}, 1 - p_{K1}); (p_{K2}, 1 - p_{K2})\} = \{(0{,}5,\ 0{,}5); (0{,}5,\ 0{,}5)\}$ ein evolutionsstabiles Gleichgewicht. Die Gleichgewichte dieses Spiels in reinen Strategien waren nicht evolutionsstabil, wie wir oben bereits gesehen hatten. Damit ist das gefundene Gleichgewicht in gemischten Strategien das einzige evolutionsstabile Gleichgewicht unseres Affenmännchenspiels!

9.4 Anmerkungen

Zum besseren Verständnis und zur Interpretation unserer obigen Analysen erscheint eine Reihe von Anmerkungen angebracht.

Anmerkung 1:

Beginnen wir zunächst mit einer formalen Anmerkung. Wenn man die 2. Bedingung der Evolutionsstabilität prüft, muss man nur prüfen, ob es sich lohnen würde, einen Strategiewechsel des Mitspielers <u>exakt</u> nachzuahmen. Kommt man zu dem Ergebnis, dass man sich bei Nachahmung verschlechtern würde, ist die Strategie evolutionsstabil. Man muss aber nicht prüfen, ob es gegen den Strategiewechsel des Mitspielers irgendeine bessere Strategie als die evolutionsstabile Strategie gibt. Nehmen wir also an, Spieler 2 würde in unserem obigen Spiel plötzlich auf die reine Strategie „Nicht kooperieren" wechseln. Wenn Spieler 2 dann bei seiner gemischten Strategie (0,5, 0,5) bleibt, erzielt er eine erwartete Auszahlung von 1,5. Würde er in dieser Situation aber auf die reine Strategie „Kooperieren" wechseln, hätte er eine sichere Auszahlung von 2, was offensichtlich höher als 1,5 ist. Das muss aber, wie gesagt, gar nicht geprüft werden. Es muss gemäß Bedingung 2 nur geprüft werden, ob ein <u>exaktes</u> Nachmachen des Strategiewechsels lohnt. Hier müsste man also nur prüfen, ob es sich lohnt, nun ebenfalls auf die reine Strategie „Nicht kooperieren" zu wechseln. In diesem Fall wäre die Auszahlung von Spieler 1 aber 1, was niedriger wäre als seine erwartete Auszahlung in Höhe von 1,5 beim Verbleib bei der evolutionsstabilen Strategie. Nur das muss geprüft werden! Das Motto ist: „Geh, wohin Du willst, ich komme nicht mit!" Das Motto ist nicht: „Geh wohin Du willst, es gibt auch dann keinen besseren Ort (= bessere Strategie!) für mich".

Anmerkung 2:

Im Abschnitt 9.2. über die Vererbung von Strategien haben wir gesehen, dass die Strategie „Tit for Tat" gegen eine Vielzahl anderer Strategien im Evolutionswettkampf gewonnen hat. Ist die reine Strategie „Tit for Tat" also generell eine evolutionsstabile Strategie in einem wiederholten Stufenspiel? Die Antwort ist nicht ganz so einfach, denn es kommt ja immer darauf an, welche anderen Strategien alternativ gespielt werden könnten. Aber man kann leicht eine andere Strategie konstruieren, gegen die das reine „Tit for Tat" nicht evolutionsstabil ist. Sehen wir uns dazu nochmals die Auszahlungsmatrix des Gefangenendilemmas aus Unterkapitel 9.2. an:

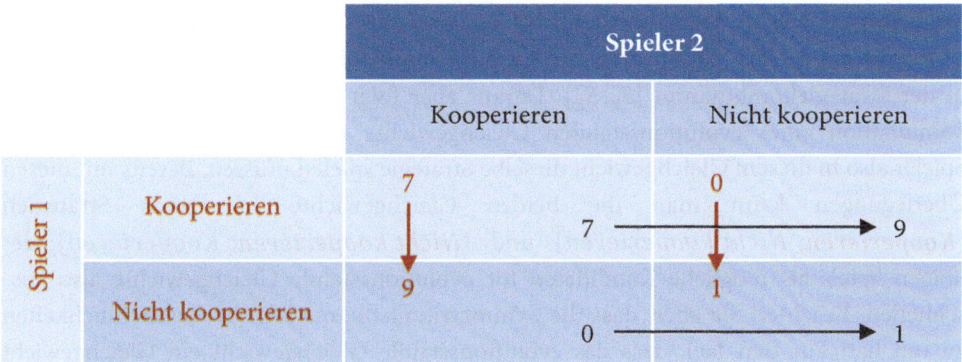

Nennen wir diese andere Strategie mal „Wer zuletzt lacht" (Wzl). Wzl sieht vor, bis zur vorletzten Runde kooperativ und erst in der letzten Runde unkooperativ zu spielen. Der Trick dieser Strategie ist also, sich in der letzten Runde einen Vorteil gegen „Tit for Tat"-Spieler zu verschaffen, ohne dass diese noch die Möglichkeit hätten, zurückzuschlagen. Es ist damit klar, dass ein Wzl-Spieler gegenüber einem „Tit for Tat"-Spieler einen Vorteil erzielt, wenn diese direkt aufeinander treffen. Damit ist auch klar, dass die reine Strategie „Tit for Tat" in diesem Spiel nicht evolutionsstabil sein kann. Denn gemäß Bedingung 1 müsste „Tit for Tat" eine beste Antwort auf sich selbst sein. Wenn aber Spieler 2 „Tit for Tat" spielt, dann ist es für Spieler 1 keine beste Antwort, auch „Tit for Tat" zu spielen, sondern er schneidet besser ab, wenn er dann Wzl spielt. Da bereits Bedingung 1 verletzt ist, muss Bedingung 2 gar nicht mehr geprüft werden: Das reine „Tit for Tat" ist in einem Spiel mit Wzl-Spielern also nicht evolutionsstabil. Diese Überlegungen kann man zudem leicht auf sämtliche Strategien erweitern, die kooperativ beginnen und niemals als erste unkooperativ werden. Nehmen wir als Beispiel die Triggerstrategie. Diese sieht vor, kooperativ zu beginnen und solange kooperativ zu bleiben, bis der andere Spieler einmal unkooperativ gespielt hat. Von da an sieht die Triggerstrategie vor, den Rest des Spiels in jeder Runde unkooperativ zu spielen. Treffen in einem Spiel nun lediglich „Tit for Tat"-Spieler und Spieler der Triggerstrategie aufeinander, dann erzielt jeder gegen jeden dieselbe Auszahlung, da alle Spieler in allen Runden jeweils kooperieren. Das aber heißt, dass ein „Tit for Tat"-Spieler sich nicht schlechter stellen würde, wenn er eine Abweichung auf die Triggerstrategie nachahmen würde. Bedingung 2 wäre also verletzt. „Tit for Tat" ist also weder gegen die Triggerstrategie noch gegen irgendeine andere Strategie evolutionsstabil, sofern diese andere Strategie kooperativ beginnt und niemals als erste unkooperativ wird.

Anmerkung 3:
Wir haben oben Spiele untersucht, bei denen zufällig ausgewählte Individuen derselben Art gegeneinander angetreten sind. Daraus folgt, dass die Benennung als „Spieler 1" und „Spieler 2" beliebig ist und man daher die Spielernamen gegeneinander austauschen können muss. Das geht aber nur, wenn das Spiel symmetrisch ist. Die Strategiemengen der beiden Spieler müssen also identisch sein und die Auszahlung von Spieler 1 in der Strategiekombination $\{S_X, S_Y\}$ muss genauso hoch sein wie die Auszahlung von Spieler 2 in der Strategiekombination $\{S_Y, S_X\}$. Daraus aber folgt dann, dass auch die Strategiekombination eines evolutionsstabilen Gleichgewichts symmetrisch sein muss, beide Spieler also in diesem Gleichgewicht dieselbe Strategie spielen müssen. Bereits mit diesen Überlegungen kann man die beiden Gleichgewichte in reinen Strategien {*Kooperieren*; *Nicht kooperieren*} und {*Nicht kooperieren*; *Kooperieren*} des obigen Spiels als mögliche Kandidaten für evolutionsstabile Gleichgewichte also ausschließen. Beachten Sie aber, dass die Symmetrie nichts mit den Wahrscheinlichkeiten zu tun hat! Für den Fall, dass das evolutionsstabile Gleichgewicht ein Gleichgewicht gemischter Strategien ist, müssen die Wahrscheinlichkeiten für jede der reinen Strate-

gien also nicht gleich hoch sein. Das war oben nur zufällig der Fall, nämlich jede reine Strategie wird im Gleichgewicht mit einer Wahrscheinlichkeit von 50% gespielt. Um zu sehen, dass das nicht so sein muss, ändern wir die Auszahlungen des obigen Spiels ein wenig ab, ohne dadurch die Gleichgewichte in reinen Strategien zu verändern (bisherige Auszahlungen in Klammern):

		Spieler 2	
		Kooperieren	Nicht kooperieren
Spieler 1	Kooperieren	4 4	2 11 (statt 5)
	Nicht kooperieren	11 (statt 5) 2	1 1

Wir haben in diesem Spiel jetzt nur die Auszahlungen für den unkooperativen Spieler von 5 auf 11 erhöht, wenn er auf einen kooperativen Spieler trifft. Alle anderen Auszahlungen sind unverändert geblieben. Es ist unmittelbar einsichtig, welche Auswirkungen das haben muss: Nicht kooperativ zu sein, lohnt sich mehr. Im Gleichgewicht gemischter Strategien muss die Strategie „Nicht kooperieren" jetzt eine höhere Wahrscheinlichkeit bekommen als vorher, also eine höhere Wahrscheinlichkeit als 50%. Das werden Sie spätestens sehen, wenn Sie die Aufgabe 9.5.1 lösen!

Evolutionäre Spiele zwischen verschiedenen „Tierarten" können mit den bisher vermittelten Methoden nicht untersucht werden. Wenn also z.B. eine Art kleiner Fische ständig mit einer anderen Art großer Fische umherschwimmt und die großen Fische von Parasiten befreit, dann steht die Strategie, den anderen Fisch eventuell einfach zu fressen, den kleinen Fischen gar nicht zur Verfügung, den großen umgekehrt aber schon. Da die Strategiemenge der kleinen Fische nicht mit der Strategiemenge der großen Fische übereinstimmt, braucht man für die Analysen derartiger „Spiele" also auch andere Lösungs- bzw. Gleichgewichtskonzepte. Diese werden wir hier aber nicht mehr betrachten, denn wie schon der Titel dieses Buches verrät: Es geht um Grundzüge.

Anmerkung 4:

Eine spannende Frage ist ferner, ob jedes Spiel ein evolutionsstabiles Gleichgewicht besitzt. Wir hatten in Kapitel 2 gesehen, dass jedes Spiel mit einer endlichen Anzahl von Spielern und einer endlichen Anzahl von reinen Strategien pro Spieler immer mindestens ein „normales" Gleichgewicht besitzt. Das lässt sich für evolutionsstabile Gleichgewichte nicht sagen. Für diese Spiele kann man das leider nur sagen, wenn es ein Spiel mit zwei Spielern und jeweils zwei reinen Strategien pro Spieler ist. Diese Spiele haben immer ein evolutionsstabiles Gleichgewicht. Im folgenden Beispiel mit zwei Spielern und je drei reinen Strategien A, B und C werden wir bereits sehen, dass dieses Spiel kein evolutionsstabiles Gleichgewicht mehr besitzt. Die Auszahlungsmatrix sei wie folgt:

		Spieler 2		
		A	B	C
Spieler 1	A	2 4	0 4	4 0
	B	4 0	2 2	0 4
	C	0 4	4 0	2 2

Dieses Spiel ist symmetrisch und es besitzt kein Gleichgewicht in reinen Strategien. Das einzige Gleichgewicht dieses Spiels ist also ein Gleichgewicht in gemischten Strategien. In diesem Spiel gibt es zudem nur ein Gleichgewicht gemischter Strategien, in welchem jeder Spieler jede seiner reinen Strategien mit der Wahrscheinlichkeit von jeweils 1/3 spielt. Spielt Spieler 1 seine Strategie (1/3, 1/3, 1/3) und Spieler 2 tut das auch, erzielt jeder Spieler eine erwartete Auszahlung von 2. Da dies ein Gleichgewicht gemischter Strategien ist, müssen wir Bedingung 1 nicht mehr prüfen, da sie für Gleichgewichts gemischter Strategien immer erfüllt ist. Nun ist Bedingung 2 zu prüfen. Gemäß dieser Bedingung müsste sich Spieler 1 strikt verschlechtern, wenn er eine Abweichung von Spieler 2 exakt nachahmt. Gehen wir nun davon aus, dass Spieler 2 seine gemischte Strategie (1/3, 1/3, 1/3) verlässt und auf seine reine Strategie „B" wechselt. Wenn Spieler 1 das nachahmt und auch auf „B" wechselt, erzielt er eine Auszahlung von 2. Das ist aber nicht schlechter als die Auszahlung, die er mit seiner gemischten Strategie (1/3, 1/3, 1/3) erreicht, die ja auch 2 war. Damit ist Bedingung 2 verletzt: Nachahmen wird nicht bestraft! Die Schlussfolgerung ist, dass die Strategie (1/3, 1/3, 1/3) nicht evolutionsstabil ist. Damit hat das Spiel kein evolutionsstabiles Gleichgewicht.

Man kann sich das auch so vorstellen: Nehmen wir an, dass sich die Spieler der reinen Strategie „B" durch reine Zufälle in jeder Generation immer weiter vermehren würden, obwohl sie keine höheren Auszahlungen erreichen würden als die Spieler der gemischten Strategie (1/3, 1/3, 1/3). Die Vermehrung würde einfach durch wiederholt auftretende Gendefekte verursacht. Dann könnten die Spieler der gemischten Strategie diesen Zufällen nichts dadurch entgegensetzen, dass sie die Zufälle durch höhere Auszahlungen, also mehr Nachkommen, wieder ausgleichen würden. In diesem Fall würden die Spieler der gemischten Strategie (1/3, 1/3, 1/3) also aussterben. Eine Strategie, die dem (zufälligen) Anwachsen einer anderen Strategie überhaupt nichts entgegenzusetzen hätte, ist nicht evolutionsstabil.

Es kann also sein, dass bestimmte Spiele keine evolutionsstabilen Gleichgewichte haben. Umgekehrt können wir aber wenigstens eine Art von Gleichgewichten angeben, die immer evolutionsstabil ist, egal wie viele reine Strategien den Spielern zur Verfügung stehen und egal, wie viele Spieler in dem Spiel mitspielen: Das sind Gleichgewichte (strikt) dominanter Strategien. Wenn die Spieler dominante Strategien haben, heißt das zunächst, dass diese dominanten Strategien immer auch beste Antworten auf sich selbst sind. Bedingung 1 ist also immer erfüllt. Weicht nun ein Spieler A von der dominanten Strategie ab, kann es sich für einen anderen Spieler B niemals lohnen, diese Abweichung mitzumachen, da er dann auf eine dominierte Strategie wechseln müsste. Auch Bedingung 2 ist also immer erfüllt. Damit sind Gleichgewichte (strikt) dominanter Strategien immer auch evolutionsstabil. Dabei ist dann offensichtlich ganz egal, wie viele Spieler und wie viele reine Strategien pro Spieler es gibt.

Anmerkung 5:
Die Wahl einer gemischten Strategie bedeutet in der Logik des 2. Kapitels, dass ein Spieler einen Zufallsmechanismus gezielt einsetzt, um seine erwarteten Auszahlungen zu maximieren. Was aber machen wir mit dieser Idee hier im Kapitel 9, in welchem es gerade um unbewusste Strategiewahl geht? Nun, eine Interpretation ist, dass sich die Affenmännchen untereinander unterscheiden. Es gibt einfach kooperative und nicht kooperative. Das hat sich keines der Männchen ausgesucht, diese Eigenschaft wurde ihnen jeweils einfach vererbt. Die Wahl der gemischten Strategie resultiert einfach auf der Ebene der gesamten Art, indem sich jeweils die kooperativen und die nicht kooperativen unterschiedlich erfolgreich fortpflanzen. Wenn dann ein Zustand erreicht ist, in welchem sich beide Typen stabil fortpflanzen, ist die gesuchte gemischte Strategie gefunden, ohne dass jemals ein einzelnes Affenmännchen je hätte nachdenken müssen. In dieser Interpretation gehen wir dann einfach davon aus, dass es zwei unterschiedliche Typen von Affenmännchen gibt, die ursprünglich einfach irgendwie durch Mutationen entstanden sind. Die andere Interpretation ist, dass es nur einen Typ von Affenmännchen gibt, jedes einzelne Tier aber jeweils grundsätzlich sowohl zu kooperativem als auch zu nicht kooperativem Verhalten fähig ist. Für einen solchen Fall könnten wir z.B. annehmen, dass die Affenmännchen kooperativ sind, wenn sie am Tag zuvor A-Früchte gefressen haben und dass sie nicht kooperativ sind, wenn sie am Tag zuvor B-Früchte gefressen haben. Ferner gehen wir davon aus, dass jedes Männchen an jedem Tag entweder nur A- oder nur B-Früchte frisst. Wenn es nun in unserem obigen Beispiel im Affenrevier 50% A-Früchte und 50% B-Früchte gibt, dann haben wir bei Kämpfen wieder 50% kooperative und 50% nicht kooperative Männchen zu erwarten. Auch hier entsteht dann unser Gleichgewicht „von oben", ohne dass den Affen bewusst sein muss, welche Wir-

kung A- oder B-Früchte auf ihr Verhalten haben. Aber das Wichtigste ist: Selbst wenn sie es wüssten, gäbe es trotzdem keinen Grund, die Ernährung umzustellen. Denn würden nun auf einmal viele Männchen beschließen, lieber B-Früchte zu fressen, würden sie anschließend häufiger in Kämpfe mit anderen nicht kooperativen Männchen verstrickt und sich damit schlechter stellen, als würden sie einfach weiterhin jeden Tag zufällig mit 50/50-Chance A- oder B-Früchte zu fressen, wie sie eben gerade so wachsen.

Anmerkung 6:
Wie Sie anhand unserer oben diskutierten Beispiele gesehen haben, ist die evolutionäre Spieltheorie innerhalb der Verhaltensbiologie entstanden. Was aber nützt dieser Zweig der Spieltheorie für die Analyse von menschlichem Verhalten, bilden wir uns doch gerade etwas darauf ein, vernünftig und bewusst zu handeln? Nun, ein Anwendungsgebiet, das bereits angesprochen wurde, ist die Analyse von Lernprozessen. Das Kind, das sich hinsetzt, um das Schachspiel oder irgendein anderes Spiel zu erlernen, entwickelt ja nicht vollständige Strategien im Kopf und wählt dann eine Gleichgewichtsstrategie. Es setzt sich eher hin und findet durch Versuch und Irrtum heraus, was funktioniert und was nicht. Strategien werden also nicht rational gewählt. Diese Annahme, dass nämlich Strategien evtl. nicht-rational gewählt werden, ist für die Analyse hochkomplexer menschlicher Entscheidungsprobleme also durchaus hilfreich und auch notwendig. Was aber bedeutet in diesem Kontext die „Vererbung" von Strategien? Bei der Übertragung des Vererbungsgedankens besteht nun eine ganze Reihe von Interpretationen. Eine Interpretation der Vererbung ist, dass ein Kind, das mit einer bestimmten Eröffnung beim Schachspiel gewonnen hat, diese Eröffnung in der Zukunft häufiger wählen wird und Eröffnungen, mit denen es verloren hat, weniger häufig. Jedes einzelne Spiel ist dann eine Generation möglicher Strategien und langfristig setzen sich die erfolgreicheren Strategien durch, weil das Individuum, das die Strategien spielt, lernt, die Qualitäten der Strategien zu beurteilen. Nun besteht das Ergebnis eines erfolgreichen Schachspiels nicht darin, dass der erfolgreiche Spieler mehr Kinder bekommt als der Verlierer. Die Auszahlungen bestehen hier nicht in Kindern, sondern z.B. in der Freude am Ergebnis. Und da das Gewinnen den meisten Menschen mehr Freude macht als das Verlieren, wählen sie in Zukunft mit höherer Wahrscheinlichkeit erfolgreiche Strategien und lassen die erfolglosen aussterben. Ein weiterer Grund für die Verbreitung erfolgreicher Strategien im Verhalten von Menschen ist das Nachmachen. Wenn man bestimmte Strategien und deren Erfolg bei anderen beobachtet, dann wird man eher geneigt sein, erfolgreiche Strategien nachzuahmen. Wenn man z.B. beobachtet, dass die beiden Ärzte im eigenen kleinen Heimatort beide neue Porsches fahren, wird man eher auf die Idee kommen, Medizin zu studieren als die Berufswahl von Menschen nachzuahmen, die rostige alte Opels fahren. Erfolgreiche Strategien vererben sich also auch das Nachahmen. Es ist also gar nicht so schwierig, die ursprünglichen Ideen der Verhaltensbiologie auch auf menschliche Verhaltensanalysen zu übertragen. Die Analyse von Lernprozessen ist dabei ein schönes Anwendungsfeld der evolutionären Spieltheorie.

9.5 Aufgaben

Aufgabe 9.5.1
Betrachten Sie das folgende Spiel:

		Spieler 2	
		Kooperieren	Nicht kooperieren
Spieler 1	Kooperieren	4 　　4	2 　　11
	Nicht kooperieren	11 　　2	1 　　1

Aufgabe 9.5.1.1
Berechnen Sie für dieses Spiel die Anteile der kooperativen und nicht kooperativen Spieler in der zweiten und dritten Generation. Gehen sie davon aus, dass der Anteil der kooperativen Spieler in der Ausgangspopulation 90% beträgt.

Aufgabe 9.5.1.2
Gehen Sie davon aus, dass in dem obigen Spiel in einer bestimmten Generation der Zustand eintritt, dass 12,5% der Spieler kooperativ und 87,5% der Spieler unkooperativ sind. Wie hoch sind in diesem Fall die Anteile in der direkt nachfolgenden Generation?

Aufgabe 9.5.2
Berechnen Sie das evolutionsstabile Gleichgewicht des Spiels aus Aufgabe 9.5.1

Lösung zu Aufgabe 9.5.1.1
In diesem Spiel ergeben sich bei Anteilen von 90% für die kooperativen Spieler und 10% für die nicht kooperativen Spieler die folgenden erwarteten Auszahlungen der ersten Generation:

$$E\left(A_{Kooperieren}\right) = 0,9 * 4 + 0,1 * 2 = 3,8$$

Und für die unkooperativen:

$$E\left(A_{Nicht\ kooperieren}\right) = 0,9 * 11 + 0,1 * 1 = 10$$

Als durchschnittliche Pro-Kopf-Auszahlung aller Spieler ergäbe sich dann offensichtlich:

$$E(A) = p_K E\left(A_{Kooperieren}\right) + p_{NK} E\left(A_{Nicht\ kooperieren}\right)$$

$$= 0{,}9 * 3{,}8 + 0{,}1 * 10$$

$$= 3{,}42 + 1$$

$$= 4{,}42$$

Für die nächste Generation würden sich daraus die folgenden Anteile an der Population ergeben. Für die kooperativen Spieler: 3,42/(3,42+1)=0,7738 und für die nicht kooperativen Spieler: 1/(3,42+1)=0,2262. In der zweiten Generation wäre der Anteil der kooperativen also von 90% auf 77,38% gefallen, der Anteil der nicht kooperativen also entsprechend auf 22,62% gestiegen.

Hieraus ergeben sich als erwartete Auszahlungen der zweiten Generation:

$$E\left(A_{Kooperieren}\right) = 0{,}7738 * 4 + 0{,}2262 * 2 = 3{,}548$$

Und für die unkooperativen:

$$E\left(A_{Nicht\ kooperieren}\right) = 0{,}7738 * 11 + 0{,}2262 * 1 = 8{,}738$$

Als durchschnittliche Pro-Kopf-Auszahlung aller Spieler ergäbe sich dann offensichtlich:

$$E(A) = p_K E\left(A_{Kooperieren}\right) + p_{NK} E\left(A_{Nicht\ kooperieren}\right)$$

$$= 0{,}7738 * 3{,}548 + 0{,}2262 * 8{,}738$$

$$= 2{,}745 + 1{,}977$$

$$= 4{,}722$$

Für die dritte Generation würden sich daraus die folgenden Anteile an der Population ergeben. Für die kooperativen Spieler: 2,745/(2,745+1,977)=0,581 und für die nicht kooperativen Spieler: 1,977/(2,745+1,977)=0,419. In der dritten Generation wäre der Anteil der kooperativen also von 77,38% auf 58,1% gefallen, der Anteil der nicht kooperativen entsprechend von 22,62% weitere auf 41,9% gestiegen.

Lösung zu Aufgabe 9.5.1.2

In diesem Spiel ergeben sich bei Anteilen von 12,5% für die kooperativen Spieler und 87,5% für die nicht kooperativen Spieler die folgenden erwarteten Auszahlungen dieser Generation:

$$E\left(A_{Kooperieren}\right) = 0{,}125 * 4 + 0{,}875 * 2 = 2{,}25$$

Und für die unkooperativen:

$$E\left(A_{Nicht\ kooperieren}\right) = 0{,}125 * 11 + 0{,}875 * 1 = 2{,}25$$

Als durchschnittliche Pro-Kopf-Auszahlung aller Spieler ergäbe sich dann offensichtlich:

$$E(A) = p_K E\left(A_{Kooperieren}\right) + p_{NK} E\left(A_{Nicht\ kooperieren}\right)$$

$$= 0{,}125 * 2{,}25 + 0{,}875 * 2{,}25$$

$$= 0{,}28125 + 1{,}96875$$

$$= 2{,}25$$

Für die nächste Generation würden sich daraus die folgenden Anteile an der Population ergeben. Für die kooperativen Spieler: 0,28125/(0,28125 + 1,96875)=0,125 und für die nicht kooperativen Spieler: 1,96875/(0,28125 + 1,96875)=0,875. Die Anteile wären also konstant geblieben und würden auch für Zukunft konstant bleiben.

Lösung zu Aufgabe 9.5.2

Das Spiel besitzt drei Gleichgewichte, zwei in reinen Strategien, eines in gemischten Strategien. Die beiden Gleichgewichte in reinen Strategien {*Kooperieren*; *Nicht koope-rieren*} und {*Nicht kooperieren*; *Kooperieren*} können nicht evolutionsstabil sein, weil keine der beteiligten reinen Strategien eine beste Antwort auf sich selbst ist, was man an der Auszahlungsmatrix leicht überprüfen kann. Daher kann, wenn überhaupt, nur das Gleichgewicht in gemischten Strategien evolutionsstabil sein. Das Gleichgewicht in gemischten Strategien lautet:

$$\{(p_{K1}, 1 - p_{K1}); (p_{K2}, 1 - p_{K2})\} = \{(0{,}125, 0{,}875); (0{,}125, 0{,}875)\}$$

(Falls Sie mit der Berechnung nicht mehr ganz so vertraut sind, sehen Sie sich die Aufga-ben und Lösungen zu Unterkapitel 2.3 nochmals an oder die obigen Überlegungen zu Aufgabe 9.5.1.3!)

Nun müssen wir als erstes Bedingung 1 prüfen, also die Frage, ob die gemischte Stra-tegie $(0{,}125, 0{,}875)$ eine beste Antwort auf sich selber ist. Nehmen wir an, dass Spieler 2 diese Strategie spielt. In diesem Fall beträgt die erwartete Auszahlung von Spieler 1, wenn er irgendeine Strategie $(p_{K1}, 1 - p_{K1})$ spielt:

$$E\left(A_{(p_{K1}, 1 - p_{K1})}\right) = p_{K1} \cdot 0{,}125 \cdot 4 + p_{K1} \cdot 0{,}875 \cdot 2$$

$$+ (1 - p_{K1}) \cdot 0{,}125 \cdot 11 + (1 - p_{K1}) \cdot 0{,}875 \cdot 1$$

$$= 2{,}25$$

Wenn Spieler 2 die gemischte Gleichgewichtsstrategie spielt, ist es für Spieler 1 egal, was er tut. Er kann also selbst ebenfalls mit der Strategie $(p_{K1}, 1 - p_{K1}) = (0{,}125, 0{,}875)$ spie-len, diese Strategie ist daher eine beste Antwort auf sich selbst. Bedingung 1 ist also erfüllt.

Nun müssen wir Bedingung 2 prüfen. Nehmen wir an, dass Spieler 2 die abweichende Strategie $(p_K, 1 - p_K)$ spielt. Wenn Spieler 1 dem nicht folgt und bei der Strategie $(0{,}125, 0{,}875)$ bleibt, erzielt der eine erwartete Auszahlung von:

$$
\begin{aligned}
E\big(A_{(0{,}125,\ 0{,}875)}\big) &= 0{,}125 \cdot p_K \cdot 4 + 0{,}125 \cdot (1 - p_K) \cdot 2 \\
&\quad + 0{,}875 \cdot p_K \cdot 11 + 0{,}875 \cdot (1 - p_K) \cdot 1 \\
&= 9p_K + 1{,}125
\end{aligned}
$$

Würde Spieler 1 hingegen der Strategie $(p_K, 1 - p_K)$ folgen, würde er eine erwartete Auszahlung erreichen in Höhe von:

$$
\begin{aligned}
E\big(A_{(p_K,\ 1-p_K)}\big) &= p_K \cdot p_K \cdot 4 + p_K \cdot (1 - p_K) \cdot 2 \\
&\quad + (1 - p_K) \cdot p_K \cdot 11 + (1 - p_K) \cdot (1 - p_K) \cdot 1 \\
&= 11p_K - 8p_K^2 + 1
\end{aligned}
$$

Definieren wir die Differenzfunktion $D = E\big(A_{(0{,}125,\ 0{,}875)}\big) - E\big(A_{(p_K,\ 1-p_K)}\big)$, dann misst diese Funktion, welchen Vorteil es hat, bei der Strategie $(0{,}125, 0{,}875)$ zu bleiben, statt der abweichenden Strategie $(p_K,\ 1 - p_K)$ zu folgen. Einsetzen ergibt:

$$
\begin{aligned}
D &= E\big(A_{(0{,}125,\ 0{,}875)}\big) - E\big(A_{(p_K,\ 1-p_K)}\big) \\
&= (9p_K + 1{,}125) - (11p_K - 8p_K^2 + 1) \\
&= 8p_K^2 - 2p_K + 0{,}125
\end{aligned}
$$

Sieht man sich die Funktion grafisch an, ergibt sich folgendes Bild:

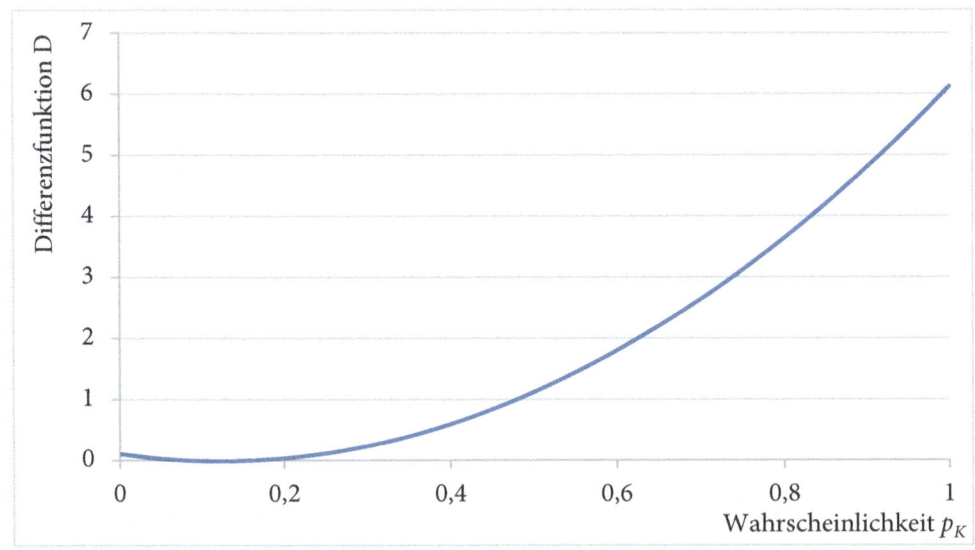

Man sieht, dass die Differenzfunktion fast überall echt positiv ist, es also besser ist, bei $(0{,}125, 0{,}875)$ zu bleiben, statt irgendeine Strategie $(p_K, 1 - p_K)$ nachzumachen. Die einzige Ausnahme ist die Strategie $(p_K, 1 - p_K) = (0{,}125, 0{,}875)$, die ja aber gerade keine Abweichung ist. Somit ist auch Bedingung 2 erfüllt.

Der exakte analytische Nachweis gelingt, indem wir feststellen, an welcher Stelle die Differenzfunktion ihr Minimum hat. Dazu berechnen wir die Ableitung und setzen diese gleich Null. Wir erhalten:

$$\frac{dD}{dp_K} = 16 p_k - 2 = 0$$

Als Lösung ergibt sich $p_K = 0{,}125$. Ein Blick auf die zweite Ableitung zeigt auch, dass diese immer positiv ist, nämlich konstant 16. Daraus folgt, dass wir mit der eben berechneten Nullstelle der ersten Ableitung tatsächlich ein Minimum der Differenzfunktion D bestimmt haben. An der Stelle $p_K = 0{,}125$ hat die Funktion also ihr Minimum. Welchen Wert nimmt die Funktion an dieser Stelle an? Nun, setzten wir das in unsere Differenzfunktion ein, erhalten wir:

$$D = 8 p_K^2 - 2 p_K + 0{,}125$$

$$= 8 \cdot 0{,}125^2 - 2 \cdot 0.125 + 0{,}125$$

$$= 0$$

Daraus lässt sich zunächst unmittelbar folgern, dass die Differenzfunktion D mindestens immer den Wert 0 annimmt, es also immer mindestens genauso gut ist, bei der Strategie $(0{,}125, 0{,}875)$ zu bleiben wie irgendeine beliebige Strategie $(p_K, 1 - p_K)$ nachzuahmen. Da ferner das Minimum der Funktion eindeutig ist, die Differenzfunktion ihr Minimum also nur an exakt einer Stelle annimmt, folgt auch, dass die Differenzfunktion für alle Strategien $(p_K, 1 - p_K)$, die ungleich $(0{,}125, 0{,}875)$ sind, echt positiv ist. Damit ist gezeigt, dass es keine von $(0{,}125, 0{,}875)$ abweichende Strategie gibt, bei der man sich durch Nachahmung nicht verschlechtern würde. Somit ist auch gezeigt, dass Bedingung 2 erfüllt ist, die Strategie $(0{,}125, 0{,}875)$ ist evolutionsstabil. Somit ist das Gleichgewicht

$$\{(p_{K1}, 1 - p_{K1}); (p_{K2}, 1 - p_{k2})\} = \{(0{,}125, 0{,}875); (0{,}125, 0{,}875)\}$$

das einzige evolutionsstabile Gleichgewicht des Spiels.

9.6   Leseempfehlungen und Literatur

Eine knappe, aber schön gelungene Einführung in die evolutionäre Spieltheorie findet sich in Rieck (2013), Abschnitt 5.7. Die Idee, die Entstehung von Ghettos mit einfachen Evolutionsargumenten zu erklären, verdanken wir Schelling (1978). Robert Axelrod (1995) (erste Auflage 1984) kam auf die tolle Idee, Strategien im Computer gegeneinander in den Evolutionswettkampf zu schicken. Die Konzepte evolutionsstabiler Strategien und evolutionsstabiler Gleichgewichte sind von J. Maynard Smith und George R. Price (1973) und J. Maynard Smith (1974) entwickelt worden.

Axelrod, Robert (1995): Die Evolution der Kooperation. 3. Auflage. R. Oldenbourg Verlag, München und Wien.

Rieck, Christian (2013): Spieltheorie – Eine Einführung. 12. Auflage, Christian Rieck Verlag, Eschborn.

Schelling, Thomas (1978): Micromotives and Macrobehavior. W.W. Norton & Company

Smith, J. Maynard (1974): The Theory of Games and the Evolution of Animal Conflicts. In: Journal of Theoretical Biology, Band 47, S. 209 – 221.

Smith, J. Maynard und Price, George R. (1973): The Logic of Animal Conflict. In: Nature, Band 246, S. 15 – 18.

Anhang A1:
Maximierung und Minimierung von Funktionen

In der Spieltheorie wird unterstellt, dass die Spieler bestrebt sind, ihre Auszahlungen zu maximieren. Das Verfahren, welches man benutzt, um das Maximum zu finden, hängt nun davon ab, in welcher Form Informationen über die Auszahlungen vorliegen. In den meisten Beispielen dieses Buches bedeutet „Maximierung" nichts anderes als der direkte zahlenmäßige Vergleich verschiedener Auszahlungen. Wenn ein Unternehmen z.B. vor den Alternativen steht, entweder 10 neue Mitarbeiter einzustellen oder die vorhandenen Mitarbeiter für je 2 Überstunden pro Woche zusätzlich zu bezahlen, dann vergleicht man die Auszahlungen der beiden Alternativen und wählt die Alternative, die zu der höchsten Auszahlung führt.

Wenn allerdings die Zahl möglicher Alternativen der Spieler zu groß wird, eventuell sogar unendlich groß, dann ist ein paarweiser Vergleich von Auszahlungen offensichtlich nicht mehr möglich. In diesem Fall kommt man aber dennoch zu Lösungen, wenn die Auszahlungen in Form einer Funktion beschrieben werden können und diese Funktion bestimmten Kriterien genügt. Sie sollten diesen Anhang durcharbeiten, wenn Sie nicht mit den Methoden der Differentialrechnung vertraut sind.

Nehmen wir an, dass Christiane Pfeffermühlen produziert. Ihre Auszahlung hängt nun davon ab, wie viele Pfeffermühlen sie verkaufen kann, wie viel Geld pro Pfeffermühle sie bekommt und wie hoch ihre Produktionskosten pro Pfeffermühle sind. Bezeichnen wir ihre Auszahlung mit G (für „Gewinn"). Den Preis, den sie pro Pfeffermühle bekommt, bezeichnen wir mit P und die Herstellungskoste pro Pfeffermühle bezeichnen wir mit k. Die Stückzahl produzierter Pfeffermühlen bezeichnen wir mit q. Mit dieser Notation können wir nun ganz allgemein Christianes Gewinn so aufschreiben, dass wir einen funktionalen Zusammenhang zwischen ihrem Gewinn und ihrer Produktionsmenge herstellen. Ihr Gewinn, d.h. ihre Auszahlung, lautet:

$$G = Pq - kq$$

© Springer-Verlag GmbH Deutschland, ein Teil von Springer Nature 2019
S. Winter, *Grundzüge der Spieltheorie*,
https://doi.org/10.1007/978-3-662-58215-2

Der Preis mal die Menge Pq ergibt Christianes Umsatz, also die Höhe ihrer Einnahmen und Stückkosten mal Menge kq ergibt ihre Ausgaben. Für das folgende Beispiel nehmen wir an, dass die Kosten pro Stück $k = 20$ betragen. Nun nehmen wir zusätzlich an, dass der Preis, den sie pro Pfeffermühle bekommt, immer geringer wird, je mehr Pfeffermühlen sie verkaufen will. Würde sie nur sehr wenige produzieren, könnte sie diese an Käufer verkaufen, die bereit sind, sehr viel Geld für eine Pfeffermühle zu bezahlen. Wenn Sie aber sehr viele Pfeffermühlen verkaufen will, wird sie diese nur zu niedrigeren Preisen los. Wir nehmen daher an, dass es einen negativen Zusammenhang zwischen dem Preis und der hergestellten Menge gibt, z.B.: $P = 30 - q$. Wenn wir das zusammen mit den Stückkosten in Höhe von 20 in Christianes Gewinnfunktion einsetzen, erhalten wir:

$$G = Pq - kq$$
$$= (30 - q)q - 20q$$
$$= 30q - q^2 - 20q$$
$$= 10q - q^2$$

Und nun wollen wir feststellen, welche Produktionsmenge Christiane wählen sollte, wenn sie ihren Gewinn maximieren will. Dazu sehen wir uns zunächst den Funktionsverlauf von Christianes Gewinnfunktion grafisch an:

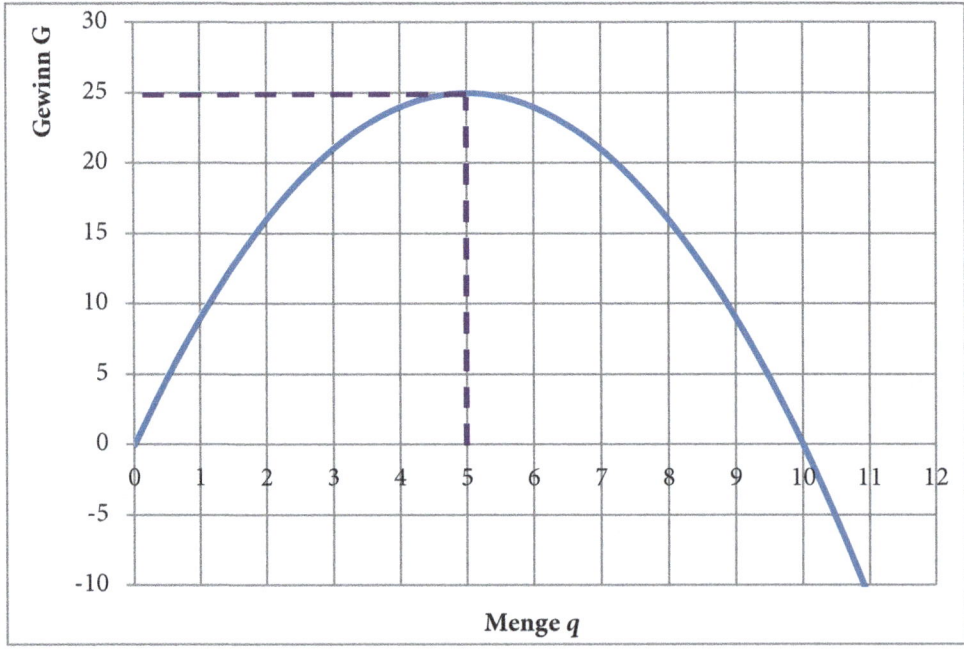

Wie wir sehen können, erreicht Christiane ihren maximalen Gewinn, wenn sie etwa 5 Stück ihrer Pfeffermühlen herstellt. Damit erzielt sie einen Gewinn von ca. 25 Euro. Ab einer Produktionsmenge von 10 Stück würde ihr Gewinn sogar negativ.

Nun wollen wir die optimale Produktionsmenge und den maximal erreichbaren Gewinn aber nicht ungefähr aus einer Grafik ablesen, sondern präzise berechnen. Vorher stellen wir aber zunächst dennoch ein paar weitere grafische Überlegungen an. Wenn man sich die obige Funktion als Berg vorstellt, dann geht es, von links kommend, offensichtlich zunächst bergauf. Wenn Funktionen von links kommend nach rechts ansteigen, sagt man, dass die Funktion eine positive Steigung hat. Wenn die Funktionen hingegen von links kommend nach rechts hin fallen, entspricht das einer negativen Steigung. Links von ihrem Maximum hat unsere obige Funktion also eine positive Steigung, rechts davon eine negative. Und im Maximum? Wenn die Steigung links vom Maximum positiv ist und rechts davon negativ, dann muss sie genau im Maximum Null sein. Das können wir verallgemeinern: Im Maximum einer Funktion muss deren Steigung stets Null sein. Was wir also brauchen ist ein Rechenverfahren, mit dem wir berechnen können, wie groß die Steigung einer Funktion ist. Wenn wir die Steigung berechnen können, können wir auch berechnen, an welcher Stelle diese Steigung Null ist. Dann haben wir das Maximum gefunden.

Wie aber berechnen wir die Steigung? Zunächst ist es relativ einfach, die Steigung zwischen zwei Punkten auf der Funktion als Quotienten auszudrücken. Sehen wir uns dazu die Steigung zwischen den beiden Punkten A und B an:

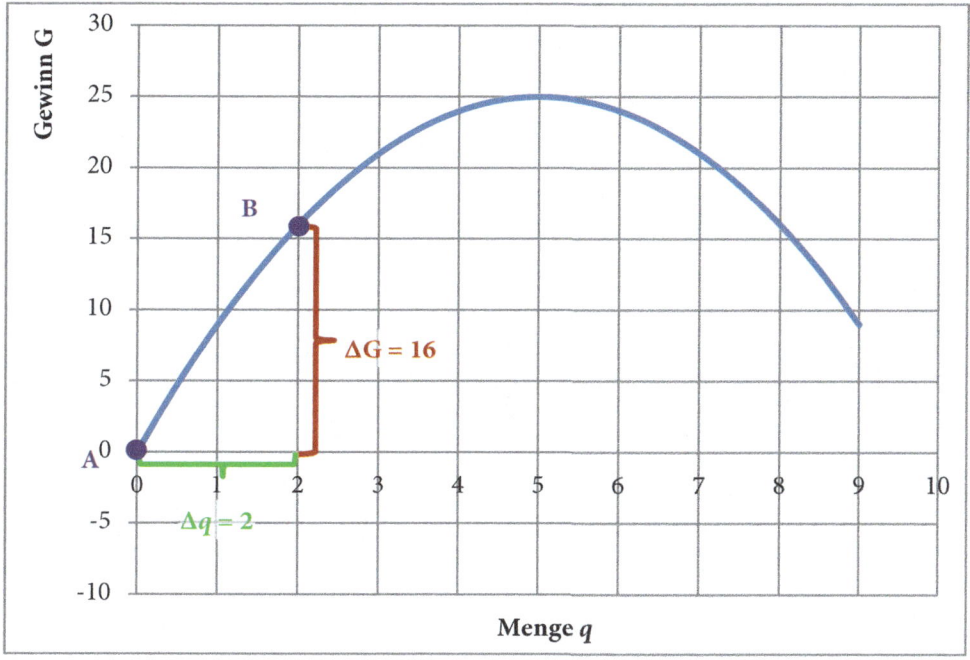

Wenn wir vom Nullpunkt des Koordinatensystems ausgehen und uns 2 Einheiten nach rechts bewegen, dann ist das gleichbedeutend damit, dass wir die Produktionsmenge von Null auf 2 erhöhen. Diese Mengenänderung bezeichnen wir mit Δq, wobei das Δ (="Delta") ein gebräuchliches Symbol ist, um Änderungen anzuzeigen. Wenn wir diese Änderung der Produktionsmenge um 2 Einheiten vornehmen, steigt der Funktionswert um ΔG = 16. Dies lässt sich leicht berechnen: Wenn die Produktionsmenge Null beträgt, dann beträgt der Gewinn $G = 10q - q^2 = 10 \cdot 0 - 0^2 = 0$. Erhöhen wir aber die Produktionsmenge auf 2, dann beträgt der Gewinn $G = 10q - q^2 = 10 \cdot 2 - 2^2 = 16$. Der Gewinn ist also von Null auf 16 gestiegen, woraus eine Gewinnänderung von ΔG = 16 resultiert. Offensichtlich hängt aber die Gewinnänderung von der Mengenänderung ab, daher sind die beiden Maßzahlen erst sinnvoll interpretierbar, wenn wir sie ins Verhältnis zueinander setzen. Wir erhalten:

$$\frac{\Delta G}{\Delta q} = \frac{16}{2} = 8$$

Diesen Quotienten können wir als erstes grobes Maß für die Steigung der Funktion verwenden. Die Maßzahl von 8 gibt an, dass die Funktion, ausgehend von einer Produktionsmenge von 0, um durchschnittlich 8 Euro pro zusätzlich produzierter Pfeffermühle ansteigt. Wenn wir dieses durchschnittliche Steigungsmaß für die nächsten beiden Mengeneinheiten berechnen, die Produktionsmenge also von 2 auf 4 erhöhen und diese Mengenänderung nun mit $\Delta_1 q$ bezeichnen, dann steigt gleichzeitig der Gewinn von 16 auf 24, also um 8 Einheiten. Diese Gewinnänderung nennen wir nun $\Delta_1 G$. Als Steigungsmaßzahl berechnen wir daraus:

$$\frac{\Delta_1 G}{\Delta_1 q} = \frac{8}{2} = 4$$

Die durchschnittliche Gewinnsteigerung pro zusätzlicher Mengeneinheit ist nun offensichtlich schon geringer geworden.

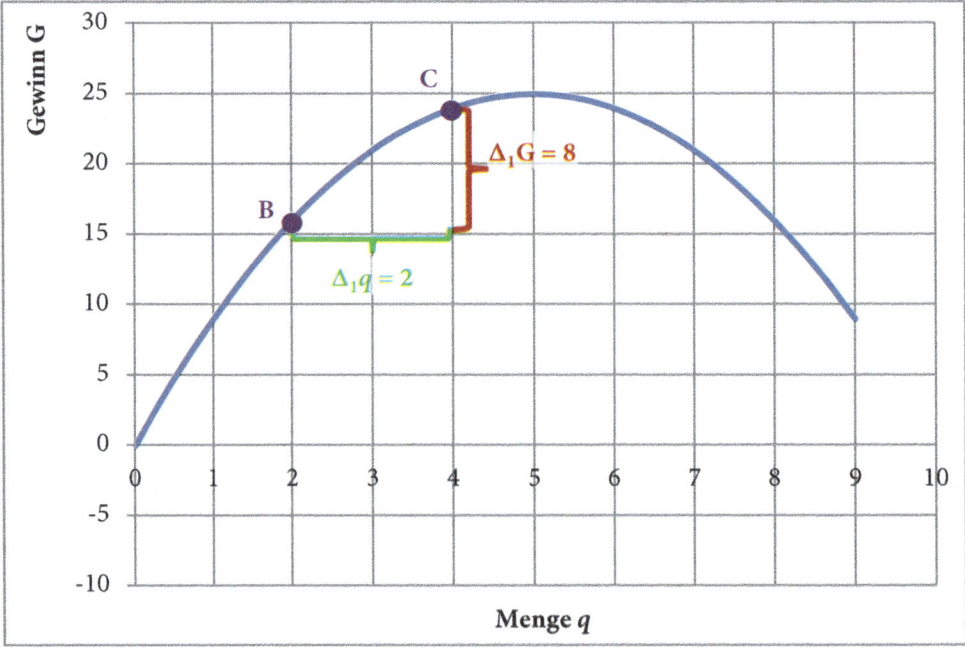

Erhöhen wir die Produktionsmenge nun um nochmals 2 Mengeneinheiten, gehen wir also von 4 Mengeneinheiten auf 6, dann stellen wir fest, dass Gewinn nicht mehr gestiegen ist. Denn wenn Christiane 4 Mengeneinheiten produziert, macht sie einen Gewinn von 24, bei 6 Mengeneinheiten macht sie aber ebenfalls einen Gewinn von 24. Da der Gewinn bei einer Erhöhung der Produktionsmenge nicht mehr steigt, muss das Maximum der Funktion zwischen 4 und 6 Mengeneinheiten liegen. Gehen wir mit den Bezeichnungen analog vor, erhalten wir für diese letzte zusätzliche Mengenerhöhung:

$$\frac{\Delta_2 G}{\Delta_2 q} = \frac{0}{2} = 0$$

Grafisch erhalten wir nun:

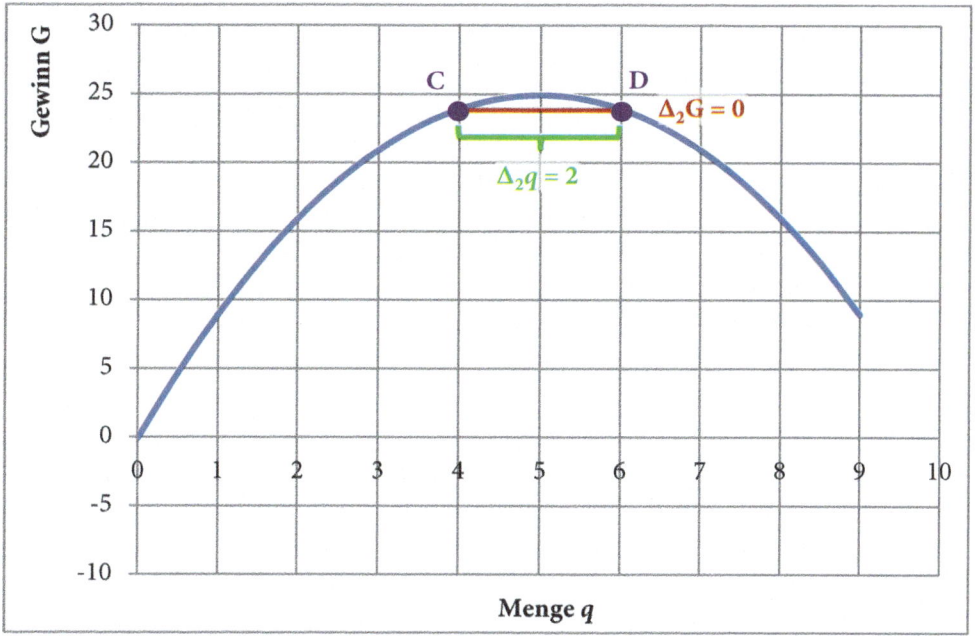

Bereits mit diesem sehr groben Vorgehen stellen wir folgendes fest: Bei einer Steigerung der Produktionsmenge von 2 auf 4 haben wir durchschnittliche positive Steigungen, bei einer weiteren Steigung von 4 auf 6 haben wir das nicht mehr, also muss das Maximum zwischen 4 und 6 liegen. Wir können daraus aber noch nicht folgern, wo genau das Maximum ist. Dies liegt daran, dass die Schritte von 2 Mengeneinheiten, die wir immer vorgenommen haben, sehr groß sind. Die Steigung verändert sich aber überall, wodurch die Berechnung von durchschnittlichen Steigungen zu ungenau ist, um das Maximum analytisch zu bestimmen. Wir werden unsere Berechnungen daher nun verfeinern und uns auf das Intervall zwischen 0 und 10 Mengeneinheiten konzentrieren. Hierfür berechnen wir immer die Gewinne, die Mengen- und die Gewinnänderungen und den Quotienten. Wir tun dies nun in Einheiten von je einer Mengeneinheit und erfassen unsere Auswertungen tabellarisch:

q	Δq	G	ΔG	$\dfrac{\Delta G}{\Delta q}$
0		0		
0,5	1		9	9
1		9		
1,5	1		7	7
2		16		
2,5	1		5	5
3		21		
3,5	1		3	3
4		24		
4,5	1		1	1
5		25		
5,5	1		−1	−1
6		24		
6,5	1		−3	−3
7		21		
7,5	1		−5	−5
8		16		
8,5	1		−7	−7
9		9		
9,5	1		−9	−9
10		0		

Wie wir an dem schattierten Bereich der Tabelle sehen, muss das Maximum der Funktion zumindest im Bereich der Produktionsmengen zwischen 4 und 6 Mengeneinheiten liegen, denn irgendwo dazwischen kippt die durchschnittliche Steigung ins Negative. Wenn wir nun diese letzte Spalte, die die durchschnittlichen Steigungen misst, als Punkte in unser Diagramm einzeichnen und diese Punkte mit einer roten Linie verbinden, dann erhalten wir folgende Abbildung:

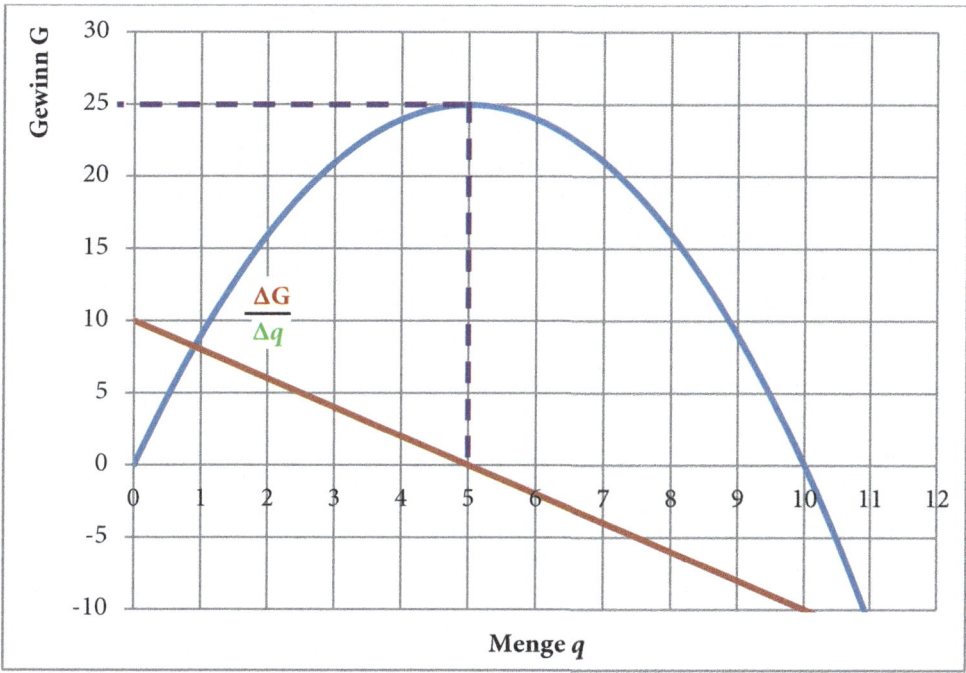

Diese rote Linie gibt jeweils an, wie groß in etwa die Steigung der Gewinnfunktion bei jeder Produktionsmenge ist. Wie wir sehen, ist die Steigung zunächst positiv, bei einer Menge von etwa 5 Mengeneinheiten schneidet die rote Linie die Mengenachse, die Steigung beträgt also Null. Rechts davon wird die Steigung negativ, die Gewinnfunktion fällt also wieder.

Wenn wir nun die Mengenänderungen noch feiner machen würden, dann würden wir noch genauer feststellen können, an welchem Punkt die Steigung exakt Null wird. Wenn man die Mengenänderungen und die Gewinnänderungen unendlich genau macht, dann benutzt man nicht mehr die Symbole **ΔG** und **Δq**. Die Steigung der Funktion wird vielmehr ausgedrückt durch den sogenannten Differentialquotienten

$$\frac{dG}{dq}$$

Auch dieser Differentialquotient misst das Verhältnis der Änderungen zweier Variablen. Er misst daher ebenfalls eine Steigung. Auch hier wird die Gewinnänderung dG ins Verhältnis zur Mengenänderung dq gesetzt. Allerdings muss man nun nicht mehr angeben, wie groß die Mengenänderung sein soll, auf die sich die Berechnung bezieht, sondern die Mengenänderung dq bezieht sich bei Verwendung des Differentialquotienten immer auf eine unendlich kleine Mengeneinheit. Der Differentialquotient gibt dann an, um wie viele ebenfalls unendlich kleine Mengeneinheiten sich der Gewinn verändert, wenn die Menge um eine unendlich kleine Mengeneinheit erhöht wird. Wenn der Differentialquotient positiv ist, heißt das, dass die Funktion an der berechneten Stelle steigt, wenn er negativ ist, fällt die Funktion. Im Maximum der Funktion muss der Differentialquotient Null sein.

Die Berechnung der Differentialquotienten für die in diesem Buch verwendeten Funktionen ist nicht sehr aufwändig und folgt einer einfachen Regel. Wenn man für eine Funktion den Differentialquotienten berechnet, dann nennt man diesen Vorgang auch „ableiten". Eine Funktion abzuleiten heißt also nichts anderes, als den Differentialquotienten der Funktion allgemein zu berechnen. Der allgemein, d.h. nicht an einer bestimmten Stelle berechnete Differentialquotient wird auch als die „Ableitung" einer Funktion bezeichnet. Sehen wir uns einige Beispiele für Funktionen mit ihren zugehörigen Ableitungen an:

Funktion	Ableitung
$y = x$	$\frac{dy}{dx} = 1$
$y = 3x$	$\frac{dy}{dx} = 3$
$y = x^2$	$\frac{dy}{dx} = 2x$
$y = x^3$	$\frac{dy}{dx} = 3x^2$
$y = 4x^2$	$\frac{dy}{dx} = 8x$

Wir können diese Ableitungen nun für jede beliebige Funktion $y = ax^b$ mit den Konstanten a und b wie folgt berechnen:

$$\frac{dy}{dx} = bax^{b-1}$$

Wir müssen also den Exponenten b mit der ganzen Funktion multiplizieren und dann im Exponenten selbst 1 abziehen. Wenn wir also z.B. die Funktion $y = 8x^4$ ableiten wollen, erhalten wir nach dieser Regel:

$$\frac{dy}{dx} = 4 \cdot 8x^{4-1} = 32x^3$$

Ferner ist zu berücksichtigen, dass $x^0 = 1$ gilt. Daher erhalten wir für die erste der Ableitungen in der obigen Tabelle für die Funktion $y = x = x^1$:

$$\frac{dy}{dx} = 1x^0 = 1$$

Die Funktion $y = x$ ist geometrisch gesprochen eine Gerade und hat daher überall die gleiche Steigung, die nicht von dem Wert von x abhängt. Ein Sonderfall liegt dann noch vor, wenn die Funktion y konstant ist, also nicht von x abhängt, also z.B. die Funktion $y = 4$. Da diese konstant ist, also nicht steigt, ist die Ableitung Null. Das gilt allgemein: Die Ableitung jeder beliebigen Konstanten ist immer Null.

Nun müssen wir uns ansehen, wie die Ableitung einer zusammengesetzten Funktion aussieht. Nehmen wir als Beispiel Christianes Gewinnfunktion von oben: $G = 10q - q^2$. In dieser Funktion kommt die Menge q, nach der wir ableiten wollen, zweimal vor, einmal in dem Term $10q$ und dann nochmals in dem Term $-q^2$. Dies wirft aber keine weiteren Probleme auf, weil die Ableitung der Gesamtfunktion einfach aus der Summe der Ableitungen der Einzelterme besteht und jeder Einzelterm nach unserer obigen Regel abgeleitet wird. Es ergibt sich:

$$\frac{dG}{dq} = 1 \cdot 10q^{1-1} - 2q^{2-1} = 10 - 2q$$

Nachdem wir nun gesehen haben, wie wir die Ableitung einer Funktion und damit ihre Steigung berechnen können, können wir nun auch präzise berechnen, wo die Funktion ihr Maximum hat. Denn im Maximum der Funktion muss die Steigung der Funktion ja Null sein. Diese Bedingung, dass nämlich die Ableitung der Funktion an der Stelle des Maximums gleich Null sein muss, wird auch als „Bedingung erster Ordnung" bezeichnet. Für Christianes Gewinnfunktion ergibt sich als Bedingung erster Ordnung:

$$\frac{dG}{dq} = 10 - 2q = 0$$

Und daraus können wir nun exakt ermitteln, dass Christiane tatsächlich ihren Gewinn maximiert, wenn sie 5 Mengeneinheiten produziert. Häufig werden die optimalen Werte mit einem Sternchen „*" gekennzeichnet, es ergäbe sich daher eine optimale Produktionsmenge von $q^* = 5$.

Wir können damit festhalten: Wenn wir das Maximum einer Funktion bestimmen wollen, müssen wir die Bedingung erster Ordnung aufstellen und die so entstandene Gleichung nach dem Wert der gesuchten Variable auflösen.

Damit sind wir allerdings leider noch nicht ganz fertig. Denn auch wenn die Bedingung erster Ordnung erfüllt ist, wir also eine Stelle gefunden haben, an der die Steigung der Funktion Null ist, ist es noch nicht sicher, dass wir tatsächlich ein Maximum gefunden haben. Sehen wir uns z.B. die folgende Funktion an:

$$y = 2x^2 - 4x$$

Stellen wir nun für diese Funktion die Bedingung erster Ordnung auf, erhalten wir:

$$\frac{dy}{dx} = 4x - 4 = 0$$

Daraus erhalten wir als „optimalen" Wert $x^* = 1$. Ist das aber wirklich ein Maximum? Sehen wir uns die zugehörige Funktion grafisch an:

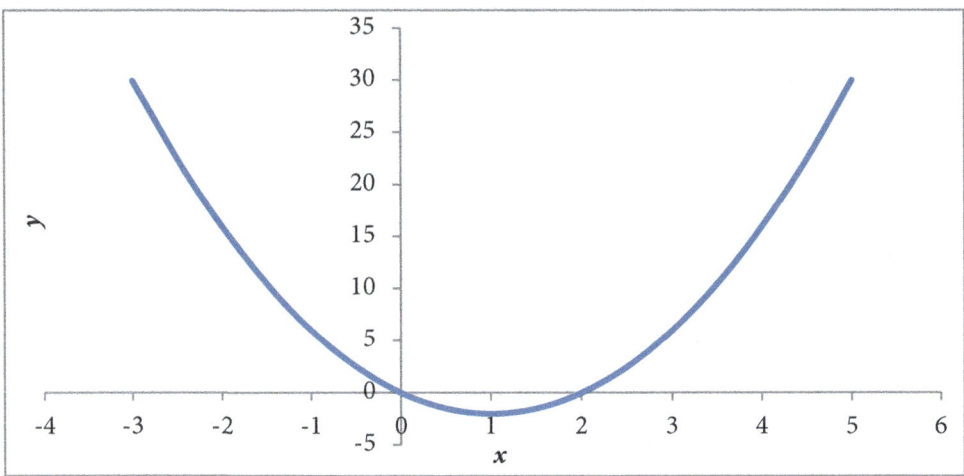

Wie zu sehen ist, hat die Funktion an der Stelle $x^* = 1$ kein Maximum, sondern ein Minimum. Denn auch in einem Minimum ist die Steigung der Funktion Null. Um formal zu überprüfen, ob man über die Bedingung erster Ordnung tatsächlich ein Maximum gefunden hat oder ein Minimum, muss man zusätzlich die sogenannte „Bedingung zweiter Ordnung" überprüfen. Bevor wir uns diese Bedingung zweiter Ordnung ansehen, sehen wir uns zwei Funktionen und ihre Ableitungen im Vergleich an, wobei die Ableitungen als rote Linien eingezeichnet sind:

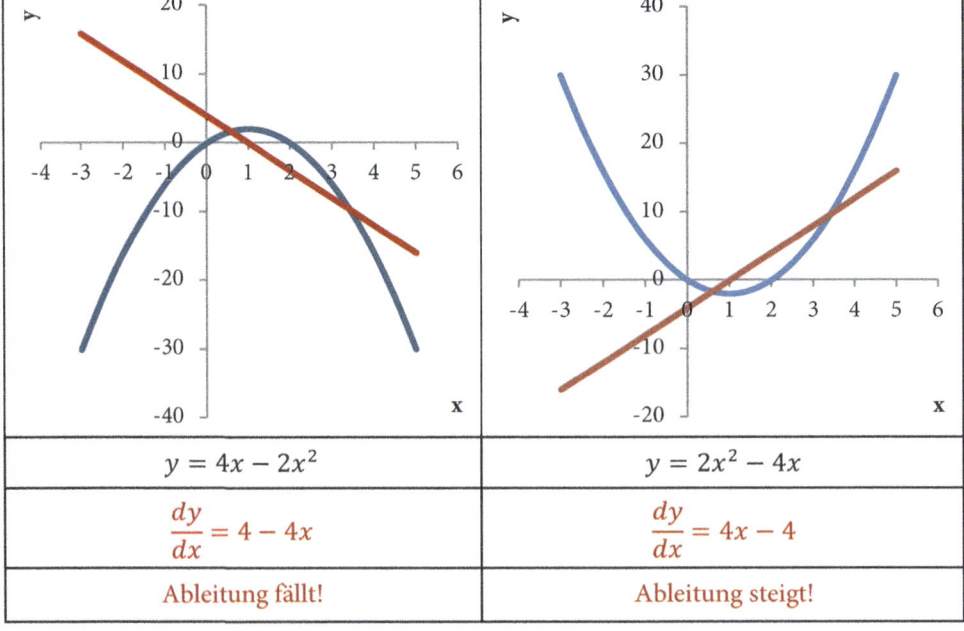

$y = 4x - 2x^2$	$y = 2x^2 - 4x$
$\dfrac{dy}{dx} = 4 - 4x$	$\dfrac{dy}{dx} = 4x - 4$
Ableitung fällt!	Ableitung steigt!

Wie man anhand der Abbildungen erkennen kann, muss die Ableitung im Bereich eines Maximums fallen, während die Ableitung im Bereich eines Minimums steigen muss. Genau das ist dann die Bedingung zweiter Ordnung: Ein Maximum liegt dann vor, wenn die Steigung der Ableitung an der Stelle negativ ist, an der die Bedingung erster Ordnung erfüllt ist. Wenn man nun die Steigung einer Ableitung berechnen will, können wir das genauso machen, wie wir das oben gemacht haben. Die Ableitungen sind ja selbst Funktionen, also können wir sie auch genauso analysieren, wie wir das mit den ursprünglichen Funktionen selbst gemacht haben. Wenn wir die Ableitung einer Ableitung bestimmen, dann nennt man das Ergebnis auch die sogenannte „2. Ableitung" der Ursprungsfunktion. Wenn man die zweite Ableitung berechnen soll, dann bringt man das im Differenzialquotienten durch Zweien im Zähler und Nenner wie folgt zum Ausdruck:

$$\frac{d^2y}{dx^2}$$

Wenn wir für die obigen Funktionen jeweils die zweite Ableitung berechnen, dann erhalten wir:

$y = 4x - 2x^2$	$y = 2x^2 - 4x$
$\frac{dy}{dx} = 4 - 4x$	$\frac{dy}{dx} = 4x - 4$
$\frac{d^2y}{dx^2} = -4$	$\frac{d^2y}{dx^2} = 4$

Wie wir sehen, ist die zweite Ableitung der linken Funktion immer negativ, die Funktion kann daher nur ein Maximum haben, die rechte Funktion besitzt hingegen nur ein Minimum!

Damit kommen wir zurück zu Christianes Gewinnfunktion:

$$G = 10q - q^2$$

Als Bedingung erster Ordnung erhielten wir:

$$\frac{G}{dq} = 10 - 2q = 0$$

Als Lösung haben wir daraus eine optimale Produktionsmenge von $q^* = 5$ ermittelt. Wenn wir nun noch die Bedingung zweiter Ordnung prüfen wollen, müssen wir feststellen, ob die zweite Ableitung an der Stelle $q^* = 5$ negativ ist. Wir erhalten:

$$\frac{d^2G}{dq^2} = -2$$

Wir stellen also fest, dass die zweite Ableitung überall negativ ist, also auch an der Stelle $q^* = 5$. Daher haben wir wirklich das Maximum der Funktion gefunden. Christiane sollte 5 Mengeneinheiten produzieren.

In spieltheoretischen Analysen ist das zu lösende Maximierungsproblem der Spieler in der Regel jedoch noch etwas schwieriger. Dies liegt daran, dass ihre Auszahlungen nicht nur davon abhängen, was sie selbst tun, sondern auch davon, was andere tun. Das ändert allerdings nichts daran, dass wir die oben besprochene Vorgehensweise weiter benutzen können. Dazu sehen wir uns nun an, was sich an Christianes Überlegungen ändern würde, wenn sie Konkurrenz von Arndt bekäme. Nehmen wir an, dass auch Arndt Pfeffermühlen produziert. Wir bezeichnen nun mit q_C Christianes Produktionsmenge und mit q_A Arndts Produktionsmenge. Wir nehmen ferner an, dass beide an die gleiche Kundengruppe verkaufen. Weiterhin unterstellen wir, dass der Preis fällt, wenn mehr Pfeffermühlen angeboten werden, egal von wem. Hierfür nehmen wir folgenden Zusammenhang an: $P = 30 - q_C - q_A$. Wenn wir das zusammen mit den Stückkosten in Höhe von 20 in Christianes Gewinnfunktion einsetzen, erhalten wir:

$$G = Pq_C - kq_C$$

$$= (30 - q_C - q_A)q_C - 20q_C$$

$$= 30q_C - q_C{}^2 - q_Aq_C - 20q_C$$

$$= 10q_C - q_C{}^2 - q_Aq_C$$

Nun können wir aber auch für diese Gewinnfunktion die Bedingung erster Ordnung aufstellen. Anmerkung: Wenn wir die Ableitung des Terms q_Aq_C berechnen, dann kann die Produktionsmenge von Arndt, also q_A, aus Christianes Sicht zunächst wie eine konstante Zahl behandelt werden, weil q_A ja von ihr nicht beeinflusst werden kann.

Wir erhalten also als Bedingung erster Ordnung:

$$\frac{dG}{dq_C} = 10 - 2q_C - q_A = 0$$

Auch wenn wir jetzt die gewinnmaximierende Produktionsmenge noch nicht explizit als Zahlenwert berechnen können, können wir die Bedingung erster Ordnung dennoch nach q_C auflösen und erhalten als Optimalwert:

$$q_C^* = 5 - 0{,}5q_A$$

Oben hatten wir festgestellt, dass Christiane 5 Mengeneinheiten produzieren sollte, wenn sie allein auf dem Markt ist. Jetzt sehen wir, dass ihre optimale Produktionsmenge umso geringer ausfallen sollte, je höher die Produktionsmenge q_A von Arndt ist. Wenn wir nun eine vergleichbare Berechnung für Arndt machen würden, hätten wir für beide Spieler herausgefunden, wie sie optimalerweise auf die Produktionsmenge des jeweils anderen reagieren sollten. Wir hätten also allgemein ihre besten Antworten bestimmt. Genau das ist aber unsere Zielsetzung in der Spieltheorie. Das oben beschriebene Verfahren zur Maximierung von Funktionen hilft uns also auch dann, wenn die Auszahlungsfunktion eines Spielers von den Strategien der anderen Spieler abhängt.

Wir können anhand von Christianes Gewinnfunktion auch die Bedingung zweiter Ordnung ermitteln. Denn wegen:

$$\frac{dG}{dq_C} = 10 - 2q_C - q_A$$

ergibt sich als zweite Ableitung:

$$\frac{d^2G}{dq_C^2} = -2$$

Wie wir sehen, ist diese konstant negativ. Wenn Christiane also Ihre Produktionsmenge gemäß $q_C^* = 5 - 0{,}5q_A$ wählt, dann erreicht sie ihr Gewinnmaximum.

Zum Schluss dieses Abschnitts werden wir uns nun noch ein Maximierungsproblem ansehen, welches mit den obigen Methoden nicht lösbar ist. Wir beschäftigen uns jetzt noch mit der Maximierung von Funktionen, wenn bei der Maximierung bestimmte Nebenbedingungen eingehalten werden müssen. Dazu sehen wir uns ein ganz einfaches Beispiel an. Nehmen wir an, dass Katjas Gewinn wie folgt von ihrer Produktionsmenge q abhängt:

$$G = 10q$$

Wenn wir nun für Katjas Gewinnfunktion die Bedingung erster Ordnung aufstellen, dann erhalten wir einen Widerspruch:

$$\frac{dG}{dq} = 10 \neq 0 \, !$$

Die Ableitung von Katjas Gewinnfunktion ist konstant 10 und daher niemals Null. Die Funktion hat also kein Maximum, welches wir mit den oben behandelten Methoden ermitteln könnten. Tatsächlich hat die Funktion überhaupt kein Maximum, wenn es nicht zusätzliche Einschränkungen gäbe. Solche Einschränkungen nennt man „Nebenbedingungen". So könnte es z.B. sein, dass Katjas Gewinn zwar immer weiter ansteigen würde, wenn sie mehr produzieren würde, dass aber ihre Produktionsmenge z.B. wegen begrenzter Rohstoffe, Arbeitszeiten usw. nicht beliebig erhöht werden kann. Wir nehmen nun an, dass ihre maximale Produktionsmenge $q_{max} = 100$ beträgt. Sehen wir uns das grafisch an:

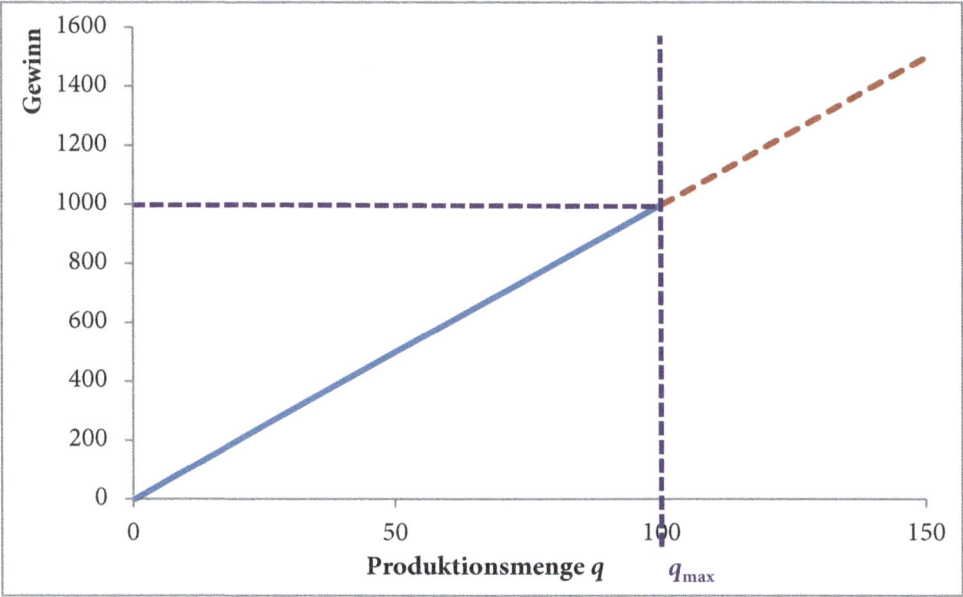

Da Produktionsmengen nicht negativ werden können und wir hier annehmen, dass Katja auch nicht mehr als 100 Mengeneinheiten produzieren kann, muss sie ihre gewinnmaximierende Menge aus den Intervall zwischen Null und 100 wählen. Wie wir sehen, steigt die Gewinnfunktion immer weiter an. Den rot gestrichelten Bereich ihrer Gewinnfunktion kann sie aber nicht erreichen, eben weil ihre Produktionsmenge auf maximal 100 beschränkt ist. Aus diesen Überlegungen können wir sofort schließen, dass bei immer weiter steigenden Funktionen das Maximum am rechten Rand des zulässigen Bereichs liegen muss. Dabei ist nun die erste Ableitung der Funktion durchaus hilfreich. Denn wenn die erste Ableitung, wie in unserem Fall, konstant positiv ist, dann muss das Maximum am rechten Rand liegen. Ist die Ableitung hingegen konstant negativ, dann liegt das Maximum am linken Rand.

Zum Schluss dieses Abschnitts wollen wir uns noch drei Sonderfälle ansehen. Der erste Sonderfall ergibt sich, wenn die Funktion y konstant ist. Nehmen wir an, dass wir eine

Funktion $y = 800$ haben, wobei x mindestens 25 und höchstens 100 sein darf. In der folgenden Abbildung ist diese Funktion als waagerechte blaue Linie eingezeichnet. Die waagerechten, rot gestrichelten Linien geben den Bereich der Funktion an, der unzulässig ist, weil hier die x-Werte zu hoch oder zu niedrig wären.

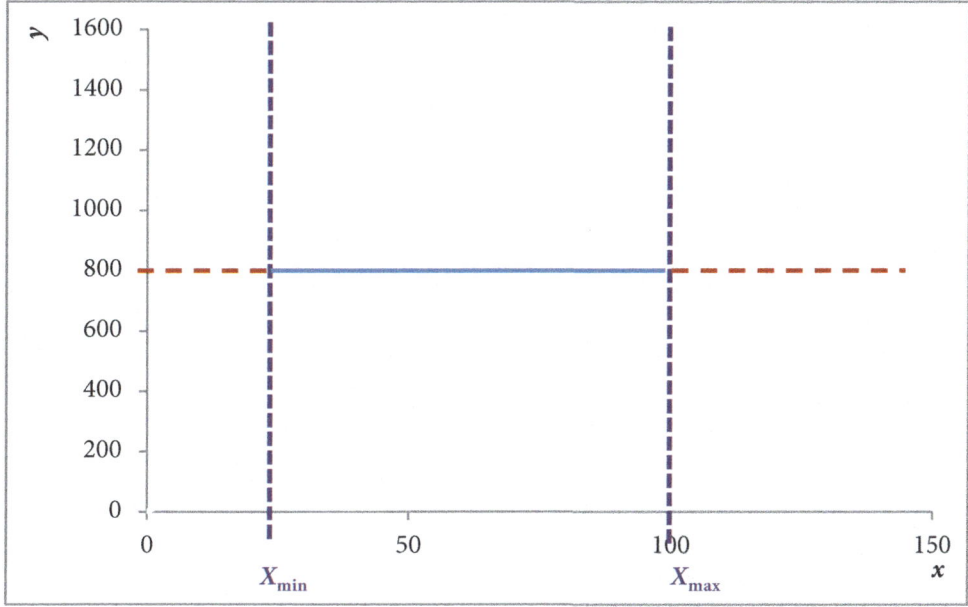

Wie zu sehen ist, verändert sich die Funktion nicht. In diesem Fall liegt ihr Maximum an jeder Stelle. Jeder beliebige Wert von x im zulässigen Intervall zwischen 25 und 100 maximiert also die Funktion. Wenn x also die Entscheidungsvariable (Strategie) eines Spielers ist, dann ist jede zulässige Strategie so gut wie jede andere. Insbesondere gäbe es in einer solchen Situation nachträglich niemals einen Grund, eine gewählte Strategie zu ändern.

Der nächste Sonderfall ergibt sich, wenn die Funktion zwar ein Maximum hat, welches über die Bedingungen erster und zweiter Ordnung ermittelt werden kann, dieses Maximum aber außerhalb des zulässigen Bereichs liegt. Hierzu sehen wir uns nochmals Christianes ursprüngliche Gewinnfunktion $G = 10q_C - q_C{}^2$ an. Wir hatten oben ermittelt, dass die gewinnmaximierende Menge 5 gewesen wäre. Was wäre aber, wenn Christiane nicht genügend Material hat, um eine Produktionsmenge von 5 herzustellen? Nehmen wir also an, dass Christiane maximal 4 Mengeneinheiten produzieren kann. Dann ergibt sich folgendes Bild, wobei der unzulässige Bereich der Funktion wieder durch die rot gestrichelte Linie dargestellt wird.

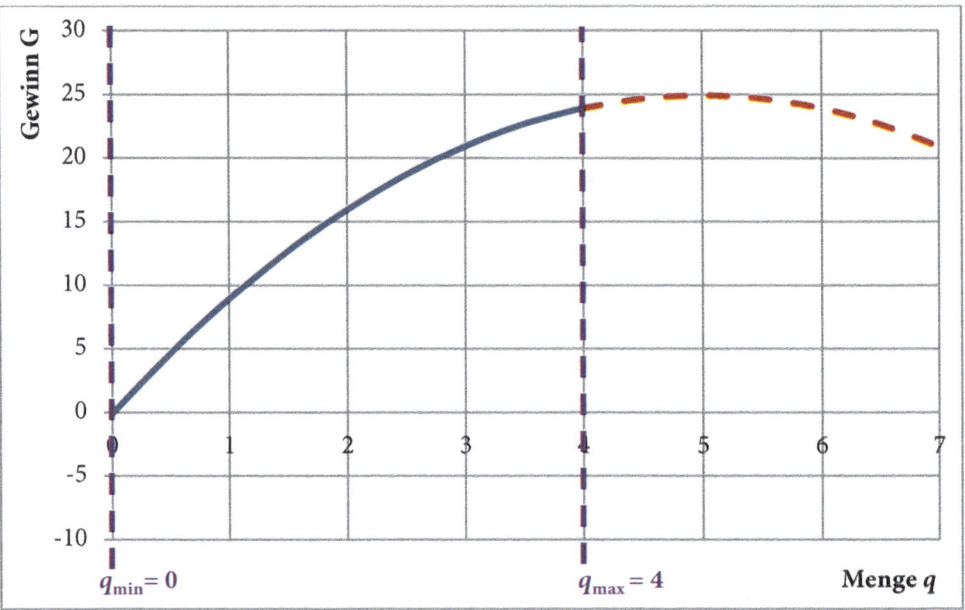

Wie wir sehen, ist die Steigung dieser Funktion erst bei einer Produktionsmenge von 5 gleich Null. Diese Menge kann aber nicht produziert werden. Daher läge hier das Maximum an der Stelle $q = 4$. An dieser Stelle ist die Ableitung der Funktion aber nicht Null. Dies können wir leicht überprüfen. Die Ableitung dieser Funktion lautet allgemein:

$$\frac{dG}{dq} = 10 - 2q$$

Setzen wir hier $q = 4$ ein, erhalten wir:

$$\frac{dG}{dq} = 10 - 2q = 10 - 2 \cdot 4 \ = 2$$

Wenn also Nebenbedingungen zu berücksichtigen sind, dann kann das dazu führen, dass das Maximum der Funktion nicht über die Bedingungen erster und zweiter Ordnung ermittelt werden kann. Es kann allerdings auch sein, dass die Nebenbedingung keine Rolle bei der Maximierung spielt. Wenn wir z.B. annehmen würden, dass Christiane maximal 6 Mengeneinheiten herstellen könnte, dann würde diese Nebenbedingung keinen Einfluss auf die Maximierung haben, da das absolute Maximum der Funktion ja ohnehin bereits bei einer Produktionsmenge von 5 erreicht ist. Diese Erkenntnis lässt sich verallgemeinern: Wenn man eine Maximierung unter Berücksichtigung von Nebenbedingungen machen muss, dann sind diese Nebenbedingungen:

- Entweder irrelevant, weil das analytisch über die Bedingungen erster und zweiter Ordnung ermittelte Maximum ohnehin im zulässigen Bereich liegt
- Oder die Nebenbedingung ist bindend. Damit ist gemeint, dass das Maximum an der Stelle der Nebenbedingung liegt.

Die beiden Beispiele oben verdeutlichen das. Wenn die Nebenbedingung bei Christianes Produktion sagt, dass Christiane höchstens 6 Mengeneinheiten produzieren darf, sie aber ihren maximalen Gewinn ohnehin bereits bei einer Menge von 5 erreicht, dann können wir die Nebenbedingung ignorieren, wenn wir das Maximum bestimmen wollen. Wenn Sie aber höchstens 4 produzieren darf, dann sind diese 4 auch optimal. Es können dann nicht 2 oder 3 optimal sein.

Nun sehen wir uns noch eine Funktion an, die im betrachteten Intervall nur ein Minimum besitzt, welches über die Bedingungen erster Ordnung bestimmt ist. Nehmen wir an, Arndt hätte folgende Gewinnfunktion:

$$G = (q - 4)^2 + 4$$

Ferner nehmen wir an, dass die Produktionsmenge 2 nicht unter- und 8 nicht überschreiten darf. Es ergibt sich folgendes Bild:

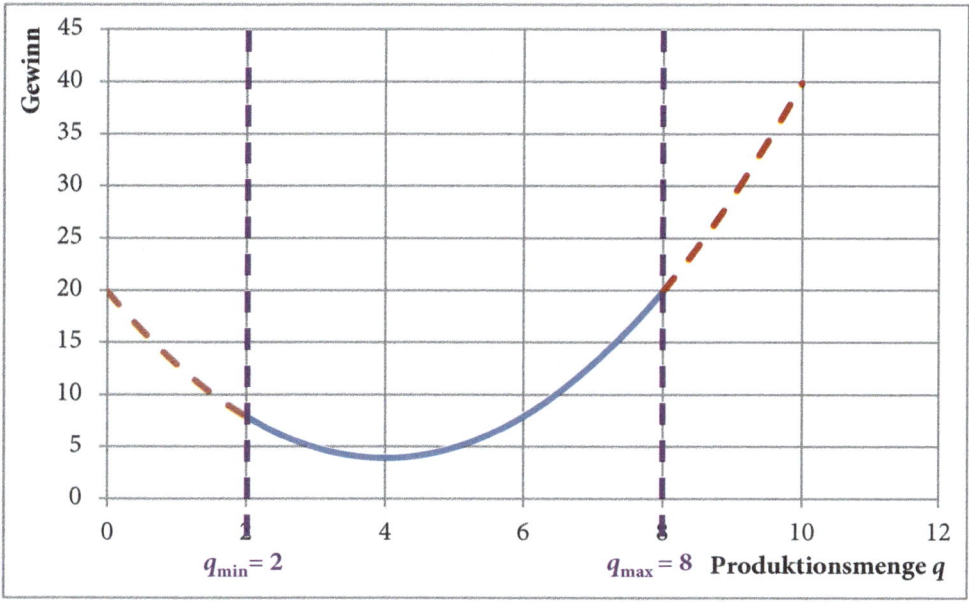

Um in einer solchen Situation das Maximum zu bestimmen, muss man die Funktionswerte an den zulässigen Rändern berechnen, also bei Mengen von 2 und 8, und die so berechneten Gewinnwerte miteinander vergleichen. Hier zeigt sich, dass Arndt eine Menge von 8 produzieren sollte, weil sein Gewinn dann höher ist, als wenn er nur 2 produzieren würde. In jedem Fall liegt das Maximum an einem der zulässigen Ränder.

Im Rahmen dieses Lehrbuchs stoßen wir vor allem bei der Analyse von gemischten Strategien (siehe Abschnitt 2.3.) auf Maximierungsprobleme dieser Art, bei denen Nebenbedingungen zu berücksichtigen sind. Denn bei der Wahl gemischter Strategien müssen die Spieler Wahrscheinlichkeiten dafür auswählen, was sie tun werden. Wenn sich aber ein Spieler Gedanken macht, mit welcher Wahrscheinlichkeit er z.B. ins Kino gehen sollte und mit welcher Wahrscheinlichkeit er ins Restaurant gehen sollte, dann muss er bei der Wahl dieser Wahrscheinlichkeiten berücksichtigen, dass eine Wahrscheinlichkeit nicht kleiner als Null und nicht größer als 1 werden kann. Besteht die Strategie eines Spielers also aus der Wahl einer Wahrscheinlichkeit, sind die Werte Null als Unter- und 1 als Obergrenze zwingend zu beachten. Dabei kommt es dann sehr häufig dazu, dass die Maxima am Rand liegen und daher nicht über die Bedingungen erster und zweiter Ordnung bestimmt werden können.

Dies sind alle mathematischen Kenntnisse, die zur Maximierung der in diesem Buch vorkommenden Auszahlungsfunktionen von Spielern notwendig sind. Im folgenden Anhang werden die notwendigen Grundlagen zum Umgang mit Erwartungswerten und Wahrscheinlichkeiten vermittelt. Diese Grundlagen sind für das Verständnis von gemischten Strategien und von Spielen mit unvollständiger Information unverzichtbar.

Anhang A2:
Wahrscheinlichkeiten und Erwartungswerte

Die meisten Spiele, die wir in diesem Buch analysieren, sind Spiele, deren Verlauf nur davon abhängt, was die Spieler tun. In diesen Spielen bestimmen wir die optimalen Strategien der Spieler dadurch, dass wir deren Auszahlungen bzw. Auszahlungsfunktionen maximieren. Das können wir deshalb tun, weil aus der Wahl einer bestimmten Strategiekombination immer eine ganz eindeutige Auszahlungskombination folgt, die die Spieler exakt kennen, wenn sie ihre Strategien wählen. Dieses Vorgehen versagt aber, wenn es während des Spiels Zufallseinflüsse gibt. So hängt bei Spielen wie Monopoly, Mensch ärgere Dich nicht oder Poker der Erfolg des eigenen Handelns auch vom Zufall ab. In diesen Fällen ist den Spielern zum Zeitpunkt ihrer Entscheidungen noch gar nicht bekannt, welche Auszahlungen sie erreichen werden. Wie sollten die Spieler in solchen Situationen ihre Strategien bewerten?

Wir unterstellen in diesem Buch, dass die Spieler sich in solchen Situationen, die durch Zufallseinflüsse gekennzeichnet sind, am sogenannten „Erwartungswert" ihrer Auszahlungen orientieren. Den Erwartungswert einer Auszahlung kann man sich am besten als sehr langfristigen Durchschnitt vorstellen. Der Erwartungswert misst also, wie hoch die Auszahlung eines Spielers im Durchschnitt wäre, wenn er in ein und derselben Situation immer wieder die gleiche Entscheidung treffen würde. Nehmen wir an, dass sich ein Spieler zwischen zwei Würfelspielen entscheiden soll:

- Beim Spiel „Zahl = Euro" gewinnt er immer so viele Euros, wie er an Augen gewürfelt hat.
- Beim Spiel „30 für 6" bekommt er 30 Euro, wenn er eine 6 gewürfelt hat, sonst nichts.

Wenn wir unterstellen, dass der Spieler das Spiel mit dem höchsten Erwartungswert wählt, dann müssen wir berechnen, wie viel Geld man mit den beiden Spielen im Durch-

© Springer-Verlag GmbH Deutschland, ein Teil von Springer Nature 2019
S. Winter, *Grundzüge der Spieltheorie*,
https://doi.org/10.1007/978-3-662-58215-2

schnitt pro Runde gewinnen würde, wenn man sie sehr oft hintereinander spielen würde. Der Erwartungswert wird nun berechnet, indem wir die möglichen Auszahlungen mit den jeweiligen Wahrscheinlichkeiten gewichten und dann aufaddieren.

Wenn wir es mit einem idealen Würfel zu tun hätten, dann wäre die Wahrscheinlichkeit dafür, eine 1 zu würfeln genauso hoch wie die Wahrscheinlichkeit, eine 2, 3, 4, 5 oder 6 zu würfeln. Eine dieser Zahlen würden wir aber mit Sicherheit würfeln. Wenn etwas mit Sicherheit passiert, dann hat dieses Ereignis eine Eintrittswahrscheinlichkeit von 100% oder 1. Die Wahrscheinlichkeit, mit einem Würfel eine Zahl zwischen 1 und 6 inklusive zu würfeln, beträgt also 1. Keine Wahrscheinlichkeit kann jemals größer als 1 sein, denn eine Wahrscheinlichkeit von 1 bedeutet bereits, dass etwas mit absoluter Sicherheit passiert und sicherer als absolut sicher zu sein, geht nun einmal nicht. Umgekehrt definieren wir eine Wahrscheinlichkeit von Null als Unmöglichkeit. Wenn ein Zufallsereignis eine Wahrscheinlichkeit von Null hat, dann ist das Ereignis unmöglich. Z.B. hat das Zufallsereignis, beim Würfeln mit einem normalen Würfel eine „13" zu würfeln, eine Wahrscheinlichkeit von Null. Es gibt daher auch keine negativen Wahrscheinlichkeiten, denn unmöglicher als unmöglich zu sein, geht eben auch nicht.

Wahrscheinlichkeiten, für was auch immer, müssen also stets zwischen 0 und 1 liegen, wobei diese beiden Zahlengrenzen eingeschlossen sind.

Wenn wir nun aber einen Würfel werfen, dann wissen wir, dass eine Zahl zwischen 1 und 6 inklusive dabei herauskommt. Selbst wenn der Würfel manipuliert worden wäre, muss die Summe der Wahrscheinlichkeiten der einzelnen Augenzahlen also 1 ergeben. Wenn wir mit w_1 die Wahrscheinlichkeit dafür bezeichnen, eine 1 zu würfeln, mit w_2 die Wahrscheinlichkeit für eine 2 usw., dann muss gelten:

$$w_1 + w_2 + w_3 + w_4 + w_5 + w_6 = 1$$

Diese Grundregel für Wahrscheinlichkeiten ist verallgemeinerbar: Wenn man an alle möglichen Ergebnisse eines Zufallsprozesses gedacht und keines der möglichen Ergebnisse vergessen hat, dann muss die Summe der Wahrscheinlichkeiten immer 1 ergeben.

Kehren wir nun zu unserem Würfel zurück und nehmen an, dass dieser nicht manipuliert ist. Dann muss die Wahrscheinlichkeit für jede Augenzahl genau 1/6 betragen, da es ja sechs unterschiedliche mögliche Ergebnisse des Würfelns gibt und alle gleich wahrscheinlich sind.

Nun bezeichnen wir mit a_1 die Auszahlung, wenn der Spieler eine 1 würfelt, mit a_2 die Auszahlung, wenn er eine 2 würfelt und so weiter. Für unser erstes Würfelspiel „Zahl = Euro" ergeben sich die folgenden Auszahlungen:

$$a_1 = 1 \qquad a_2 = 2 \qquad a_3 = 3$$

$$a_4 = 4 \qquad a_5 = 5 \qquad a_6 = 6$$

Der Erwartungswert der Auszahlung ist nun definiert als:

$$E(A) = w_1 a_1 + w_2 a_2 + w_3 a_3 + w_4 a_4 + w_5 a_5 + w_6 a_6$$

Für unser Würfelspiel „Zahl= Euro" ergibt sich daher:

$$E(A) = \frac{1}{6} \cdot 1 + \frac{1}{6} \cdot 2 + \frac{1}{6} \cdot 3 + \frac{1}{6} \cdot 4 + \frac{1}{6} \cdot 5 + \frac{1}{6} \cdot 6 = 3{,}5$$

Wenn der Spieler dieses Spiel sehr, sehr oft wiederholen würde, würde er also 3,50 € im Durchschnitt pro Spiel gewinnen.

Wenn wir nun die erwartete Auszahlung für das Spiel „30 für 6" berechnen, gehen wir analog vor. Die möglichen Auszahlungen bei diesem Spiel sind:

$a_1 = 0$	$a_2 = 0$	$a_3 = 0$
$a_4 = 0$	$a_5 = 0$	$a_6 = 30$

Damit können wir auch für dieses Spiel die erwartete Auszahlung berechnen:

$$E(A) = \frac{1}{6} \cdot 0 + \frac{1}{6} \cdot 0 + \frac{1}{6} \cdot 0 + \frac{1}{6} \cdot 0 + \frac{1}{6} \cdot 0 + \frac{1}{6} \cdot 30 = 5$$

Dieses Spiel hat also eine höhere erwartete Auszahlung als das Spiel „Zahl = Euro". Ein Spieler, der seine erwartete Auszahlung maximieren will, muss daher das Spiel „30 für 6" vorziehen.

Wir können das wie folgt zusammenfassen:

* In Spielen, in denen keine Zufallsprozesse stattfinden, versuchen die Spieler, ihre Auszahlungen zu maximieren.

* In Spielen mit Zufallsprozessen versuchen die Spieler, ihre erwarteten Auszahlungen zu maximieren.

Dabei werden die erwarteten Auszahlungen immer nach dem folgenden Schema ermittelt, wobei wir hier annehmen, dass es eine Anzahl von N verschiedenen Ausgängen des Zufallsprozesses gibt:

$$E(A) = w_1 a_1 + w_2 a_2 + \cdots + w_N a_N$$

Glossar

Auszahlung: Auszahlungen sind die Bewertungsmaßzahlen, mit denen die Spieler den Spielausgang für sich selbst bewerten. Die inhaltliche Bedeutung dieser Maßzahlen ist nicht festgelegt. In wirtschaftswissenschaftlichen Fragestellungen sind die Auszahlungen oft Geldzahlungen, dies ist aber nicht zwingend. Auszahlungen können daher auch Nutzeneinheiten, Freude oder andere Dinge sein, für die Spieler eine Präferenz haben.

Beitrag, marginaler: Unter dem „marginalen Beitrag" eines Spielers A versteht man die Änderung in der Auszahlung einer Koalition, wenn diese Koalition den Spieler A noch zusätzlich aufnimmt.

Beste Antwort: Die Strategie S1 eines Spielers wird als „beste Antwort" bezeichnet, wenn sie dem Spieler mindestens die gleiche Auszahlung bringt, wie eine beliebige andere Strategie S2 bei einer gegebenen Kombination von Strategien aller anderen Spieler.

Eindeutigkeit: Spiele werden als „eindeutig" bezeichnet, wenn sie nur ein Gleichgewicht besitzen.

Erwartungswert: Der Erwartungswert einer Zufallsvariable X ist der mit den Eintrittswahrscheinlichkeiten gewichtete Durchschnittswert der Variable. Bezeichnet man die möglichen Werte der Variable mit $x_1, x_2, \ldots, x_n$ und die zugehörigen Wahrscheinlichkeiten dafür, diese Werte zu ziehen, mit $w_1, w_2, \ldots, w_n$, dann ist der Erwartungswert der Variable X definiert als $E(X) = w_1 x_1 + w_2 x_2 + \cdots + w_n x_n$.

Gleichgewicht: Ein Gleichgewicht (auch: Nash-Gleichgewicht) ist eine Strategiekombination, in der alle Spieler wechselseitig ihre Beste-Antwort-Strategien spielen. Ein Gleichgewicht liegt nur dann vor, wenn keiner der Spieler seine Strategie nachträglich noch ändern wollen würde, nachdem er die Strategien der anderen Spieler erfahren hat.

© Springer-Verlag GmbH Deutschland, ein Teil von Springer Nature 2019
S. Winter, *Grundzüge der Spieltheorie*,
https://doi.org/10.1007/978-3-662-58215-2

Information, imperfekte: Imperfekte Information liegt vor, wenn wenigstens ein Spieler zu einem Zeitpunkt nicht genau beurteilen kann, in welchem Entscheidungsknoten sich das Spiel befindet. Imperfekte Information wird alternativ auch als „unvollkommene" Information bezeichnet.

Information, perfekte: Perfekte Information liegt vor, wenn jeder Spieler alle Züge aller anderen Spieler zweifelsfrei beobachten kann. Alle Spieler wissen also zu jedem Zeitpunkt, in welchem Entscheidungsknoten ein Spiel gerade ist. Perfekte Information wird alternativ auch als „vollkommene" Information bezeichnet.

Information, unvollständige: Unvollständige Information liegt vor, wenn mindestens ein Spieler nicht alle Auszahlungen aller anderen Spieler für jede Strategiekombination zweifelsfrei kennt.

Information, vollständige: Vollständige Information liegt vor, wenn alle Spieler alle Auszahlungen aller andern Spieler für jede Strategiekombination kennen.

Informationsmenge: In Spielen mit unvollständiger Information ist eine Informationsmenge eine Menge aller Entscheidungsknoten, für die ein Spieler sagen kann, dass er sich in einem dieser Knoten befindet, aber nicht unmittelbar angeben kann, in welchem davon.

Koalition: Als „Koalition" bezeichnet man eine bestimmte Menge von Spielern.

Koalition, große: Als „große Koalition" bezeichnet man die Koalition von Spielern, in der alle Spieler Mitglieder sind.

Koalition, leere: Als „leere Koalition" bezeichnet man eine Koalition von Spielern ohne Mitglieder. Die „leere Koalition" ist also eine leere Menge.

Koalitionsfunktion: Als „Koalitionsfunktion" bezeichnet man eine Funktion, die angibt, welche Auszahlung jede überhaupt mögliche Koalition inklusive der leeren und der großen Koalition erzielen würde.

Rückwärtsinduktion: Die Rückwärtsinduktion ist ein Verfahren zur Lösung dynamischer Spiele. Sie schreibt vor, bei der Analyse eines Spieles mit den jeweils letzten Entscheidungsknoten zu beginnen und für jeden dieser möglichen Knoten zu ermitteln, welche Entscheidung in dem Knoten für den betreffenden Spieler optimal wäre. Alle nicht-optimalen Entscheidungen (Züge) werden gestrichen. Anschließend wird das Verfahren mit den möglichen vorletzten Entscheidungsknoten des Spielbaums fortgesetzt. Diese Prozedur wird wiederholt, bis man beim ersten Entscheidungsknoten des Spiels angekommen ist.

Shapley-Wert: Der Shapley-Wert eines Spielers A misst den durchschnittlichen marginalen Beitrag dieses Spielers, den dieser zu jeder Koalition beitragen würde, in die er neu aufgenommen würde.

Spiele, dynamische: Dynamische Spiele sind Spiele, in denen mindestens ein Spieler einen seiner Züge erst dann ausführt, wenn mindestens ein anderer Spieler einen seiner Züge bereits ausgeführt hat und der erste Spiele dies auch weiß.

Spiele, statische: Statische Spiele sind Spiele, in denen alle Spieler gleichzeitig ihre Züge ausführen und diese Züge auch jeweils die einzigen Züge des Spiels sind. „Gleichzeitigkeit" im spieltheoretischen Sinne liegt auch dann vor, wenn die Spieler ihre Züge nacheinander ausführen, aber nicht wissen, dass andere Spieler ihre Züge bereits ausgeführt haben.

Spiele: Als Spiele im Sinne der Spieltheorie werden interdependente Entscheidungssituationen mehrerer Akteure bezeichnet. Entscheidungssituationen werden dann als interdependent bezeichnet, wenn die Entscheidungen eines Akteurs das Wohlergeben bzw. die Auszahlungen mindestens eines anderen Akteurs beeinflusst.

Spieltheorie, kooperative: Probleme der kooperativen Spieltheorie liegen dann vor, wenn die Spieler bindende Verträge über die Wahl ihrer jeweiligen Strategien abschließen können. Verträge sind dann bindend, wenn die Vertragseinhaltung in jedem Fall durchgesetzt werden kann.

Spieltheorie, nichtkooperative: Probleme der nichtkooperativen Spieltheorie liegen dann vor, wenn die Spieler keine bindenden Verträge über die Wahl ihrer jeweiligen Strategien abschließen können. Mögliche Ursachen für die fehlende Möglichkeit bindender Verträge können u.a. sein, dass die Spieler nicht kommunizieren können, dass die zu schließenden Verträge verboten wären (z.B. Kartellabsprachen) oder dass die Einhaltung von Verträgen aufgrund von Informationsmängeln über das tatsächliche Verhalten der anderen Spieler nicht überprüft werden kann. Die fehlende Möglichkeit des Abschlusses von bindenden Verträgen bezieht sich dabei nur auf Verträge über die zu wählenden Strategien. Damit sind andere Verträge, die sich nicht explizit auf die Wahl von Strategien beziehen, nicht ausgeschlossen. Besteht z.B. die Strategie eines Außendienstmitarbeiters in der Wahl seiner Arbeitszeit, so kann diese nicht vertraglich vereinbart werden, da sie für den Arbeitgeber nicht beobachtbar bzw. überprüfbar ist. Verträge über die Wahl der Strategie des Außendienstmitarbeiters sind damit ausgeschlossen. Andere Verträge, in denen z.B. eine Verkaufsprovision vereinbart wird, sind aber dennoch möglich. Nichtkooperative Spieltheorie schließt also ausschließlich bindende Verträge über Strategien aus.

Strategie, dominante: Eine dominante Strategie S1 eines Spielers ist eine Strategie, die ihm unabhängig davon, was die anderen Spieler wählen, immer eine größere Auszahlung bringt, als jede seiner anderen Strategien S2, S3, …

Strategie, dominierte: Eine Strategie S1 eines Spielers wird dominiert, wenn es eine andere Strategie S2 gibt, die dem Spieler unabhängig von den Strategien der anderen

Spieler eine höhere Auszahlung garantiert. Dominierte Strategien können stets gestrichen werden, weil sie niemals Gleichgewichtsstrategien sein können.

Strategie, evolutionsstabile: Eine Strategie eines Spielers wird als „evolutionsstabile" Strategie S_e, bezeichnet, wenn sie eine beste Antwort auf sich selbst ist und wenn sich ein Spieler A echt verschlechtern würde, wenn er Abweichungen der anderen Spieler von dieser Strategie nachahmen würde.

Strategie, gemischte: Eine gemischte Strategie eines Spielers ist eine Strategie, bei der der Spieler einen Zufallsmechanismus einsetzt, welcher letztlich darüber entscheidet, welche seiner reinen Strategien er wählt.

Strategie, perfekte bzw. Trembling-Hand-perfekte: Eine Strategie eines Spielers wird als „Trembling-Hand-perfekt" (oder auch einfach nur als „perfekt) bezeichnet, falls sie auch dann noch eine beste Antwort ist, wenn der oder die Mitspieler mit bestimmten, kleinen Wahrscheinlichkeiten Fehler machen.

Strategie, propere: Eine Strategie eines Spielers wird als proper bezeichnet, falls sie auch dann noch eine beste Antwort ist, wenn der oder die Mitspieler mit bestimmten, kleinen Wahrscheinlichkeiten Fehler machen, wobei die Fehlerwahrscheinlichkeiten für große Fehler kleiner sind als die Fehlerwahrscheinlichkeiten für kleinere Fehler.

Strategie, reine: Eine reine Strategie eines Spielers ist eine Strategie, in der der Spieler selbst ohne Zuhilfenahme von Zufallsmechanismen über jeden Zug seiner Strategie entscheidet.

Strategie, teilspielperfekte: Eine Strategie ist teilspielperfekt, wenn sie ausschließlich Anweisungen enthält, die der Spieler in dem zugehörigen Teilspiel auch ausführen wollen würde. Züge, die im Rahmen der Rückwärtsinduktion gestrichen werden, können nicht Elemente von teilspielperfekten Strategien sein.

Strategie: Eine Strategie ist ein vollständiger Spielplan, den sich ein Spieler vor Beginn des Spieles zurechtlegt. Ein Spielplan ist dann vollständig, wenn er für jede überhaupt denkbare Situation, die in dem Spiel eintreten könnte, ein eindeutige Handlungsanweisung für den Spieler enthält.

Strategiekombination, effiziente: Eine Strategiekombination SK1 ist effizient, wenn es keine andere Strategiekombination SK2 gibt, in der sich mindestens ein Spieler gegenüber SK1 besser stellen und keiner schlechter stellen würde.

Strategiekombination: Eine Strategiekombination ist eine geordnete Menge von je einer Strategie pro Spieler: {*Strategie Spieler* 1; *Strategie Spieler* 2, ... }. Da Strategien vollständige Spielpläne sind, ergibt sich aus jeder Strategiekombination ein ganz bestimmter Spielverlauf.

Strategiemenge: Die Strategiemenge eines Spielers ist die Menge aller dem Spieler überhaupt zur Verfügung stehenden Strategien, die er in einem Spiel wählen könnte.

Stufenspiel: Unter „Stufenspiel" versteht man das einem wiederholten Spiel zugrunde-liegende Ausgangsspiel.

Teilspiel: Ein Teilspiel ist ein Ausschnitt eines dynamischen Spieles, wobei dieser Ausschnitt in einem Entscheidungsknoten eines Spielers beginnt und alle diesem Knoten folgenden Entscheidungs- und Endknoten umfasst.

Triggerstrategie: Eine Triggerstrategie ist eine Strategie, in der ein Spieler A zunächst mit kooperativem Verhalten beginnt und dieses so lange fortsetzt, wie sich auch der andere Spieler kooperativ verhält. Zeigt der andere Spieler zu irgendeinem Zeitpunkt hingegen unkooperatives Verhalten, geht Spieler A für immer zu unkooperativem Verhalten über.

Verfeinerung: Unter einer „Verfeinerung" versteht man das Aufstellen zusätzlicher Anforderungen, die ein Gleichgewicht erfüllen sollte. Verfeinerungen sind dann hilfreich, wenn Spiele mehrere Gleichgewichte haben. Besonders hilfreich sind Verfeinerungen dann, wenn nur eines von mehreren Gleichgewichten die zusätzlichen Anforderungen der Verfeinerung erfüllt. Die wichtigsten Verfeinerungen in diesem Buch sind die Forderungen danach, dass Gleichgewichte effizient sein sollten und dass sie teilspielperfekt sein sollten.

Zug: Ein Zug ist eine einzelne Entscheidung eines Spielers zu einem bestimmten Zeitpunkt des Spieles.

Stichwortverzeichnis

© Springer-Verlag GmbH Deutschland, ein Teil von Springer Nature 2019
S. Winter, *Grundzüge der Spieltheorie*,
https://doi.org/10.1007/978-3-662-58215-2

The manufacturer's authorised representative in the EU is Springer
Nature Customer Service Centre GmbH, Europaplatz 3, 69115 Heidelberg,
Germany. If you have any concerns regarding our products, please
contact ProductSafety@springernature.com

Printed and bound by CPI Group (UK) Ltd, Croydon, CR0 4YY
23/04/2026
02095588-0016